Gedächtnis

Larry R. Squire / Eric R. Kandel

Gedächtnis
Die Natur des Erinnerns

2. Auflage

Aus dem Englischen übersetzt von Monika Niehaus

Titel der Originalausgabe: Memory – From Mind to Molecules

Die amerikanische Originalausgabe ist erschienen bei
Roberts and Company Publishers
4950 South Yosemite Street, F2 # 197
Greenwood Village, Colorado 80111 USA

© 2009 by Roberts and Company Publishers

Aus dem Englischen übersetzt von Monika Niehaus

Wichtiger Hinweis für den Benutzer
Der Verlag, der Herausgeber und die Autoren haben alle Sorgfalt walten lassen, um vollständige und akkurate Informationen in diesem Buch zu publizieren. Der Verlag übernimmt weder Garantie noch die juristische Verantwortung oder irgendeine Haftung für die Nutzung dieser Informationen, für deren Wirtschaftlichkeit oder fehlerfreie Funktion für einen bestimmten Zweck. Der Verlag übernimmt keine Gewähr dafür, dass die beschriebenen Verfahren, Programme usw. frei von Schutzrechten Dritter sind. Die Wiedergabe von Gebrauchsnamen, Handelsnamen, Warenbezeichnungen usw. in diesem Buch berechtigt auch ohne besondere Kennzeichnung nicht zu der Annahme, dass solche Namen im Sinne der Warenzeichen- und Markenschutz-Gesetzgebung als frei zu betrachten wären und daher von jedermann benutzt werden dürften. Der Verlag hat sich bemüht, sämtliche Rechteinhaber von Abbildungen zu ermitteln. Sollte dem Verlag gegenüber dennoch der Nachweis der Rechtsinhaberschaft geführt werden, wird das branchenübliche Honorar gezahlt.

Bibliografische Information der Deutschen Nationalbibliothek
Die Deutsche Nationalbibliothek verzeichnet diese Publikation in der Deutschen Nationalbibliografie; detaillierte bibliografische Daten sind im Internet über http://dnb.d-nb.de abrufbar.

Springer ist ein Unternehmen von Springer Science+Business Media
springer.de

2. Auflage 2009
© Spektrum Akademischer Verlag Heidelberg 2009
Spektrum Akademischer Verlag ist ein Imprint von Springer

09 10 11 12 13   6 5 4 3 2

Das Werk einschließlich aller seiner Teile ist urheberrechtlich geschützt. Jede Verwertung außerhalb der engen Grenzen des Urheberrechtsgesetzes ist ohne Zustimmung des Verlages unzulässig und strafbar. Das gilt insbesondere für Vervielfältigungen, Übersetzungen, Mikroverfilmungen und die Einspeicherung und Verarbeitung in elektronischen Systemen.

Planung und Lektorat: Frank Wigger, Sabine Bartels
Satz: Crest Premedia Solutions (P) Ltd., Pune, Maharashtra, India
Umschlaggestaltung: wsp design Werbeagentur GmbH, Heidelberg
Titelfotografie: Roy Lichtenstein, The Melody Haunts my Reverie, © VG Bild-Kunst, Bonn 2009

ISBN 978-3-8274-2120-3

Für
die Squire-Kinder: Ryan und Luke
und
die Kandel-Enkel: Allison, Libby und Izak

Inhalt

	Vorwort	IX
1	Vom Geist zum Molekül	1
2	Modulierbare Synapsen für das nichtdeklarative Gedächtnis	22
3	Moleküle für das Kurzzeitgedächtnis	46
4	Das deklarative Gedächtnis	66
5	Gehirnsysteme für das deklarative Gedächtnis	84
6	Ein synaptischer Speichermechanismus für das deklarative Gedächtnis	112
7	Vom Kurzzeitgedächtnis zum Langzeitgedächtnis	132
8	Priming, Wahrnehmungslernen und emotionales Lernen	164
9	Gedächtnis für Fertigkeiten, Gewohnheiten und konditionierte Reaktionen	184
10	Das Gedächtnis und die biologische Basis der Individualität	202
	Weiterführende Literatur	225
	Bildnachweise	229
	Index	235

Vorwort

„Cogito ergo sum." – „Ich denke, also bin ich." Dieser Satz, der 1637 von dem großen französischen Philosophen René Descartes niedergeschrieben wurde, dürfte wohl noch immer die am häufigsten zitierte Sentenz der gesamten abendländischen Philosophie sein. Eine der großen biologischen Lektionen des 20. Jahrhunderts und gleichzeitig Ausgangspunkt dieses Buches ist, dass diese Aussage falsch ist, und zwar aus zwei Gründen. Erstens wollte Descartes mit diesem Satz die Trennung betonen, die seiner Meinung nach zwischen Körper und Geist existiert. Er betrachtete geistige Aktivität als vollständig unabhängig von der Aktivität des Körpers. Biologen haben heutzutage jedoch allen Grund zu der Annahme, dass jedwede geistige Aktivität aus einem spezialisierten Teil unseres Körpers erwächst: unserem Gehirn. Daher wäre es korrekter, Descartes' Aussage umzuformulieren und zu sagen: „Ich bin, also denke ich" – so wie es der Neurologe Antonio Damasio in seinem charmanten Buch *Descartes' Irrtum* vorschlägt. Modern formuliert würden wir sagen: „Ich habe ein Gehirn, also denke ich."

Descartes' ursprüngliche Aussage ist jedoch auch noch in einem zweiten und umfassenderen Sinne falsch. Wir sind nicht, wer wir sind, einfach deshalb, weil wir denken. Wir sind, wer wir sind, weil wir uns an das erinnern können, was wir gedacht haben. Wie wir in den folgenden Kapitel zeigen möchten, verdanken wir jeden Gedanken, den wir haben, jedes Wort, das wir sprechen, jede Handlung, die wir ausführen – sogar unser Gefühl für uns selbst und unserer Verbundenheit mit anderen –, unserem Gedächtnis, der Fähigkeit unseres Gehirns, unsere Erfahrungen aufzuzeichnen und zu speichern. Erinnerungen sind der Kitt, der unser geistiges Leben zusammenhält, das Gerüst, das unsere persönliche Geschichte trägt, und sie sind es, die uns ermöglichen, im Laufe des Lebens zu wachsen und uns zu verändern. Wenn das Gedächtnis verlorengeht, wie es bei der Alzheimer-Krankheit der Fall ist, verlieren wir die Fähigkeit, unsere Vergangenheit wieder zu erschaffen, und damit verlieren wir auch unsere Verbindung zu uns selbst und zu anderen.

In den letzten drei Jahrzehnten hat eine Revolution stattgefunden, was unser Verständnis des Gedächtnisses und jener Vorgänge im Gehirn angeht, die ablaufen, wenn wir lernen und uns erinnern. Unsere Absicht ist es, in diesem Buch die faszinierenden Ursprünge dieser Revolution zu skizzieren und aufzuzeigen, was wir heute über die Arbeitsweise des Gedächtnisses, über die Arbeitsweise von Nervenzellen und Gehirnsystemen wissen. Wir beschreiben auch, wie das Gedächtnis nach Verletzung oder Krankheit verlorengehen kann.

Die moderne Gedächtnisforschung wird aus zwei Quellen gespeist. Die erste ist die biologische Erforschung der Art und Weise, wie Nervenzellen miteinander kommunizieren. Entscheidend hierbei ist die Entdeckung, dass die Nachrichtenübermittlung von Nervenzellen nicht in immer gleicher Weise vonstatten geht, sondern durch Aktivität und Erfahrung moduliert werden kann. Erfahrung kann daher eine Spur im Gehirn hinterlassen, und sie tut dies, indem sie Nervenzellen als elementare Einheiten der Gedächtnisspeicherung benutzt. Die zweite Quelle ist die Erforschung von Gehirnsystemen und Kognition. Hier liegt der Schlüsselbefund darin, dass das Gedächtnis nicht einheitlich ist, sondern verschiedene Formen aufweist, die ihre eigene Logik und unterschiedliche Hirnschaltkreise benutzen. In diesem Buch haben wir versucht, diese beiden historisch getrennten Stränge zusammenzuführen und eine neue Synthese zu schaffen: eine *Molekularbiologie der Kognition*, die das Wechselspiel zwischen der Molekularbiologie der Nachrichtenübermittlung und der kognitiven Neurowissenschaft des Gedächtnisses betont.

Einige der Fortschritte, die wir hier beschreiben, gehen auf Untersuchungen neuronaler Schaltkreise einfacher wirbelloser Tiere zurück, andere auf Untersuchungen komplexerer Nervensysteme, einschließlich des menschlichen Gehirns. Zu den neuen methodischen Entwicklungen, die diese Arbeit vorangebracht haben, gehört zum einen die Möglichkeit, das menschliche Gehirn abzubilden, während Versuchspersonen lernen und sich erinnern, zum anderen der Einsatz genetischer Techniken zur Untersuchung des Gedächtnisses bei intakten Tieren wie zum Beispiel Mäusen.

Das Buch spiegelt unsere Ansicht wider, dass die Zeit reif ist für eine Abhandlung über das Gedächtnis, welche die ganze Bandbreite des Themas abdeckt – vom Geist bis zum Molekül. Beim Schreiben dieses Buches haben wir uns von unseren eigenen Perspektiven leiten lassen und haben nicht versucht, das Feld der Gedächtnisforschung vollständig abzudecken. Vielmehr haben wir Forschungsansätze betont, an denen wir direkt beteiligt waren oder die unser Denken direkt beeinflusst haben. Jedes Kapitel des Buches stellt unsere gemeinsame Synthese des gegenwärtigen Wissensstandes dar. Das erste und das letzte Kapitel haben wir gemeinsam geschrieben, aber auch alle anderen Kapitel sind das Ergebnis kollektiver Bemühungen. Eric Kandel hat ursprünglich die Kapitel abgefasst, die sich auf die Zelle und molekulare Speichermechanismen beziehen (2, 3, 6 und 7), Larry Squire diejenigen Kapitel, die sich auf Kognition und Gehirnsysteme konzentrieren (4, 5, 8 und 9). Jedes Kapitel wurde anschließend ausführlich mit dem Koautor diskutiert und überarbeitet. Dieser ausgedehnte kritische Gedankenaustausch führte zu einer abschließenden Version, die besser ist als alles, was einer von uns allein hätte erreichen können. Im weiteren Sinne ist dieses Buch eine Reflexion des ständigen Dialogs, den wir in den letzten drei Jahrzehnten geführt haben, und der Freundschaft, die daraus erwachsen ist.

Wir haben dieses Buch für ein breites Publikum geschrieben. Im Vordergrund stand für uns dabei der nicht wissenschaftlich vorgebildete Leser, der sich für Wissenschaft interessiert und sich mit den bemerkenswerten neuen Entdeckungen vertraut machen möchte, wie das Nervensystem lernt und sich erinnert. Da es uns besonders darum ging, diejenigen zu erreichen, die über keine speziellen Vorkenntnisse in den angesprochenen Themen verfügen, haben wir dort, wo nötig, einige Hintergrundinformationen über die relevante Biologie und kognitive Psychologie eingefügt. Darüber hinaus sollte das Buch gerade deshalb, weil wir uns an den Nichtspezialisten wenden, auch für Studenten von Nutzen sein. Wir glauben, dass dies die erste Abhandlung über das Gedächtnis ist, die sich von der Kognition bis zur Molekularbiologie erstreckt, und wir hoffen, dass Studenten hier eine klare und gut lesbare Einführung in dieses Themengebiet finden. Und möglicherweise finden auch unsere Fachkollegen in Psychologie und Neurowissenschaften wie auch Lehrende in Kursveranstaltungen des Grund- und Hauptstudiums diesen einbändigen Überblick über das, was gegenwärtig ein aktives und aufregendes Gebiet in Lehre und Forschung ist, nützlich und informativ.

Wir sind bei unserer Arbeit an dieser Neuauflage stark von Ben Roberts, unserem neuen Herausgeber, unterstützt worden, der uns ermutigte, das Buch zu überarbeiten und auf den neuesten Stand zu bringen. Wir haben zudem enorm von der Sorgfalt unseres Technical Editor, John Murdzek, von den neuen Illustrationen von Emiko Rose-Paul sowie von der Hilfe unserer Production Editors, Jonathan Peck und Joan Kelley, profitiert. Schließlich schulden wir unseren Kollegen besonderen Dank, die freundlicherweise verschiedene Abschnitte des Buches gelesen und kommentiert haben: Michael Anderson, Michael Davis, Charles Gilbert, Alex Martin, Edvard Moser, Ken Paller, Peter Rapp und Scott Small.

Abb. 1.1 Marc Chagall (1887–1985): „L'Anníversaire" („Der Geburtstag", 1915). Der Inhalt von Chagalls Gemälden ist oft romantisch und träumerisch, und manches spielt auf seine traditionelle jüdische Erziehung in Rußland an. Hier hat er die Erinnerung an eine frühe Liebe eingefangen.

1
Vom Geist zum Molekül

Das Gedächtnis bündelt die zahllosen Phänomene unserer Existenz zu einem einzigen Ganzen ... Gäbe es nicht die bindende und einigende Kraft des Gedächtnisses, unser Bewusstsein würde in ebenso viele Einzelteile zerfallen, wie wir Sekunden gelebt haben.

Ewald Hering

E. P. hatte 28 Jahre lang erfolgreich als Labortechniker gearbeitet, als er 1982 in den Ruhestand trat, um sich seiner Familie und seinen Hobbys zu widmen. Zehn Jahre später, im Alter von 72, entwickelte E. P. plötzlich eine akute Viruserkrankung – eine Herpes-simplex-Encephalitis –, die einen Krankenhausaufenthalt notwendig machte. Als er aus der Klinik nach Hause zurückkehrte, sahen sich seine Freunde und Familie demselben lebhaften und freundlichen Mann gegenüber, den sie immer gekannt hatten. Er lächelte gern und liebte es, zu lachen und Geschichten zu erzählen. Körperlich wirkte er kerngesund, er ging und benahm sich wie zuvor, und seine Stimme war laut und deutlich. Er war ebenso aufgeweckt wie aufmerksam und konnte sich mit Gästen angemessen unterhalten. Wie spätere Tests zeigten, war sein Denkvermögen tatsächlich völlig intakt. Aber nur wenige Momente genügten, um zu bemerken, dass mit seinem Gedächtnis irgendetwas überhaupt nicht stimmte. Er wiederholte sich ständig, stellte immer wieder dieselben Fragen und konnte mit Unterhaltungen nicht Schritt halten. Neue Besucher erkannte er selbst nach mehr als 100 Besuchen nicht wieder.

Das Herpes-simplex-Virus hatte Teile von E. P.'s Gehirn zerstört, und durch diese Hirnschädigung hatte er die Fähigkeit verloren, neue Gedächtnisinhalte zu bilden. Neue Ereignisse oder Begegnungen konnte er nicht länger als einige Sekunden behalten. Auch war er sich nicht sicher, in welchem Haus er früher 20 Jahre lang gewohnt hatte; er erinnerte sich nicht, dass eines seiner erwachsenen Kinder nebenan wohnte oder dass er zwei Enkel hatte. Die Krankheit machte es ihm unmöglich, seine Gedanken und Eindrücke in die Zukunft zu projizieren, und sie hatte seine Verbindung zur Vergangenheit zerstört, zu all dem, was sich zuvor in seinem Leben ereignet hatte. Er war nun sozusagen in der Gegenwart gefangen, auf den Augenblick reduziert.

Wie die Folgen von E. P.'s viraler Gehirnhautentzündung dramatisch illustrieren, sind Lernen und Gedächtnis für die menschliche Erfahrung essentiell. Wir können neue Kenntnisse über die Welt erwerben, weil die Erfahrungen, die wir gemacht haben, unser Gehirn verändern. Und, einmal gelernt, können wir die neuen Kenntnisse oft für sehr lange Zeit in unserem Gedächtnis speichern, weil Aspekte dieser Veränderung in unserem Gehirn bewahrt werden. Später können wir aufgrund dieses im Gedächtnis gespeicherten Wissens handeln, uns anders als bisher verhalten und in neuen Bahnen denken. Sich-Erinnern ist der Vorgang, durch den das, was wir gelernt haben, die Zeit überdauert. In diesem Sinne sind Lernen und Gedächtnis unlösbar miteinander verbunden.

Der Großteil unserer Kenntnisse und Fähigkeiten ist zum Zeitpunkt unserer Geburt noch nicht in unserem Gehirn verankert, sondern wird vielmehr durch Erfahrung erworben und im Gedächtnis bewahrt – Namen und Gesichter unserer Freunde und Familienangehörigen, Algebra und Geographie, Politik und Sport, die Musik von

Haydn, Mozart und Beethoven. Was wir sind, sind wir zu einem großen Teil wegen unserer Erfahrungen und Erinnerungen. Doch Gedächtnis ist nicht nur eine Aufzeichnung persönlicher Erfahrung: Es erlaubt uns auch, Bildung zu erwerben, und stellt einen starken Motor für den sozialen Fortschritt dar. Menschen verfügen über die einzigartige Fähigkeit, anderen ihre Erfahrungen mitzuteilen, und damit können sie Wissen anhäufen, das von Generation zu Generation weitergegeben wird. Die menschlichen Errungenschaften scheinen ständig zu expandieren, doch die Größe des menschlichen Gehirns hat offenbar nicht signifikant zugenommen, seit *Homo sapiens* vor etwa hunderttausend Jahren zum ersten Mal in der Fossilüberlieferung auftritt. Was die kulturelle Veränderung und den technischen Fortschritt in diesen vielen Jahrtausenden bestimmt hat, ist weder eine Zunahme der Gehirngröße noch eine Veränderung der Hirnstruktur. Es ist vielmehr die Fähigkeit des menschlichen Gehirns, das, was wir lernen, in Sprache und Schrift einzufangen und anderen zu vermitteln.

Obgleich das Gedächtnis bei vielen besonders positiven Aspekten unserer Erfahrung eine zentrale Stellung einnimmt, gilt auch, dass viele psychologische und emotionale Probleme zumindest teilweise aus Erfahrungen resultieren, die im Gedächtnis verankert sind. Diese Probleme sind erlernt – häufig als Reaktion auf Erfahrungen in früher Kindheit, die zu bestimmten Verhaltensmustern führen. Sofern eine Psychotherapie bei der Behandlung von Verhaltensstörungen Erfolge erzielt, dann vermutlich deshalb, weil sie dem Patienten zeigt, wie er neue Verhaltensmuster erwirbt.

Der Verlust des Gedächtnisses führt zum Verlust des Selbst, zum Verlust der eigenen Lebensgeschichte und zum Verlust dauerhafter Beziehungen zu den Mitmenschen. Lern- und Gedächtnisstörungen treten bei Kindern wie bei Erwachsenen auf. Geistige Behinderung, Down-Syndrom, Dyslexie (die Unfähigkeit zu lesen), das normale altersbedingte Nachlassen des Gedächtnisses und die Zerstörungen der Gehirnstruktur durch die Alzheimer- und die Huntington-Krankheit sind nur die bekannteren Beispiele aus einer breiten Palette von (krankhaften) Veränderungen, die das Gedächtnis in Mitleidenschaft ziehen.

Mit dem Problem, wie wir lernen und Gedächtnisinhalte speichern, haben sich bisher drei Fachrichtungen beschäftigt: zunächst die Philosophie, dann die Psychologie und heute die Biologie.

Bis ins späte 19. Jahrhundert hinein war die Untersuchung des Gedächtnisses weitgehend eine Domäne der Philosophie. Im Verlauf des 20. Jahrhunderts verschob sich der Schwerpunkt der Forschung jedoch allmählich in Richtung stärker experimentell geprägter Disziplinen – anfangs in die Psychologie und neuerdings in die Biologie. Heute, an der Schwelle zum nächsten Jahrtausend, fließen psychologische und biologische Fragestellungen zusammen. Die Psychologie fragt: Wie arbeitet das Gedächtnis? Gibt es verschiedene Gedächtnisformen? Und wenn das der Fall ist, welcher Logik folgen sie? Aus der Perspektive der Biologie wird gefragt: Wo im Gehirn lernen wir? Wo speichern wir das Gelernte als Erinnerungen? Lässt sich die Speicherung von Gedächtnisinhalten auf der Ebene einzelner Nervenzellen erklären? Und wenn dies so ist, welche molekularen Strukturen liegen den verschiedenen Prozessen der Informationsspeicherung zugrunde? Weder Psychologie noch Biologie allein können diese Fragen erfolgversprechend angehen, doch dank der kombinierten Kräfte beider Disziplinen kristallisiert sich ein neues, aufregendes Bild heraus, das andeutet, wie das Gehirn lernt und erinnert. Psychologen und Biologen haben gemeinsam ein allgemeines Forschungsprogramm definiert, das sich um zwei entscheidende Fragestellungen dreht: 1. Wie sind die verschiedenen Gedächtnisformen im Gehirn organisiert? 2. Wie geht die Speicherung von Gedächtnisinhalten vor sich? Wir möchten uns im vorliegenden Buch näher mit diesen beiden Fragen beschäftigen.

Das Aufeinanderzugehen von Psychologie und Biologie hat zu einer neuen Synthese unserer Erkenntnisse über Lernen und Gedächtnis geführt. Wir wissen heute, dass es zahlreiche Gedächtnisformen gibt, dass verschiedene Hirnstrukturen spezifische Aufgaben erfüllen und dass das Gedächtnis in einzelnen Nervenzellen codiert ist beziehungsweise von Veränderungen in der Stärke ihrer Verbindungen abhängt. Wir wissen auch, dass diese Veränderungen durch die Wirkung von Genen in den Nervenzellen stabilisiert werden, und wir wissen einiges über die molekularen Vorgänge, durch die die Verbindungsstärken zwischen den Nervenzellen verändert werden. Das Gedächtnis verspricht die erste geistige Fähigkeit zu werden, bei der wir eine Brücke vom Molekül zum Geist schlagen können, das heißt, die Funktion der einzelnen Ebenen verstehen lernen: vom Molekül über die Zelle zum Gehirn und zum Verhalten. Dieses aufkommende Verständnis könnte seinerseits zu neuen Einsichten in die Ursachen und zur effektiveren Behandlung von Gedächtnisstörungen führen.

Gedächtnis als psychologischer Vorgang

Seit Sokrates erstmals vermutete, Menschen besäßen ein Vorwissen, ihnen sei also ein gewisses Wissen um die Welt angeboren, hat sich die westliche Philosophie mit mehreren verwandten Fragen auseinandergesetzt: Wie lernen wir neue Informationen über unsere Umwelt, und wie wird diese Information im Gedächtnis gespeichert? Welche Aspekte unseres Wissens sind angeboren, und in welchem Maße kann Erfahrung diese angeborene Information beeinflussen? Um Gedächtnis und andere geistige Prozesse zu untersuchen, benutzten Philosophen ursprünglich im Wesentlichen drei –allesamt nichtexperimentelle – Methoden: bewusste Selbstbeobachtung, logische Analyse und Schlussfolgerung. Die Schwierigkeit bestand darin, dass diese Methoden nicht zu einer Einigung über Fakten oder zu einem Konsens im Sinne einer gemeinsamen Sichtweise führten. Mitte des 19. Jahrhunderts ließ der Erfolg der experimentellen Wissenschaften bei der Lösung physikalischer und chemischer Probleme auch diejenigen aufhorchen, die Verhalten und Geist untersuchten. Das führte dazu, dass die philosophische Erforschung geistiger Vorgänge allmählich durch empirische Untersuchungen des Geistes ersetzt wurde und die Psychologie sich als eigenständige, von der Philosophie unabhängige Disziplin etablierte.

Anfangs konzentrierten sich die experimentellen Psychologen in ihren Untersuchungen auf Sinneswahrnehmungen, doch mit der Zeit wagten sie sich an die komplexeren Funktionen des Geistes heran und versuchten, mentale Phänomene einer experimentellen und quantitativen Analyse zu unterziehen. Ein Pionier auf diesem Gebiet war der deutsche Psychologe Hermann Ebbinghaus, dem es in den achtziger Jahren des 19. Jahrhunderts gelang, die Erforschung des Gedächtnisses auf eine objektive und quantitative experimentelle Grundlage zu stellen. Dazu benötigte Ebbinghaus ein standardisiertes, einheitliches Testverfahren, mit dem er das Erinnerungsvermögen einer Versuchsperson überprüfen konnte. Zu diesem Zweck erfand er neuartige Silben, bei denen ein Vokal zwischen zwei Konsonanten plaziert wird, wie in ZUG oder REN. Um nun Listen für seine Lernexperimente zu erstellen, bildete er rund 2300 dieser Silben, schrieb sie auf einzelne Papierstücke, mischte sie, zog sie nach dem Zufallsprinzip und schrieb sie auf. Anschließend lernte er die Listen dieser Silben im Selbstversuch auswendig und prüfte dann in verschiedenen Zeitintervallen sein Erinnerungs-

Abb. 1.2 Der deutsche Psychologe Hermann Ebbinghaus (1850–1909) führte experimentelle Methoden in die Psychologie ein und leistete Pionierarbeit bei der Erforschung von Lernen und Gedächtnis unter kontrollierten Bedingungen.

vermögen. Überdies bestimmte er die Anzahl der erforderlichen Wiederholungen und die Zeit, die nötig war, um jede Liste erneut zu lernen.

Auf diese Weise gelang es Ebbinghaus, zwei Schlüsselprinzipien bei der Speicherung von Gedächtnisinhalten zu entdecken. Erstens konnte er zeigen, dass Erinnerungen unterschiedliche Lebensspannen haben. Einige Erinnerungen sind kurzlebig und bleiben nur minutenlang erhalten, andere sind langlebig und überdauern tage- oder monatelang. Zweitens wies er nach, dass Erinnerungen nach Wiederholung länger im Gedächtnis bleiben – Übung macht eben den Meister. Nach einer einzigen Trainingssitzung wird ein Proband eine Liste vielleicht nur ein paar Minuten lang behalten, doch bei genügend häufiger Wiederholung kann sie tage- oder wochenlang im Gedächtnis bleiben. Einige Jahre später stellten die deutschen Psychologen Georg Müller und Alfons Pilzecker die These auf, dass diese Erinnerung, die tage- und wochenlang überdauert, im Laufe der Zeit *konsolidiert* wird. Eine Erinnerung, die konsolidiert worden ist, ist robust und widerstandsfähig gegenüber Störungen. Im Anfangsstadium sind selbst Gedächtnisinhalte, die normalerweise überdauern würden, höchst störungsanfällig; das zeigt sich beispielsweise, wenn man versucht, anderes, ähnliches Material auswendig zu lernen.

Der amerikanische Philosoph William James arbeitete diese Befunde später aus und schuf eine scharfe, qualitative Unterscheidung zwischen Kurzzeit- und Langzeitgedächtnis. Das Kurzzeitgedächtnis, so argumentierte er, umfasst einen Zeitraum von Sekunden bis Minuten und ist im Wesentlichen eine Ausdehnung des Augenblicks, beispielsweise, wenn man eine Telefonnummer nachsieht und sie dann einen Moment lang im Gedächtnis behält. Das Langzeitgedächtnis hingegen kann Wochen, Monate oder gar ein ganzes Leben andauern und wird dadurch konsultiert, dass man auf die Vergangenheit zurückgreift. Diese Unterscheidung hat sich als grundlegend für das Verständnis des Gedächtnisses erwiesen.

Etwa um dieselbe Zeit, als Ebbinghaus und James ihre klassischen Arbeiten durchführten, veröffentlichte der russische Psychiater Sergei Korsakoff die erste Beschreibung einer Gedächtnisstörung (Amnesie), die schließlich seinen Namen tragen sollte, das Korsakoff-Syndrom. Es ist heute das bestbekannte und -studierte Beispiel einer menschlichen Amnesie. Schon vor Korsakoff ging man allgemein davon aus, dass die Untersuchung eines beeinträchtigten Gedächtnisses tiefe Einblicke in Struktur und Organisation des normalen Gedächtnisses gewähren könne. Wie auch auf anderen Gebieten der Biologie, wo die Analyse von Krankheiten geholfen hat, die normale Funktion eines Organs zu erhellen, zeigte sich auch beim Gedächtnis, dass die detaillierte Untersuchung von Gedächtnisstörungen eine Fülle nützlicher Informationen liefern konnte. So ergab die Untersuchung der Amnesie, dass es verschiedene Gedächtnisformen gibt, ein Thema, dem wir in diesem Buch noch häufig begegnen werden.

Die behavioristische Revolution

Mitte des 19. Jahrhunderts vermutete Charles Darwin, dass geistige Merkmale, genauso wie morphologische, phylogenetische Kontinuität aufweisen, das heißt, bei verwandten Tierarten gleichartig sind. Gliedmaßen, beispielsweise, sind bei Säugern, Vögeln und Reptilien nach demselben allgemeinen Muster konstruiert, so dass das Vorderbein einer Eidechse, der Flügel einer Ente oder einer Fledermaus und ein menschlicher Arm im Grunde dieselben Knochen in derselben relativen Anordnung aufweisen. Wenn Menschen anderen Tieren in so prinzipiellen Aspekten gleichen, sollten wir auch etwas über unser Geistesleben lernen können, indem wir Tiere studieren. Aufbauend auf Ebbinghaus' erfolgreicher Untersuchung des menschlichen Gedächtnisses und inspiriert von Darwins Vorstellung, dass sich unsere geistigen Fähigkeiten aus denjenigen einfacherer Tiere evolviert haben, entwickelten der bekannte russische Physiologe Iwan Pawlow und der amerikanische Psychologe Edward Thorndike Anfang des 20. Jahrhunderts Tiermodelle zur Untersuchung von Lernprozessen. Unabhängig voneinander entdeckte jeder von ihnen eine andere experimentelle Methode, um Verhaltensreaktionen zu beeinflussen:

Pawlow entdeckte die klassische Konditionierung, Thorndike die operante Konditionierung (besser bekannt als Versuch-und-Irrtum-Lernen).

Diese beiden experimentellen Methoden lieferten die Grundlage für die wissenschaftliche Untersuchung von Lernen und Gedächtnis bei Tieren. Bei der klassischen Konditionierung lernt ein Tier, zwei Ereignisse miteinander zu assoziieren, beispielsweise einen Glockenton mit der Gabe von Futter, so dass das Tier zu speicheln beginnt, sobald es die Glocke hört, selbst wenn kein Futter angeboten wird. Bei der operanten Konditionierung lernt ein Tier, eine Verbindung zwischen einer Handlung und einer Belohnung beziehungsweise Bestrafung zu ziehen, die auf die Handlung folgt, und verändert auf diese Weise allmählich sein Verhalten.

Diese objektive, auf Laboruntersuchungen basierende Lernpsychologie entwickelte sich zu einer empirischen Tradition, dem so genannten Behaviorismus, der die Methodik bei der Erforschung des Gedächtnisses veränderte. Die Behavioristen, allen voran der Amerikaner John B. Watson, argumentierten, dass man das Verhalten nun mit derselben Strenge untersuchen könne wie andere naturwissenschaftliche Phänomene. Die Psychologen müssten sich lediglich ausschließlich auf das konzentrieren, was beobachtbar ist, und sie könnten somit Reize identifizieren und Verhaltensreaktionen messen. Mit dieser Sichtweise ließen sich das Wesen subjektiver Erfahrung und die Natur geistiger Vorgänge jedoch nicht wissenschaftlich erforschen. Trotzdem erbrachte das Studium klassischer und operanter Konditionierung eine Fülle nützlicher Informationen, darunter gesetzmäßige Prinzipien, wie Tiere Assoziationen zwischen Reizen bilden, die Vorstellung der Verstärkung (oder Belohnung) als Schlüssel zum Verständnis des Lernens und Aussagen darüber, wie verschiedene „Fahrpläne" bei der Verstärkung die Lerngeschwindigkeit bestimmen.

Trotz seiner wissenschaftlichen Strenge erwies sich der Behaviorismus als restriktiv in seiner Reichweite und begrenzt in seinen Methoden. Bei ihrem Versuch, mit den Naturwissenschaften zu konkurrieren und nur beobachtbare Reize und Reaktionen zu untersuchen, verloren die Behavioristen viele andere interessante und wichtige Fragen im Hinblick auf mentale Prozesse aus den Augen. Insbesondere ignorierten sie weitgehend die Befunde der Gestaltpsychologie, Neurologie, Psychoanalyse und selbst den gesunden Menschenverstand, die alle darauf hinweisen, dass auch die „geistige Maschinerie" wichtig ist, die zwischen einem Reiz und einer Reaktion vermittelt. Die Behavioristen definierten im Grunde das gesamte geistige Leben anhand der begrenzten Techniken, die sie zu seiner Erforschung einsetzten. Dadurch reduzierte sich die experimentelle Psychologie auf eine sehr enge Palette von Fragestellungen und schloss einige der faszinierendsten Merkmale des geistigen Lebens aus ihren Untersuchungen aus, beispielsweise die kognitiven Prozesse beim Lernen und Erinnern. Auf diesen vermittelnden mentalen Prozessen im Gehirn basieren Wahrnehmung, Aufmerksamkeit, Motivation, bewusstes Handeln, Planen und Denken sowie Lernen und Gedächtnis.

Die kognitive Revolution

Der Behaviorismus war Anfang des 20. Jahrhunderts insbesondere in den Vereinigten Staaten die beherrschende psychologische Richtung bei der Erforschung von Lernen und Gedächtnis. Es gab jedoch einige bemerkenswerte Abweichungen von dieser orthodoxen Strömung, einige Forscher, für die mentale Vorgänge im Mittelpunkt standen. Ein wichtiger Vorläufer eines weniger behavioristischen, stärker kognitiv geprägten Ansatzes zur Erforschung des Gehirns war der britische Psychologe Frederic C. Bartlett. In der ersten Hälfte des 20. Jahrhunderts untersuchte Bartlett das Gedächtnis unter stärker realistischen Bedingungen, indem er seine Probanden alltägliches Material, wie Geschichten und Bilder, lernen ließ. Mit diesen Methoden konnte er zeigen, dass das Gedächtnis überraschend fragil und störungsanfällig ist. Er vertrat die Ansicht, ein Gedächtnisabruf sei selten sehr präzise, denn es handele sich dabei nicht einfach um eine exakte Wiedergabe passiv gespeicherter Information, die auf Reaktivierung wartet. Abruf von Gedächtnisinhalten ist seinem Wesen nach vielmehr ein kreativer Rekonstruktionsprozess, den Bartlett folgendermaßen beschrieb:

> Erinnern ist keine Reaktivierung unzähliger fixierter, lebloser und fragmentarischer Spuren. Es ist eine fantasievolle Rekonstruktion, oder eine Konstruktion, errichtet aus dem Spannungsfeld zwischen unserer Haltung gegenüber einer ganzen,

aktiven Masse organisierter ehemaliger Reaktionen oder Erfahrungen einerseits und einem kleinen, hervorstechenden Detail andererseits, das gewöhnlich in Bild- oder Sprachform auftritt.

In den sechziger Jahren waren sich viele Psychologen der Grenzen des Behaviorismus bewusst geworden – nicht zuletzt ein Verdienst der Arbeiten Bartletts. Sie gelangten zu der Ansicht, dass Wahrnehmung und Gedächtnis nicht nur von Informationen aus der Umwelt, sondern auch von der geistigen Struktur der Person, die wahrnimmt oder sich erinnert, abhängen. Diese Vorstellungen führten zur Geburt der kognitiven Psychologie. Deren wichtige wissenschaftliche Aufgabe bestand darin, nicht nur Reize und die dadurch hervorgerufenen Reaktionen zu analysieren, sondern die Gehirnprozesse, die zwischen einem Stimulus und einem Verhalten vermitteln – genau das Feld, das von den Behavioristen ignoriert wurde.

Die Kognitionspsychologen interessierten sich bei der Erforschung mentaler Prozesse insbesondere für den Informationsfluss von Auge und Ohr sowie den anderen Sinnesorganen zu ihren *internen Repräsentationen* im Gehirn. Diese interne Repräsentation bildet letztlich die Basis für Gedächtnis und Handeln und ist, so vermutete man, mit einem typischen Aktivitätsmuster in bestimmten Populationen miteinander verschalteter Hirnzellen korreliert. Wenn wir also eine Szene beobachten, so existiert nach Ansicht der Kognitionspsychologen ein Aktivitätsmuster im Gehirn, das diese Szene repräsentiert.

Doch auch diese neue Betonung der internen Repräsentation führte zu Problemen. Zu Recht hatten die Behavioristen nämlich darauf hingewiesen, dass interne Repräsentationen einer objektiven Analyse nur schwer zugänglich sind. Die Kognitionspsychologen mussten sich mit der harten Realität auseinandersetzen, dass interne Repräsentationen mentaler Prozesse theoretische Konstrukte auf wackligen Beinen waren, die experimentell schwierig zu fassen sind. Reaktionszeitmessungen vermittelten beispielsweise Erkenntnisse über die Reihenfolge, in der diese hypothetischen geistigen Operationen ausgeführt werden. Diese Technik untersuchte mentale Prozesse jedoch nur indirekt und konnte daher keine Auskunft darüber geben, wie eine mentale Operation identifiziert werden sollte oder um was genau es sich dabei handelt. Um Fortschritte zu machen, musste die kognitive Psychologie ihre Kräfte mit denen der Biologie vereinigen; nur so bestand Aussicht, die „Black Box" zu öffnen und das Gehirn zu erforschen, das von den Behavioristen so lange ignoriert worden war.

Abb. 1.3 Der britische Psychologe Frederic C. Bartlett (1886–1969) war einer der Begründer der kognitiven Psychologie. Bartlett erweiterte Ebbinghaus' streng kontrollierte Methoden zur Erforschung des Gedächtnisses durch lebensnahe Versuchsansätze.

Die biologische Revolution

Glücklicherweise vollzog sich in den sechziger Jahren parallel zur Entwicklung der kognitiven Psychologie eine Revolution in der Biologie, die beide Fächer in engeren Kontakt zueinander brachte. Diese Revolution ruhte auf zwei Pfeilern: einer molekularbiologischen und einer systemorientiert-neurowissenschaftlichen Komponente. Beide spielen inzwischen eine entscheidende Rolle beim Verständnis des Gedächtnisses.

Die molekulare Komponente der biologischen Revolution nahm Ende des 19./Anfang des 20.

Jahrhunderts mit den Arbeiten von Gregor Mendel, William Bateson und Thomas Hunt Morgan ihren Ursprung. Sie wiesen nach, dass erbliche Information mittels separater biologischer Einheiten, die wir heute Gene nennen, von den Eltern an die Nachkommen weitergegeben wird und jedes Gen an einem bestimmten Ort auf den *Chromosomen* im Zellkern liegt. Im Jahre 1953 klärten James Watson und Francis Crick die Struktur der DNA auf, dieses fadenartigen und doppelsträngigen Moleküls, das die Chromosomen bildet und alle Gene eines Organismus enthält. Diese Entdeckung führte Crick dazu, das „zentrale Dogma" der Molekularbiologie zu formulieren: dass sich DNA in RNA umschreiben lässt, die sich ihrerseits in Proteine übersetzen lässt.

Die DNA der Gene enthält einen Code (den genetischen Code). Dieser Code kann abgelesen werden, wenn sich die beiden Stränge der DNA–Doppelhelix trennen. Einer der Stränge wird anschließend kopiert oder in eine komplementäre RNA-Kopie, die messenger-RNA (mRNA) umgeschrieben. Dieser Prozess wird als Transkription bezeichnet, weil die Sprache des Gens in Form eines Strangs von Molekülen, den Nucleotiden, beibehalten wird. Im Gegensatz dazu erfordert die Konvertierung der messenger-RNA in ein Protein die Übersetzung (Translation) aus einer Sprache – aus der Sprache der Nucleotide, der Bausteine von Genen und messenger-RNA – in eine andere Sprache, die der Aminosäuren, den Bausteinen der Proteine.

Gegen Ende der siebziger Jahre wurde es möglich, die Sequenzen des genetischen Codes zu lesen und festzustellen, welches Protein ein Gen produziert. Wie sich herausstellte, codieren bestimmte identische DNA-Abschnitte charakteristische Domänen oder Proteinregionen. Obwohl diese Domänen auf vielen verschiedenen Proteinen vorkommen, dienen sie denselben biologischen Funktionen. Daher wurde es möglich, durch bloßes Lesen der *Sequenz* eines Gens auf die *Funktion* des codierten Proteins rückzuschließen. Allein durch den Vergleich ihrer Sequenzen konnte man nun verwandte Proteine erkennen, die in ganz verschiedenen Kontexten zu finden waren: in verschiedenen Körperzellen eines bestimmten Organismus und sogar in völlig verschiedenen Organismen. Aus diesen Erkenntnissen kristallisierte sich ein grundlegendes Schema der Zellfunktion – auch der Art und Weise, wie Zellen miteinander kommunizieren – heraus, das einen allgemeinen konzeptionellen Rahmen für das Verständnis vieler Lebensprozesse geliefert hat. Diese Konzepte hatten bereits großen Einfluss auf die molekulare Erforschung von Lernprozessen bei einfachen Wirbellosen, wie der Meeresschnecke *Aplysia*, der Taufliege *Drosophila* und dem Fadenwurm *C. elegans*, an denen sich einfache Verhaltensweisen studieren lassen. Diese selben Konzepte sollten uns in die Lage versetzen, auch die interne Repräsentation kognitiver Prozesse in komplexeren Wirbeltiergehirnen wie der Maus auf molekularer Ebene zu untersuchen.

Bei der zweiten, systemorientiert-neurowissenschaftlichen Komponenten der biologischen Revolution geht es darum, Elemente kognitiver Funktionen spezifischen Hirnregionen zuzuordnen. Dieser Bereich hat durch die Entwicklung moderner bildgebender Verfahren zur Untersuchung der internen Repräsentationen kognitiver Prozesse großen Auftrieb erhalten. Heute können Forscher die Aktivität von Nervenzellen im Gehirn wacher, aktiver Tiere ableiten und mit Hilfe bildgebender Verfahren, wie der Positronenemissions- und der funktionellen Kernspintomographie, das menschliche Gehirn

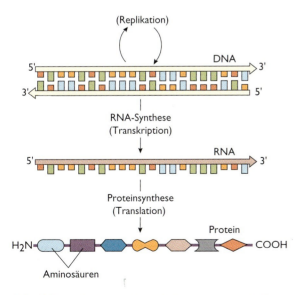

Abb. 1.4 Der Fluss genetischer Information von DNA zu RNA (Transkription) und von RNA zum Protein (Translation) findet in sämtlichen lebenden Zellen statt.

abbilden, während eine Versuchsperson eine kognitive Aufgabe durchführt. Gemeinsam haben diese Entwicklungen es uns ermöglicht, die Vorgänge im Gehirn zu untersuchen, wenn wir sensorische Reize wahrnehmen, motorische Handlungen einleiten oder lernen und uns erinnern.

Die Biologie des Gedächtnisses lässt sich heute also auf zwei verschiedenen Ebenen untersuchen: auf der Ebene der Nervenzellen und der Moleküle innerhalb von Nervenzellen und auf der Ebene von Hirnstrukturen, Schaltkreisen und Verhalten. Die erste Forschungsrichtung beschäftigt sich mit den *zellulären* und *molekularen* Mechanismen der Speicherung von Gedächtnisinhalten, die zweite mit den *neuronalen Systemen* des Gehirns, die für das Gedächtnis von Bedeutung sind. Beide Ansätze liefern wichtige Einblicke in die Funktion des Gedächtnisses, und ihre Synthese verspricht, unser Verständnis dieser Vorgänge auf ein neues Niveau zu heben. In den nächsten Abschnitten wollen wir uns zunächst mit dem beschäftigen, was inzwischen auf der Ebene der neuronalen Systeme bekannt ist.

Die neuronalen Systeme des Gedächtnisses: Wo werden Gedächtnisinhalte gespeichert?

Die Frage, wo Gedächtnisinhalte gespeichert werden, hat eine lange Tradition, bei der es um die allgemeinere Frage geht: Kann irgendein geistiger Vorgang einer bestimmten Region oder einer Kombination von Regionen im Gehirn zugeordnet werden? Seit Anfang des 19. Jahrhunderts werden zwei gegensätzliche Vorstellungen über die Lokalisation mentaler Prozesse diskutiert. Nach der einen Ansicht setzt sich das Gehirn aus identifizierbaren, lokalisierten Teilen zusammen, und Sprache, Sehen oder andere Funktionen können bestimmten Regionen zugeordnet werden. Nach der anderen Anschauung sind die verschiedenen mentalen Funktionen nicht in bestimmten Regionen lokalisiert, sondern stellen stattdessen globale Eigenschaften dar, die aus der integrierten Aktivität des gesamten Gehirns erwachsen. In gewissem Sinne kann man die Geschichte der Hirnforschung als allmählichen Aufstieg der ersten Ansicht ansehen, nach der sich das Gehirn aus vielen verschiedenen Teilen aufbaut und diese Teile auf verschiedene Funktionen spezialisiert sind – wie Sprache, Sehen und Bewegung.

Derjenige Forscher, der heute am stärksten mit frühen Versuchen zur Lokalisation des Gedächtnisses im Gehirn identifiziert wird, ist Karl Lashley, Psychologieprofessor an der Harvard University in Boston. In einer Reihe berühmter Experimente trainierte Lashley in den zwanziger Jahren Ratten darauf, durch ein einfaches Labyrinth zu laufen. Anschließend entfernte er verschiedene Areale des Cortex, der phylogenetisch jüngsten, äußeren Schicht des Gehirns. Zwanzig Tage nach dem Eingriff testete er die Ratten erneut, um festzustellen, wieviel sie von ihrem Training behalten hatten. Aufgrund dieser Experimente formulierte

Abb. 1.5 Der amerikanische Psychologe Karl Lashley (1890–1958) untersuchte den Sitz des Gedächtnisses bei Ratten, indem der verschiedene Regionen der Großhirnrinde entfernte.

Lashley das Gesetz der *Massenwirkung*, nach dem die Schwere der Gedächtnisbeeinträchtigung bei Labyrinthaufgaben mit der Größe des entfernten corticalen Bereichs korreliert, und nicht mit dessen spezifischer Lage. Lashley schrieb damals:

> Es ist sicher, dass die Vertrautheit mit dem Labyrinth, einmal ausgebildet, nicht in irgendeinem bestimmten Areal des Großhirns lokalisiert ist und ihre Umsetzung auf irgendeine Weise von der Menge des intakten Gewebes bestimmt wird.

Im Jahre 1950, gegen Ende seiner Karriere, fasste Lashley seine Suche nach dem Sitz des Gedächtnisspeichers so zusammen:

Diese Versuchsreihe hat eine Menge Information darüber geliefert, was und wo die Gedächtnisspur nicht ist. Sie hat jedoch keinen direkten Beleg für die reale Natur der Gedächtnisspur erbracht. Wenn ich die Befunde über die Lokalisation der Gedächtnisspur Revue passieren lasse, denke ich manchmal, man kann nur zu dem zwingenden Schluss kommen, dass Lernen überhaupt nicht möglich ist. Es ist schwierig, sich einen Mechanismus vorzustellen, der die dafür gestellten Bedingungen erfüllen kann. Dennoch, trotz so vieler Befunde, die dagegen sprechen, treten Lernvorgänge manchmal tatsächlich auf.

Viele Jahre später war es nach weiteren Experimenten schließlich möglich, Lashleys berühmte Ergebnisse in einem anderen Licht zu sehen. Erstens wurde deutlich, dass Lashleys Labyrinthaufgabe ungeeignet war, um den Sitz der Gedächtnisfunktion zu untersuchen, weil die Aufgabe auf vielen unterschiedlichen sensorischen und motorischen Fähigkeiten beruht. Wenn ein Tier durch eine corticale Läsion eine Art von Hinweisen (beispielsweise die taktilen Hinweise) verliert, kann es sich noch immer recht gut mit Hilfe seines Gesichts- oder Geruchssinns erinnern. Zudem konzentrierte sich Lashley ausschließlich auf die Großhirnrinde (Cortex cerebri) und kümmerte sich nicht um Strukturen, die tiefer im Gehirn, unter dem Cortex, liegen. Wie spätere Arbeiten zeigten, ist an vielen Formen des Gedächtnisses aber die ein oder andere *subcorticale Region* beteiligt. Dennoch ließen sich anhand von Lashleys Befunden einige einfache Möglichkeiten ausschließen: Beispielsweise wies er nach, dass es kein einzelnes Zentrum im Gehirn gibt, in dem alle Erinnerungen dauerhaft gespeichert werden. An der Repräsentation des Gedächtnisses müssen viele Teile des Gehirns beteiligt sein.

Der Psychologe Donald O. Hebb von der McGill University in Montreal war einer der ersten, der eine Antwort auf Lashleys Befunde über den Sitz des Gedächtnisses zu geben versuchte: Um zu erklären, warum sich die Verbindungen, die durch Lernen geknüpft worden waren, offenbar keiner einzelnen Gehirnregion zuordnen ließen, postulierte Hebb über große Hirnbereiche verstreute Zellverbände, die zusammenarbeiten, um Information zu repräsentieren. Innerhalb dieser Zell-

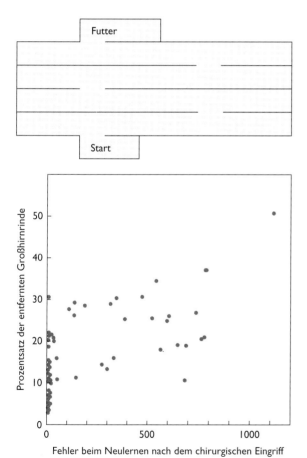

Abb. 1.6 Oben: Grundriss des Labyrinths, das Lashley bei seinen Versuchen einsetzte, den Sitz des Gedächtnisse im Gehirn zu lokalisieren. Unten: Lashley fand heraus, dass eine Ratte beim erneuten Lernen der Labyrinthaufgabe umso mehr Fehler machte, je größer das Ausmaß ihrer corticalen Schädigung war.

Abb. 1.7 Der kanadische Psychologe Donald Hebb (1904–1985) war ein Kollege von Wilder Penfield und Brenda Milner. Er vertrat die Ansicht, Verhalten ließe sich als Ausdruck der Gehirnfunktion verstehen und betonte die Bedeutung von verteilten neuronalen Netzwerken für die Gedächtnisspeicherung.

verbände werden genügend verknüpfte Neuronen fast jede Läsion überleben und somit sicherstellen, dass die Information auch nach Ausfall bestimmter Teile noch repräsentiert wird.

Hebbs Vorstellung von einer verteilten Informationsspeicherung zeugte von Weitblick. Mit der Zeit sammelten sich immer mehr Befunde an, die diese Sichtweise stützten, und so wurde sie schließlich allgemein als Schlüsselprinzip der Informationsspeicherung im Gehirn angesehen. Es gibt keine einzelne Gedächtnisregion, und an der Repräsentation jedes einzelnen Ereignisses haben viele Gehirnregionen einen Anteil. Inzwischen realisieren wir, dass die Vorstellung einer weit verstreuten Informationsspeicherung nicht dasselbe ist wie die Vorstellung, alle involvierten Hirnregionen seien gleichermaßen an der Speicherung von Gedächtnisinhalten beteiligt. Nach moderner Anschauung ist das Gedächtnis weit über das ganze Gehirn verstreut, doch verschiedene Areale speichern verschiedene Aspekte des Ganzen. Es existiert kaum Redundanz oder Funktionsverdopplung zwischen diesen Gebieten. Bestimmte Gehirnregionen üben spezifische Funktionen aus, und jede trägt, wie wir in Kapitel 5 sehen werden, auf andere Weise zur Speicherung ganzheitlicher Erinnerungen bei.

Erste Hinweise auf einen Sitz des Gedächtnisses

Die Großhirnrinde teilt sich in vier Hauptregionen oder Lappen. Der Stirn- oder Frontallappen beschäftigt sich mit Planung und Willkürbewegungen, der Scheitel- oder Parietallappen mit Empfindungen der Körperoberfläche und räumlicher Wahrnehmung, der Hinterhaupts- oder Occipitallappen mit Sehen und der Schläfen- oder Temporallappen mit Hören, visueller Wahrnehmung und, wie wir noch sehen werden, Gedächtnisprozessen.

Den ersten Hinweis, dass Aspekte des Gedächtnisses im Temporallappen des menschlichen Gehirns gespeichert werden könnten, lieferte 1938 die Arbeit eines findigen Neurochirurgen, Wilder Penfield. Penfield, der am Montreal Neurological Institute arbeitete, war ein Pionier bei der neurochirurgischen Behandlung der fokalen Epilepsie. Diese Form der Epilepsie ruft Anfälle hervor, die

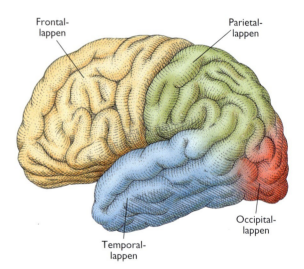

Abb. 1.8 Diese Seitenansicht des menschlichen Gehirns zeigt die vier Lappen der linken Großhirnhemisphäre.

auf begrenzte Regionen des Cortex beschränkt sind. Penfield entwickelte eine Technik, die noch immer angewandt wird, um das epileptische Gewebe zu entfernen und gleichzeitig Beeinträchtigungen der geistigen Funktionen des Patienten so gering wie möglich zu halten. Im Verlauf des operativen Eingriffs reizte er den Cortex seiner Patienten an verschiedenen Stellen und bestimmte den Effekt dieser schwachen elektrischen Stimulation auf die Fähigkeit zu sprechen und Sprache zu verstehen. Da das Gehirn keine Schmerzrezeptoren enthält, benötigten die Patienten nur eine lokale Betäubung; sie waren daher während des Eingriffs bei vollem Bewusstsein und konnten ihre Eindrücke schildern. Mit Hilfe ihrer Antworten konnte Penfield spezifische Hirnorte identifizieren, die beim einzelnen Patienten für Sprache wichtig waren, und dann versuchen, diese Orte auszusparen, wenn er epileptisches Gewebe entfernte.

Auf diese Weise untersuchte Penfield einen großen Teil der Cortexoberfläche von mehr als 1000 Patienten. Dabei kam es manchmal vor, dass Patienten als Reaktion auf eine elektrische Stimulation von zusammenhängenden Wahrnehmungen oder Vorstellungen berichteten. Beispielsweise meinte ein Patient: „Es klang wie eine Stimme, die Worte sagte, aber sie war so schwach, dass ich nichts verstehen konnte." Ein anderer Patient erklärte: „Ich sehe das Bild eines Hundes und einer Katze ... der Hund jagt die Katze." Solche Gedächtnisreaktionen ließen sich ausschließlich bei Reizungen im Gebiet der Temporallappen auslösen, niemals in anderen Regionen, und selbst in den Temporallappen rief eine Stimulation nur selten – in etwa acht Prozent der Fälle – zusammenhängende Vorstellungen hervor. Nichtsdestoweniger waren diese Untersuchungen faszinierend, denn sie deuteten darauf hin, dass die durch die Gehirnstimulation ausgelösten Vorstellungen den Bewusstseinsstrom einer vergangenen Episode im Leben des Patienten reproduzierten und somit eine Art „Rückblende" auslösten. Diese Sichtweise blieb jedoch nicht unwidersprochen. Erstens wiesen alle Patienten aufgrund ihrer Epilepsie anomale Gehirne auf, und in vierzig Prozent aller Fälle waren die mentalen Vorstellungen, die von der Stimulation hervorgerufen wurden, identisch mit denjenigen, die gewöhnlich die Anfälle des Patienten begleiten. Zweitens umfassten die mentalen Vorstellungen Phantasieelemente wie auch unwahrscheinliche oder unmögliche Situationen und glichen eher Träumen als Erinnerungen. Überdies wurde, wenn man das Gehirngewebe unter der Reizelektrode entfernte, die Erinnerung an die ausgelöste Vorstellung nicht ausgelöscht.

Die Geschichte des Amnesiepatienten H. M.

Angeregt von Penfields Arbeiten erhielt ein anderer Neurochirurg, William Scoville, bald einen direkten Beweis dafür, dass die Temporallappen für das menschliche Gedächtnis von entscheidender Bedeutung sind. Im Jahre 1957 berichteten Scoville und Brenda Milner, eine Psychologin an der McGill University und Kollegin von Penfield, über die außergewöhnliche Geschichte des Patienten H. M. Im Alter von etwa neun Jahren wurde H. M. von einem Fahrrad umgefahren und erlitt eine Kopfverletzung, die schließlich zur Epilepsie führte. H. M.'s Anfälle wurden im Laufe der Jahre immer schlimmer, bis er schließlich jede Woche bis zu zehn Blackouts und einen großen Krampfanfall erlitt. Im Alter von 27 Jahren war er schwer behindert und konnte kein normales Leben mehr führen. Da man annahm, H. M.'s Epilepsie habe ihren Ursprung im Temporallappen, entschied Scoville als letztes Mittel, die Innenfläche des Temporallappens einschließlich des Hippocampus (einer Struktur am eingewölbten Innenrand des Cortex) beidseitig zu entfernen, um die Epilepsie zu behandeln. Dieser Eingriff linderte tatsächlich H. M.'s epileptische Anfälle, doch er erlitt einen verheerenden Gedächtnisverlust, von dem er sich bis heute nicht erholt hat. Seit dem Eingriff (1953) bis heute ist H. M. nicht in der Lage, sich etwas länger als ein paar Minuten zu merken, das heißt, er kann die Inhalte des Kurzzeitgedächtnisses nicht ins Langzeitgedächtnis überführen.

Brenda Milner entdeckte diese Gedächtnisstörung und beschrieb sie in einer Publikation, die zu dem am häufigsten zitierten Artikel auf dem Gebiet der Hirn- und Verhaltensforschung wurde. Sie hat H. M.'s Fall die letzten fünfzig Jahre hindurch

Abb. 1.9 Die kanadische Psychologin Brenda Milner untersuchte H. M. und deckte die Bedeutung des medialen Temporallappens für das menschliche Gedächtnis auf.

verfolgt. Von Anfang an bestand der dramatischste Aspekt seiner Behinderung darin, dass er Vorkommnisse anscheinend so schnell vergaß, wie sie sich ereigneten. Wann immer Brenda Milner den Raum betrat, um ihn zu begrüßen, benahm er sich, als sähe er sie das erste Mal. Weniger als eine Stunde nach dem Essen kann er sich an nichts erinnern, was er gegessen hat, nicht einmal daran, dass er gegessen hat. Heute erkennt er sich nicht einmal mehr selbst auf einem Photo, weil er sich nicht an sein verändertes Aussehen erinnert. Er ist jedoch in der Lage, neue Informationen solange im Gedächtnis zu behalten, wie seine Aufmerksamkeit nicht abgelenkt wird.

H. M.'s Gedächtnisdefizite sind bemerkenswert. Betrachten wir beispielsweise seine Reaktion auf die Aufgabe, sich an die Zahl „584" zu erinnern. Sich selbst überlassen, gelang es ihm, diese Information mehrere Minuten lang zu behalten, indem er sich „Eselsbrücken" ausdachte und die Information ständig wachhielt. H. M. erklärte, wie er dabei vorging:

Es ist ganz einfach. Man prägt sich nur 8 ein. Man sieht, dass sich 5, 8 und 4 zu 17 addieren. Man erinnert sich an die 8, zieht sie von 17 ab und erhält 9. Teilt man 9 in zwei Hälften, so erhält man 5 und 4, und dann ist man schon am Ziel: 584. Ganz einfach!

Doch nur eine oder zwei Minuten später, nachdem sich seine Aufmerksamkeit einer anderen Aufgabe zugewandt hatte, konnte er sich nicht mehr an die Zahl oder an irgendeinen seiner Gedankengänge hinsichtlich der Zahl erinnern. Wenn H. M. aufgefordert wurde, sich das Wortpaar „*nail*" (Nagel) und „*salad*" (Salat) anhand eines Bildes zu merken, das diese beiden Begriffe kombinierte, beschrieb er recht ausführlich, wie er sich ein mentales Bild von einem Nagel gemacht hatte, der in einem Salat steckt, und versucht hatte zu entscheiden, ob der Kopf des Nagels nach oben oder nach unten zeigte. Er erklärte auch, dass er darauf achtete, den Nagel so groß zu machen, dass er ihn sehen könne und nicht versehentlich mitäße. Einige Minuten später hatte er den Nagel, den Salat und das Bild, das er sich ausgemalt hatte, völlig vergessen.

Aus diesen Untersuchungen mit H. M. leitete Brenda Milner vier wichtige Prinzipien ab: Erstens ist die Fähigkeit, neue Erinnerungen zu erwerben, eine eigenständige cerebrale Funktion, die im medialen Abschnitt des Schläfenlappens lokalisiert ist und von anderen perzeptiven und kognitiven Fähigkeiten getrennt werden kann. Das Gehirn hat also seine perzeptiven und intellektuellen Funktionen in gewissem Ausmaß von der Fähigkeit getrennt, die Aufzeichnungen im Gedächtnis zu verankern, die gewöhnlich aus perzeptiver und intellektueller Arbeit resultieren.

Zweitens sind die medialen Temporallappen für kurzzeitiges Erinnern nicht erforderlich. H. M. hat ein ausgesprochen gutes Kurzzeitgedächtnis. Er kann eine Zahl oder ein Bild nach dem Lernen für kurze Zeit behalten. Er kann auch eine normale Unterhaltung führen, vorausgesetzt, sie dauert nicht zu lang und schneidet nicht zu viele Themen an.

Drittens können der mittlere Bereich des Temporallappens und der Hippocampus nicht die endgültigen Speicherorte für die Langzeitinhalte zuvor erworbenen Wissens darstellen. H. M. kann sich

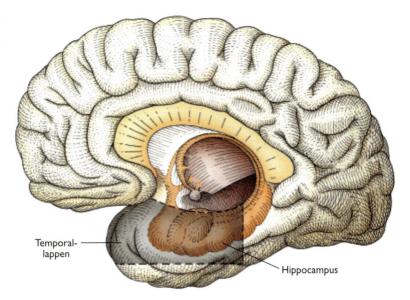

Abb. 1.10 Der Hippocampus und benachbarte Strukturen des medialen Temporallappens waren beim amnestischen Patienten H. M. bilateral (das heißt, in beiden Hirnhemisphären) entfernt worden (dunkler Bereich).

lebhaft an viele Ereignisse aus seiner Kindheit erinnern. (Wir haben inzwischen Grund zu der Annahme, dass früher erworbenes Wissen in der Großhirnrinde einschließlich des lateralen Temporallappens gespeichert wird, in denjenigen Arealen also, die die Information ursprünglich verarbeiten.)

Schließlich machte Milner die bemerkenswerte Entdeckung, dass es offenbar eine Form von Kenntnissen gab, die H. M. lernen und problemlos behalten konnte – das heißt, eine Gedächtnisform, die nicht vom medialen Schläfenlappen abhängt. Im Jahre 1962 konnte Milner nachweisen, dass H. M.'s Defekt bei der Konvertierung von Information aus dem Kurzzeitgedächtnis in einen Langzeitspeicher nicht absolut war. In einem berühmten Experiment entdeckte Milner, dass H. M. lernen konnte, die Umrisse eines Sterns nachzuzeichnen, wobei er seine Hand und den Stern nicht direkt, sondern nur im Spiegel sehen konnte, und seine Geschicklichkeit dabei nahm von Tag zu Tag genauso zu, wie es bei einem normalen Probanden der Fall gewesen wäre. Doch zu Beginn jeder der täglichen Testsitzungen behauptete er, so etwas noch nie zuvor getan zu haben.

Diese Untersuchungen lieferten drei fundamentale Erkenntnisse über die biologische Natur des

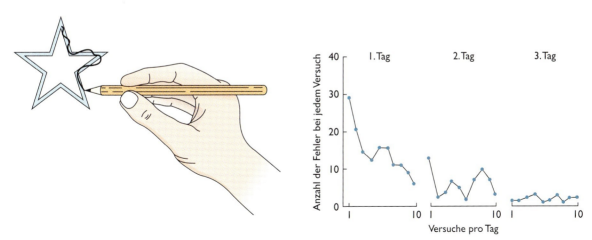

Abb. 1.11 Der Patient H. M. lernte mit Erfolg, eine Linie zwischen die beiden Umrisse eines Sterns zu zeichnen, den er ebenso wie seine Hand nur im Spiegel sehen konnte. Seine Leistung verbesserte sich bei dieser Aufgabe zur motorischen Geschicklichkeit von Tag zu Tag, obwohl er sich nicht daran erinnern konnte, diese Aufgabe schon einmal durchgeführt zu haben.

Gedächtnisses. Erstens zeigte Milner, dass Läsionen der medialen Temporallappenstrukturen einschließlich des Hippocampus das Kurzzeit- vom Langzeitgedächtnis trennen; damit bestätigte sich auf biologischem Niveau die fundamentale Unterscheidung, die William James formuliert hatte. Zweitens widerlegte sie Lashleys Vorstellung von einer Massenwirkung. Milner fand heraus, dass begrenzte Läsionen der medialen Temporallappen keine Auswirkung auf Wahrnehmung und intellektuelle Funktionen hatten, aber die Fähigkeit, neue Gedächtnisinhalte zu speichern, gravierend beeinträchtigten.

Zwei Formen der Gedächtnisspeicherung

Milners Befund, dass H. M. lernen konnte und seine Fertigkeit beim Spiegelzeichnen durch Übung verbesserte, wurde anfangs so gedeutet, dass der Erwerb motorischer Fertigkeiten einen speziellen, eigenständigen neurologischen Status habe. Man ging noch immer davon aus, dass jede andere Form des Lernens beeinträchtigt sei. Bald wurde jedoch deutlich, dass das Erlernen motorischer Fertigkeiten nur ein Beispiel aus einem großen Bereich von Lern- und Gedächtnisfähigkeiten ist, die allesamt bei H. M. und anderen amnestischen Patienten intakt sind. Weiterhin stellte sich heraus, dass der Gegensatz zwischen der Form von Lernen und Gedächtnis, die bei Amnestikern verlorengegangen ist, und der Form, die verschont bleibt, nicht einfach ein Effekt der Hirnschädigung ist, sondern eine fundamentale Unterscheidung in der Art und Weise darstellt, in der alle Menschen Informationen verarbeiten und speichern. Eine Form des Lernens, diejenige, die bei der Amnesie verschont bleibt, weist häufig eine automatische Qualität auf. Die Information wird beim Abruf nicht bewusst als eine Erinnerung erfahren; es ist eher, als ob man eine erworbene motorische Fertigkeit, wie das Schwingen eines Tennisschlägers, ausübt. Das Lernen wird häufig langsam durch Wiederholung erworben und dann durch Praxis ausgeübt, aber ohne ein Sich-bewusst-machen irgendeiner verflossenen Erfahrung, ohne sich bewusst zu sein, dass überhaupt eine Erinnerung an die Vergangenheit genutzt wird. Die andere Form des Lernens, diejenige, die bei der Amnesie verlorengeht, verleiht die bewusste Fähigkeit, sich vergangene Ereignisse wieder ins Gedächtnis zu rufen.

Philosophen und Psychologen hatten bereits vor mehr als 100 Jahren auf der Basis von Intuition und Introspektion im wesentlichen dieselbe Unterscheidung eingeführt. In seinem klassischen Werk *Principles of Psychology*, das 1890 veröffentlicht wurde, widmete William James der Gewohnheit (einer mechanischen, reflexartigen Handlung) und dem Gedächtnis (das ein Sich-der-Vergangenheit-bewusst-sein verlangt) jeweils eigene Kapitel. Der französische Philosoph Henri Bergson schrieb 1910, die Vergangenheit könne entweder als physische Gewohnheit oder als unabhängige Erinnerung überleben. Im Jahre 1924 unterschied der Psychologe William McDougall zwischen *impliziter* und *expliziter* Erinnerung, wobei erstere stärker automatisch und reflexartig ist, letztere hingegen ein bewusstes Erinnern der Vergangenheit verlangt. Später, im Jahre 1949, vermutete der britische Philosoph Gilbert Ryle die Existenz zweier Wissensformen: Die eine beschäftige sich mit dem „*Wissen, wie*" oder mit Fertigkeiten, die andere mit dem „*Wissen, dass*" oder mit dem Wissen um Fakten und Ereignisse. Einige Jahre später nannte der Psychologe Jerome Bruner, einer der Väter der kognitiven Revolution, das „Wissen, wie" ein *Erinnern ohne Aufzeichnung*. Erinnern ohne konkrete Aufzeichnung spiegelt die Art und Weise wider, in der Ereignisse in einen Prozeß umgewandelt werden, der die Natur des Organismus, seine Fertigkeiten oder die Regeln verändert, mittels derer er operiert, obwohl sie als individuelle Ereignisse praktisch unzugänglich sind. Im Gegensatz dazu nannte er das „Wissen, dass" eine Erinnerung mit Aufzeichnung, einen Aufbewahrungsort von Information über Personen, Plätze und Ereignisse des täglichen Lebens.

Dass Erfahrungen ihre Spuren nicht nur in Form von gewöhnlichen, bewussten Erinnerungen hinterlassen, sondern auch als weitgehend unbewusste Erinnerungen, war ein zentraler Punkt der psychoanalytischen Theorie, die Sigmund Freud gegen Ende des 19. Jahrhundert entwickelte. Diese unbewussten (unterbewussten) Erinnerungen sind dem Bewusstsein normalerweise nicht zugänglich, können sich aber dennoch stark auf das Verhalten auswirken. Obgleich diese Ideen interessant waren, konnten sie alleine nicht viele Wissenschaftler überzeugen. Gebraucht wurde keine philosophische Debatte, sondern experimentelle Forschung darüber, wie Information im Gedächtnis gespeichert wird. H. M.'s Nachzeichnen eines Sterns im Spiegel markierte den Beginn einer Fülle experimenteller Studien, die schließlich die biologische Realität zweier Hauptformen des Gedächtnisses nachweisen sollten.

Im Jahre 1968 beschrieben Elizabeth Warrington und Lawrence Weiskrantz einen Testmodus, bei dem amnestische Patienten häufig genauso gut abschnitten wie normale Probanden. Statt die Probanden aufzufordern, zuvor gelernte Wörter zu erinnern oder wiederzuerkennen, präsentierten sie die ersten Buchstaben der Wörter als Hinweis (beispielsweise MOT für MOTEL). Die Patienten reagierten oft auf diese Hinweise (*cues*), indem sie das zuvor gelernte Wort aussprachen – und das, obwohl sie den Test offenbar eher als Ratespiel denn als Gedächtnistest ansahen. Dieses Phänomen ist heute als Priming bekannt. Unter Priming versteht man die verbesserte Fähigkeit zur Verarbeitung, Wahrnehmung oder Identifikation eines Reizes, die darauf beruht, dass dieser Reiz kurz zuvor verarbeitet worden ist.

Priming lässt sich gut in einem Test zur Bildbenennung illustrieren. Einer Versuchsperson wird das Bild eines bestimmten Flugzeugs gezeigt, und sie wird aufgefordert, es zu benennen. Beim ersten Mal benötigt die Versuchsperson rund 900 Millisekunden (also etwas weniger als eine Sekunde), um das Wort „Flugzeug" zu sagen. Später, wenn dasselbe Flugzeug erneut gezeigt wird, benötigt sie nur noch etwa 800 Millisekunden, das heißt, es gelingt der Versuchsperson bereits nach einer einzigen Darbietung des Flugzeugbildes besser, dieses spezifische Objekt zu verarbeiten. Eine derartige effektivere Verarbeitung findet sich auch bei amnestischen Patienten, die nicht in der Lage sind zu erkennen, dass sie dieses Objekt bereits zuvor gesehen haben. Bald vervielfachten sich die Beispiele für erhalten gebliebene Lern- und Gedächtniskapazitäten bei Amnestikern; neben dem Erlernen motorischer Fertigkeiten und dem Priming gehören dazu unter anderem das Erlernen von Gewohnheiten, klassische Konditionierung und das Erlernen von Fertigkeiten ohne motorische Komponente, beispielsweise die Fertigkeit, Spiegelschrift zu lesen.

Dennoch bleibt eine gewisse Unsicherheit, wie viele verschiedene Gedächtnissysteme es gibt, und wie man sie nennen sollte. Hinsichtlich der Hauptgedächtnissysteme und der Hirnareale, die für das jeweilige Gedächtnissystem am wichtigsten sind, hat sich ein Konsens herauskristallisiert. Die oben erwähnten verschiedenen Klassifizierungsschemata verwenden lediglich verschiedene Termini für dieselbe grundsätzliche Unterscheidung. Beispielsweise sind das Gedächtnis für Fakten und das Gedächtnis für Fertigkeiten alternativ als Gedächtnis mit und ohne Aufzeichnung, als explizites und implizites Gedächtnis oder als deklaratives und nichtdeklaratives Gedächtnis bekannt. Aus Gründen der Übersichtlichkeit werden wir eine einzige Terminologie benutzen. Wir bezeichnen die Form des Gedächtnisses, die, wie beim Patienten H. M., durch Schädigung des Hippocampus und des medialen Temporallappens verlorengeht, als *deklaratives Gedächtnis*, während wir die anderen Formen des Gedächtnisses, die intakt bleiben, als *nichtdeklarativ* bezeichnen. Das deklarative Gedächtnis ist ein Gedächtnis für Tatsachen, Vorstellungen und Ereignisse – für Information, die bewusst in Erinnerung gerufen werden kann, sei es als Verbalisation oder als geistiges Bild. Es ist die Art Gedächtnis, die man gewöhnlich meint, wenn man von „Gedächtnis" spricht: Ein bewusstes Gedächtnis, in dem der Name eines Freundes, der letzte Sommerurlaub, die Unterhaltung heute Morgen gespeichert ist. Das deklarative Gedächtnis lässt sich beim Menschen wie bei Tieren untersuchen.

Das nichtdeklarative Gedächtnis basiert ebenfalls auf Erfahrung, drückt sich aber als Verhaltensänderung und nicht etwa als Erinnerung aus. Im Gegensatz zum deklarativen Gedächtnis ist das nichtdeklarative Gedächtnis unbewusst, wenn das nichtdeklarative Lernen auch häufig von einer gewissen Erinnerungsfähigkeit begleitet werden kann. Wir können eine motorische Fertigkeit erlernen und uns anschließend an einige Dinge in diesem Zusammenhang erinnern. Wir können uns beispielsweise bildlich vorstellen, wie wir diese Fertigkeit ausüben. Die Fähigkeit, diese Fertigkeit auszuüben, ist jedoch offenbar von jeder bewussten Erinnerung unabhängig. Diese Fähigkeit ist nichtdeklarativ. Verschiedene Formen des nichtdeklarativen Gedächtnisses stehen vermutlich mit verschiedenen Hirnregionen in Beziehung, wie der Amygdala, dem Kleinhirn (Cerebellum), dem Striatum wie auch den spezifischen sensorischen und motorischen Systemen, die zu reflektorischen Aufgaben herangezogen werden. Das nichtdeklarative Gedächtnis ist möglicherweise die einzige Gedächtnisform, die wirbellose Tiere aufweisen, denn für ein deklaratives Gedächtnis verfügen sie vermutlich über zu einfache Hirnstrukturen und eine zu wenig komplexe Hirnorganisation; sie haben beispielsweise keinen Hippocampus.

Mechanismen der Gedächtnisspeicherung: Wie werden Gedächtnisinhalte gespeichert?

Was genau verändert sich im Gehirn, wenn wir lernen und uns dann erinnern? Was letztlich im Gehirn geschieht, hängt davon ab, wie einzelne Neuronen anderen Neuronen Signale übermitteln, und dies wiederum hängt von der Aktivität von Molekülen innerhalb der Neuronen ab. Deklaratives und nichtdeklaratives Gedächtnis rekrutieren unterschiedliche Gehirnsysteme und wenden unterschiedliche Strategien an, um Erinnerungen zu speichern. Benutzen diese beiden separaten Gedächtnistypen unterschiedliche molekulare Schritte für die Speicherung, oder sind die Speichermechanismen grundsätzlich ähnlich? Wie unterscheidet sich die Kurzzeitspeicherung von der Langzeitspeicherung? Finden sie an verschiedenen Orten statt, oder kann dasselbe Neuron Information für das Kurzzeit- wie auch für das Langzeitgedächtnis speichern?

Die Idee, molekulare Mechanismen der Speicherung von Gedächtnisinhalten zu untersuchen, erscheint vermessen, fast eine Unmöglichkeit. Das Gehirn eines Säugers besteht aus schätzungsweise 10^{11} – einhundert Milliarden – Nervenzellen, und die Verbindungen zwischen diesen Zellen sind um ein Vielfaches zahlreicher. Wie können wir in dieser enorm großen Population Neuronen identifizieren, die für die Speicherung von Erinnerungen entscheidend sind? Glücklicherweise läßt sich die Aufgabe, molekulare Mechanismen innerhalb von Zellen zu identifizieren, experimentell vereinfachen. Forscher können beispielsweise Formen der Gedächtnisspeicherung untersuchen, bei denen nur begrenzte Teile des Wirbeltier-Nervensystems beteiligt sind, wie das isolierte Rückenmark, das Kleinhirn oder Hirnstrukturen, wie die Amygdala oder der Hippocampus. Noch radikaler ist der Ansatz, die einfacheren Nervensysteme wirbelloser Tiere zu studieren. Bei der Untersuchung von Wirbellosen ist es manchmal möglich, einzelne Nervenzellen zu identifizieren, die direkt an einer bestimmten Form des Lernens beteiligt sind. Man kann dann versuchen herauszufinden, welche molekularen Veränderungen innerhalb dieser Neuronen für Lernen und Gedächtnis verantwortlich sind.

Ende des 19. Jahrhunderts hatten die Biologen erkannt, dass die meisten reifen Nervenzellen ihre Teilungsfähigkeit verloren haben. Aus diesem Grund nimmt die Zahl neuer Neuronen im Gehirn im Laufe unseres Lebens kaum zu. Diese Tatsache veranlasste den großen spanischen Neuroanatomen Santiago Ramón y Cajal zu der Vermutung, Lernen beruhe nicht auf dem Wachstum neuer Nervenzellen. Stattdessen stellte er die These auf, Lernen führe dazu, dass bereits existierende Neuronen ihre Verbindungen mit anderen Neuronen verstärken, so dass sie effizienter mit ihnen kommunizieren können. Um Erinnerungen im Langzeitgedächtnis zu speichern, könnten Neuronen zusätzliche Verzweigungen entwickeln und damit neue oder stärkere Verbindungen ausbilden. Nach dieser These verblasst eine Erinnerung, weil die Nervenzellen diese neuen Zweige verlieren und damit ihre Verbindungen schwächen. Um nur ein einfaches Beispiel zu nehmen: Ein schwaches Geräusch lässt Sie beim ersten Mal vielleicht hochschrecken. Das Geräusch aktiviert Bahnen im Gehirn, die mit den Motoneuronen in Verbindung stehen, welche Ihre Muskeln kontrollieren. Wenn sich das Geräusch über einen gewissen Zeitraum jedoch öfter wiederholt, können diese Verbindungen schwächer werden, so dass Sie nicht mehr auf dieses Geräusch reagieren.

Ramón y Cajals Vermutungen über Gedächtnismechanismen waren interessant und einflussreich, doch wie im Falle der frühen Vorstellungen über multiple Gedächtnissysteme reichten bloße Vermutungen über einen möglichen Mechanismus nicht aus. Man brauchte einfache Nervensysteme, die es erlaubten, Nervenverbindungen zu untersuchen, während ein Tier lernt. Nur auf diese Weise ließ sich entscheiden, ob die Speicherung von Gedächtnisinhalten auf Veränderungen der neuronalen Verbindungsstärke beruht. Im Verlauf der letzten fünfzig Jahre haben Wissenschaftler eine Reihe von Modellsystemen speziell dazu entwickelt, um die möglichen Mechanismen zur Gedächtnisspeicherung zu untersuchen, mit dem Ziel, deren zelluläre und molekulare Basis zu entschlüsseln. Dieser Ansatz zur Aufklärung der Gedächtnisspeicherung begann mit zellbiologischen Untersuchungen an einer einfachen Meeresschnecke, dem Seehasen *Aplysia*; bald folgten genetische Untersuchungen an der Taufliege *Drosophila*. Dahinter stand die Vorstellung, dass diese einfachen Wirbellosen einfache Nervensysteme haben, so dass ihr Verhalten wie auch ihre Fähigkeit zu lernen und sich zu erinnern einer cytologischen und molekularen Analyse zugänglich ist. Als die Forscher Zutrauen zu diesem Ansatz gewannen, dehnten sie ihn auf Mäuse aus, wobei sie neue Techniken nutzten, um einzelne Gene im Gehirn von Mäusen zu verändern und deren Auswirkungen auf die Speicherung von Erinnerungen zu untersuchen.

Abb. 1.12 Seehase (*Aplysia californica*). Das relativ einfache Nervensystem dieses Tieres ermöglicht zell- und molekularbiologische Untersuchungen von Lernen und Gedächtnis.

Einfache Systeme für cytologische und molekulare Untersuchungen

Im Gegensatz zum Säugergehirn mit seinen 100 Milliarden Nervenzellen umfasst das Zentralnervensystem eines einfachen Wirbellosen wie *Aplysia* nur annähernd 20 000 Nervenzellen. Bei *Aplysia* sind diese Zellen zu Gruppen, sogenannten Ganglien, zusammengefasst, von denen jedes etwa 2 000 Zellen enthält. Ein einzelnes Ganglion wie das Abdominalganglion trägt nicht nur zu einer einzigen Verhaltensreaktion, sondern zu einer ganzen Reihe verschiedener Verhaltensreaktionen bei, beispielsweise Kiemen- und Siphonbewegungen sowie der Freisetzung von Tinte (einer Verteidigungsreaktion) oder von Geschlechtshormonen. Daher beträgt die Anzahl von Nervenzellen, die an den einfachsten Verhaltensreaktionen beteiligt sind – Reaktionen, die nichtsdestoweniger durch Lernen modifiziert werden können – unter Umständen nicht mehr als hundert.

Ein großer Vorteil von *Aplysia* und anderen Wirbellosen für cytologische Untersuchungen besteht darin, dass viele dieser Neuronen charakteristisch sind und bei jedem Einzeltier eindeutig identifiziert werden können. Tatsächlich weisen einige der Neuronen einen Durchmesser von fast einem Millimeter auf und sind damit so groß, dass sie mit bloßem Auge erkennbar sind. Infolgedessen kann

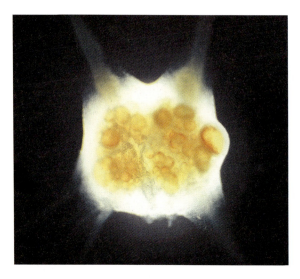

Abb. 1.13 *Aplysia*-Ganglion. Jedes der zehn Ganglien von Aplysia enthält rund 2 000 Neuronen. Einige dieser Zellen sind so groß (1 mm Durchmesser), dass man sie mit bloßem Auge sehen kann.

der Forscher viele der an einer einfachen Verhaltensreaktion beteiligten Zellen identifizieren und dann ein „Verkabelungsdiagramm" konstruieren, das zeigt, wie diese Zellen miteinander verbunden sind. Anschließend kann er fragen, was mit den einzelnen Neuronen in einem Verhaltensschaltkreis beim Lernen geschieht.

Selbst einfache Tiere wie *Aplysia* zeigen verschiedene Formen des Lernens, und jede Form führt sowohl zu Kurzzeiterinnerungen, die einige Minuten anhalten, als auch zu Langzeiterinnerungen, die Wochen überdauern, je nach Anzahl und zeitlichem Abstand der Trainingsdurchgänge. Beispielsweise zeigt *Aplysia* sowohl Habituation – die Fähigkeit, einen „gutartigen" Reiz, der trivial ist und keine Information trägt, ignorieren zu lernen – als auch Sensitivierung – die Fähigkeit, ihr Verhalten zu modifizieren, wenn ein Reiz aversiv ist. Und schließlich kann *Aplysia* klassische und operante Konditionierung erlernen – sie kann lernen, zwei Reize oder einen Reiz und eine Reaktion miteinander in Beziehung zu setzen. Daher wurde es möglich, die zellulären Mechanismen zu erforschen, die zu verschiedenen Formen von Lernen und Gedächtnisspeicherung bei diesen Tieren beitragen und spezifische Moleküle zu identifizieren, die für Kurzzeit- und Langzeitgedächtnis entscheidend sind.

Einfache Systeme für genetische Untersuchungen

Die zellbiologischen Untersuchungen, die wir gerade beschrieben haben, wurden bald durch genetische Untersuchungen ergänzt. Haustierzüchter wissen seit langem, dass viele körperliche Merkmale vererbt werden, beispielsweise Körperform und Augenfarbe, aber auch Temperament und Körperkraft. Wenn sogar das Temperament via Genwirkung erblich ist, erhebt sich natürlich die Frage: Werden auch subtilere Verhaltenskomponenten irgendwie von Genen bestimmt? Wenn das der Fall ist, spielen Gene eine Rolle bei der Modifikation des Verhaltens? Spielen sie eine Rolle beim Lernen und bei der Speicherung von Lerninhalten? Man fragte sich, ob es nicht möglich wäre, spezifische Gene zu identifizieren, die für Lernen und Gedächtnis wichtig sind. Die Identifikation solcher Gene könnte dann Hinweise auf deren Produkte, die Proteine, liefern, die für die Zellfunktion eine wichtige Rolle spielen, und schließlich zur Aufdeckung der molekularen Schritte führen, die am Schaffen und Speichern von Gedächtnisinhalten beteiligt sind.

Gregor Mendel, der Vater der Genetik, arbeitete mit Pflanzen – mit Erbsen und ihren Samen. Es war der amerikanische Biologe Thomas Hunt Morgan von der Columbia University in New York, der genetische Forschung an Versuchstieren populär machte. Zu Beginn des 20. Jahrhunderts erkannte Morgan das Potential der Taufliege *Drosophila* als Modellorganismus für genetische Untersuchungen. Morgan wusste zu schätzen, dass *Drosophila* in ihren Keimzellen nur vier Chromosomen trägt – bei Mendels Erbsen sind es sieben Chromosomen, bei *Aplysia* 17 und beim Menschen 23. Diese kleinen Fliegen können im Labor problemlos zu Tausenden gezüchtet werden. Mit entsprechenden Chemikalien lassen sich Mutationen erzeugen, und wegen der relativ kurzen Generationsfolge von zwei Wochen erhält man rasch viele Fliegen mit dem mutierten Gen.

Im Jahre 1967 gelang Seymour Benzer am California Institute of Technology in Pasadena der kritische Schritt zur Erforschung der Genetik von Verhalten, Lernen und Gedächtnis bei *Drosophila*. Mittels chemischer Methoden erzeugte Benzer Mutationen und

Hilfe von Mutanten mit Gedächtnisdefekten konnte er verschiedene Proteine identifizieren, die für nichtdeklarative Formen der Gedächtnisspeicherung wichtig sind. Wie sich sofort zeigte, entsprachen einige dieser Proteine denjenigen, die unabhängig davon in molekularbiologischen Untersuchungen des nichtdeklarativen Gedächtnisses bei *Aplysia* identifiziert worden waren.

Komplexe Systeme für genetische Untersuchungen

Wie steht es um deklarative Formen der Gedächtnisspeicherung? Welche Moleküle werden bei dieser Form des Gedächtnisses eingesetzt? Obwohl Versuchstiere nichts erklären oder kundtun (englisch *declare*) können, können sie auf eine Weise lernen und sich erinnern, die viele kritische Merkmale des deklarativen Gedächtnisses aufweist. Lange Zeit war es jedoch experimentell nicht möglich, auf das deklarative Gedächtnis die Art von zell- und molekularbiologischer Analyse anzuwenden, die bei *Aplysia* und *Drosophila* schon Routine war. Doch diese Situation änderte sich schlagartig, als Mario Capecchi 1990 an der University of Utah und Oliver Smythies an der University of Toronto Methoden zum Ausschalten von Genen (so genannte *knockout*-Experimente) bei Mäusen entwickelten. Diese Technik ermöglichte es, Gene im Mäusegenom gezielt zu eliminieren und die Auswirkungen ihres Fehlens zu untersuchen. Einige Jahre zuvor hatte – neben anderen – Ralph Brinster an der University of Pennsylvania Methoden entwickelt, um neue Gene ins Mäusegenom einzuführen und zu aktivieren – Gene, die gewöhnlich bei Mäusen nicht vorhanden sind oder kaum exprimiert werden. Aufgrund dieser beiden Ansätze können Biologen nun jedes beliebige Gen verändern oder an- und ausschalten und dann untersuchen, wie sich eine derartige Veränderung auf das Funktionieren von Neuronen im Hippocampus oder anderen, für das Gedächtnis wichtigen Hirnregionen auswirkt. Sie können auch feststellen, wie eine solche Veränderung das deklarative Gedächtnis beim intakten, agierenden Tier beeinflusst.

Diese Fortschritte bahnten den Weg für die moderne molekulare Erforschung des deklarativen

Abb. 1.14 Die Taufliege (*Drosophila melanogaster*) ist als Tiermodell bei der genetischen Erforschung von Lernen und Gedächtnis von großem Nutzen.

begann zu untersuchen, wie sich die Veränderung eines bestimmten Gens auf das Verhalten auswirkte. Nachdem er zunächst eine Reihe faszinierender Mutanten identifiziert hatte, die Werbeverhalten, visuelle Wahrnehmung und zirkadiane Rhythmik beeinflussten, wandte Benzer diesen genetischen Ansatz auf das Problem von Lernen und Gedächtnis an. Mit

Abb. 1.15 Der amerikanische Biologe Seymour Benzer leistete Pionierarbeit in der genetischen Analyse von Verhalten und Lernen bei *Drosophila*.

Abb. 1.16 Das Barnes-Labyrinth dient dazu, Lernen und Gedächtnis bei genetisch veränderten Mäusen zu untersuchen. Mäuse und Ratten ziehen dunkle, geschlossene Räume offenen, gut beleuchteten Flächen vor. Ein Tier, das in das Barnes-Labyrinth gesetzt wird, lernt die Lage des einen Loches, das ihm die Flucht von der hell beleuchteten Tischoberfläche erlaubt.

Gedächtnisses bei Säugern. Die Maus brachte für die Gedächtnisforschung bereits viele Vorteile mit sich, so ihr Säugererbe und ihre neuroanatomische, physiologische und genetische Nähe zum Menschen. Überdies wird das Mäusegenom im Rahmen des Human-Genom-Projekts parallel zum menschlichen Genom kartiert. Nun, da es möglich ist, auch an Mäusen genetisch zu arbeiten, kann die molekularbiologische Erforschung von Lernen und Gedächtnis ihr volles Potential entfalten.

Vom Molekül zum Geist: die neue Synthese

Wie wir in späteren Kapiteln noch sehen werden, haben sich molekularbiologische Ansätze mit denjenigen der systemorientierten Neurowissenschaften und der kognitiven Psychologie zusammengefunden. So entstand eine Forschungsallianz, die auf molekularbiologischem Gebiet ebenso faszinierende Befunde liefert wie auf verhaltensbiologischem. Die wachsende Partnerschaft zwischen diesen ehemals unabhängigen Disziplinen führt so zu einer neuen Synthese des Wissens über Gedächtnis und Gehirn.

Auf der einen Seite werden bei Lernuntersuchungen immer wieder interessante neue molekulare Eigenschaften von Neuronen, insbesondere ihrer Verknüpfungen, entdeckt. Diese molekularen Befunde weisen uns den Weg, wenn es darum geht, zu erklären, wie sich Nervenverbindungen beim Lernen verändern und wie diese Veränderungen über die Zeit als Gedächtnis aufrechterhalten werden. Auf der anderen Seite erklären systemorientierte Neurowissenschaften und kognitive Psychologie, wie Nervenzellen in neuronalen Schaltkreisen zusammenarbeiten, wie Lernprozesse und Gedächtnissysteme organisiert sind und wie sie funktionieren. Zudem liefert uns die Erforschung von Gehirnsystemen und Verhalten eine Orientierungshilfe für molekulare Untersuchungen, eine Landkarte, die die Komponenten des Gedächtnisses identifiziert und die Gehirnareale lokalisiert, an denen sich diese Komponenten detailliert untersuchen lassen. Tatsächlich verdanken wir viele molekulare Erkenntnisse nur der Tatsache, dass Neuronen in einem bestimmten neuronalen Schaltkreis mit einer bestimmten Form von Gedächtnis im Sinn untersucht wurden. Daher verleiht die Erforschung des Gedächtnisses der Zell- und Molekularbiologie eine neue Faszination – eine Faszination, die aus der Möglichkeit erwächst, die Biologie wichtiger geistiger Vorgänge zu untersuchen.

Ein gutes Stück vorangekommen sind zelluläre und molekulare Forschungsansätze bei der Beantwortung einiger ungelöster Schlüsselprobleme des Gedächtnisses: Welche molekulare Beziehung besteht zwischen deklarativer und nichtdeklarativer Gedächtnisspeicherung? Welche Beziehung herrscht zwischen Kurzzeit- und Langzeitgedächtnisformen? Besonders wichtig ist, dass die molekularbiologischen Ansätze eine erste Brücke zwischen dem Verhalten intakter Tiere und molekularen Mechanismen in einzelnen Zellen geschlagen haben. Was früher nur psychologische Konstrukte wie Assoziation, Lernen, Speichern, Erinnern und Vergessen waren, können wir heute im Hinblick auf zell- und molekularbiologische Mechanismen sowie cerebrale Schaltkreise und Gehirnsysteme angehen. Auf diese Weise sind tiefe Einblicke in fundamentale Fragen über Lernen und Gedächtnis möglich geworden.

Die folgenden Kapitel beschreiben, was heute über die kognitive Psychologie von Lernen und Gedächtnis sowie über ihre biologische Basis bekannt ist.

Wir beschäftigen uns näher mit den zellulären und molekularen Vorgängen, die im Neuron ablaufen, insbesondere bei den einfachen Formen des Lernens, die man bei *Aplysia* und *Drosophila* studieren kann. Diese Untersuchungen haben gezeigt, dass sich deklaratives und nichtdeklaratives Gedächtnis einen molekularen Schalter teilen, der Kurzzeit- in Langzeiterinnerungen umwandelt. Zusätzliche Einblicke in die Zellbiologie des Gedächtnisses vermitteln Gewebsuntersuchungen aus Arealen im Wirbeltiergehirn, die für das deklarative Gedächtnis wichtig sind. In diesen Gehirnregionen kann sich die Verbindungsstärke zwischen Neuronen rasch ändern und die veränderte Verbindungsstärke kann lange Zeit beibehalten werden – ein Phänomen, das als Langzeitpotenzierung (LTP) bekannt ist. Ein Hauptthema in den folgenden Kapiteln ist, dass beim Langzeitgedächtnis Veränderungen in der Struktur der Nervenzellen eine Rolle spielen. Je nach Art des Lernvorgangs können die beteiligten Neuronen entweder zahlreichere und stärkere oder aber auch weniger und schwächere Verbindungen ausbilden.

In weiteren Kapiteln geht es darum, was uns die experimentellen Untersuchungen von Tieren und Menschen über das Wesen des Gedächtnisses und die Organisation der Gehirnsysteme sagen, die am Gedächtnis beteiligt sind. Aus diesen Untersuchungen haben wir viel über die Stärken und Schwächen des Gedächtnisses gelernt, über die Faktoren, die die Stärke und Dauerhaftigkeit von Erinnerungen beeinflussen, und über den wichtigen Beitrag, den das Vergessen für die normale Gedächtnisfunktion spielt. Diese Untersuchungen haben auch die Gehirnsysteme identifiziert, die für das deklarative Gedächtnis verantwortlich sind, und gezeigt, wie sie funktionieren. Schließlich sind eine unerwartete Vielfalt von unbewussten, nichtdeklarativen Gedächtnistypen entdeckt und die Gehirnsysteme identifiziert worden, die für jeden Typ wichtig sind. Diese Gedächtnisformen tragen die Spuren vergangener Erfahrungen in sich und üben einen starken Einfluss auf unser Verhalten und Geistesleben aus, doch sie können außerhalb der bewussten Aufmerksamkeit (*awareness*) operieren und erfordern keinen bewussten Gedächtnisbeitrag.

Durch Verschmelzung der zell- und molekularbiologischen sowie der verhaltensbiologischen und systemorientierten Perspektive neuronaler Systeme und der kognitiven Psychologie wollen wir die erzielten Fortschritte deutlich machen und die neue Synthese beleuchten, die sich beim Verständnis der Gedächtnisfunktion abzuzeichnen beginnt.

Abb. 2.1 Robert Rauschenberg (*1925): „Reservoir" (1961). Durch Zusammenstellung von Bildern und Materialien aus seiner Umgebung verwischt Rauschenberg die Trennung zwischen Kunstformen und Alltagserfahrung. In diesem zeitgenössischen Fresko verwendet er Uhren, als wolle er auf die Rolle hinweisen, die die Zeit bei der Verknüpfung verflossener und gegenwärtiger Erinnerungen spielt.

2
Modulierbare Synapsen für das nichtdeklarative Gedächtnis

Als Brenda Milner im Jahre 1957 einen katastrophalen Gedächtnisverlust bei dem Patienten H. M. beschrieb, vermuteten sie und andere Wissenschaftler, dass sich dieser Gedächtnisverlust auf alle Wissensgebiete erstreckte. Wie wir in Kapitel 1 gesehen haben, machte Milner 1962 die ebenso bemerkenswerte Entdeckung, dass H. M. einige neue Dinge lernen konnte. Insbesondere konnte er neue motorische Fertigkeiten erwerben. Wenn H. M. ein sich bewegendes Objekt verfolgte oder die Umrisse eines Sterns nachzeichnete, den er nur im Spiegel sehen konnte, verbesserten sich seine Leistungen genau wie die normaler Probanden kontinuierlich. Es gab jedoch einen wichtigen Unterschied zwischen H. M. und einer gesunden Person: In allen Fällen konnte sich H. M. nicht daran erinnern, die Aufgabe schon einmal durchgeführt zu haben.

Einige Jahre lang nahmen Milner und andere Gedächtnisforscher an, dass bei Menschen mit ähnlichen Hirnschäden wie bei H. M. nur ein einziger, spezialisierter und beschränkter Typ von Langzeitgedächtnis erhalten bleibe – sie konnten noch immer motorische Fertigkeiten erlernen und erinnern. Im Verlauf der nächsten beiden Jahrzehnte wurde jedoch deutlich, dass motorische Fertigkeiten nur die Spitze eines Eisbergs darstellten. Larry Squire in San Diego und andere führten weitere Studien mit Patienten durch, die wie H. M. an beidseitigen Läsionen des medialen Temporallappens litten. Sie fanden heraus, dass bei diesen Patienten ein großes Repertoire an Gedächtniskapazitäten erhalten geblieben war, das wir heute als nichtdeklaratives Gedächtnis bezeichnen. All diese Gedächtniskapazitäten teilen die bemerkenswerte Eigenschaft, dass sie dem Bewusstsein gewöhnlich nicht zugänglich sind. Der Zugriff auf diese Formen des Gedächtnisses ist völlig unbewusst.

Das, was wir heute das nichtdeklarative Gedächtnis nennen, umfasst eine große Familie verschiedener Gedächtniskapazitäten, die insbesondere ein Merkmal teilen. In allen Fällen spiegelt sich dieses Gedächtnis in eingeübten Fertigkeiten wider – darin, wie wir etwas tun. Diese Art Gedächtnis umfasst verschiedene motorische und perzeptive Fertigkeiten, Gewohnheiten und emotionales Lernen wie auch elementare reflexartige Formen des Lernens, beispielsweise Habituation und klassische beziehungsweise operante Konditionierung. Daher spielen beim nichtdeklarativen Gedächtnis gewöhnlich Kenntnisse eine Rolle, die ihrem Wesen nach eher *reflexartig* als *reflektiv* sind. Als Sie Fahrradfahren lernten, haben Sie wahrscheinlich genau darauf geachtet, das Vorderrad mit dem Lenker gerade auszurichten, und sich darauf konzentriert, richtig in die Pedale zu treten – zuerst mit dem linken und dann mit dem rechten Fuß. Aber sobald Ihnen das Fahrradfahren in Fleisch und Blut übergegangen ist, wird diese Fertigkeit im nichtdeklarativen Gedächtnis gespeichert. Sie behalten auch weiterhin aufmerksam die Straße im Auge, doch nun lenken Sie automatisch und treten auch automatisch in die Pedale – reflexartig, nicht reflektiv. Sie versuchen nicht mehr, sich bewusst daran zu erinnern, dass Sie nun mit dem rechten Fuß in das Pedal treten müssen, dann mit dem linken. Wenn Sie tatsächlich über all diese Bewegungen nachdächten, würden Sie wahrscheinlich vom Rad fallen. Das Gleiche gilt, wenn Sie Tennis spielen: Sie ziehen Ihren Schläger bei einem hohen Vorhand-Volley nach oben und bei einem niedrigen Vorhand-Grundschlag nach unten. Wenn Sie erst einmal genug Übung haben, spielen Sie diese Bewegungsabläufe sicher nicht noch einmal vor Ihrem geistigen Auge durch, bevor Sie sie ausführen.

Die Wissenschaftler waren auf eine breite Palette von Wissen gestoßen, das parallel zu deklarativen Formen des Wissens arbeitet, doch die Entdeckung des nichtdeklarativen Gedächtnisses als separate Gedächtnisform ist aus zwei weiterreichenden Gründen interessant. Erstens liefert sie den biologischen Beweis, dass unbewusste geistige Prozesse tatsächlich existieren. Dass einige Gedächtnisprozesse unbewusst sind, wurde erstmals von Sigmund Freud, dem Begründer der Psychoanalyse und Entdecker des *Unterbewussten*, vermutet. Aber faszinierend am nichtdeklarativen Gedächtnis ist, dass es dem Freudschen Unterbewussten nur oberflächlich ähnelt. Nichtdeklarative Gedächtnisinhalte sind unbewusst, aber sie stehen in keinerlei Beziehung zu Konflikten oder sexuellen Wünschen. Dazu kommt, dass Ihnen die codierte Information selbst dann nicht bewusst wird, wenn Sie erfolgreich die Aufgaben ausführen, die in Ihrem nichtdeklarativen Gedächtnis codiert sind. Einmal im nichtdeklarativen Gedächtnis gespeichert, wird *dieses* Unbewusste nicht mehr bewusst.

Zweitens stellte sich heraus, dass die behavioristischen Psychologen bereits viele Jahre zuvor eine Reihe nichtdeklarativer Gedächtnisformen charakterisiert hatten. Da sich diese Formen so leicht experimentell manipulieren lassen, hatten die Behavioristen die Erforschung des Lernens, das diese Gedächtnisformen hervorbringt, in den Mittelpunkt ihrer Arbeit gestellt.

Zu Beginn des 20. Jahrhunderts beschrieben der russische Physiologe Iwan Pawlow, der amerikanische Psychologe Edward Thorndike und andere zwei entscheidende nichtdeklarative Lernprozesse – nichtassoziatives und assoziatives Lernen. Habituation und Sensitivierung sind Beispiele für nichtassoziatives Lernen. Bei diesen Lerntypen lernt ein Versuchstier (oder ein Pro-

Abb. 2.2 Der russische Physiologe Iwan Pawlow (1849–1936) entdeckte die klassische Konditionierung. Untersuchungen im Rahmen der klassischen Konditionierung führten wiederum zur Entdeckung von Habituation und Sensitivierung.

band) dadurch etwas über die Eigenschaften eines *einzelnen* Reizes – wie ein lautes Geräusch –, indem es ihm wiederholt ausgesetzt ist. Klassische und operante Konditionierung sind Beispiele für *assoziatives* Lernen: Bei diesen Lerntypen lernt ein Versuchstier etwas über die Beziehung zwischen zwei Reizen (*klassische Konditionierung*) oder über die Beziehung zwischen einem Reiz und seinem Verhalten (*operante Konditionierung*). Hat ein Versuchstier durch klassische Konditionierung gelernt, einen Glockenton mit dem Geschmack von Futter zu verbinden, wird bei ihm Speichelfluss ausgelöst, sobald es nur die Glocke hört. Bei der operanten Konditionierung lernt das Tier, das Drücken eines Hebels oder Knopfes mit einer Futtergabe zu assoziieren: Wenn es den Hebel betätigt, erwartet es etwas zu fressen.

Die behavioristischen Psychologen konzentrierten sich in der ersten Hälfte des 20. Jahrhunderts auf diese Formen des Lernens, weil sie eine nen, aus der geübte Fertigkeiten ohne bewusstes Sich-daran-Erinnern erwachsen.

Trotz dieser Einschränkungen erwies sich die Arbeit der Behavioristen als sehr wertvoll, denn sie zeigten, dass die Regeln, die einfache Formen des nichtdeklarativen Gedächtnisses kontrollieren, nicht nur für Menschen gelten, sondern auch für Tiere, sogar für sehr einfache.

In diesem Kapitel werden wir uns auf den einfachsten Fall des nichtdeklarativen Gedächtnisses konzentrieren, auf die *Habituation*. Das nichtdeklarative Gedächtnis ist am gründlichsten an einfachen Reflexsystemen von Wirbellosen und Wirbeltieren untersucht worden. Die zellbiologischen Einblicke, die an diesen einfachen Systemen gewonnen wurden, lassen sich jedoch, wie sich gezeigt hat, auch auf komplexere Tiere und komplexere Gedächtnisformen übertragen.

Abb. 2.3 Der amerikanische Psychologe Edward Thorndike (1874–1949) von der Columbia University in New York entdeckte die operante Konditionierung oder das Versuch-und-Irrtum-Lernen.

objektive Untersuchung des Erwerbs von Fertigkeiten und Kenntnissen forderten. Aber dadurch, dass sie sich so ausschließlich auf den Erwerb von Kenntnissen statt auf deren Behalten konzentrierten, übersahen sie, dass das Behalten nichtdeklarativen Wissens unbewusst geschieht – es interessierte sie eigentlich auch gar nicht. Und indem sie das nichtdeklarative Wissen so behandelten, als erkläre es den Erwerb *sämtlichen* Wissens, ignorierten die Behavioristen weitgehend das, was wir heute als deklaratives Gedächtnis bezeichnen.

Einige Jahre nachdem Milner entdeckt hatte, dass H. M. einfache motorische Aufgaben erlernen konnte, fanden andere Forscher heraus, dass amnestische Patienten auch über ein absolut normales Gedächtnis für einfaches assoziatives Lernen verfügen. Statt das gesamte Lernen zu repräsentieren, stellten die behavioristischen Untersuchungen elementaren Lernens (wie das Lernen, Futter zu erwarten, wenn ein grünes Licht aufleuchtet) demnach einen Spezialfall dar – eine Form von Ler-

Der einfachste Fall von nichtdeklarativem Gedächtnis: Habituation

Wenn wir plötzlich ein Geräusch hören, wenn zum Beispiel ein Spielzeuggewehr hinter uns knallt, wird in unserem Körper eine Reihe automatischer Reaktionen ausgelöst. Unser Herz schlägt schneller und unsere Atmung beschleunigt sich, unsere Pupillen erweitern sich und unser Mund fühlt sich möglicherweise trocken an. Wiederholt sich das Geräusch, schwächen sich diese Reaktionen jedoch ab. Das ist Habituation, eine Art von Lernen, die in der ein oder anderen Form bei jedem Menschen wie auch bei den einfachsten Tieren vorkommt. Daher kann man sich an anfänglich ablenkende Geräusche gewöhnen und lernen, in einer lauten Umgebung effektiv zu arbeiten. Man gewöhnt sich an das Ticken der Uhr im Arbeitszimmer, an seinen eigenen Herzschlag, an die Darmperistaltik und an die Kleider, die man trägt. Diese Parameter werden uns nur selten und nur unter ganz bestimmten Umständen bewusst. In diesem Sinne ist Habituation die Fähigkeit, unwichtige Reize, die sich monoton wiederholen, zu erkennen und als bekannt zu ignorieren. Daher nehmen Städter zuhause Verkehrsgeräusche kaum mehr wahr, erwachen auf dem Land aber vielleicht vom Zirpen der Grillen.

Habituation führt auch dazu, dass unangemessene oder übersteigerte Abwehrreaktionen unterdrückt werden. Das illustriert folgende Fabel des antiken Dichters Äsop besonders schön:

> Ein Fuchs hatte noch nie eine Schildkröte gesehen. Als er das erste Mal im Wald auf ein solches Panzertier traf, fuhr ihm der Schreck derart in die Glieder, dass er vor Angst beinahe gestorben wäre. Bei der zweiten Begegnung mit der Schildkröte war er immer noch höchst alarmiert, aber nicht mehr so sehr wie beim ersten Mal. Beim dritten Zusammentreffen war er bereits so kühn, dass er zu der Schildkröte hinüberschlenderte und eine lockere Unterhaltung mit ihr begann.

Dank der Gewöhnung an häufige, harmlose Reize kann ein Tier lernen, zahlreiche Reize zu ignorieren, die für sein Überleben nicht wichtig sind. Stattdessen kann es sich auf neuartige Reize konzentrieren oder auf solche, die angenehme oder unangenehme Konsequenzen signalisieren. Habituation ist ein wesentlicher Aspekt beim Tiertraining, mit deren Hilfe unerwünschte Reaktionen, wie Schusswaffenscheu bei Hunden oder autolärmbedingtes Durchgehen bei Pferden, unterdrückt werden können. Ein Polizeihund fürchtet sich vielleicht vor einer Pistole, weil er sie mit lauten Geräuschen assoziiert. Doch nachdem er wiederholt die Pistole im Halfter eines Polizisten gesehen hat, lernt er, dass diese Waffe als solche ungefährlich ist und ungefährlich bleibt, bis sie gezogen wird.

Die Tatsache, dass ein Hund nach wiederholter Exposition auf eine Pistole im Halfter anders reagiert als auf eine Pistole in der Hand, lässt vermuten, dass das Tier auf irgendeine Weise das Aussehen der Pistole in zwei verschiedenen Kontexten gelernt und erinnert hat. Man kann sich vorstellen, dass der Hund in seinem Gehirn eine interne Repräsentation der Pistole im Halfter aufgebaut hat, die so detailliert ist, dass er die Situation bei späteren Gelegenheiten wiedererkennt. Daher sagt uns Habituation etwas über die Organisation der Wahrnehmung an sich.

Habituation beschränkt sich nicht auf Fluchtreaktionen. Sie kann auch die Häufigkeit sexueller Reaktionen senken. Bei freiem Zugang zu einem empfängnisbereiten Weibchen kopuliert ein Rattenbock im Verlauf von ein bis zwei Stunden sechs- bis siebenmal. Nach der letzten Kopulation wirkt er ermattet und verhält sich die nächsten 30 Minuten oder länger inaktiv. Dabei handelt es sich um sexuelle Habituation, nicht etwa um Erschöpfung, denn ein scheinbar erschöpftes Männchen beginnt sofort wieder zu kopulieren, wenn ein neues Weibchen verfügbar ist. Genauso kopuliert ein Pärchen Rhesusaffen, wenn die Tiere zum ersten Mal zusammenkommen, rasch und häufig, mit wenig Vorspiel. Nach mehreren Tagen nimmt die Kopulationsfrequenz ab, und jedem Akt geht ein längeres Vorgeplänkel voraus, bei dem die Partner sich gegenseitig untersuchen und stimulieren. Wenn das Männchen jedoch Zugang zu einer neuen Partnerin erhält, wird es sofort wieder erregt und sexuell aktiv, und das ausgedehnte Vorspiel entfällt.

In der Tat haben wir aus der Untersuchung von Habituationsprozessen viel darüber gelernt, wie sich interne Repräsentationen im Gehirn entwickeln. Entwicklungspsychologen bedienen sich beispielsweise der Habituation, um Wahrnehmung und Kognition bei Neugeborenen zu untersuchen. Kurz gesagt, geht es bei diesem Verfahren darum, das neugeborene Kind an einen bestimmten Reiz, sagen wir, ein blaues Quadrat, zu gewöhnen und anschließend zu untersuchen, wie es auf einen neuen Stimulus, beispielsweise ein rotes Quadrat, reagiert. Bei einem typischen Experiment wird einem sechsmonatigen Kind kurz ein blaues Quadrat gezeigt. Wenn der Säugling den Reiz das erste Mal sieht, fixiert er ihn intensiv, und Herzschlag- sowie Atemfrequenz sinken. Bei wiederholter Darbietung des blauen Quadrates habituieren diese Reaktionen. Zeigt man dem Säugling statt dessen nun ein rotes Quadrat, so konzentriert er seine Aufmerksamkeit sofort darauf, und Herzschlag- sowie Atemfrequenz sinken erneut, was zeigt, dass das Kind das neue rote Quadrat von dem bekannten blauen Quadrat unterscheiden kann. Der Säugling hat seine perzeptive Fähigkeit unter Beweis gestellt, Blau von Rot zu unterscheiden. Mit Hilfe dieses Verfahrens haben wir gelernt, dass Säuglinge Farben und emotionale Aspekte der Sprachmelodie in derselben Weise kategorisieren können wie Erwachsene.

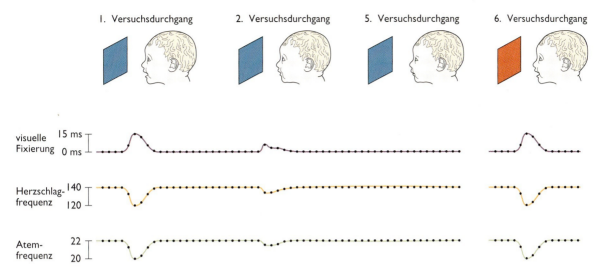

Abb. 2.4 Man kann die Wahrnehmungsfähigkeit von Neugeborenen mittels Habituation untersuchen. Wenn man einem Säugling ein neues blaues Quadrat zeigt, richtet er seine visuelle Aufmerksamkeit auf diesen Reiz, und Herzschlag- sowie Atemfrequenz sinken. Zeigt man ihm das blaue Quadrat mehrmals, lernt der Säugling, den vertrauten Stimulus zu ignorieren, und seine Reaktionen habituieren. Zeigt man ihm jedoch ein neues rotes Quadrat, so wird seine visuelle Aufmerksamkeit sofort wieder erregt, und Herzschlag- sowie Atemfrequenz sinken erneut. Auf diese Weise hat man festgestellt, dass ein Säugling verschiedene Farben unterscheiden kann.

Habituationsuntersuchungen an einfachen Versuchstieren haben erste Hinweise darauf geliefert, wie Lernen und Gedächtnisspeicherung im Gehirn vonstatten gehen. Diese Untersuchungen haben gezeigt, dass Lernen die Effizienz modifiziert, mit der Nervenzellen einander Signale übermitteln. Gedächtnisinhalte werden gebildet, wenn diese Modifikationen dauerhaft verankert werden. Bevor wir uns jedoch weiter mit der Gedächtnisbildung auseinandersetzen, müssen wir uns zunächst mit dem einzelnen Neuron in Bezug zum Gehirn insgesamt beschäftigen, wobei wir mit der Neuronentheorie von Ramón y Cajal beginnen wollen.

Neuronen: Signalelemente des Gehirns

Die Nervenzellen, die das Gehirn bilden, sind Signalvorrichtungen ganz besonderer Art. Auf ihrer Fähigkeit, Signale weiterzuleiten, basiert unser gesamtes Geistesleben, von der sensorischen Wahrnehmung bis zur Bewegungskontrolle, vom Denken bis zum Fühlen. Daher ist es für das Verständnis der biologischen Basis eines jedweden Verhaltensaspekts wesentlich, die Signaleigenschaften von Neuronen zu verstehen.

Die ersten Erkenntnisse, wie die Signalübertragung im Gehirn funktioniert, datieren vom Beginn des 20. Jahrhunderts und gehen vor allem auf die außerordentlich wertvollen Beiträge des großen spanischen Anatoms Santiago Ramón y Cajal zurück. Aufgrund seiner Untersuchungen formulierte Ramón y Cajal die „Neuronentheorie", die besagt, dass das Gehirn aus einzelnen, durch eine äußere Membran gegeneinander abgegrenzten Zellen oder Neuronen besteht. Er stellte die These auf, diese Neuronen seien die elementaren Signaleinheiten des Gehirns. Für diese Untersuchungen erhielt Ramón y Cajal 1906 den Nobelpreis in Physiologie und Medizin.

Ramón y Cajal wies darauf hin, dass es bei allen Tieren drei Haupttypen von Nervenzellen gibt. Sensorische Neuronen nehmen sensorische Information – in Form taktiler, visueller, akustischer oder olfaktorischer Reize – aus der Außenwelt entgegen; motorische Neuronen (Motoneuronen) rufen Bewegungen hervor, und verschiedene Klassen von Interneuronen, die zwischen sensorischen Neuronen und motorischen Neuronen liegen, helfen, den Informationsfluss in

Abb. 2.5 Der spanische Neuroanatom Santiago Ramón y Cajal (1852–1934) erkannte, dass eine genaue Kenntnis des Gehirns die Voraussetzung für ein wissenschaftliches Verständnis mentaler Vorgänge ist. Ramón y Cajal entwickelte die Neuronentheorie, die besagt, dass das Neuron die Signaleinheit des Gehirns ist. Damit lieferte er denentscheidenden anatomischen Hinweis dafür, dass eine Nervenzelle mit einer anderen über spezialisierte Kontakte kommuniziert, die wir heute Synapsen nennen.

den neuronalen Schaltkreisen zu koordinieren und zu integrieren. Alle drei Neuronentypen sind bei sämtlichen Tieren überraschend ähnlich gebaut. Dank dieser Befunde wissen wir heute, dass die unterschiedliche Lernfähigkeit verschiedener Tiere nicht so sehr vom Typ der Nervenzellen im Gehirn eines Tieres abhängt, sondern vielmehr von der Anzahl der Nervenzellen und der Art und Weise, wie sie miteinander verschaltet sind. Von wenigen Ausnahmen abgesehen, gilt: Je größer die Zahl der Nervenzellen und je komplexer ihr Verknüpfungsmuster, desto ausgeprägter ist das „Talent" eines Tiere für verschiedene Lernformen. Bei einigen Wirbellosen, wie Schnecken, besteht das Zentralnervensystem aus 20 000 oder $2 \cdot 10^4$ Nervenzellen. Eine Taufliege verfügt über rund 300 000 ($3 \cdot 10^5$) Neuronen. Ein Säuger, wie eine Maus oder ein Mensch, weist hingegen 10 bis 100 Milliarden (10^{10} bis 10^{11}) Neuronen im Gehirn auf. Jedes cerebrale Neuron bildet rund 1000 Verbindungen mit anderen Neuronen aus, und zwar an spezialisierten Kontaktstellen, den so genannten *Synapsen*. Das heißt, dass es im menschlichen Gehirn insgesamt etwa 10^{14} synaptische Verbindungen gibt. Nach Erkenntnis der modernen Biologie des Gedächtnisses ist die individuelle Verbindung zwischen zwei Neuronen eine elementare Einheit der Gedächtnisspeicherung. Daher liefern die 10^{14} Verbindungen im menschlichen Gehirn einen groben Hinweis auf die maximale Speicherkapazität unseres Gehirns.

Häufig sind es physikalische Ereignisse in unserer Umgebung (mechanischer Kontakt, Geruchsstoffe, Licht und Druckwellen), die auf unseren Körper einwirken und dazu führen, dass unsere Nervenzellen Signale auszusenden beginnen. Das Überraschende an diesen neuronalen Signalen ist, dass sie bemerkenswert stereotyp sind. Nervensignale, die visuelle Information übermitteln, sind identisch mit denjenigen, die Information über Töne oder Gerüche weiterleiten. Diejenigen Signale, die sensorische Information ins Zentralnervensystem übermitteln, gleichen wiederum den Signalen, die Befehle aus dem Zentrum hinaus zu den Muskeln leiten. Eines der Schlüsselprinzipien der Gehirnfunktion besagt daher, dass die Art der übermittelten Information nicht durch die Natur des Signals, sondern durch die spezifischen Bahnen bestimmt wird, die das Signal im Gehirn durchläuft. Das Gehirn analysiert und interpretiert die *Muster* der auf speziellen und eindeutig zugeordneten Bahnen einlaufenden elektrischen Signale; auf diese Weise wird in einem Bahnsystem optische Information, im anderen akustische Information verarbeitet. Wir sehen das Gesicht einer Person, statt ihre Stimme zu hören, weil die Neuronen in der Netzhaut unserer Augen mit denjenigen Teilen unseres Gehirns verknüpft sind, die visuelle Informationen, Informationen über Gesehenes, verarbeiten und interpretieren (dem visuellen System).

Ramón y Cajal und seine Zeitgenossen entdeckten, dass sich jedes Neuron aus vier Bestandteilen

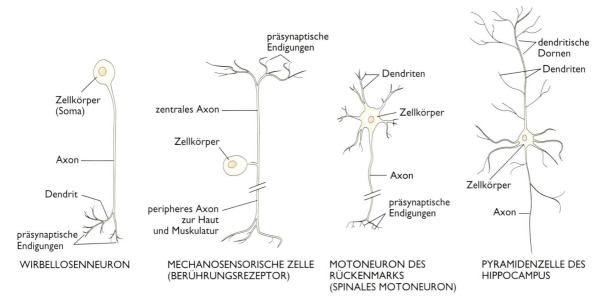

Abb. 2.6 Es gibt eine Vielzahl verschiedener Neuronentypen im Gehirn, doch von seltenen Ausnahmen abgesehen weisen sie alle einen Zellkörper, ein Axon und Dendriten auf. Wie in Abbildung 2.7 zu sehen, zweigt sich das Axon in eine Reihe präsynaptischer Endigungen auf.

zusammensetzt: einem Zellkörper, einer Reihe von Dendriten, einem Axon und einer Gruppe von axonalen Endstrukturen, den so genannten präsynaptischen Endigungen. Der Zellkörper ist der große, meist kugelförmige Anteil des Neurons, der den Zellkern mit der DNA enthält, die die Gene des Neurons codiert. Der Zellkern ist in die Zellflüssigkeit des Zellkörpers, das Cytoplasma, eingebettet, das eine Reihe von Zellorganellen zum Beispiel zur Synthese von Proteinen enthält, die für das Funktionieren der Zelle notwendig sind. Aus dem Zellkörper entspringen zwei Typen langer, schlanker Ausläufer, die man als *Nervenfortsätze* bezeichnet, die Dendriten und das Axon. Die *Dendriten* bestehen gewöhnlich aus üppig verzweigten Fortsätzen, die oft in Baumform am Zellkörper entspringen und die Empfangsregion für die einlaufenden Signale bilden. Das *Axon*, der Abschnitt eines Neurons, der für die Signalfortleitung zuständig ist, ist ein schlauchförmiger Fortsatz, der ebenfalls am Zellkörper entspringt. Je nach Funktion der Zelle kann ein Axon von 0,1 Millimeter bis ein Meter oder mehr messen. In der Nähe seiner Spitze teilt sich das Axon in viele dünne Zweige auf, von denen jeder eine spezialisierte Endstruktur aufweist, die so genannte präsynaptische Endigung. Diese *präsynaptischen Endigungen* nehmen Kontakt mit den spezialisierten Regionen anderer Zellen, den rezeptiven Oberflächen, auf, die häufig auf Dendriten liegen. Durch diesen Kontakt an der Synapse kann eine Nervenzelle anderen Neuronen oder Organen, wie Muskeln und Drüsen, Signale übermitteln.

Im Gegensatz zu seinen Zeitgenossen vermochte Ramón y Cajal über eine anatomische Beschreibung hinauszugehen. Er hatte die ungeheure Fähigkeit, sich eine statische Struktur anzusehen – ein mikroskopisches Schnittpräparat einer Gruppe von Neuronen zum Beispiel – und daraus Rückschlüsse auf ihre Funktion zu ziehen. Insbesondere erkannte er richtig, dass die vier anatomischen Komponenten des Neurons bei der Signalweiterleitung verschiedene Aufgaben übernehmen. Aufgrund dieser Erkenntnis formulierte er das Prinzip der *dynamischen Polarisation*, das besagt, dass die Information innerhalb einer jeden Nervenzelle in eine vorhersagbare Richtung und stets nur in diese Richtung fließt. Information wird an den Dendriten und am Zellkörper aufgenommen, von diesen Empfangsregionen zum Axon und vom Axon zu den präsynaptischen Endigungen weitergeleitet. Spätere Untersuchungen bestätigten seine These. In den Jahrzehnten zwischen 1920 und 1950 stellte sich heraus, dass Neuronen nicht nur über einen, sondern über zwei Signaltypen verfügen: 1. Sie verwenden ein stereotypes, nach dem Alles-oder-Nichts-Prinzip funktionierendes *Aktionspotential* zur Signalweiterleitung innerhalb des Neurons – das heißt, um Information vom Zellkörper zum Axon und seinen präsynaptischen Endigungen zu übermitteln. 2. Sie benutzen meist chemische Überträgerstoffe, die abgestufte (graduierte) *synaptische Potentiale* hervorrufen, um Information von einer Nervenzelle via *synaptischer Übertragung* an eine andere weiterzuleiten. Beide Typen von Signalen sind, wie wir noch sehen werden, für die Gedächtnisspeicherung wichtig.

Neuronale Signale

Bevor wir uns dem Aktionspotential und dem synaptischen Potential zuwenden, müssen wir uns mit dem *Ruhepotential* beschäftigen, dem Grundzustand, von dem alle anderen zellulären Signale ausgehen. Über der Plasmamembran, die die Nervenzelle umgibt, herrscht in Ruhe ein elektrisches Potential von rund 65 Millivolt; das ist das Ruhepotential. Es resultiert aus einer ungleichen Verteilung von Natrium-, Kalium- und anderen Ionen über der Zellmembran, die dazu führt, dass die Innenseite der Membran gegenüber der Außenseite negativ geladen ist. Weil die Außenseite der Membran willkürlich als Null definiert ist, sagen wir, dass das Ruhepotential minus 65 Millivolt (–65 mV) beträgt.

Aktionspotentiale und synaptische Potentiale resultieren aus Änderungen der Ionenverteilung über der Membran, die dazu führen, dass das Membranpotential im Vergleich zum Ruhemembranpotential zu- oder abnimmt. Eine Zunahme des Membranpotentials von, sagen wir, –65 auf –75 Millivolt wird als *Hyperpolarisation* bezeichnet, eine Abnahme des Membranpotentials, etwa von –65 auf –50 Millivolt, als *Depolarisation*. Wie wir später noch sehen werden, erhöht eine Depolarisation die Fähigkeit einer Nervenzelle, ein Aktionspotential zu erzeugen, und wirkt daher erregend (exzitatorisch). Umgekehrt senkt eine Hyperpolarisation die Wahrscheinlichkeit, dass eine Zelle ein Aktionspotential generiert, und wirkt daher hemmend (inhibitorisch).

Das Aktionspotential ist ein depolarisierendes elektrisches Signal, das von den Dendriten und dem Zellkörper des Neurons die ganze Länge des Axons bis zu den präsynaptischen Endigungen entlangwandert, wo das Neuron Kontakt zu einer anderen Nervenzelle aufnimmt. Aktionspotentiale heißen so, weil sie Signale sind, die *aktiv* längs des Axons fortgeleitet werden. Der genaue Mechanismus des elektrischen Signals ist nicht ganz leicht vorstellbar, aber man muss ihn nicht im Einzelnen verstehen, um der Diskussion in diesem Buch folgen zu können.

Das Aktionspotential stellt eine Änderung des elektrischen Potentials über der Zellmembran dar, die aus dem Einstrom von Natriumionen (Na^+) in die Zelle hinein und einem darauf folgenden Ausstrom von Kaliumionen (K^+) aus der Zelle heraus resultiert; die Ionenbewegungen erfolgen dabei durch spezialisierte Poren in der Zellmembran, so genannte *Ionenkanäle*. Die Ionenkanäle öffnen und schließen sich entlang der Bahn des Signals in präziser Folge und rufen eine Potentialänderung hervor, die über die Zelle wandert. Aktionspotentiale bewegen sich ohne Abschwächung oder Verzerrung die Axonmembran entlang, wobei ihre Fortleitungsgeschwindigkeit zwischen einem und 100 Meter pro Sekunde beträgt. Das Aktionspotential ist ein schnelles, vorübergehendes elektrisches Alles-oder-Nichts-Signal mit einer Amplitude von 100 bis 120 Millivolt und einer Dauer von ein bis zehn Millisekunden. Die Amplitude des Aktionspotentials bleibt über die volle Länge des Axons hinweg konstant, weil der Alles-oder-Nichts-Impuls bei seiner Wanderung ständig von der Axonmembran regeneriert wird.

Ramón y Cajal erkannte, dass Neuronen an hochspezialisierten Kontaktstellen, den so genannten Synapsen, miteinander kommunizieren. Einige der bemerkenswertesten Aktivitäten des Gehirns, wie Lernen und Gedächtnis, entstehen aus den Signaleigenschaften der Synapsen; daher werden wir uns ausführlicher mit ihnen beschäftigen. Während das axonale Signal – das Aktionspotential – ein großes, immer gleiches Alles-oder-Nichts-Signal ist, ist das Signal an der Synapse

– das synaptische Potential – abgestuft (graduiert) und veränderlich (modifizierbar).

Eine typische chemische Synapse besteht aus drei Komponenten: einer präsynaptischen Endigung, einer postsynaptischen Zielzelle und einem engen Zwischenraum, der beide Neuronen trennt. Dieser Zwischenraum, der so genannte *synaptische Spalt*, ist etwa 20 Nanometer (oder $2 \cdot 10^{-8}$ Meter) breit. Die präsynaptische Endigung der einen Zelle kommuniziert über den synaptischen Spalt mit dem Zellkörper oder den Dendriten der postsynaptischen Zielzelle.

Der Strom, der von einem Aktionspotential in der präsynaptischen Zelle produziert wird, kann nicht direkt über den synaptischen Spalt springen, um die postsynaptische Zielzelle zu aktivieren. Stattdessen macht das Signal an den Synapsen eine tiefgreifende Umwandlung (Transformation) durch. Wenn das Aktionspotential die präsynaptische Endigung erreicht, führt das elektrische Signal dazu, dass eine einfache chemische Verbindung, ein so genannter *Neurotransmitter*, freigesetzt wird. Dieser Botenstoff wird in den synaptischen Spalt ausgeschüttet, wo er als Signal für die Zielzelle wirkt. Wie wir später noch sehen werden, wird der Neurotransmitter, sobald er durch den synaptischen Spalt diffundiert ist, von Rezeptormolekülen auf der Oberfläche der postsynaptischen Zelle erkannt und gebunden. Bei den gewöhnlich von Nervenzellen verwendeten Transmittern handelt es sich entweder um Aminosäuren oder andere einfache Verbindungen, wie Glutamat, γ-Aminobuttersäure (GABA), Acetylcholin, Adrenalin, Noradrenalin, Serotonin und Dopamin.

Chemische Signalübertragung ist nicht auf synaptische Transmitter oder auf Nervenzellen im Gehirn beschränkt. Ganz im Gegenteil, sie stellt einen universellen Kommunikationsmechanismus dar, der von Zellen in allen vielzelligen Organismen eingesetzt wird. Als vor vielen hundert Millionen Jahren zum ersten Mal vielzellige Organismen auftauchten, entwickelten sie verschiedene Gewebetypen, die sich zu verschiedenen funktionellen Systemen differenzierten, beispielsweise Herz und Kreislaufsystem, Darmtrakt und Verdauungssystem. Um die Aktivitäten der verschiedenen Gewebe zu koordinieren, entstanden im Laufe der Zeit nicht nur ein, sondern zwei Typen von chemischen Signalsystemen: Hormone und Neurotransmitter.

Diese beiden Formen chemischer Kommunikation weisen gewisse Gemeinsamkeiten auf. Bei hormonaler Aktivität schüttet eine Drüse einen chemischen Botenstoff (ein Hormon) in den Blutstrom aus, um einem entfernten Gewebe ein Signal zu geben. Nach einer Mahlzeit steigt beispielsweise der Blutzuckerspiegel. Diese Glucosezunahme signalisiert gewissen Zellen in der Bauchspeicheldrüse, das Hormon Insulin auszuschütten. Insulin wirkt auf Insulinrezeptoren in der Muskulatur und

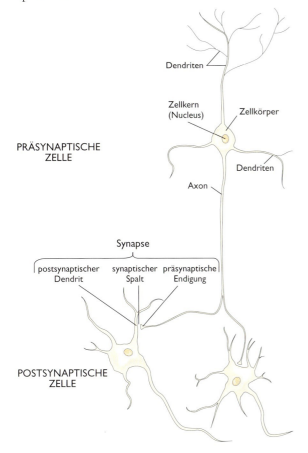

Abb. 2.7 Das lange, dünne Axon eines Neurons zweigt sich an der Spitze in zahlreiche präsynaptische Endigungen auf, die mit den Dendriten einer oder mehrerer postsynaptischer Zellen Synapsen ausbilden. Die Endigungen eines einzelnen Axons können mit bis zu 1000 anderen Neuronen synaptischen Kontakt aufnehmen. Die Axone vieler Wirbeltierneuronen sind von einer fettreichen Hülle, der so genannten Myelinscheide, umgeben, die die Leitungsgeschwindigkeit des elektrischen Signals beträchtlich erhöht. Aus Gründen der Übersichtlichkeit sind die Myelinhüllen in dieser wie in allen übrigen Abbildungen weggelassen worden.

führt dazu, dass Glucose in die Muskelzellen aufgenommen, umgewandelt und als Energiereserve in Form von Glycogen gespeichert wird. Genauso schüttet bei der synaptischen Übertragung ein Neuron einen chemischen Botenstoff (einen Neurotransmitter) aus, um einer benachbarten Zielzelle etwas zu signalisieren.

Es gibt jedoch zwei entscheidende Unterschiede zwischen hormonalen und synaptischen Botenstoffen. Erstens operieren Neurotransmitter gewöhnlich über eine viel kürzere Distanz, als es Hormone tun. Die synaptische Übertragung zeichnet sich dadurch aus, dass die Membran der Zelle, die das Signal empfängt, sehr dicht an der Zelle liegt, die das Signal aussendet. Aus diesem Grund ist die synaptische Übertragung viel schneller als die hormonelle Signalgebung und viel gezielter. Wie wir noch sehen werden, ist die enge Nachbarschaft der beiden Zellen für die Fähigkeit des Neurons entscheidend, sehr spezifische Information der Art zu speichern, wie sie für Gedächtnisleistungen erforderlich ist. Der zweite Unterschied zwischen Hormonen und synaptischen Transmittern, mit dem wir uns später noch näher beschäftigen wollen, besteht darin, dass ein und derselbe Neurotransmitter in einer Zielzelle eine ganze Reihe von verschiedenen Reaktionen hervorrufen kann. Im Gegensatz dazu wirken Hormone auf eine bestimmte Gruppe von Zielzellen im Allgemeinen stets in derselben Weise.

In den dreißiger Jahren waren bereits eine Reihe dieser typischen Merkmale der synaptischen Übertragung bekannt, doch erst Bernard Katz, ein Neurophysiologe am University College in London, stellte diese Vorstellung in den fünfziger und sechziger Jahren auf eine neue Grundlage. Katz arbeitete viele der Details aus, die erklären, wie die synaptische Übertragung funktioniert. Beispielsweise fanden Katz und seine Kollegen heraus, dass das Aktionspotential, wenn es an den präsynaptischen Endigungen ankommt, Membrankanäle für Calciumionen (Ca^{2+}) öffnet, was einen starken und raschen Anstieg der Calciumkonzentration in den präsynaptischen Endigungen bewirkt. Dieser starke und rasche Calciumanstieg führt schließlich zur Ausschüttung des chemischen Transmitters. Der Neurotransmitter diffundiert dann über den synaptischen Spalt und bindet an die Rezeptoren der postsynaptischen Zelle. Dies wiederum ruft in der postsynaptischen Zelle ein depolarisierendes

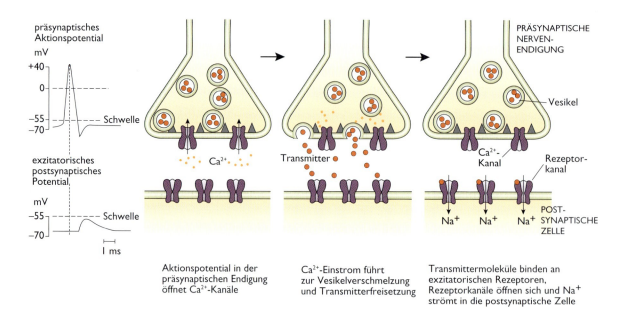

Abb. 2.8 Ein chemisches Signal wandert von einer präsynaptischen zu einer postsynaptischen Zelle. Ein präsynaptisches Aktionspotential löst die Freisetzung eines Neurotransmitterquants aus einem synaptischen Vesikel in den synaptischen Spalt aus. Die Bindung der Transmittermoleküle an postsynaptische Rezeptoren setzt eine Folge von Schritten in Gang, die zur Bildung eines exzitatorischen (oder inhibitorischen) postsynaptischen Potentials führen.

Abb. 2.9 Der britische Neurophysiologe Sir Bernard Katz (*1911) leistete Pionierarbeit bei der Analyse der synaptischen Übertragung. Er entdeckte, dass Neurotransmitter nicht in Form von einzelnen Molekülen, sondern in Paketen freigesetzt werden, die rund 5000 Moleküle enthalten. Jedes dieser Pakete oder Quanten ist in einem synaptischen Vesikel gespeichert.

exzitatorisches synaptisches Potential hervor, das, wenn es groß genug ist, ein Aktionspotential in dieser Zelle auslösen kann.

Das synaptische Potential ist wie das Aktionspotential ein elektrisches Signal. Dennoch unterscheiden sich beide Signaltypen deutlich. Während das Aktionspotential in der Regel ein großes Signal von rund 110 Millivolt Amplitude ist, ist das synaptische Potential viel kleiner und kann jeden Wert zwischen dem Bruchteil eines Millivolts und mehreren Dutzend Millivolt annehmen; das hängt von einer Reihe Faktoren ab, beispielsweise davon, wie viele präsynaptische Endigungen aktiv sind und wie viel Neurotransmitter ausgeschüttet wurde, der dieselbe postsynaptische Zelle erreicht. Überdies ist das Aktionspotential ein Alles-oder-Nichts-Impuls, die Stärke des synaptischen Potentials hingegen abgestuft. Und schließlich wird das Aktionspotential aktiv und ohne Abschwächung von einem Ende des Neurons zum anderen geleitet. Das synaptische Potential hingegen pflanzt sich passiv fort und verschwindet schließlich, wenn es nicht ein Aktionspotential auslöst.

Eine der entscheidenden Entdeckungen von Katz war, dass synaptische Transmitter nicht als einzelne Moleküle, sondern als ein oder mehrere Pakete bestimmter Größe freigesetzt werden, wobei jedes Paket etwa 5000 Moleküle enthält. Jedes dieser Pakete wird nach dem Alles-oder-Nichts-Prinzip freigesetzt. Katz nannte diese Pakete *Quanten* und erkannte in ihnen die elementaren Einheiten der chemischen Transmitterausschüttung.

Neue Erkenntnisse mit Hilfe des Elektronenmikroskops

Katz machte seine Entdeckung, dass synaptische Transmitter in Paketen freigesetzt werden, in den fünfziger Jahren; sie fiel damit gerade in die Zeit, als Forscher das Elektronenmikroskop einzusetzen begannen, um Nervenzellen zu untersuchen und die ersten hoch aufgelösten Aufnahmen der subzellulären Struktur des Neurons verfügbar wurden. Diese Aufnahmen zeigten, dass die Nervenzellen wie andere Körperzellen über wohldefinierte subzelluläre Strukturen verfügen, die so genannten *Organellen*. Zu diesen Organellen gehören der Zellkern, der die Gene der Zelle enthält, und das Endoplasmatische Retikulum mit den Ribosomen, wo die Proteine hergestellt werden. Jedes dieser Organellen ist von einer Membran ähnlich derjenigen umgeben, die die ganze Zelle umgibt.

Neben den Organellen, die allen Zellen gemeinsam sind, zeigten diese Aufnahmen auch Strukturen, die man nur bei Nervenzellen findet. Am auffälligsten war eine Ansammlung kleiner runder Partikel – winzige Bläschen oder *Vesikel* – mit einem Durchmesser von rund 50 Nanometern.

Da sich diese Strukturen in den präsynaptischen Endigungen zusammendrängten, vermutete Katz, es handele sich um *synaptische Vesikel*, also um die Speicherorte der 5000 Neurotransmittermoleküle, die ein Quantum des chemischen synaptischen Transmitters darstellen, und damit um die *strukturellen Einheiten* der gequantelten Freisetzung.

Zu der Zeit, als Katz diese Beobachtungen machte, war bereits allgemein bekannt, dass sich an der Zellmembran aller Zellen ein Mechanismus abspielt, den man als *Exocytose* bezeichnet; mit Hilfe dieser Exocytose werden große Mengen verschiedener Substanzen aus der Zelle geschafft. Katz vermutete nun, dass die präsynaptischen Endigungen mittels Exocytose Transmitterpakete aus den synaptischen Vesikeln freisetzen. Bald nachdem diese Vermutung aufgestellt worden war, konnte der französische Anatom René Couteaux sie bestätigen. Er fand heraus, dass die synaptischen Vesikel mit der Membran der synaptischen Endigung verschmelzen und ihren gesamten Inhalt – sämtliche 5000 Moleküle pro Vesikel – nach dem Alles-oder-Nichts-Prinzip mittels Exocytose in den synaptischen Spalt entleeren. Weiterhin fand Coteaux heraus, dass die synaptischen Vesikel nicht an einer beliebigen Stelle der synaptischen Endigung mit der Membran verschmelzen, sondern nur an spezialisierten, abgegrenzten Orten, die er als *aktive Zonen* bezeichnete. In diesen aktiven Zonen liegen auch die Calciumkanäle, durch die Ca^{2+}-Ionen in die präsynaptische Endigung einströmen können. Die Vesikel werden normalerweise auch ohne Aktionspotential spontan mit sehr geringer Frequenz an den aktiven Zonen freigesetzt. Durch den Ca^{2+}-Einstrom, der von jedem Aktionspotential ausgelöst wird, wird die Rate der Vesikelfreisetzung stark erhöht.

Einmal in den synaptischen Spalt freigesetzt, diffundieren die 5 000 Neurotransmittermoleküle zur postsynaptischen Zielzelle, wo sie an Proteinmoleküle, die so genannten *Rezeptoren*, binden, die in die Zellmembran eingebettet sind. Jede Klasse von Transmittermolekülen kann mit einer Reihe verschiedener Rezeptoren interagieren, die in zwei Grundkategorien fallen: exzitatorisch oder inhibitorisch. Wenn die Zielzelle exzitatorische Rezeptoren für einen bestimmten Transmitter aufweist, erhöht die Bindung des Transmitters an diese Rezeptoren die Wahrscheinlichkeit, dass in der Zielzelle ein Aktionspotential ausgelöst wird. Verfügt die Zelle umgekehrt über inhibitorische Rezeptoren, so senkt die Aktivierung dieser Rezeptoren die Wahrscheinlichkeit für die Entstehung eines Aktionspotentials. Dieselbe Zielzelle kann exzitatorische Rezeptoren für einen Transmittertyp und inhibitorische Rezeptoren für einen anderen aufweisen.

Ramón y Cajal stellt die These auf, Synapsen seien modifizierbar

Ramón y Cajal hatte entdeckt, dass Nervenzellen in überraschend präzisen Mustern miteinander verknüpft sind. Ein bestimmtes Neuron ist stets mit bestimmten anderen Neuronen verbunden und nicht etwa mit beliebigen Nachbarn. Wir wissen heute, dass diese Präzision im Gehirn durch die genau aufeinander abgestimmte Expression verschiedener Gene während der Entwicklung bewirkt wird. Diese Präzision bei der neuronalen

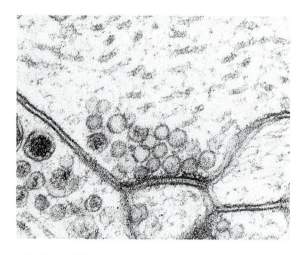

Abb. 2.10 Elektronenmikroskopische Aufnahme einer Synapse. In der Bildmitte drängen sich zahlreiche Vesikel zusammen, von denen jedes ein Neurotransmitterquant gespeichert hat. Sie stehen bereit, an der aktiven Zone freigesetzt zu werden, dem dunklen Bereich, der sich auf der präsynaptischen Seite des synaptischen Spaltes entlangzieht. Dort docken die Vesikel an, verschmelzen mit der Membran und entleeren ihren Inhalt in den Spalt.

Verknüpfung stellt ein interessantes Paradox dar: Vermutlich findet an unseren Nervenzellen, wenn wir lernen oder uns erinnern, irgendeine Art von Veränderung statt, aber wenn die Verknüpfungen zwischen Neuronen so präzise festgelegt sind, worin könnte diese Veränderung dann bestehen? Wie lässt sich ein exakt verschalteter Satz von Verbindungen durch neuronale Aktivität modifizieren? Erfordern Lernen und Gedächtnis noch irgendetwas anderes als ein Verschaltungsdiagramm?

Mit bemerkenswertem Weitblick schlug Ramón y Cajal eine Lösung für dieses Dilemma vor. Er formulierte eine Hypothese, die heute als Hypothese von der *synaptischen Plastizität* bezeichnet wird und besagt, dass die *Stärke* synaptischer Verbindungen – die sich in der Effizienz widerspiegelt, mit der ein Aktionspotential im präsynaptischen Neuron seine Zielzelle erregt (oder hemmt) – nicht festliegt, sondern plastisch und modifizierbar ist. Insbesondere vertrat er die Ansicht, dass sich die synaptische Stärke durch neuronale Aktivität modifizieren lässt. Er vermutete weiterhin, dass sich Lernvorgänge die Formbarkeit von Synapsen zunutze machen. Demnach führen Lernvorgänge dadurch zu länger andauernden Veränderungen in der Stärke synaptischer Verbindungen, dass sie das Wachsen *neuer* synaptischer Fortsätze fördern; das Fortbestehen dieser anatomischen Veränderungen könnte der Mechanismus zum Speichern von Erinnerungen sein.

Ramón y Cajal erläuterte diese Vorstellung 1894 in seiner Croonian Lecture vor der Royal Society:

> Geistiges Training erleichtert eine bessere Entwicklung ... der nervösen Kollateralen in dem Gehirnteil, der benutzt wird. Auf diese Weise könnten bereits bestehende Verbindungen zwischen Zellgruppen durch Vervielfältigung der Endverzweigungen verstärkt werden.

Ramón y Cajal vermutete, dass Lernprozesse die Muster und Intensitäten der elektrischen Signale verändern könnten, die die Gehirnaktivität ausmachen. Infolge dieser veränderten Aktivität sollten Neuronen ihre Fähigkeit, miteinander zu kommunizieren, modulieren können. Der Fortbestand dieser Veränderungen in der synaptischen Kommunikation – eine funktionelle Eigenschaft, die so genannte *synaptische Plastizität* – könnte die elementaren Mechanismen für eine Gedächtnisspeicherung liefern. Der erste Test dieser Vorstellung an einem lebenden Tier konnte erst 75 Jahre nach Ramón y Cajals Vermutung durchgeführt werden, als bei der Erforschung der Habituation ein Durchbruch erzielt wurde.

Ein einfacher Fall synaptischer Plastizität

Der erste Versuch einer neuronalen Analyse der Habituation wurde bereits 1908 im Verlauf von Untersuchungen am isolierten Rückenmark der Katze unternommen. Das Rückenmark kontrolliert eine Vielzahl von Reflexreaktionen, auf denen Haltung und Fortbewegung basieren. Beispielsweise zieht eine Katze ihr Bein zurück, wenn es berührt wird. Der britische Physiologe Sir Charles Sherrington fand nun heraus, dass sich dieser Beinbeugereflex bei wiederholter Stimulation abschwächt und erst nach vielen Sekunden Pause wieder erholt. Sherrington war stark von Ramón y Cajals Arbeiten beeinflusst und versuchte, seine Vorstellungen zum reflektorischen Verhalten mit dessen anatomischen Befunden in Einklang zu bringen. Tatsächlich war es Sherrington, der den Begriff „Synapse" prägte (der sich von einem griechischen Wort ableitet, das soviel wie „umklammern" oder „umarmen" bedeutet). Mit großem Scharfblick erkannte Sherrington, dass eine *plastische* Veränderung an den Synapsen für die Habituation, die er beim Beugereflex beobachtete, verantwortlich sein könnte; damit lag er ganz auf der Linie, die Ramón y Cajal vorgegeben hatte. Seine interessante Hypothese ließ sich jedoch mit den damals verfügbaren neurophysiologischen Methoden nicht überprüfen.

Einen wichtigen Fortschritt brachten 1966 die Untersuchungen von Alden Spencer und Richard Thompson, die an der University of Oregon arbeiteten. In einer Reihe eleganter Verhaltensexperimente fanden sie enge Parallelen zwischen der Habituation des Beugereflexes im isolierten Rückenmark der Katze und der Habituation komplexerer

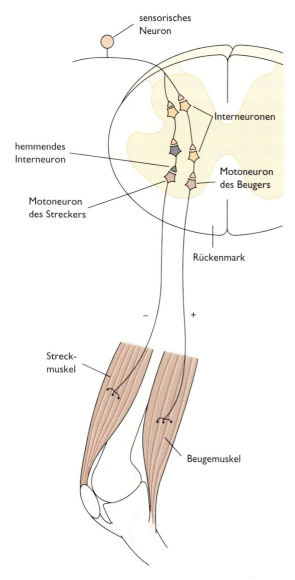

Abb. 2.11 Der neuronale Schaltkreis für den Beinbeugereflex der Katze.

Verhaltensreaktionen bei intakten Tieren. Dadurch gewannen sie die Überzeugung, dass die Habituation spinaler Reflexe ein gutes Modell für die Untersuchung von Habituation an sich darstellt. Der spinale Beugereflex wird durch die Aktivierung berührungsempfindlicher sensorischer Neuronen in der Haut des Katzenhinterbeins ausgelöst. Alle sensorischen Neuronen senden ihre Axone zum Rückenmark, wo sie eine Reihe erregender und hemmender Neuronen aktivieren. Die Signale dieser sensorischen Neuronen laufen dann auf den Motoneuronen zusammen, deren Aktivierung dazu führt, dass die Katze ihr Bein zurückzieht. Durch Ableitung der Aktivität einzelner Motoneuronen im Rückenmark von Katzen fanden Spencer und Thompson heraus, dass Habituation zu einer Abnahme der synaptischen Aktivität in einer Population von Neuronen führt. Diese Nervenzellen vermitteln zwischen den sensorischen Neuronen, welche die Berührung wahrnehmen, und den Motoneuronen, die den Muskel zur Kontraktion veranlassen; derartige zwischengeschaltete Neuronen werden als *Interneuronen* bezeichnet. Die Organisation der Interneuronen im Rückenmark erwies sich jedoch als recht komplex und schwierig zu untersuchen. Daher ließen sich die Synapsen, die an der Habituation beteiligt waren, nicht isolieren. Diese und ähnliche Untersuchungen machten deutlich, dass man noch einfachere Systeme benötigte, um Habituation und andere Formen des Lernens weiter zu analysieren.

Eine Reihe von Forschern wandte sich daraufhin wirbellosen Tieren, wie Schnecken und Fliegen, zu, weil die Nervensysteme dieser Tiere relativ wenig Nervenzellen umfassen und die zelluläre Analyse damit einfacher wird. Wie wir im ersten Kapitel gesehen haben, enthält das Nervensystem der Meeresschnecke *Aplysia* nur 20 000 Zellen, von denen viele ungewöhnlich groß sind (einige erreichen einen Durchmesser von fast einem Millimeter). Dazu kommt, dass viele dieser Zellen immer gleich aussehen und sich leicht identifizieren lassen; man kann sie benennen und erkennt sie bei jedem Vertreter dieser Art problemlos wieder. Daher lässt sich dieselbe Zelle bei untrainierten Tieren wie auch bei Tieren untersuchen, die für eine bestimmte Aufgabe trainiert worden sind.

Eric Kandel und Irving Kupfermann erkannten, dass *Aplysia* über einen defensiven Rückziehreflex verfügt, der mit dem Beinbeugereflex bei Katzen vergleichbar ist. Die Schnecke besitzt ein äußerlich gelegenes Atmungsorgan, die Kieme, die gewöhnlich nur teilweise vom Mantelrand bedeckt ist, der die dünne innere Schale der Schnecke enthält. Der Mantelrand besitzt einen fleischigen Auswuchs, den Siphon (Atemröhre). Werden Mantelrand oder Siphon leicht berührt, zieht sich der Siphon zusammen, und die Kieme wird rasch in eine Höhle unter dem Mantelrand zurückgezogen (Retraktion). Der Defensivcharakter die-

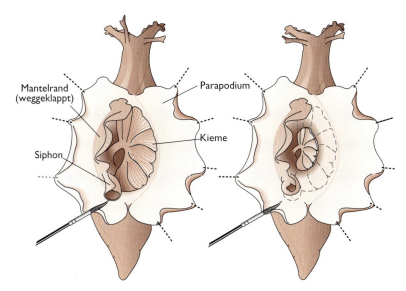

Abb. 2.12 Kiemen- und Siphonrückziehreflex von *Aplysia*. Eine leichte Berührung des Siphons mit einem feinen Pinsel (links) führt dazu, dass sich der Siphon kontrahiert und die Kieme unter den schützenden Mantelrand zurückgezogen wird, der hier der besseren Übersichtlichkeit halber weggeklappt ist.

ses Reflexes ist klar: Er schützt die empfindliche Kieme vor möglicher Beschädigung. Wie andere Schutzreaktionen unterliegt der Kiemenrückziehreflex der Habituation, wenn er wiederholt durch eine leichte, harmlose Stimulation des Siphons ausgelöst wird. Gewöhnlich berührt der Experimentator den Siphon mit einem feinen Pinsel, was dazu führt, dass Siphon und Kieme rasch zurückgezogen werden. Nach einem einzigen Trainingsdurchgang mit zehn Siphonreizungen zeigt ein Tier beim zehnten Reiz nur noch eine sehr schwache Reaktion oder reagiert gar nicht mehr: Eine Berührung des Siphons führt nun nur noch zu einer gering ausgeprägten Retraktion von Siphon oder Kieme oder sie unterbleibt völlig. Wie lange die Habituation bestehen bleibt, hängt von der Wiederholungshäufigkeit ab. Nach zehn Siphonreizen ist die Gedächtnisspanne kurz – sie beträgt nur 10 bis 15 Minuten. Verteilt man vier derartige Trainingsdurchgänge à zehn Berührungsreize über vier Tage, führt dies zu einer deutlich längeren Speicherung der Habituation, die drei Wochen bestehen bleibt. Der erstgenannte Fall ist ein Beispiel für Kurzzeithabituation, letzterer ein Beispiel für Langzeithabituation.

Biologen fiel die Ähnlichkeit zwischen der Habituation bei *Aplysia* und der Habituation bei Säugern, einschließlich des Menschen, auf. Diese Ähnlichkeit ließ es lohnend erscheinen, *Aplysia* als Modellsystem zu benutzen, um drei Fragen zu beantworten: Wo im Nervensystem ist der Gedächtnisspeicher für Habituation lokalisiert? Liefern plastische Veränderungen in einzelnen synaptischen Verbindungen einen Beitrag zur Gedächtnisspeicherung? Wenn das der Fall ist, welche zellulären Mechanismen liegen der Gedächtnisspeicherung zugrunde? Die Antworten auf diese Fragen sollten Licht auf einfachere Formen des Gedächtnisses im Tierreich werfen. Aber um diese Antworten zu finden, mussten die Forscher zunächst einmal das Verschaltungsdiagramm des Kiemenrückziehreflexes entschlüsseln.

Bei Wirbellosen besteht das Zentralnervensystem aus Ansammlungen von Nervenzellen, den so genannten Ganglien. *Aplysia* besitzt zehn der-

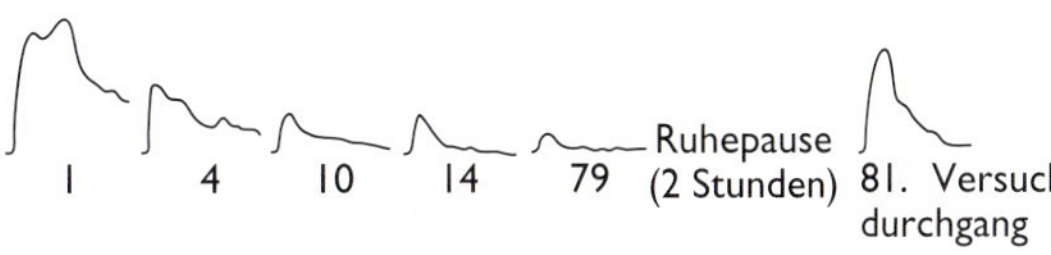

Abb. 2.13 Kurzzeithabituation und spontane Erholung beim Kiemenrückziehreflex. Eine Photozelle registriert die Bewegung der Kieme, die in Antwort auf die Siphonstimulation zurückgezogen wird. Diese Bewegung wird, wie oben zu sehen, als Kurve aufgezeichnet. Aufzeichnungen einer langen Trainingssitzung, die aus 79 Wiederholungen des Stimulus in Drei-Minuten-Intervallen besteht, zeigen, dass die Kiemenrückziehreaktion habituiert. Zur stärksten Abnahme der Reflexantwort kommt es im Verlauf der ersten zehn Stimulationen. Nach einer Pause von zwei Stunden hat sich die Antwort teilweise erholt.

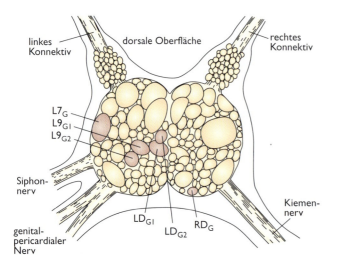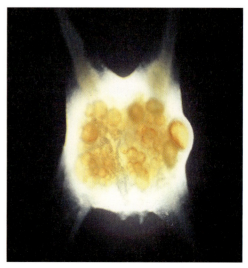

Abb. 2.14 Links: Eine Karte des Abdominalganglions von *Aplysia* (von dorsal) zeigt die Lage der sechs Kiemenmotoneuronen (dunkelbraun), die am Kiemenrückziehreflex beteiligt sind. Die Neuronen werden je nach Lage im rechten oder linken Halbganglion mit R und L bezeichnet und mit einer Zahl versehen. Die sechs markierten Zellen tragen ein tiefer gestelltes G (von *gill* für „Kieme"), um auf ihre verhaltensbiologische Funktion als Kiemenmotoneuronen hinzuweisen. Rechts: Eine Mikrofotografie des Abdominalganglions von *Aplysia*.

artige Ganglien in ihrem Zentralnervensystem. Der Kiemenrückziehreflex wird von einem dieser Ganglien kontrolliert, und zwar vom Abdominalganglion. Dieses Ganglion enthält nur 2 000 Zellen, kann aber nicht nur eine, sondern eine ganze Reihe von Verhaltensreaktionen hervorrufen: Siphonretraktion, respiratorisches Pumpen, Tintenausstoß, Schleimausscheidung, Eiablage, Erhöhung der Herzschlagfrequenz und gesteigerte Durchblutung. Die Zahl der Nervenzellen, die den Kiemenrückziehreflex steuern, ist relativ klein – rund 100. Daher liefern individuelle Zellen einen signifikanten Beitrag zum Gesamtverhalten.

Der neuronale Schaltkreis dieses Verhaltens wurde größtenteils zu Beginn der siebziger Jahre von Eric Kandel und seinen Kollegen Kupfermann, Vincent Castellucci, Jack Byrne, Tom Carew und Robert Hawkins aufgeschlüsselt, die alle an der Columbia University in New York arbeiteten. Im Verlauf ihrer Untersuchungen identifizierten sie viele Neuronen des Kiemenrückzieh-Schaltkreises. Wie sie herausfanden, wird die Kieme von sechs, der Siphon von sieben Motoneuronen innerviert. Diese Motoneuronen beziehen ihre Information direkt (monosynaptisch) von zwei verwandten Ansammlungen (Cluster) aus rund 40 sensorischen Neuronen, die die Haut des Siphons innervieren. Die sensorischen Neuronen stehen auch mit Clustern exzitatorischer und inhibitorischer Interneuronen in Verbindung, die ihrerseits mit den Motoneuronen verbunden sind. Daher aktiviert eine Stimulation der Siphonhaut die sensorischen Neuronen, die wiederum direkt die Kiemen- und die Siphonmotoneuronen erregen. Die sensorischen Neuronen aktivieren auch verschiedene Interneuronen, die ihrerseits mit den Motoneuronen verbunden sind.

Die Zellen dieses neuronalen Schaltkreises wie auch ihre Verbindungen untereinander sind immer dieselben. Bei allen Individuen ist ein bestimmtes Neuron immer mit bestimmten anderen Neuronen und nicht etwa mit irgendwelchen beliebigen Nachbarn verbunden. In Kenntnis dieses neuronalen Schaltkreises können sich die Forscher nun dem Paradoxon zuwenden, das wir bereits angesprochen haben: Wie kann es zu Lernen kommen und wie können in einem vorverkabelten neuronalen Schaltkreis Gedächtnisinhalte gespeichert werden? Kandel und seine Kollegen waren nun in der Lage, das Rätsel anzugehen, und sie fanden heraus, dass es eine recht einfache und direkte Lösung hat. Obwohl das Verknüpfungsmuster des Kiemenrückziehreflexes ein für allemal in einer frühen Entwicklungsphase festgelegt wird, gilt dies nicht

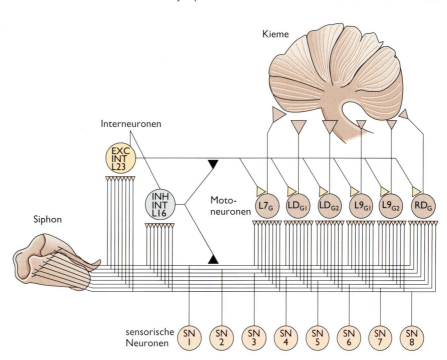

Abb. 2.15 Dieser vereinfachte Schaltkreis zeigt die entscheidenden Elemente, die am Kiemenrückziehreflex beteiligt sind. Von den rund 40 sensorischen Neuronen im Abdominalganglion, die die Siphonhaut innervieren, sind hier acht dargestellt. Diese sensorischen Zellen projizieren auf eine Ansammlung von sechs Motoneuronen, die die Kieme innervieren, sowie auf mehrere Gruppen erregender und hemmender Interneuronen, die ihrerseits mit den Motoneuronen in synaptischem Kontakt stehen. (Aus Gründen der Übersichtlichkeit ist für jeden Interneurontyp nur ein Beispiel dargestellt.)

für die Stärke der synaptischen Verbindungen. Wir wollen uns hier nur auf die Kiemenrückziehkomponente des Reflexes konzentrieren, die von der Siphonstimulation ausgelöst wird, doch ähnliches gilt für den Rückziehreflex des Siphons selbst, wenn er berührt wird. Als Reaktion auf einen neuartigen Stimulus erregen die sensorischen Neuronen, die den Siphon innervieren, die Interneuronen und die Kiemenmotoneuronen relativ stark. Diese kombinierten Eingangssignale (Inputs) laufen auf den Motoneuronen zusammen und veranlassen sie, heftig zu feuern, was zu einem raschen, reflexartigen Zurückziehen der Kieme führt. Wird der Stimulus nun wiederholt, habituiert die Reflexantwort. Ein Aktionspotential in einem der sensorischen Neuronen ruft noch immer in beiden Zielzelltypen – den Interneuronen und den Motoneuronen – ein erregendes synaptisches Potential hervor, doch dieses synaptische Potential ist schwächer – so schwach, dass es nur sehr wenige und schließlich gar keine Aktionspotentiale in den Zielzellen mehr auslöst. Weil die Verbindungen zwischen den sensorischen Neuronen und ihren Zielzellen schwächer werden, ruft ein Aktionspotential in den sensorischen Neuronen nicht mehr so leicht ein Aktionspotential in den Interneuronen oder den Motoneuronen hervor. Dazu kommt, dass die exzitatorischen synaptischen Verbindungen, die einige der exzitatorischen Interneuronen mit den Motoneuronen ausgebildet haben, ebenfalls schwächer werden. Die Schwächung all dieser synaptischen Verbindungen führt im Endergebnis dazu, dass das Ausmaß der Reflexantwort reduziert wird. Diese Schwächung der synaptischen Verbindungen im Rahmen einer

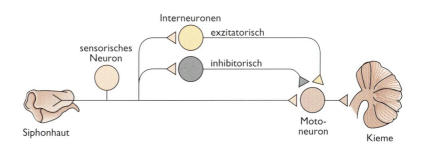

Abb. 2.16 Ein stark schematisierter Schaltkreis des Kiemenrückziehreflexes, bei dem nur ein Beispiel für jeden Neuronentyp abgebildet ist.

Kurzzeithabituation entspricht funktionell einer synaptischen Depression. Sie geht nicht mit anatomischen Veränderungen einher.

Weil der allererste Relaispunkt des Reflexes – die Verbindung zwischen den sensorischen Neuronen und ihren Zielzellen – bei der Habituation modifiziert wird, ließ sich diese Reflexkomponente als Testsystem benutzen, um im Detail zu erforschen, was bei der Habituation passiert. Castellucci, Kandel und Kollegen untersuchten die synaptische Depression, die an der Verbindung zwischen einem sensorischen Neuron und einem Motoneuron auftritt. Sie fanden heraus, dass es im Verlauf eines Trainingsdurchgangs, in dem das sensorische Neuron zehnmal gereizt wurde, zu einer drastischen Schwächung der synaptischen Verbindung

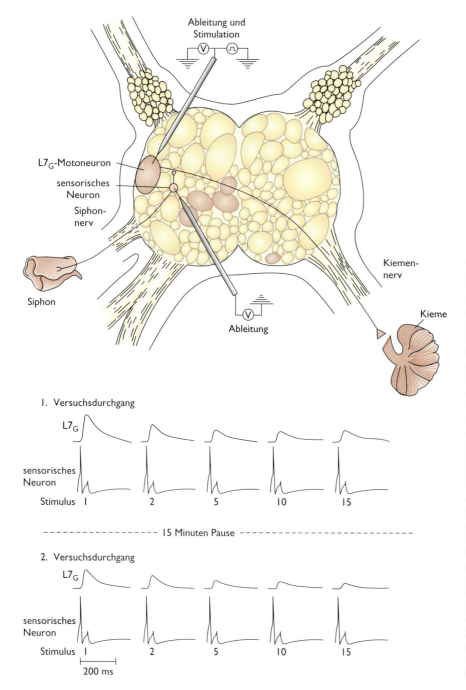

Abb. 2.17 Der Zeitverlauf der Kurzzeithabituation lässt sich durch Ableitung der Aktivität einzelner sensorischer und motorischer Kiemenneuronen verfolgen. Oben: Ein sensorisches Neuron, das mit dem motorischen Kiemenneuron L7$_G$ in synaptischem Kontakt steht, wird alle zehn Sekunden elektrisch stimuliert; eine Mikroelektrode registriert die in diesem Motoneuron erzeugten postsynaptischen Signale. Unten: Aufzeichnungen von zwei aufeinander folgenden Trainingsdurchgängen mit je 15 Reizen im Abstand von 15 Minuten zeigen, dass die Antwort von L7$_G$ während des ersten Durchgangs abnimmt, sich nach der Pause teilweise wieder erholt hat, im Verlauf des zweiten Trainingsdurchgangs noch stärker abnimmt und schließlich fast ganz verschwindet.

kam, die minutenlang anhielt. Ein zweiter Trainingsdurchgang führte zu einer weiteren und noch länger anhaltenden Schwächung. Je nach Anzahl der Trainingsdurchgänge kann die synaptische Depression minuten- bis stundenlang andauern (und wie wir weiter unten noch sehen werden, sogar noch länger), doch sie hält stets genauso lang an wie das habituierte Verhalten an sich. Sobald die Synapsen ihre ursprüngliche Stärke wiedergewinnen, beginnt das Tier, auf Berührung wieder mit einem raschen Zurückziehen der Kiemen und des Siphons zu reagieren. Diese Untersuchungen haben bestätigt, dass beim Lernen an synaptischen Verbindungen plastische Veränderungen ablaufen, die dauerhaft sind und die zelluläre Basis des Kurzzeitgedächtnisses bilden.

Castellucci und seine Kollegen konnten sich nun der nächsten Frage zuwenden: Was ist die Ursache dieser plastischen Veränderungen? Reagieren die Rezeptoren der Motoneuronen weniger stark auf jedes Quant des Neurotransmitters Glutamat, der von den sensorischen Neuronen freigesetzt wird? Oder setzen die synaptischen Vesikel bei jedem Aktionspotential weniger Neurotransmitterquanten frei? Castellucci, Lise Eliot und Kandel sowie später unabhängig von ihnen Beth Armitage und Steve Siegelbaum von der Columbia University fanden heraus, dass die Abnahme des synaptischen Potentials ausschließlich aus einer Abnahme der Anzahl der Transmitterpakete resultierte, die bei jedem Aktionspotential freigesetzt wurden. Die Empfindlichkeit der Glutamatrezeptoren im postsynaptischen Motoneuron veränderte sich hingegen nicht, und es kam auch nicht zu auffälligen anatomischen Veränderungen.

Ein Aspekt der synaptischen Depression, die der Habituation zugrunde liegt, ist besonders interessant: Eine Verringerung der Transmitterausschüttung wird bereits bei der Antwort auf den zweiten Stimulus deutlich. Welche molekularen Vorgänge auch immer für die verringerte Transmitterausschüttung verantwortlich sind, sie kommen schon nach einem einzelnen Reiz in Gang und sind zu dem Zeitpunkt, wenn der zweite Reiz appliziert wird, bereits vollständig abgeschlossen. Überdies hält die Reduktion der Transmitterfreisetzung, die von einem einzigen Reiz erzeugt wird, überraschend lange an – fünf bis zehn Minuten.

Mit den nächsten acht bis neun Reizen eines Trainingsdurchgangs wird die synaptische Depression noch ausgeprägter und dauerhafter und hält 10 bis 15 Minuten lang an.

Wie kommt es zu dieser Abnahme der Transmitterausschüttung? Eine Modellstudie von Kevin Gingrich und Jack Byrne von der University of Texas in Houston ließ vermuten, dass infolge der Habituation möglicherweise der Vorrat freisetzbarer Quanten erschöpft ist. Um diese Hypothese zu testen, untersuchten Craig Bailey und Mary Chen von der Columbia University im Elektronenmikroskop Synapsen des sensorischen Neurons von *Aplysia*, das durch Kurzzeithabituation verändert worden war. Wie sie herausfanden, beeinflusste die Kurzzeithabituation weder die Zahl der präsynaptischen Endigungen, noch die Zahl der aktiven Zonen in den präsynaptischen Endigungen, noch die Größe der aktiven Zonen. Auch die Gesamtzahl der Vesikel in den präsynaptischen Endigungen blieb unverändert. Sie stellten jedoch eine Abnahme in der Anzahl der synaptischen Vesikel fest, die an den Ausschüttungsstellen innerhalb der aktiven Zonen angedockt waren; daher standen weniger Transmitterpakete zur Ausschüttung bereit. Experimente von Armitage und Siegelbaum deuten darauf hin, dass Habituation nicht nur die an den Ausschüttungsstellen angedockten synaptischen Vesikel reduziert, sondern auch den Prozess stören könnte, durch den die verbleibenden Vesikel mit der Membran der präsynaptischen Endigung verschmelzen.

Diese Untersuchungen illustrieren mehrere allgemeine Prinzipien bei der Gedächtnisspeicherung. Erstens haben sie die ersten direkten Hinweise für Ramón y Cajals vorausschauende These geliefert, dass die synaptischen Verbindungen zwischen Neuronen nicht unveränderlich sind, sondern durch Lernen modifiziert werden können, und dass diese Modifikationen der synaptischen Stärke dauerhaft sind und elementare Komponenten der Gedächtnisspeicherung darstellen.

Zweitens wissen wir nun, was die Veränderungen der synaptischen Stärke zwischen zwei für den Kiemenrückziehreflex entscheidenden Neuronengruppen, den sensorischen Neuronen und den Motoneuronen, bewirkt. In dieser bestuntersuchten Komponente des Reflexes sind die Veränderungen

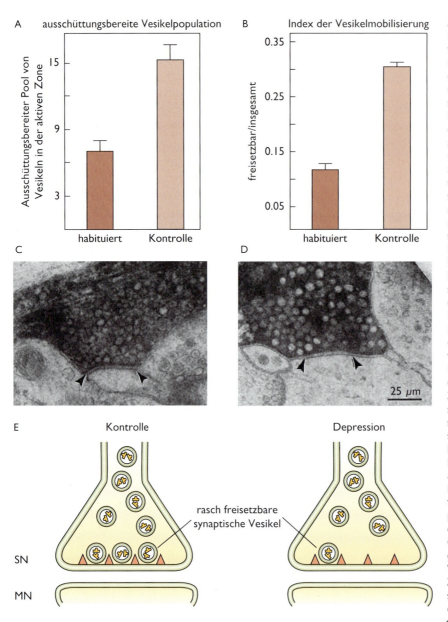

Abb. 2.18 Morphologische Basis der Kurzzeithabituation bei *Aplysia*. A: Die synaptische Depression, die der Kurzzeithabituation an der Synapse zwischen sensorischem und motorischen Neuron bei *Aplysia* zugrunde liegt, führt im Vergleich zu ungereizten Endigungen (Kontrolle) zu einer 50-prozentigen Erschöpfung der synaptischen Vesikel. Die Erschöpfung tritt unmittelbar an der aktiven Zone des präsynaptischen sensorischen Neurons ein. B: Dieser Pool von ausschüttungsbereiten Vesikeln stellt 30 Prozent der gesamten Vesikelpopulation in den Endigungen der sensorischen Kontrollneuronen dar und ist in den habituierten Endigungen auf 12 Prozent verringert. Diese morphologischen Daten zeigen, dass in habituierten aktiven Zonen ein kleinerer Prozentsatz potenziell verfügbarer synaptischer Vesikel mobilisiert und zur Ausschüttung bereitgestellt wird. C und D: Vesikelverteilung in der aktiven Zone (zwischen den Pfeilspitzen) mit Meerrettichperoxidase markierter präsynaptischer Endigungen eines sensorischen Neurons. C: In ungereizten Endigungen (Kontrolle) liegen die Vesikel direkt in der aktiven Zone (zwischen den Pfeilspitzen). D: Ganz anders ist die Situation bei Endigungen sensorischer Neuronen, die eine synaptische Depression durchgemacht haben. In den habituierten Endigungen sind weniger Vesikel an der Ausschüttungsstelle versammelt; die meisten liegen in einiger Entfernung von der präsynaptischen Membran der aktiven Zone (zwischen den Pfeilspitzen). Maßstab: 0,25 µm. E: Modell der strukturellen Korrelate der Kurzzeithabituation bei Aplysia. Eine Kurzzeithabituation führt zu einer selektiven Erschöpfung des Pools an rasch freisetzbaren synaptischen Vesikeln an der aktiven Zone der präsynaptischen Endigung des sensorischen Neurons (SN). MN = motorisches Neuron.

das Ergebnis einer Modifikation in den präsynaptischen Endigungen, speziell einer Abnahme in der Anzahl der Transmittervesikel, die aus diesen Endigungen freigesetzt werden. Obwohl man einige weitere plastische Mechanismen gefunden hat, die zur Gedächtnisspeicherung beitragen, hat sich gezeigt, dass die Veränderung der ausgeschütteten Transmittermenge in diesem wie in anderen Systemen ein Mechanismus ist, der bei der Speicherung von Gedächtnisinhalten sehr häufig eingesetzt wird. Dieser Mechanismus kann allein oder zusammen mit anderen Mechanismen wirken.

Drittens kommt es beim Kiemenrückziehreflex nicht nur bei den Verbindungen zwischen den sensorischen Neuronen und ihren Zielzellen zu einer Abnahme der synaptischen Stärke, sondern auch bei den Verbindungen zwischen den Interneuronen und deren Zielzellen. Also ist selbst die Speicherung eines simplen nichtdeklarativen Gedächtnisses über mehrere Orte verteilt.

Und schließlich zeigen diese Befunde, dass die nichtdeklarative Gedächtnisspeicherung nicht auf spezialisierte „Gedächtnisneuronen" angewiesen ist, deren einzige Funktion im Speichern von Information besteht. Die Fähigkeit zu einer einfachen nichtdeklarativen Gedächtnisspeicherung ist vielmehr direkt in die Synapsen derjenigen Neuronen eingebaut, die auch den Schaltkreis des Verhaltens bilden, das modifiziert wird. Gedächtnisspeicherung ist somit das Ergebnis von Veränderungen an Neuronen, die funktionelle Bestandteile des normalen Reflexbogens sind. Daher ist das Erinnern an habituiertes Verhalten in den neuronalen Schaltkreis eingebettet, der das Verhalten hervorruft. In dieser Hinsicht unterscheidet sich das nichtdeklarative Gedächtnis, wie wir noch sehen werden, vom deklarativen Gedächtnis, für das im medialen Temporallappen ein ganzes neuronales System existiert, mit dessen Hilfe die Erinnerung an vergangene Ereignisse festgehalten wird.

Das anpassungsfähige Neuron

Wir haben uns bisher mit dem Kurzzeitgedächtnis beschäftigt, dem Gedächtnis, das im Minutenbereich operiert. Wie steht es mit dem Langzeitgedächtnis, dem Gedächtnis, das Erinnerungen Tage, Wochen oder sogar noch länger speichert? Ein interessanter Aspekt der Habituation des Kiemenrückziehreflexes ist, dass auch hier Übung den Meister macht. Wie bei anderen Formen des Lernens führt Habituation nicht nur zu Kurzzeiterinnerungen, die Minuten anhalten, sondern bei genügend häufiger Wiederholung auch zu Langzeiterinnerungen, die Tage oder Wochen überdauern. Wie bereits früher erwähnt, ruft ein einziger Trainingsdurchgang, bei dem der Siphon zehnmal mit einem Pinsel berührt wird, eine Habituation hervor, die minutenlang anhält. Verteilt man vier solche Trainingssitzungen à zehn Reize hingegen über vier Tage, führt dies zu einer Langzeithabituation, die mindestens drei Wochen lang bestehen bleibt.

Eine der Schlüsselfragen beim Studium des Gedächtnisses ist: Wie hängen Kurzzeit- und Langzeitgedächtnis zusammen? Sind sie an verschiedenen Stellen oder an ein und demselben Ort lokalisiert? Um diese Frage zu untersuchen, unterzogen Carew, Castellucci und Kandel Tiere einem Langzeithabituationstraining und testeten dann einen Tag oder eine Woche später die Verbindungen zwischen den sensorischen Neuronen und den Motoneuronen, von denen bekannt war, dass sie an der Kurzzeithabituation beteiligt waren. Sie fanden heraus, dass bei den untrainierten Kontrolltieren rund 90 Prozent der sensorischen Neuronen physiologisch nachweisbare Verbindungen zu einem bestimmten Motoneuron aufwiesen. Bei den langfristig habituierten Tieren bildeten hingegen nur 30 Prozent der sensorischen Neuronen nachweisbare Verbindungen aus. Die übrigen Verbindungen waren derart geschwächt, dass sie sich einen Tag bzw. eine Woche nach dem Training mit elektrischen Ableittechniken nicht mehr eindeutig nachweisen ließen. Parallel zum Verhalten erholten sich die Verbindungen nach drei Wochen Training teilweise.

Es gibt hier also funktionierende Verbindungen, die mehr als eine Woche lang inaktiviert werden und innerhalb von drei Wochen nur teilweise wiederhergestellt werden – und diese bemerkenswerten Veränderungen sind das Ergebnis einer einfachen Lernerfahrung aus vier Trainingsdurchgängen mit jeweils zehn Reizapplikationen. Während die Kurzzeithabituation aus einer vorübergehenden Abnahme der synaptischen Effektivität resultiert, führt Langzeithabituation zu einer länger andauernden Veränderung – sie inaktiviert viele der zuvor existierenden Verbindungen.

Wie werden diese tiefgreifenden funktionellen Veränderungen aufrechterhalten? In einem der überraschendsten und aufregendsten Experimente zum Langzeitgedächtnis fanden Bailey und Chen heraus, dass das Langzeitgedächtnis für die Habituation des Kiemenrückziehreflexes mit einer tiefgreifenden strukturellen Veränderung einhergeht. Die sensorischen Neuronen habituierter

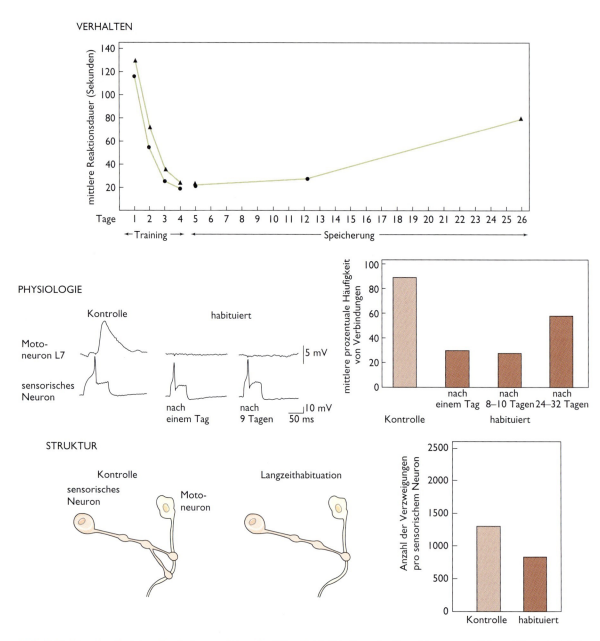

Abb. 2.19 Einzelne Trainingsdurchgänge mit je zehn Stimuli, täglich über vier Tage hinweg appliziert, führen bei *Aplysia* zu einer Langzeithabituation, die länger als eine Woche anhält, wie an der Abnahme der Dauer der Kiemenrückziehreaktion (oben) und an der drastischen Abnahme der synaptischen Effektivität zu sehen ist, die bei den Ableitungen des postsynaptischen Potentials im Motoneuron L7 beobachtet wurde (Mitte links). Der Zeitverlauf der synaptischen Depression läuft mit dem der verhaltensbiologischen Depression parallel. Diese langfristige synaptische Depression geht mit anatomischen Veränderungen einher. Die sensorischen Neuronen im habituierten Tier bilden weniger synaptische Kontakte mit Motoneuronen aus als die sensorischen Neuronen in nichthabituierten Tieren (unten).

Tiere weisen 35 Prozent weniger präsynaptische Endigungen auf als die sensorischen Neuronen der Kontrolltiere. Bei den Kontrolltieren verfügt jedes sensorische Neuron im Durchschnitt über insgesamt 1 300 synaptische Endigungen, die mit der Gesamtpopulation der Zielzellen – Interneuronen wie Motoneuronen – in Kontakt stehen. Im Gegensatz dazu besitzen langzeithabituierte Tiere im Mittel nur rund 840 synaptische Endigungen, die auf die Zielzellpopulation projizieren, das heißt, mit diesen Neuronen Synapsen bilden. Ein typisches sensorisches Neuron sendet unter Normalbedingungen also rund 30 präsynaptische Endigungen aus, um mit jedem seiner Zielmotoneuronen Kontakt aufzunehmen. Nach Langzeithabituation geht diese Zahl auf 20 präsynaptische Endigungen zurück.

Diese Experimente illustrieren mehrere zusätzliche Aspekte des nichtdeklarativen Gedächtnisses. Erstens zeigen diese Experimente direkt, dass das Langzeitgedächtnis langfristige Veränderungen der synaptischen Stärke erfordert, genauso, wie das Kurzzeitgedächtnis mit kurzzeitigen Veränderungen der synaptischen Stärke verbunden ist. Zweitens können dieselben synaptischen Verbindungen an der Speicherung von Kurzzeit- wie von Langzeitgedächtnis beteiligt sein. Drittens ist der Trainingsumfang, der nötig ist, um eine tiefgreifende Veränderung der synaptischen Struktur und Funktion hervorzurufen, überraschend gering. Nicht alle Synapsen von *Aphysia* sind plastisch und adaptiv – einige synaptische Verbindungen verändern ihre Stärke selbst bei wiederholter Aktivierung überhaupt nicht. Bei Synapsen, die am Lernprozess beteiligt sind, kann schon eine relativ geringe Trainingsintensität – 40 Reize in geeignetem zeitlichen Abstand – ausgeprägte und anhaltende Veränderungen der synaptischen Übertragungsstärke hervorrufen, die auf aktuelle anatomische Veränderungen zurückgehen. Diese Veränderungen schließen das Beschneiden synaptischer Verbindungen ein und können wochenlang bestehen bleiben.

Und schließlich deuten die Ergebnisse darauf hin, dass Synapsen nicht nur plastisch sind, was die Menge des freigesetzten Neurotransmitters angeht, sondern auch hinsichtlich ihrer Form und Struktur. Aktive Zonen und präsynaptische Endigungen sind nicht unveränderlich, sondern vielmehr modifizierbare Komponenten der Synapsen. Der normale Satz aktiver Zonen und Transmittervesikel bildet das anatomische Gerüst für Verhaltensprozesse. Selbst so elementare Lernvorgänge wie die Habituation können dieses Gerüst verändern, um die Funktion der neuronalen Verbindungen zu modifizieren. Wie wir in späteren Kapiteln noch sehen werden, bilden diese Veränderungen in der physischen Struktur von Neuronen gemeinhin eine elementare anatomische Basis für die Speicherung von Langzeiterinnerungen.

Wir haben uns bisher nur mit der einfachsten Form des nichtdeklarativen Gedächtnisses beschäftigt – mit der Spur im Gehirn, die durch das Erlernen der Eigenschaften eines einzelnen Reizes angelegt wird, und mit dem Verblassen dieser Spur, wenn ein Tier den Reiz zu ignorieren lernt. Diese einfachen Erinnerungen werden als Abnahme der Stärke bereits existierender synaptischer Verbindungen gespeichert. Wir wenden uns nun etwas komplexeren Beispielen für Lernprozesse zu und fragen: Legen komplexere Formen des Lernens ebenfalls Gedächtnisspuren an, indem sie die Stärke der synaptischen Verbindungen verändern? Wenn das so ist, können synaptische Verbindungen ebenso verstärkt wie geschwächt werden? Und schließlich wollen wir uns mit der molekularen Basis dieser Speichermechanismen beschäftigen. Um sie wirklich im gesunden wie im kranken Gehirn zu verstehen, müssen wir die molekularen Mechanismen kennen, durch die sich die Stärke synaptischer Verbindungen verändert.

Abb. 3.1 Jasper Johns (*1930): „Zero Through Nine" („Null bis Neun", 1961). In Johns' Gemälde überlagern sich die Ziffern Null bis Neun so, dass ein abstraktes Bild entsteht, in dem keine dieser Ziffern deutlich zu erkennen ist. Johns verwendet häufig Objekte aus dem Alltagsleben metaphorisch, wie Zielscheiben und Flaggen. Hier verwischt die Überlagerung von Ziffern den Unterschied zwischen ihnen in ähnlicher Weise, wie Schichten gespeicherter Erinnerungen den Abruf eines bestimmten Ereignisses verwischen können.

3
Moleküle für das Kurzzeitgedächtnis

Aus den Schreckreaktionen der marinen Schnecke *Aplysia* haben Biologen gelernt, dass eine simple Form von Lernen – Habituation – zu einer verringerten Effektivität synaptischer Verbindungen führt und diese Abnahme der Verbindungsstärke, wenn sie aufrechterhalten wird, ein Mechanismus ist, der zur Gedächtnisspeicherung dient. In diesem Fall hat die Schwächung der Synapse eine einzige Ursache: Die Aktionspotentiale in den sensorischen Neuronen setzen immer weniger Transmitter frei. Infolgedessen nimmt die Größe des synaptischen Potentials in der Zielzelle – das Maß für die synaptische Effektivität oder Synapsenstärke – mit zunehmender Habituation ab.

Diese Befunde aus den frühen siebziger Jahren lieferten den ersten Beweis für Santiago Ramón y Cajals Vermutung, dass Veränderungen der Synapsenstärke zur Gedächtnisspeicherung beitragen können. Sie warfen ihrerseits jedoch eine Reihe neuer Fragen auf, die das nächste Jahrzehnt hindurch im Mittelpunkt der Forschung stehen sollten: Wenn Habituation zu einer Abnahme der synaptischen Stärke führt, gibt es dann auch Lernformen, die eine Zunahme der synaptischen Stärke bewirken? Die Analyse der Habituation hatte gezeigt, dass Synapsen sich verändern können und uns dadurch einen Ausgangspunkt verschafft, um die Basis komplexerer Formen der Gedächtnisspeicherung zu verstehen; sie hatte aber nichts über die molekularen Mechanismen enthüllt, die dieser Veränderung zugrunde liegen. Welche Moleküle sind für die Gedächtnisspeicherung wichtig? Erfordert Lernen eine ganz neue Klasse von Molekülen, die auf Gedächtnisspeicherung spezialisiert sind, oder beruht das Gedächtnis auf molekularen Prozessen und Strukturen, die auch anderen Zwecken dienen?

Nun, da ein elementarer Gedächtnistyp in den synaptischen Verbindungen lokalisiert worden war, war es an der Zeit, die molekularen Vorgänge zu analysieren, auf denen die Gedächtnisspeicherung basiert. Eine molekulare Analyse liefert die umfassendsten und informativsten Einblicke in die Mechanismen, durch die alle Zellen, einschließlich der Nervenzellen, funktionieren. Überdies hoffen wir dank solcher molekularer Erkenntnisse, Krankheiten, die das Gedächtnis beeinträchtigen, in Zukunft besser diagnostizieren und behandeln zu können. So zum Beispiel das Down-Syndrom, eine Erkrankung, an der durchschnittlich eines von 100 000 Kindern leidet, oder den altersabhängigen Gedächtnisverlust, der vielleicht 25 Prozent aller 65jährigen betrifft – möglicherweise liegt der Prozentsatz auch viel höher. Da eine ganze Reihe recht unterschiedlicher molekularer Mechanismen ähnliche Veränderungen der Synapsenstärke hervorrufen können, ist es zur Behandlung einer Gedächtnisstörung außerordentlich wichtig zu wissen, welche Mechanismen bei der normalen Speicherung eine Rolle spielen und wie eine bestimmte Erkrankung die normale Funktion beeinträchtigt.

Hinweise aus Sensitivierungsuntersuchungen

Die ersten Hinweise auf die molekularen Mechanismen eines Gedächtnisprozesses ergaben sich aus der Erforschung der Sensitivierung, einer Form des nichtassoziativen Lernens, die zu einer *Zunahme* der Synapsenstärke führt. Bei der Habituation lernt ein Tier etwas über die Eigenschaften eines *harmlosen* oder unwichtigen Reizes. Bei der Sensitivierung lernt ein Tier hingegen etwas über die Eigenschaften eines *schädlichen* oder bedrohlichen Reizes. Ein Tier, das einem solchen aversiven Reiz ausgesetzt ist, lernt rasch, heftiger auf eine Vielzahl *anderer*, selbst harmloser Reize zu reagieren. Jemand, der von einem Schuss erschreckt worden ist, wird innerhalb der nächsten Minuten wahrscheinlich bei *jedem* lauten Geräusch zusammenzucken. Genauso wird jemand nach einem schmerzhaften Schlag heftiger auf ein leichtes Schulterklopfen reagieren als sonst. Mit Hilfe der Sensitivierung lernen Menschen und Tiere, ihre Schutzreflexe in Vorbereitung auf Rückzug und Flucht zu schärfen.

Im Fall der Habituation kommt es nach wiederholter Darbietung ein und desselben Reizes zu einer veränderten Reaktion auf *diesen* Reiz. Im Fall der Sensitivierung kommt es zu einer veränderten Reaktion auf einen Reiz, weil das Individuum einem *anderen*, gewöhnlich schädlichen Reiz ausgesetzt war. Daher ist Sensitivierung ein komplexerer Vorgang als Habituation und kann diese auch außer Kraft setzen. Beispielsweise wird sich eine Maus erschrecken, wenn sie zum ersten Mal einem ungewöhnlichen Geräusch ausgesetzt ist, doch wenn sich dieses Geräusch wiederholt, wird sich die Maus daran gewöhnen und nicht länger darauf reagieren. Die Schreckreaktion auf das Geräusch lässt sich jedoch rasch wiederherstellen, indem man der Maus einen einzigen sensitivierenden elektrischen Schlag versetzt. Diese Eigenschaft der Sensitivierung, eine habituierte Antwort außer Kraft zu setzen, wird als *Dishabituation* (*Extinktion*) bezeichnet.

Der Kiemenrückziehreflex von *Aplysia*, der durch Habituation so drastisch schwächer wird, erlebt durch Sensitivierung eine deutliche Stärkung. Wie Harold Pinsker, Irving Kupfermann, William Frost, Robert Hawkins und Eric Kandel an der Columbia University feststellten, verstärkt sich bei *Aplysia* nach einem einzigen elektrischen Schlag auf das Hinterende (Schwanzschock) die Reaktion auf die Siphonstimulation deutlich: Sie zieht ihre Kieme nun vollständig in die Mantelhöhle, unter den schützenden Mantelrand, zurück. Die Sensitivierung des Tieres für den aversiven (unangenehmen) Reiz, die sich darin ausdrückt, wie lange es sich daran erinnert, seinen Kiemenrückziehreflex zu verstärken, hält umso länger an, je öfter der aversive Reiz wiederholt wird. Ein einziger Schwanzschock ruft eine Kurzzeitsensitivierung hervor, die minutenlang andauert. Vier

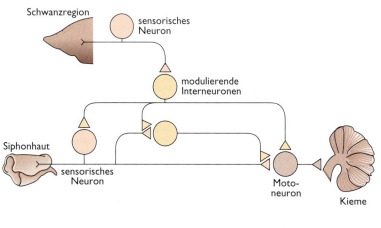

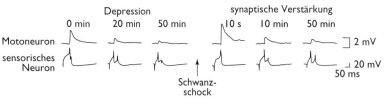

Abb. 3.2 Oben: Neuronaler Schaltkreis für die Sensitivierung des Kiemenrückziehreflexes bei *Aplysia* (aus Gründen der Übersichtlichkeit ist für jeden Neuronentyp nur ein Beispiel dargestellt). Ein unangenehmer Reiz in der Schwanzregion aktiviert dort sensorische Neuronen, die modulierende Interneurone erregen. Diese wiederum senden Signale zu den sensorischen Siphonneuronen, die daraufhin die Transmitterausschüttung erhöhen. Unten: Ein und dieselbe synaptische Verbindung kann an zwei unterschiedlichen Formen der Gedächtnisspeicherung beteiligt sein: Habituation und Sensitivierung. Die Aktivität eines sensorischen Siphonneurons führt zu einer Antwortunterdrückung im Motoneuron, während das Tier habituiert, bis es von einem Schwanzschock sensitiviert wird und sich die Antwort erholt.

oder fünf Schocks führen zu einer Langzeitsensitivierung, die zwei Tage oder länger präsent ist. Weiteres Training führt zu einer Sensitivierung, die wochenlang anhält. Wir wollen uns in diesem Kapitel auf die Kurzzeitsensitivierung konzentrieren; mit der Langzeitsensitivierung werden wir uns in Kapitel 7 beschäftigen.

Wenn Habituation zu einer Abnahme der synaptischen Stärke führt, können wir uns fragen, ob die Sensitivierung zu einer Zunahme führt. Und tatsächlich fanden Marcello Brunelli, Vincent Castellucci und Kandel heraus, dass die Applikation eines Schwanzschocks eine Reihe von synaptischen Verbindungen innerhalb des neuronalen Schaltkreises verstärkte, der für den Kiemenrückziehreflex verantwortlich ist. Dazu gehörten die Verbindungen, die die sensorischen Neuronen aus der Siphonhaut sowohl mit den Motoneuronen als auch mit den Interneuronen – denjenigen Neuronen, die zwischen sensorische und motorische Nervenzellen geschaltet sind – ausbilden, ebenso die Verbindungen von den Interneuronen zu den Motoneuronen. Das ist dieselbe Konstellation von Synapsen, die bei der Habituation geschwächt wird. Diese Untersuchungen zeigen somit, dass dieselbe Gruppe synaptischer Verbindungen zu verschiedenen Zeiten durch verschiedene Formen des Lernens in entgegengesetzten Richtungen modifiziert werden kann. Infolgedessen kann dieselbe Verbindungskonstellation an der Speicherung verschiedener Gedächtnisinhalte beteiligt sein: Synapsen, deren Effektivität zugenommen hat, dienen als Speicherort für gewisse Formen des Lernens, beispielsweise Sensitivierung, Synapsen, deren Effektivität abgenommen hat, als Speicherort für andere Lernformen, beispielsweise Habituation. Im ersten Fall sprechen wir von „synaptischer Verstärkung" oder „Bahnung", im zweiten von „synaptischer Depression".

Um eine Habituation des Reflexes zu erzielen, aktiviert die leichte Berührung des Siphons direkt die Bahn, die von den sensorischen Siphonneuronen zu den Kiemenmotoneuronen führt. Daher ist die synaptische Depression, die aus der Habituation resultiert, *homosynaptisch*; genau wie das Verhalten beruht sie auf einer Veränderung in der Aktivität derselben Bahn, die auch durch den reflexauslösenden Reiz erregt wird. Im Gegensatz dazu ist die Zunahme der synaptischen Stärke, die aus der Sensitivierung resultiert, *heterosynaptisch*. Der Schwanzschock aktiviert eine Nervenbahn in der Schwanzregion, die die Stärke der Verbindungen zwischen dem sensorischen Neuron und seinen Zielzellen, den Interneuronen und den Motoneuronen, moduliert. Daher wird die Zunahme der Synapsenstärke durch die anfängliche Aktivierung einer Bahn erzielt, die vom Schwanz ausgeht und sich von derjenigen unterscheidet, welche den Kiemenrückziehreflex auslöst und von der Siphonhaut ausgeht.

Ein Schwanzschock aktiviert sensorische Neuronen, die *in der Schwanzregion* liegen. Er führt nicht dazu, dass die sensorischen Neuronen, die die *Siphonhaut* innervieren, Aktionspotentiale produzieren, doch irgendwie verändert er die Stärke dieser Synapsen. Wie kommt es dazu? Sensitivierung moduliert die Synapsen über folgende Schritte: Ein Schwanzschock aktiviert sensorische Neuronen im Schwanz, die ihrerseits eine spezifische Klasse modulierender Interneuronen aktivieren. Diese Interneuronen sind mit den sensorischen Neuronen verbunden, die Information von der Siphonhaut weiterleiten, und zwar sowohl mit deren Zellkörpern als auch mit deren präsynaptischen Endigungen. Castellucci, Hawkins und Kandel fanden heraus, dass diese modulierenden Interneuronen dazu dienen, die Transmitterfreisetzung im Kiemenrückziehschaltkreis zu steuern: Sie erhöhen die Zahl der Glutamat-gefüllten synaptischen Vesikel, die ihren Inhalt jedes Mal dann ausschütten, wenn in den sensorischen Neuronen der Siphonhaut ein Aktionspotential generiert wird. Diese Interneuronen werden als „modulatorische" Interneuronen bezeichnet, weil sie dazu dienen, die Stärke der sensorischen Synapsen „abzustimmen" oder zu modulieren. Infolge dieser Aktivität führt eine leichte Berührung des Siphons, die zuvor nur zur Ausschüttung einer kleinen Anzahl von Vesikeln und damit zu einem kleinen synaptischen Signal führte, nun zur Ausschüttung vieler Vesikel und damit zu einem sehr großen synaptischen Signal in den Motoneuronen und ruft dadurch eine entsprechend heftige Kiemenretraktion hervor.

Es gibt verschiedene Typen modulierender Interneuronen, die eine Rolle bei der Sensitivierung spielen. Um die Ausschüttung von Glutamat-gefüllten synaptischen Vesikeln aus einem sensorischen Siphonneuron zu verstärken, bedienen sich alle Typen jedoch derselben biochemischen Signalmaschinerie *innerhalb* der sensorischen Zelle.

Die wichtigsten modulierenden Interneurone verwenden Serotonin (5-Hydroxy-Tryptamin oder 5-HT) als Transmitter. Modulierende Transmitter wie Serotonin, die die biochemische Signalmaschinerie ihrer Zielzellen aktivieren, spielen, wie wir noch sehen werden, eine entscheidende Rolle bei der Gedächtnisspeicherung, und zwar nicht nur bei relativ simplen Formen des Lernens, wie Sensitivierung, sondern auch für komplexere Lernprozesse. Diese modulierenden Transmitter (weitere Beispiele sind Acetylcholin, Dopamin und Noradrenalin) wirken auf die Rezeptoren auf der Oberfläche von Zielzellen. Lernen hängt entscheidend davon ab, mit welchem Rezeptortyp der Transmitter interagiert.

Second-Messenger-Systeme

Wenn ein Aktionspotential die Ausschüttung von Neurotransmitter triggert, verschmelzen, wie wir gesehen haben, die synaptischen Vesikel, die den Neurotransmitter enthalten, in einem Exocytoseprozess mit der Innenfläche der präsynaptischen Zellmembran. Anschließend diffundieren die Transmittermoleküle durch den synaptischen Spalt, um an die Rezeptoren der postsynaptischen Zelle zu binden. Diese postsynaptischen Rezeptoren lassen sich in zwei Hauptklassen unterteilen, die sich im Zeitverlauf ihrer Wirkung fundamental unterscheiden, je nachdem, wie der Rezeptor die Ionenkanäle in der postsynaptischen Zellmembran steuert.

Der Wirkmechanismus der ersten Klasse von Rezeptoren wurde Anfang der fünfziger Jahre von Bernard Katz und Paul Fatt am University College, London, entschlüsselt. Sie fanden in der postsynaptischen Zelle eine Klasse von Rezeptoren, die sich dadurch auszeichnet, dass der Rezeptor, also die Bindungsstelle des Transmitters, Teil eines Ionenkanalproteins ist. Diese Klasse von Rezeptoren wird als *ionotrope* Rezeptoren bezeichnet, und die Ionenkanäle, die von diesen Rezeptoren kontrolliert werden, heißen *transmittergesteuerte Ionenkanäle*.

Ionotrope Rezeptoren vermitteln konventionelle synaptische Wirkungen, seien sie erregend oder hemmend. Diese Art der synaptischen Wirkung findet zum Beispiel an den Synapsen in dem einfachen neuronalen Schaltkreis statt, der den Kiemenrückziehreflex vermittelt. Sie kommen aber auch bei anderen neuronalen Schaltkreisen vor, die Verhaltensreaktionen steuern.

Dieser Synapsentyp wirkt schnell – im Allgemeinen hält seine Wirkung nur eine oder höchstens ein paar Millisekunden an. Gewöhnlich ist der Ionenkanal eines ionotropen Rezeptors in Ruhe geschlossen, und Ionen können nicht passieren. Wenn ein Neurotransmitter wie Glutamat vom präsynaptischen Neuron freigesetzt wird, erkennen ionotrope Rezeptoren die Transmittermoleküle und binden sie. Infolge dieser Bindung findet am Rezeptor eine Konformationsänderung (Formveränderung) statt, die den Ionenkanal öffnet, so dass Ionen in die postsynaptische Zelle einströmen können. Das Einströmen von Ionen in die Zelle ruft ein synaptisches Potential hervor, das die Zelle entweder erregt oder hemmt, je nachdem, um welchen Rezeptor- und Ionentyp es sich handelt. Fast alle Nervenzellen weisen auf ihrer Außenmembrane sowohl erregende als auch hemmende Rezeptoren auf.

Im Jahre 1959 machten Earl Sutherland, Theodore Rall und ihre Studenten von der Western Reserve University in Cleveland und später auch Paul Greengard von der Yale University in New Haven die aufregende Entdeckung, dass noch eine zweite Klasse von Rezeptoren existiert. Sie fanden heraus, dass synaptische Transmitter auf eine Klasse von Rezeptoren wirken können, die keine Ionenkanäle enthalten. Diese Rezeptoren rufen Wirkungen in der postsynaptischen Zelle hervor, die viel länger als ein paar Millisekunden andauern. Sie werden als *metabotrope Rezeptoren* bezeichnet, weil sie den Metabolismus der postsynaptischen Zelle beeinflussen – ihre interne biochemische Maschinerie. Wie im Fall der ionotropen Rezeptoren können auch metabotrope Rezeptoren entweder eine erregende oder eine hemmende Wirkung ausüben.

Wenn ein Transmitter an einen metabotropen Rezeptor bindet, aktiviert dieser ein Enzym in der Zelle, das die Konzentration eines kleinen intrazellulären Signalmoleküls, eines so genannten intrazellulären *sekundären Botenstoffes* (*second*

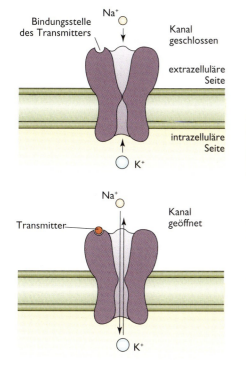 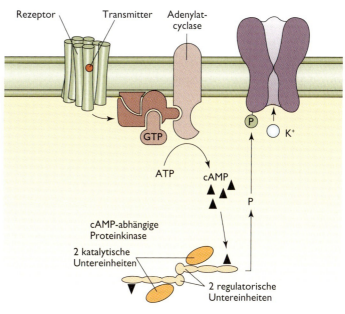

Abb. 3.3 Ein metabotroper Rezeptor aktiviert ein Second-Messenger-System, wohingegen ein ionotroper Rezeptor das nicht tut. Links: Ionotrope Rezeptoren kontrollieren direkt einen Ionenkanal, der es Natriumionen (Na⁺) erlaubt, in die Zellen ein- und Kalium (K⁺) aus der Zelle auszuströmen. Dadurch vermitteln diese Rezeptoren konventionelle, schnelle synaptische Wirkungen. Rechts: Ein metabotroper Rezeptor setzt eine molekulare Signalkaskade in der Zelle in Gang, die Information von der Zelloberfläche ins Zellinnere übermittelt. In diesem Fall stimuliert der Rezeptor durch Aktivierung des Enzyms Adenylatcyclase einen Second Messenger (cAMP), der seinerseits eine Proteinkinase, das PKA-Molekül, aktiviert. Dieses PKA-Molekül phosphoryliert (Ⓟ) dann eine Reihe von Zielproteinen, darunter auch einen Ionenkanal, und veranlasst ihn, sich zu schließen. Dadurch wird das Aktionspotential länger, wodurch, wie wir später noch sehen werden, mehr Ca²⁺ einströmt und mehr Transmitter aus den synaptischen Endigungen freigesetzt wird.

messenger), verändert. Die Funktion des Second Messengers besteht darin, die Information ins Zellinnere weiterzuleiten, dass der Transmitter, der extrazelluläre *primäre Botenstoff* (*first messenger*), vom Rezeptor auf der Zelloberfläche gebunden wurde. Second Messengers erzeugen eine bemerkenswert breite und anhaltende Wirkung, weil sie eine ganze Reihe von zellulären Funktionen beeinflussen können. Innerhalb einer bestimmten Zelle gibt es eine Reihe Second Messengers, und jeder von ihnen wird von seinem eigenen Satz Rezeptoren aktiviert. Dabei können diese verschiedenen Rezeptoren von demselben, oder, was häufiger ist, von unterschiedlichen Transmittern aktiviert werden.

Sutherland und Rall entdeckten den ersten Second Messenger: das zyklische Adenosinmonophosphat (cAMP). cAMP ist mit Adenosintriphosphat (ATP) verwandt, einem allgegenwärtigen Molekül, das für alle lebenden Zellen wegen der entscheidenden Rolle, die es bei fast allen biologischen Energietransfers spielt, unverzichtbar ist. cAMP wird mittels eines Enzyms namens Adenylatcyclase aus ATP synthetisiert. Metabotrope Rezeptoren erhöhen die cAMP-Konzentration, indem sie dieses Enzym aktivieren und es veranlassen, ATP in cAMP umzuwandeln. Erstaunlich ist, dass cAMP eine Vielzahl biochemischer Prozesse in einer Zelle beeinflussen kann – meist dadurch, dass es ein bestimmtes Protein aktiviert, die cAMP-abhängige Proteinkinase (auch Proteinkinase A oder PKA genannt, weil es eines der ersten Enzyme dieser Art war, das entdeckt wurde). Kinasen sind Enzyme, die an Proteine eine Phosphatgruppe anhängen, eine negativ geladene chemische Gruppe, die Phosphor und Sauerstoff enthält. Durch Anhängen einer Phosphatgruppe an ein Protein – eine biochemische Reaktion, die man als *Phosphorylierung* bezeichnet – verändern sich Ladung und Konformation des Proteins und das wiederum verändert seine Aktivität. Die meisten Proteine werden durch Phosphorylierung aktiviert; einige werden inaktivert.

Auf welche Weise aktiviert cAMP die cAMP-abhängige Proteinkinase? Wie auch eine Reihe anderer Proteine, ist die PKA ein *Multimer*; sie besteht aus mehreren kleineren Proteinen, den so genannten Untereinheiten. Im Fall der PKA gibt es vier derartige Untereinheiten, die gemeinsam einen Proteinkomplex bilden. Zwei dieser Untereinheiten sind katalytische Untereinheiten, die die potentiell aktive Komponente des Enzyms ausmachen; die beiden anderen sind regulatorische Untereinheiten, die sich an die katalytischen Untereinheiten anlagern und sie hemmen. Infolgedessen ist die Kinase im Ruhe- oder Grundzustand der Zelle inaktiv. Nur die regulatorischen Untereinheiten erkennen cAMP. Steigt die cAMP-Konzentration, bindet cAMP an die regulatorischen Untereinheiten, was bei diesen zu einer Konformationsänderung führt und die katalytischen Untereinheiten freisetzt. Die katalytischen Untereinheiten können dann als aktive Kinase wirken und ihre Zielproteine phosphorylieren.

Second Messengers üben mindestens drei Funktionen aus. Erstens übermitteln sie das extrazelluläre Signal in die Zelle. Zweitens verstärken sie dieses Signal. In einer Leberzelle beispielsweise, wo die Wirkungen von cAMP zuerst untersucht wurden, triggert ein einziges Molekül des Transmitters Adrenalin an der Außenmembran die Ausschüttung von 100 Millionen Glukosemolekülen im Zellinneren. Drittens steuern sie als Reaktion auf ein Signal nicht nur eine einzige, sondern eine ganze Reihe von Zellfunktionen. Wie sich herausstellte, erzeugen sie eine *Zustandsänderung* in der Zelle. Mit Hilfe eines Second Messengers kann eine kleine Zahl synaptischer Transmittermoleküle in der postsynaptischen Zelle eine ganze Kaskade biochemischer Prozesse in Gang setzen. Überdies können andere Second Messenger – wie das Calciumion – die cAMP-Aktivität modulieren und ihre Wirkung in einigen Zellen verstärken, in anderen abschwächen.

Das cAMP-Second-Messenger-System erwies sich als entscheidend für die Sensitivierung des Kiemenrückziehreflexes. James Schwartz, Howard Cedar, Lise Bernier und Kandel wie auch Jack Byrne und seine Kollegen fanden, dass ein Schwanzschock Interneuronen dazu anregt, Serotonin auszuschütten; Serotonin wirkt dann auf metabotrope Rezeptoren der sensorischen Neuronen, um den cAMP-Spiegel zu erhöhen. Selbst wenn nur der modulierende Transmitter Serotonin direkt auf das sensorische Neuron gegeben wird, erhöht sich der cAMP-Spiegel im sensorischen Neuron. Überdies sind der Zeitverlauf der cAMP-

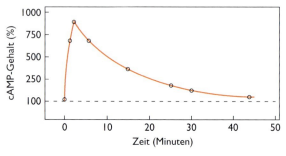

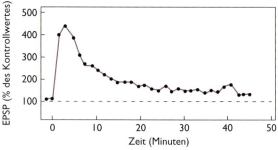

Abb. 3.4 Der Zeitverlauf der Kurzzeitsensitivierung und die Zunahme von cAMP im Abdominalganglion von *Aplysia* verlaufen parallel. Oben: Zeitverlauf der cAMP-Zunahme. Die Inkubation des Abdominalganglions von *Apylsia* mit einem einzelnen Fünf-Minuten-Puls Serotonin führt dazu, dass der cAMP-Spiegel steigt. Unten: Zeitverlauf der Zunahme des erregenden postsynaptischen Potentials (EPSP), abgeleitet aus den Motoneuronen in Antwort auf Reizung des sensorischen Neurons alle zehn Sekunden. Nach Reizung eines Schwanznervs mit einer Impulserie, die Sensitivierung erzeugt, steigt und fällt die Amplitude des synaptischen Potentials mit einem Zeitverlauf, der zur Menge des vorhandenen cAMP parallel verläuft, was darauf hindeutet, dass cAMP eine Rolle bei der Sensitivierung spielt.

Abb. 3.5 In einer Reihe von Experimenten testeten Forscher den Effekt von drei verschiedenen Substanzen auf ein sensorisches Neuron, das Synapsen auf einem Kiemenmotoneuron bildet. Sie brachten Serotonin auf die Oberfläche des sensorischen Neurons auf oder sie injizierten cAMP beziehungsweise PKA direkt in das sensorische Neuron. Wurde das sensorische Neuron anschließend mit einer Reizelektrode stimuliert, so rief ein Aktionspotential in dem sensorischen Neuron in allen drei Fällen nun eine größere Antwort im Motoneurvon hervor. Die Injektion demonstriert eine andere Wirkung der PKA: eine zeitliche Ausdehnung des Aktionspotentials im sensorischen Neuron infolge der Schließung von K+-Kanälen.

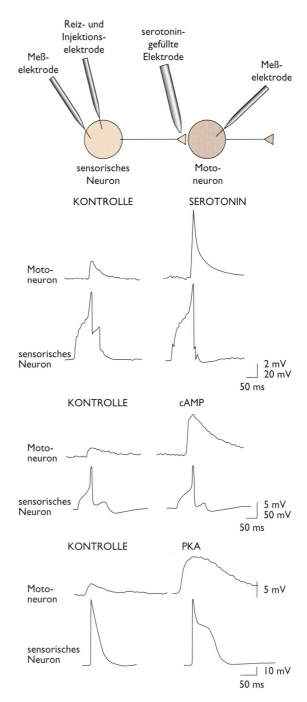

Zunahme und der Zeitverlauf des Kurzzeitgedächtnisses für die Sensitivierung im Großen und Ganzen parallel.

Als nächstes prüften Marcello Brunelli, Castellucci und Kandel, ob cAMP zur Verstärkung der Transmitterausschüttung notwendig oder hinreichend ist. Sie injizierten cAMP direkt in das sensorische Neuron und entdeckten, dass diese Injektion *per se* die Effektivität der Verbindung zwischen den sensorischen Neuronen und ihren Zielzellen stärkte und dieselbe Zunahme der Transmitterausschüttung hervorrief wie eine Applikation von Serotonin oder ein Schwanzschock. In Zusammenarbeit mit Paul Greengard, der damals an der Yale University arbeitete, vereinfachten Castellucci, Schwartz und Kandel das Experiment noch weiter und injizierten in das sensorische Neuron nur ein einzelnes Protein, die katalytische Untereinheit der PKA. Dieses Protein allein verstärkte die Transmitterausschüttung. Umgekehrt blockierte die Injektion einer Substanz, die die PKA hemmt, die Bahnung im sensorischen Neuron. Diese Untersuchungen zeigten, dass die metabotropen Serotoninrezeptoren und das Second-Messenger-System, das sie aktivieren, beide sowohl nötig als auch hinreichend sind, um die Verbindungen zwischen den sensorischen und den motorischen Neuronen zu verstärken. Diese Kaskade ist entscheidend für die synaptischen Veränderungen, die der Kurzzeitsensitivierung zugrunde liegen.

Wie bewirkt die katalytische Untereinheit der PKA eine erhöhte Transmitterausschüttung? Um dieser Frage nachzugehen, untersuchten Steven Siegelbaum und Kandel einige der Zielproteine, mit denen cAMP und PKA gewöhnlich in Wechselwirkung treten. Sie fanden, dass Serotonin, cAMP und PKA alle an einem neuen Kalium-Kanal (K+-Kanal) wirken, den sie S-Kanal nannten (weil er von Serotonin moduliert wird). Dieser Kanal steht in Ruhe offen und schließt sich infolge der cAMP-Wirkung. Byrne und seine Mitarbeiter fanden bald heraus, dass Serotonin und cAMP auch den Strom reduzieren, der durch eine zweite Klasse von K$^+$-Kanälen fließt. Weil der K$^+$-Strom, der durch diese Kanäle fließt, für die Dauer des Aktionspotentials verantwortlich ist, führt die Schließung dieser beiden Typen von K$^+$-Kanälen zu einer zeitlichen Ausdehnung des Aktionspotentials. Ein länger anhaltendes Aktionspotential lässt mehr Ca^{2+} in die präsynaptische Zelle einzuströmen, und dieser vermehrte Ca^{2+}-Einstrom verstärkt die Transmitterausschüttung. Darüber hinaus verstärken cAMP und PKA die Transmitterausschüttung auch direkt auf eine zweite, Ca^{2+}-unabhängige Weise, indem sie auf Zielproteine einwirken, die direkt an der Maschinerie für Mobilisierung, Fusion und Freisetzung von Transmittervesikeln beteiligt sind.

Diese Untersuchungen zur Sensitivierung skizzierten ein Spektrum molekularer Mechanismen, das Neuronen einsetzen können, um eine kurzfristige synaptische Plastizität zu erzielen. Ein modulierender Transmitter, der bei Lernaktivitäten ausgeschüttet wird, aktiviert in den entscheidenden Neuronen eine Second-Messenger-Signalbahn, deren Aktivität mehrere Minuten anhalten kann. Durch die Rekrutierung von cAMP verstärkt die Second-Messenger-Bahn die Transmitterwirkung. cAMP aktiviert dann PKA, was zum Schließen der Ionenkanäle für K$^+$ führt, wodurch mehr Ca^{2+} in die präsynaptischen Endigungen einströmt. Zusätzlich aktivieren cAMP und PKA direkt eine Familie von Zielproteinen, die nicht calciumabhängig sind, sondern auf die Maschinerie für Vesikelmobilisierung und -verschmelzung wirken, was die Ausschüttung noch mehr verstärkt. Auf diese Weise werden die synaptischen Verbindungen für die volle Zeitspanne des Kurzzeitgedächtnisses verstärkt. Wie wir später noch sehen werden, sind die entscheidenden molekularen Prinzipien, die am Kurzzeitgedächtnis mitwirken, in allen Fällen ähnlich, obwohl verschiedene Lernprozesse unterschiedliche Second-Messenger-Systeme rekrutieren können.

Zusammengenommen ergaben diese Untersuchungen neue Einblicke und machten deutlich, warum Synapsen so effiziente und flexible Orte der Gedächtnisspeicherung sind. Synapsen haben viele Facetten. Ihnen stehen eine Vielzahl molekularer Mechanismen zur Verfügung, deren Aktivierung unterschiedlich lang anhalten kann und die Transmittermenge, die von einem einzigen Aktionspotential freigesetzt wird, erhöhen oder senken kann. Infolgedessen kann ein einziger Synapsentyp als Speicherort für eine *ganze Reihe* von Gedächtnistypen dienen.

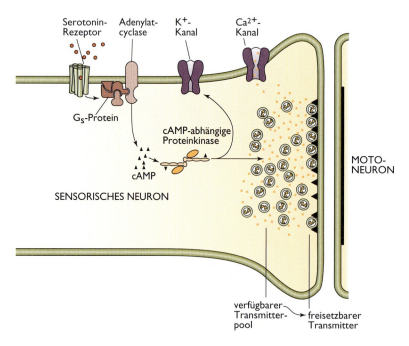

Abb. 3.6 Biochemische Schritte bei der präsynaptischen Verstärkung (Bahnung) des sensorischen Neurons. Serotonin bindet an einen metabotropen Rezeptor, der über eine Reihe von Schritten, an denen das Regulatorprotein G$_s$ beteiligt ist, zur Aktivierung des Enzyms Adenylatcyclase, zu einer Erhöhung des cAMP-Spiegels und schließlich zur Aktivierung der cAMP-abhängigen Proteinkinase (PKA) führt. PKA wirkt an mindestens zwei Stellen: Erstens schließt sie die K$^+$-Kanäle, was eine zeitliche Ausdehnung des Aktionspotentials und eine darauf folgende Zunahme des Ca^{2+}-Einstroms durch die Calciumkanäle zur Folge hat. Diese zeitliche Ausdehnung des Aktionspotentials erhöht ihrerseits die Transmitterausschüttung. Zweitens wirkt PKA direkt auf einige bisher noch nicht spezifizierte Schritte bei der Transmitterausschüttung.

Diese Befunde haben eine interessante philosophische Implikation. Die cAMP-Bahn ist nicht ausschließlich für die Gedächtnisspeicherung typisch. Sie ist nicht einmal nur in Neuronen vorhanden, denn sie wird auch in vielen anderen Körperzellen benutzt – in Darm-, Nieren- und Leberzellen –, um anhaltende Effekte zu erzielen. Tatsächlich ist das cAMP-System von allen bekannten Second-Messenger-Systemen wahrscheinlich das entwicklungsgeschichtlich älteste und die gesamte Evolution hindurch konserviert worden. Es ist das einzige wichtige Second-Messenger-System, das man bei einzelligen Organismen wie Bakterien findet, wo es dazu dient, Hunger zu signalisieren. Die Mechanismen zur Gedächtnisspeicherung im Gehirn entwickelten sich also nicht durch Schaffung eines spezialisierten Satzes von Molekülen. Das Gedächtnis benutzt kein spezielles, gedächtnisbezogenes Second-Messenger-System. Vielmehr hat sich das Gedächtnis ein effizientes Signalsystem zunutze gemacht, das in *anderen* Zellen *anderen* Zwecken dient.

Tatsache ist, dass die Biochemie des Gedächtnisses ein recht allgemeines biologisches Prinzip illustriert. Die Evolution schafft nicht jedes Mal neue und spezialisierte Moleküle, wenn sich eine neue und spezialisierte Funktion entwickelt. Vielmehr ist es so, wie der Molekularbiologe François Jacob bemerkte, dass die Evolution ein *Bastler* ist. Die Evolution benutzt dieselbe Kollektion von Genen in leicht abgewandelter Weise immer und immer wieder. Sie beginnt nicht ganz von vorne, um neue Funktionen zu schaffen, wie man es beim Neuentwurf eines Computers oder eines Autos tut. Die Evolution kreiert vielmehr Variationen, indem sie zufällige Veränderungen (Mutationen) in den Genen erzeugt, von denen jede eine leicht abgewandelte Proteinvariante hervorbringt. Die meisten Mutationen sind neutral oder sogar nachteilig und gehen zugrunde. Nur selten fördern Mutationen das Überleben eines Individuums und erhöhen seine Fortpflanzungschancen, und dies sind die Mutationen, die höchstwahrscheinlich erhalten bleiben. Daher werden neue Funktionen durch den Einsatz bereits existierender Moleküle in leicht abgewandelter Form oder in neuartigen Kombinationen mit anderen, bereits existierenden Proteinen realisiert. In seinem Buch *The Possible and the Actual* beschreibt Jacob dieses Evolutionsmerkmal so:

> Das Wirken der natürlichen Selektion ist oft mit der Tätigkeit eines Ingenieurs verglichen worden. Dieser Vergleich erscheint mir jedoch unpassend. Erstens arbeitet der Ingenieur im Gegensatz zu dem, was im Verlauf der Evolution geschieht, nach einem zuvor festgelegten Plan. Zweitens geht ein Ingenieur, der eine neue Struktur entwickelt, nicht unbedingt von alten Strukturen aus. Die Glühbirne geht nicht auf die Kerze zurück, und der Düsenantrieb leitet sich nicht vom Verbrennungsmotor ab. Um etwas Neues zu schaffen, stehen dem Ingenieur originäre Blaupausen zur Verfügung, die speziell für diese Gelegenheit entworfen wurden, und Materialien und Maschinen, die speziell für diese Aufgabe bereitgestellt worden sind. Schließlich erreichen die Objekte, die derart *de novo* vom Ingenieur – zumindest vom guten Ingenieur – produziert worden sind, das Perfektionsniveau, das der jeweilige Stand der Technik ermöglicht. Die Evolution hingegen ist weit von Perfektion entfernt ... die Evolution produziert Innovationen nicht aus dem Nichts. Sie arbeitet an dem, was bereits existiert, entweder, indem sie ein System transformiert, um ihm eine neue Funktion zu geben, oder indem sie mehrere Systeme kombiniert, um ein komplexeres zu erzeugen. Es gibt keine Analogie zwischen der natürlichen Selektion und irgendeinem Aspekt des menschlichen Verhaltens. Wenn man jedoch einen Vergleich heranziehen möchte, dann müsste man sagen, dass dieser Prozess nicht der Maschinenbaukunst, sondern eher dem Basteln ähnelt, *bricolage*, wie wir in Frankreich sagen. Während die Arbeit des Ingenieurs darauf basiert, dass er über die exakt zu seinem Projekt passenden Rohmaterialien und Werkzeuge verfügt, kommt der Bastler mit Resten und Krimskrams zurecht. Oft weiß er nicht einmal, was er herstellen wird; er benutzt, was immer er rundherum findet, alte Kartons, Kordelreste, Holz- oder Metallstücke, um irgendetwas Funktionsfähiges herzustellen ...
>
> In gewisser Hinsicht ähnelt die Evolution lebender Organismen dieser Vorgehensweise. In vielen Fällen greift der Bastler ohne lange Planung einen Gegenstand heraus, der sich zufällig in seinem Lager befindet, und verleiht ihm eine unerwartete Funktion. Aus einem alten Wagenrad macht er einen Blumenständer, aus einem kaputten Tisch einen Sonnenschirm. Dieser Prozess unterscheidet

sich nicht sehr von dem, was durch die Evolution geschieht, wenn ein Bein zu einem Flügel oder ein Teil des Kiefers zu einem Gehörknöchelchen wird. Dieser Punkt ist schon Darwin aufgefallen. Darwin zeigte, wie sich neue Strukturen aus bereits vorhandenen Bestandteilen entwickeln, die anfänglich eine andere Aufgabe zu erfüllen hatten, sich aber im Lauf der Zeit an neue Funktionen angepasst haben. Der Klebstoff beispielsweise, der ursprünglich den Pollen auf der Narbe hielt, wurde leicht abgewandelt, um Pollenmassen am Körper von Insekten zu fixieren, so dass eine Fremdbestäubung durch Insekten möglich wurde. Genauso lassen sich viele Strukturen, denen sich heute kein Zweck mehr zuordnen lässt und die Darwin zufolge wie »nutzlose anatomische Teile« erscheinen, leicht als Überbleibsel früherer Funktionen erklären …

Die Evolution geht wie ein Bastler vor, der seine Produkte im Laufe von Millionen Jahren langsam modifiziert hat, sie überarbeitet, beschnitten und verlängert hat – eben alle Möglichkeiten genutzt hat, um sie umzuwandeln und Neues zu schaffen.

Da das Gehirn das Organ ist, in dem sich unser Geistesleben abspielt, haben einige frühe Molekularbiologen erwartet, dort viele neue Klassen von Proteinmolekülen zu finden. Stattdessen gibt es überraschend wenig Proteine, die allein im Gehirn vorkommen, und noch weniger molekulare Signalwege – oder Sequenzen kommunizierender Proteine –, die wirklich hirnspezifisch sind. Fast alle Proteine im Gehirn haben Verwandte, die erkennbar ähnliche (homologe) Funktionen in anderen Körperzellen ausüben. Das gilt sogar für solche Proteine, von denen wir inzwischen wissen, dass sie an hirnspezifischen Prozessen beteiligt sind – wie die Proteinmaschinerie zur Freisetzung synaptischer Vesikel oder die Proteine, die als ionotrope beziehungsweise metabotrope Rezeptoren dienen.

Die Spezifität des cAMP-Systems wird auf mindestens drei Weisen erhöht. Erstens gewinnt es Spezifität durch die Art, wie es die vier Untereinheiten der PKA gebraucht. Wir haben bereits bemerkt, dass die PKA zusätzlich zu den beiden katalytischen Untereinheiten zwei regulatorische Untereinheiten aufweist, die die katalytischen Untereinheiten der Proteinkinase hemmen. Diese regulatorischen Untereinheiten existieren in mehreren verschiedenen Formen, so genannten Isoformen; eine der Funktionen der verschiedenen Isoformen besteht darin, die katalytischen Untereinheiten der PKA in verschiedenen Bereichen der Zelle in Stellung zu bringen. So nimmt man an, dass gewisse Isoformen der regulatorischen Untereinheiten in den präsynaptischen Endigungen sensorischer Neuronen lokalisiert sind; das stellt sicher, dass die katalytischen Untereinheiten ebenfalls dort zu finden sind. Zweitens gewinnt die katalytische Untereinheit dadurch Zugang zu typischen Zielproteinen in diesen Zellbereichen, wie den K^+-Kanälen und den Proteinen, die an der Vesikelmobilisierung und -fusion beteiligt sind, auf die sie in anderen Zellregionen nicht treffen würde. Und schließlich kann die PKA wegen ihrer Lage in den präsynaptischen Endigungen auch mit anderen Proteinen und anderen, dort operierenden Second-Messenger-Systemen in Wechselwirkung treten. Tatsächlich agiert das cAMP-System selten allein. Gewöhnlich wirkt es mit anderen Second-Messenger-Systemen zusammen, wie dem Calcium- oder dem Mitogen-aktivierten Proteinkinase-System (der MAP-Kinase) (mehr darüber in Kapitel 7), und diese Kooperation ist wichtig für verschiedene Aspekte der Gedächtnisspeicherung. Dank dieser verschiedenen Merkmale kann ein gewöhnliches cAMP-Second-Messenger-System eine entscheidende Rolle bei einer ganzen Reihe von Gedächtnisprozessen spielen.

Klassische Konditionierung

Wir haben uns bisher mit den beiden einfachsten Beispielen für Lernen beschäftigt: Habituation und Sensitivierung. Diese Formen des Lernens gelten als nichtassoziativ, weil ein Individuum nur etwas über die Eigenschaften eines einzigen Reizes lernt. Zwei Reize miteinander zu verknüpfen, erfordert eine komplexere Form von Lernen, die so genannte *klassische Konditionierung*. In der Regel kann klassische Konditionierung die Antwortbereitschaft eines Reflexes effektiver verstärken als eine Sensitivierung, und ihre Wirkung hält länger an. Wie kommt das?

Die klassische Konditionierung wurde von Iwan Pawlow um die Jahrhundertwende entdeckt. Als er die Verdauungsreflexe von Hunden unter-

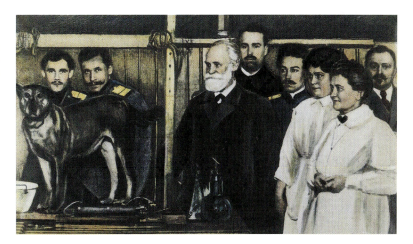

Abb. 3.7 Iwan Pawlow (der weißbärtige Mann in der Mitte) demonstriert hier vor Studenten der Russischen Medizinischen Militärakademie den konditionierten Reflex bei einem Hund.

suchte, bemerkte Pawlow, dass ein Hund bereits beim Anblick eines Pflegers, der ihn gewöhnlich fütterte, zu speicheln begann. Der Speichelfluss wurde durch einen anscheinend neutralen Reiz, den Pfleger, ausgelöst. Pawlow erkannte daher, dass ein ursprünglich neutraler, schwacher oder sonst wie unwirksamer Reiz wirksam werden und eine Reaktion auslösen kann, wenn er mit einem starken Reiz gepaart beziehungsweise assoziiert worden ist. In diesem Fall war der Pfleger der ursprünglich neutrale, bedingte oder *konditionierte* Reiz (*conditioned stimulus*, CS); der Pfleger war jedoch mit dem Futter des Hundes gepaart, einem unbedingten oder *unkonditionierten* Reiz (UCS). Nach wiederholter Kopplung beider Reize fand Pawlow, dass der konditionierte Reiz – der Pfleger – *per se* in der Lage war, Speichelfluss auszulösen. Daher nannte er diesen Speichelfluss die *konditionierte Reaktion* (CR). Wurde der unkonditionierte Reiz – das Futter – nun zurückgehalten, so löste der konditionierte Reiz – der Pfleger – allein die konditionierte Reaktion aus. Zeigte sich der Pfleger jedoch wiederholt, ohne den Hund zu füttern, so führte das nach einer gewissen Weile zum Erlöschen der Reaktion, das heißt, die Präsens des Pflegers allein verlor die Fähigkeit, Speichelfluss auszulösen (*Dishabituation* oder *Extinktion*).

Pawlows bemerkenswerte Entdeckung wurde sofort als grundlegend erkannt. Bereits 350 vor Christus hatte der griechische Philosoph Aristoteles vermutet, dass Lernen über eine Assoziation von Gedanken erfolgt. Dieses Konzept wurde im 18. Jahrhundert von John Locke und den Vertretern des englischen Empirismus, den Vorläufern der modernen Psychologen, systematisch weiterentwickelt. Pawlows brillante Leistung bestand darin, eine empirische Methode zur Untersuchung von Assoziationen zu entwickeln, indem er sich auf simple reflektorische Akte konzentrierte und statt der Assoziation von Ideen die Assoziation zweier Ereignisse – zweier Reize – erforschte.

Seit Pawlows Pionierarbeiten nimmt die klassische Konditionierung einen speziellen Platz in der Lernforschung ein. Sie liefert das einfachste und klarste Beispiel für die Regeln, nach denen wir *zwei Ereignisse* miteinander zu verknüpfen (zu assoziieren) lernen. Wenn eine Person konditioniert worden ist, hat sie zwei Regeln über die Ereignisse verinnerlicht, die sie zu assoziieren gelernt hat. Die Grundregel ist *zeitliche Nähe*: Die Person lernt, dass ein Ereignis, der konditionierte Reiz (CS) einem zweiten, verstärkenden Ereignis, dem unkonditionierten Reiz (UCS) um ein kritisches Zeitintervall vorausgeht. Die zweite Regel ist eine *Wahrscheinlichkeitsbeziehung*: Die Person lernt, dass der CS das Auftreten des UCS ankündigt. Diese zweite Regel ist besonders wichtig. Menschen und einfachere Tiere müssen vorhersagbare Beziehungen zwischen Ereignissen in ihrer Umwelt erkennen. Sie müssen genießbare Nahrung von giftiger Nahrung oder Beute von Raubfeinden unterscheiden. Um das dazu notwendige Wissen zu erlangen, gibt es zwei Möglichkeiten: Entweder ist dieses Wissen angeboren und im Nervensystem des Tieres fest „verdrahtet" oder es wird durch Erfahrung erlernt. Dadurch, dass ein Tier in der Lage ist, Wissen durch Erfahrung zu erwerben, kann es viel flexibler auf eine Vielfalt von Reizen reagieren, als das bei einem angeborenen Wissensprogramm der Fall wäre.

In den Vorhersageregeln, die für die klassische Konditionierung typisch sind, spiegeln sich die Ursache-Wirkungs-Regeln wider, die die äußere, physische Welt lenken. Daher erscheint es plausibel, dass Tiergehirne neuronale Mechanismen entwickelt haben, die darauf angelegt sind, Ereignisse zu erkennen, die mit einer gewissen Wahrscheinlichkeit zusammen auftreten, und diese von Ereignissen zu unterscheiden, die voneinander unabhängig sind. Die Existenz dieser Mechanismen im Gehirn könnte erklären, warum sich Tiere so leicht konditionieren lassen.

Zu dieser Vorstellung passt auch der Befund, dass es ein optimales Zeitintervall zwischen einem bestimmten CS und einem UCS gibt, welches einem Tier zu lernen erlaubt, dass dieser CS den UCS ankündigt. Dieses optimale Zeitintervall stimmt für ähnliche assoziative Lernformen bei allen Tieren überraschend gut überein. Das deutet darauf hin, dass sich die Mechanismen, die von den Neuronen verwendet werden, um zeitliche Nähe zwischen Ereignissen zu entdecken, im Verlauf der Evolution von Schnecken über Fliegen und Mäuse bis zum Menschen erhalten haben. In vielen Lernsituationen mit einem schädlichen unkonditionierten Reiz ist die gleichzeitige Präsentation von CS und UCS nicht die wirksamste Methode, um eine Konditionierung hervorzurufen. Die besten Lernerfolge erzielt man, wenn der CS dem UCS kurz vorausgeht und beide Reize gemeinsam enden. Bei dieser Form der Konditionierung liegt das optimale Intervall zwischen dem Einsetzen des CS und dem des UCS gewöhnlich zwischen 200 Millisekunden und einer Sekunde. In Spezialfällen kann das optimale Intervall länger sein.

Welcher Art sind die neuronalen Mechanismen, die es einem Tier erlauben zu lernen und dann die voraussagenden Regeln der klassischen Konditionierung im Gedächtnis zu speichern? Welcher Faktor ist bei der klassischen Konditionierung für die zeitliche Nähe verantwortlich? Bei der Erforschung von Assoziationsmechanismen müssen wir zunächst fragen: Ist das Aufdecken der zeitlichen Nähe eine Eigenschaft komplexer Netzwerke, ein Merkmal vieler Zellen, die zusammenarbeiten? Oder ist es die Aufgabe einzelner spezialisierter Zellen? Wenn es ein Merkmal individueller Zellen ist, lässt es sich dann auf eine molekulare Ebene zurückführen? Weisen Moleküle, die für die Gedächtnisspeicherung wichtig sind, assoziative Eigenschaften auf?

In frühen Untersuchungen des Lernens wurde allgemein angenommen, dass assoziative Veränderungen Eigenschaften komplexer Schaltkreise sind. Einer der ersten, der diese Annahme in Frage stellte, war Donald O. Hebb, der kühn postulierte, der Prozess, der zur Schaffung von Assoziationen führt, fände innerhalb einzelner Zellen statt. Im Jahre 1949 stellte Hebb die These auf, Synapsen würden durch erlernte Assoziationen verstärkt. Dies sollte immer dann geschehen, wenn zwei miteinander verbundene Zellen gleichzeitig erregt werden. Wenn Erregung in der präsynaptischen Zelle zu Aktivität (Feuern) in der postsynaptischen Zelle führt, dann, so vermutete Hebb, bewirke diese gleichzeitige Aktivität eine Verstärkung der aktiven Synapse. Im Jahre 1965 schlugen Kandel und Ladislav Tauc vom Institut Marey in Paris einen zweiten zellulären Mechanismus vor: Synapsen werden verstärkt, wenn die Aktivität einer Zelle in der CS-Bahn mit der Aktivität eines modulierenden Neurons zusammenfällt, das auf Neuronen in der CS-Bahn projiziert. Wie sich herausstellte, kommen bei der klassischen Konditionierung des Kiemenrückziehreflexes beide Mechanismen zum Tragen.

Die Bedeutung des richtigen Timing

Im Jahre 1983 fanden Thomas Carew, Edgar Walters und Kandel heraus, dass der Kiemenrückziehreflex von *Aplysia* der klassischen Konditionierung unterliegt. Dieser Befund war per se von beträchtlichem Interesse, weil er zeigte, dass selbst ein simples reflektorisches Verhalten bei einem relativ einfachen Tier durch assoziatives Lernen verändert werden kann. Bei der klassischen Konditionierung von *Aplysia* dient eine leichte Berührung oder ein

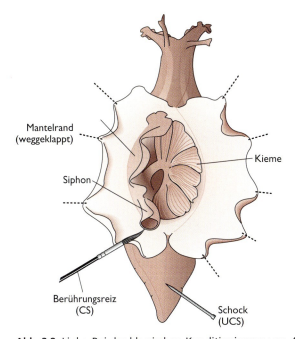
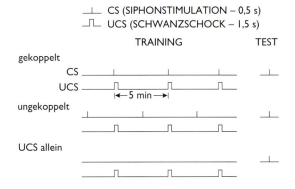
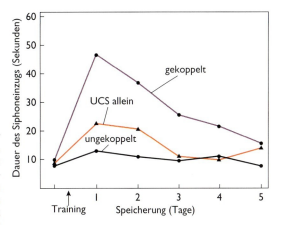

Abb. 3.8 Links: Bei der klassischen Konditionierung von *Aplysia* wird dem Siphon ein leichter Berührungsreiz (CS) versetzt, gefolgt von einem elektrischen Schlag im Schwanzbereich (UCS). Oben rechts: In einem Experiment wurden drei Gruppen von Versuchstieren verglichen, die drei verschiedenen Trainingsarten unterzogen wurden: Bei einer Gruppe wurden CS und UCS gekoppelt appliziert, bei der zweiten CS und UCS in Zeitabständen von 2,5 Minuten abwechselnd appliziert und bei der dritten wurde nur der UCS appliziert. Rechts unten: Nach dem Training wurde alle 24 Stunden einmal der UCS allein appliziert. Die Gruppe, die mit den beiden gekoppelten Reizen trainiert worden war, zeigte die stärkste Reaktion.

sehr schwacher elektrischer Schlag auf den Siphon als CS, ein stärkerer elektrischer Schlag auf den Schwanz als UCS. Werden diese beiden Reize bei rund zehn Versuchsdurchgängen gepaart, dann löst die leichte Reizung des Siphons bereits eine deutliche Retraktion von Kieme und Siphon aus. Die Retraktion ist signifikant größer, als würden diese beiden Reize beim Training ungepaart oder zufällig appliziert. Dieser Effekt baut sich im Verlauf der Trainingssitzungen auf und bleibt mehrere Tage lang erhalten. Als Kontrolle reizten Carew und Kollegen eine andere CS-Bahn, diejenige vom Mantelrand, einem Hautanhang. Der Reiz, der dem Mantelrand versetzt wurde, war nicht mit dem Schwanzschock gekoppelt und führte auch tatsächlich nicht zu einer Konditionierung.

Zu einer klassischen Konditionierung kommt es dann und nur dann, wenn der CS dem UCS um rund 0,5 Sekunden vorausgeht. Sie tritt nicht bei Intervallen von zwei, fünf oder zehn Sekunden auf, und auch dann nicht, wenn der UCS dem CS vorausgeht. Das gilt genauso strikt für viele Beispiele der Wirbeltierkonditionierung von Schutzreflexen, wie dem Lidschlagreflex bei Kaninchen, einem anderen, gut untersuchten Fall, auf den wir in Kapitel 9 noch zurückkommen werden.

Was passiert im Nervensystem, um die zeitliche Kopplung von Reizen zu fördern? Bisher verstehen Biologen nur die Veränderungen in einer Komponente des Reflexes: in den direkten Verbindungen zwischen den sensorischen und den motorischen Neuronen. Hier fanden Hawkins, Lise Eliot, Tom Abrams, Carew und Kandel, und unabhängig von ihnen Byrne und Walters, dass die sensorischen Neuronen nach einer Konditionierung noch mehr Transmitter freisetzen als nach einer Sensitivierung. Sie nannten diese Verstärkung der Transmitterfreisetzung *aktivitätsabhängige Verstärkung*. Daher

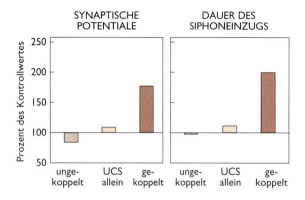

Abb. 3.9 Die Gruppe von Tieren, die mit gekoppeltem CS und UCS trainiert worden war, war die einzige, die stark auf den UCS allein reagierte. Die Gruppe, die beiden Reizen ohne Kopplung ausgesetzt gewesen war, gewöhnte sich an den UCS und zeigte eine schwächere Reaktion als normalerweise (Habituation).

greift zumindest bei dieser Reflexkomponente die klassische Konditionierung auf eine raffinierte Variante desselben Mechanismus zurück, der bei der Sensitivierung eingesetzt wird.

Damit es zur Konditionierung von Verhaltensreaktionen kommt, muss zuerst der konditionierte und dann der unkonditionierte Reiz dieselben sensorischen Neuronen innerhalb eines kritischen Intervalls erregen. Bis zu einem gewissen Grad läuft die klassische Konditionierung wie die Sensitivierung ab: Ein Schwanzschock aktiviert modulierende Interneuronen, die auf die Endigungen der sensorischen Siphonneuronen projizieren. Ein Signal der Interneuronen in Form des Transmitters Serotonin verstärkt die Transmitterausschüttung aus den sensorischen Neuronen. Insoweit sind Sensitivierung und klassische Konditionierung ähnlich. Damit es zu einer klassischen Konditionierung kommt, reicht es jedoch nicht aus, dass die modulierenden Interneuronen die sensorischen Neuronen lediglich erregen; sie müssen sie *genau* zum richtigen Zeitpunkt erregen – kurz nachdem die sensorischen Neuronen durch den konditionierten Reiz, eine Berührung der Haut, ihrerseits erregt worden sind. Diese neue Eigenschaft, die ausschließlich für die klassische Konditionierung gilt, ist die Komponente, die man als *Aktivitätsabhängigkeit* bezeichnet. Dann und nur dann, wenn eine leichte Berührung des Siphons die Siphonneuronen *zuerst* erregt und der Schwanzschock die modulierenden Interneuronen aktiviert und dazu veranlasst, *kurz danach* auf die sensorischen Neuronen einzuwirken, zeigen die sensorischen Neuronen eine größere Verstärkung der Transmitterausschüttung als bei der Sensitivierung. Wenn die sensorischen Neuronen nach dem Schwanzschock durch die Siphonberührung aktiviert werden, ruft der Schwanzschock lediglich eine Sensitivierung hervor. Daher ist diese Aktivitätsabhängigkeit die Ursache für die präzise zeitliche Abfolge, die eine Konditionierung erfordert.

Wie führt eine Reihe zeitlich präzise verabreichter Reize an verschiedenen Körperstellen bei *Aplysia* zu einer besonders großen Transmitterausschüttung? Die Antwort liegt in einer Reihe molekularer Ereignisse, die zwischen dem Feuern eines sensorischen Neurons und der Transmitterausschüttung stattfinden. An diesem Vorgang sind zwei Komponenten beteiligt, eine prä- und eine postsynaptische; wir wollen uns zuerst mit der präsynaptischen beschäftigen. Wie in Kapitel 2 beschrieben, führt jedes Aktionspotential zu einem Einströmen von Ca^{2+} in die präsynaptischen Endigungen. Abrams und Hawkins fanden nun, dass die Calciumionen, die in die präsynaptischen sensorischen Neuronen einströmen, nicht nur direkt auf die Transmitterausschüttung wirken, sondern auch an ein Protein namens Calmodulin binden. Der Calcium-Calmodulin-Komplex seinerseits bindet an das Enzym Adenylatcyclase, also das Enzym, das cAMP generiert. Einmal an den Komplex gebunden, wird Adenylatcyclase leichter von Serotonin aktiviert, das in Antwort auf einen Schwanzschock ausgeschüttet wird. Aus diesem Grund wird mehr cAMP synthetisiert, mehr PKA aktiviert und mehr Transmitter freigesetzt. Diese Experimente haben gezeigt, dass das Protein Adenylatcyclase assoziative Eigenschaften der Art aufweist, wie sie von Kandel und Tauc vermutet worden waren. Es wird nur dann aktiviert, wenn die Signale in engem zeitlichem Abstand eintreffen. Zunächst muss die Adenylatcyclase vom Calcium-Calmodulin-Komplex vorbereitet werden; dieser Schritt ist die Folge der Aktivität des sensorischen Neurons. Dann muss die Adenylatcyclase durch das Serotonin, das von einem Interneuron freigesetzt wird, aktiviert werden. Wie bereits er-

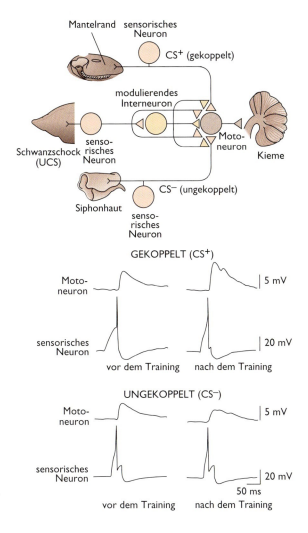

Abb. 3.10 Klassische Konditionierung des Kiemenrückziehreflexes bei *Aplysia*. Oben: Neuronaler Schaltkreis, der der klassischen Konditionierung zugrundeliegt. Ein Elektroschock im Schwanzbereich stimuliert sowohl die sensorischen Neuronen, die die Kiemenmotoneuronen direkt erregen, als auch die Interneuronen, die auf den präsynaptischen Endigungen der sensorischen Neuronen Synapsen bilden, welche Mantelrand und Siphon innervieren. Dies ist der Mechanismus der Sensitivierung. Wird dieser Schaltkreis jedoch durch einen CS erregt, der kurz vor dem UCS auftritt, dann beeinflusst dieser Reiz die sensorischen Mantelneuronen so, dass diese auf nachfolgende Stimulationen durch die Interneuronen, die auf einen Schwanzschock hin aktiv werden, empfindlicher reagieren. Dieser Mechanismus trägt wesentlich zur präsynaptischen Komponente der klassischen Konditionierung bei. Unten: Ableitungen der exzitatorischen postsynaptischen Potentiale vor und eine Stunde nach dem Training zeigen, dass das Motoneuron eine wesentlich stärkere Antwort auf ein Signal des sensorischen Neurons gibt, wenn der CS in geeigneter Weise mit einem UCS gekoppelt war.

wähnt, wirkt Serotonin auf einen metabotropen Rezeptor, der mittels eines separaten Mechanismus die Adenylatcyclase aktiviert.

David Glanzman und seine Kollegen an der University of California in Los Angeles, und später Jian-Xin Bao, Hawkins und Kandel an der Columbia University haben eine zweite Komponente der klassischen Konditionierung beschrieben, die in der postsynaptischen Zelle ausgelöst wird. Diese Veränderung in der postsynaptischen Zelle führt offenbar zu einem Signal, das zurück zu den präsynaptischen Endigungen wandert und sie anweist, mehr Transmitter zu schicken – eine Möglichkeit, die wir im Zusammenhang mit dem deklarativen Gedächtnis in Kapitel 6 besprechen werden.

Wie wird die postsynaptische Zelle verändert und wie kann diese Veränderung dem präsynaptischen Neuron signalisiert werden? Wie wir gesehen haben, verwendet das präsynaptische Neuron Glutamat als Transmitter. Das freigesetzte Glutamat aktiviert zwei Typen ionotroper Rezeptoren: einen konventionellen Rezeptor und einen speziellen Rezeptor, den so genannten N-Methyl-D-Aspartat-Rezeptor (NMDA-Rezeptor), der durchlässig ist für Calciumionen. Unter normalen Umständen wie auch bei Habituation und Sensitivierung ist nur der konventionelle, calciumundurchlässige Glutamatrezeptor aktiv, denn der Kanal des NMDA-Rezeptors ist gewöhnlich von Magnesiumionen (Mg^{2+}) blockiert. Wenn der CS und der UCS jedoch geeignet gekoppelt sind, erzeugt das Motoneuron eine ganze Salve von Aktionspotentialen. Diese Aktionspotentiale verringern das elektrische Potential über der Membran des Motoneurons beträchtlich und bewirken damit, dass Mg^{2+} aus dem NMDA-Rezeptorkanal ausgetrieben wird. Das führt dazu, dass Ca^{2+} durch den NMDA-Rezeptorkanal in das postsynaptische Motoneuron einströmen kann. Der Ca^{2+}-Einstrom in die postsynaptische Zelle setzt seinerseits eine Reihe molekularer Schritte in Gang, von denen einer vermutlich zur Produktion eines retrograden Messengers führt, der auf die präsynaptischen Zellen zurückwirkt und sie veranlasst, ihre Transmitterausschüttung noch weiter zu steigern.

Beim NMDA-Rezeptor treffen wir auf einen zweiten molekularen Assoziationsmechanismus,

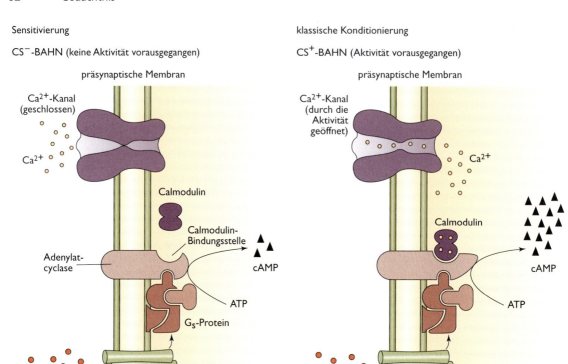

Abb. 3.11 Die präsynaptische Komponente des molekularen Mechanismus, der zur klassischen Konditionierung beiträgt. Wie rechts zu sehen, wird das präsynaptische sensorische Neuron bei der klassischen Konditionierung vom CS aktiviert, so dass es kurz vor Einsetzen des UCS Aktionpotentiale abfeuert. Unter diesen Umständen führt der Ca^{2+}-Einstrom, der von den Aktionspotentialen im sensorischen Neuron hervorgerufen wird, dazu, dass Ca^{2+} an Calmodulin bindet. Dieser Calcium-Calmodulin-Komplex beeinflusst das Enzym Adenylatcyclase derart, dass es von dem Serotonin, das auf den UCS hin ausgeschüttet wird, leichter aktiviert wird. Infolgedessen wird im Verlauf der klassischen Konditionierung mehr cAMP erzeugt als während der Sensitivierung, bei der keine Aktivität vorausgeht. Ist dem UCS, wie links zu sehen, zum Zeitpunkt seiner Aktivierung keine Aktivität im sensorischen Neuron der CS-Bahn vorausgegangen, wird die Adenylatcyclase weniger stark aktiviert und weniger cAMP wird generiert, was lediglich zu einer Sensitivierung führt.

einen Mechanismus des Typs, wie er von Hebb vor 50 Jahren vorhergesagt wurde. Der NMDA-Rezeptor erlaubt nur dann einen Ca^{2+}-Einstrom, wenn zwei Bedingungen erfüllt sind: Der Rezeptor muss Glutamat binden, und zwar zu einem Zeitpunkt, wenn das Membranpotential genügend stark erniedrigt ist, um Mg^{2+} aus dem Kanaleingang auszutreiben. Sind diese beiden Bedingungen erfüllt, wie es der Fall ist, wenn ein CS und ein UCS gekoppelt sind, führt der Ca^{2+}-Einstrom via NMDA-Rezeptor zu einer Veränderung in der postsynaptischen Zelle, die vermutlich ein Signal zum präsynaptischen Neuron zurücksendet. Varianten dieses Hebbschen Mechanismus, der zuerst im Säugerhirn entdeckt wurde, spielen auch bei der Speicherung deklarativer Gedächtnisinhalte eine wichtige Rolle, und wir werden uns mit diesem Mechanismus in Kapitel 6 noch ausführlicher beschäftigen.

Diese Untersuchungen der klassischen Konditionierung machen zwei entscheidende Punkte deutlich: Erstens liefern sie ein weiteres Beispiel für die vielen Facetten einer einzelnen Synapse, denn wir sehen, dass dieselben synaptischen Verbindungen an einem dritten Lerntyp – Habituation, Sensitivierung und nun klassische Konditionierung – und damit an einem weiteren Speicherungsprozess beteiligt sind. Zweitens illustrieren sie, dass selbst recht komplexe Formen von Lernen und Gedächtnis elementare – prä- wie auch postsynap-

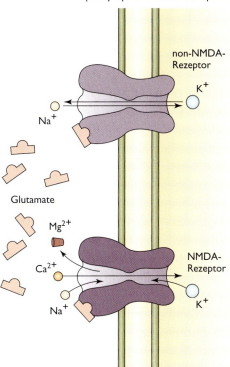

Abb. 3.12 Die postsynaptische Komponente des molekularen Mechanismus, der zur klassischen Konditionierung beiträgt. Links ist die Membran im Ruhezustand gezeigt. Wie rechts zu sehen ist, depolarisiert die Salve von Aktionspotentialen, die von der Kopplung von CS und UCS hervorgerufen wird, das Motoneuron stark und „entstöpselt" dadurch den NMDA-Rezeptorkanal. Calciumionen strömen ein und setzen eine Reihe molekularer Schritte in Gang, von denen einer vermutlich darin besteht, ein Signal zurück zum sensorischen Neuron zu senden, um es zu veranlassen, noch mehr Transmitter auszuschütten.

tische – Mechanismen der synaptischen Plastizität in Kombination benutzen, fast so, als ob es sich dabei um ein zelluläres Alphabet handele.

Erkenntnisse aus Gedächtnismutanten

Wenn die auf cAMP basierenden Mechanismen zur Veränderung der synaptischen Stärke kompliziert erscheinen, so deshalb, weil diese Mechanismen flexibel genug sein müssen, um auf verschiedene Weisen eingesetzt zu werden und nicht nur einer, sondern einer ganzen Reihe verschiedener Formen der Gedächtnisspeicherung zu dienen. Diese Schlussfolgerung basiert auf der bemerkenswerten Konvergenz von Untersuchungen des Lernens und des Gedächtnisses bei *Aplysia* und analogen Untersuchungen bei der Taufliege *Drosophila*, wobei ganz unterschiedliche Ansätze verwendet wurden: Bei *Aplysia* wurden Verhaltensreaktionen cytologisch, bei *Drosophila* hingegen genetisch erforscht.

Wie wir in Kapitel 1 gesehen haben, spricht vieles dafür, bei genetischen Untersuchungen mit Taufliegen zu arbeiten. Zum Beispiel verstehen wir die Genetik des Verhaltens bei Taufliegen besser als bei irgendeinem anderen Organismus. Dank 90 Jahren Forschung ist es möglich, das Genom der Fliegen auf vielfältige Weise verändern: Biologen können in den Genen Mutationen auslösen, die mutierten Gene klonen und fremde Gene einschleusen. Solche Manipulationen haben es möglich gemacht, Gene zu isolieren, die kritische Komponenten der Gedächtnisspeicherung sind und sich als entscheidend für das Verständnis der Speicherfunktion erwiesen haben.

Seymour Benzer, der Wissenschaftler, der genetische Untersuchungen am Verhalten von *Drosophila* angeregt hat, wandte sich 1968 der Erforschung von Lernen und Gedächtnis zu. Er und seine Studenten William Quinn und Yadin Dudai zeigten, dass Fliegen zu einer assoziativen, klassischen Konditionierung fähig sind. Wenn Fliegen in Gegenwart eines bestimmten Geruchs einen elektrischen Schock erhalten, lernen sie, diesen Geruch zu meiden. Dabei geht man folgendermaßen vor: Die Fliegen werden in eine Kammer gesetzt und zuerst dem einen Geruch (Geruch 1), dann dem anderen (Geruch 2) ausgesetzt. Anschließend erhalten sie in Gegenwart von Geruch 1 einen elektrischen Schlag. Später werden die Fliegen in eine zentrale Kammer mit zwei Enden gesetzt. An jedem Ende ist einer der beiden Geruchsstoffe konzentriert. Normale Fliegen meiden das Ende, das Geruch 1 enthält, den Geruch, der mit dem Schock gekoppelt war, und streben dem Ende mit Geruch 2 zu, dem Geruch, der nicht mit einem Schock gekoppelt war. Benzers Studenten überprüften nun Tausende von Fliegen, um Individuen zu finden, die sich nicht daran erinnern konnten, dass Geruch 1 und Schock gekoppelt waren. Auf diese Weise konnten sie Tiere mit Mutationen in Genen isolieren, die das Gedächtnis beeinflussen. Diese Gedächtnismutanten verteilen sich gleichmäßig zwischen den beiden Kammern, statt die Kammer mit Geruch 1 zu meiden. Aus der Schar dieser Mutanten isolierten Duncan Byers, einer von Benzers Doktoranden, und Ronald Davis die erste Fliegenmutante mit einem Defekt bei der Kurzzeitspeicherung: *dunce*. Bemerkenswerterweise stellte sich heraus, dass diese Fliege eine Mutation in einem Gen aufwies, das ein cAMP-abbauendes Enzym codiert. Infolgedessen häuft das Tier zu viel cAMP an, und die Synapsen werden so übersättigt, dass sie nicht mehr optimal funktionieren können.

Als Quinn, Margaret Livingstone und Davis nach weiteren Fliegenmutanten mit Lerndefekten suchten, fanden sie heraus, dass andere mutierte Gedächtnisgene ebenfalls für die cAMP-Bahn eine

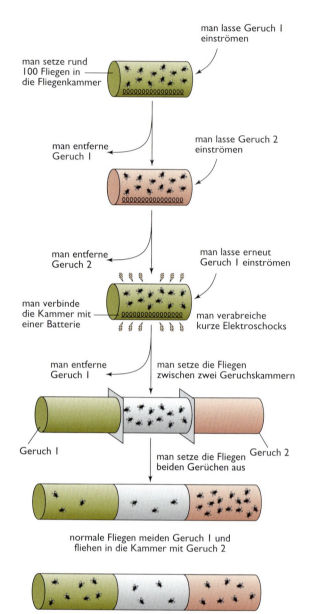

Abb. 3.13 Fliegen werden auf Lernen und Gedächtnis getestet. Normale Fliegen erinnern sich daran, welcher Geruch mit einem aversiven Reiz gekoppelt war, und fliehen vor diesem Geruch. Fliegen mit Lernmutationen hingegen meiden diesen Geruch nicht, sondern verteilen sich gleichmäßig zwischen den Kammern.

Rolle spielen – derselben Bahn, die bei *Aplysia* beschrieben worden war. Beispielsweise stellte sich heraus, dass der Gedächtnismutante *rutabaga* das Enzym Adenylatcyclase fehlt, also das Enzym, das cAMP aus ATP synthetisiert. Die Gedächtnismutante *amnesiac* weist einen Defekt in einem Gen für einen synaptischen Peptidtransmitter auf, der die Adenylatcyclase stimuliert, und bei einer Mutante namens *DCO* ist die katalytische Untereinheit der PKA defekt.

Diese und andere Befunde machten deutlich, dass der biochemische Mechanismus für das nichtdeklarative Gedächtnis allgemein verbreitet ist. Er findet bei einer ganzen Reihe verschiedener Lernformen Anwendung und kommt sowohl bei *Aplysia* als auch bei *Drosophila* vor. Dieses Ergebnis ermutigte Quinn, sich auf die PKA als eine Komponente – eine Hauptsignalbahn – zu konzentrieren, die möglicherweise bei einer Vielzahl nichtdeklarativer Gedächtnisformen eine entscheidende Rolle spielt. Wie wir gesehen haben, verändert dieses Enzym die Aktivität verschiedener Zellproteine, darunter auch Ionenkanäle und die Maschinerie, die für die Transmitterausschüttung sorgt. Quinn konnte nun ein Gen in der Fliege exprimieren, das die PKA stilllegt, und fand heraus, dass das Fehlen der Kinase die Gedächtnisspeicherung bei der Geruchsaufgabe beeinträchtigte.

In den frühen Untersuchungen von Lernen und Gedächtnis konzentrierte sich Quinn auf negativ verstärkte olfaktorische Diskriminierungsaufgaben, das heißt, auf Aufgaben, bei denen das Lernen durch einen aversiven Reiz gesteuert wurde. Um herauszufinden, ob die cAMP-Kaskade auch bei *anderen* Lerntypen wichtig ist, entwickelte Quinn eine Reihe von Lernaufgaben, bei denen sich die Fliegen auf verschiedene Sinne stützen mussten. Beispielsweise ließ er seine Fliegen etwas über Muskelstellung statt über Geruch lernen, ließ sie auf schmackhafte Glucose statt auf einen elektrischen Schock als Verstärkung reagieren oder mit Haltungsänderung statt mit gezielter Ortsbewegung antworten. Anschließend testete er normale Fliegen und Fliegenmutanten mit diesen neuen Aufgaben. Dabei fand er heraus, dass die Defekte bei seinen Fliegenmutanten offenbar durchgängig waren: Fliegen, die bei einer Aufgabe versagten, versagten generell auch bei allen übrigen. Die einfachste Interpretation für diese Befunde ist, dass die Komponenten des cAMP-Signalwegs, die Quinn manipuliert hatte, wesentliche Elemente der biochemischen Maschinerie waren, auf der viele Lernformen basieren. Dank der Arbeiten von Davis, Quinn und des Deutschen Martin Heisenberg sind bei *Drosophila* inzwischen rund ein Dutzend verschiedener Lernformen identifiziert worden, und alle stützen sich offenbar auf die cAMP-Bahn.

Sowohl cytologische Untersuchungen an *Aplysia* als auch genetische Untersuchungen an *Drosophila* belegen die große Bedeutung der cAMP-Kaskade für gewisse grundlegende Formen der kurzzeitigen, nichtdeklarativen Gedächtnisspeicherung. Dennoch handelt es sich dabei nicht um das einzige Second-Messenger-System, das für die synaptische Plastizität wichtig ist, wie wir in Kapitel 6 noch sehen werden. Bei anderen Lernformen und selbst bei einigen Varianten von Sensitivierung und klassischer Konditionierung spielen andere Second-Messenger-Kaskaden eine Rolle.

Der überraschende und erfreuliche Fortschritt, den die Untersuchung von Wirbellosen erbracht hat, besteht darin, dass man nun einen Typ von zellulärer und molekularer Maschinerie kennt, der für mehrere verschiedene Typen von Lernen und Kurzzeitspeicherung benutzt wird. Diese Untersuchungen zeigen, dass sich die elementaren Aspekte verschiedener nichtdeklarativer Gedächtnisprozesse in den vielen Facetten der Synapse wiederfinden lassen – in den Eigenschaften individueller synaptischer Verbindungen. Es ist daher sowohl konzeptionell als auch technisch interessant, sich nun den deklarativen Formen des Gedächtnisses zuzuwenden, unserem Gedächtnis für Fakten und Ereignisse, um zu sehen, bis zu welchem Grad sich auch diese komplexeren Gedächtnisformen mit Hilfe einfacher synaptischer Mechanismen erklären lassen. Soweit solche reduktionistischen Erklärungen möglich sind, ist es interessant herauszufinden, wie die grundlegenden Elemente, die der synaptischen Plastizität zugrunde liegen, kombiniert werden könnten, um die komplexeren Speicherprozesse hervorzubringen, die beim deklarativen Gedächtnis für Menschen, Orte und Objekte eine Rolle spielen.

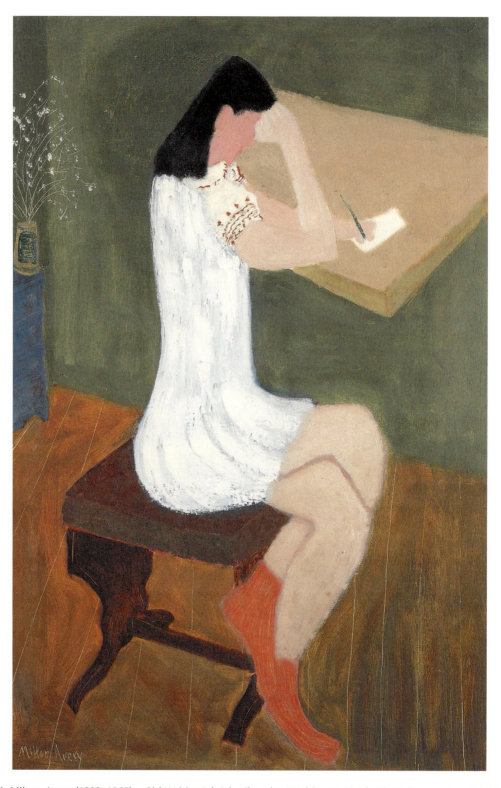

Abb. 4.1 Milton Avery (1883–1965): „Girl Writing" („Schreibendes Mädchen", 1941). Als Maler ein Autodidakt, entwickelte Avery einen Stil, bei dem er figurative und abstrakte Darstellung mischte. Hier setzt das Mädchen am Schreibpult ihr deklaratives Gedächtnis ein, das für buchstäblich jede bewusste geistige Aktivität wesentlich ist.

4
Das deklarative Gedächtnis

Versuchen Sie einen Augenblick, sich an den Namen eines guten Freundes, vielleicht eines Klassenkameraden oder eines Kommilitonen, zu erinnern. Versuchen Sie, sich das Gesicht dieser Person ins Gedächtnis zu rufen und, wenn möglich, auch ihre Stimme und Sprechweise. Erinnern Sie sich als nächstes an eine bestimmte Episode, an der diese Person beteiligt war – eine wichtige Unterhaltung, ein bedeutsames Ereignis, vielleicht ein besonderer Ausflug. Lassen Sie diese Episode in Ihrer Phantasie wiederauferstehen und versetzen Sie sich mental in die Zeit und an den Ort zurück, wo sie stattgefunden hat. Wenn man den Zusammenhang erst einmal rekonstruiert hat, ist man oft überrascht, wie leicht es fällt, die Szene und das, was sich damals abgespielt hat, wiederaufleben zu lassen. Auf diese Weise kann man in eine dauerhafte Erinnerung eintauchen, die manchmal mit starken Emotionen und einem Gefühl persönlicher Vertrautheit mit dem einhergeht, an was man sich erinnert. Interessanterweise benötigt man bei einer Erinnerungsübung wie dieser weder eine gut entwickelte Fähigkeit zur Retrospektion noch Anleitung oder Instruktionen. Lebhaftes Erinnern der Vergangenheit ist etwas, das wir alle tun, und das jeden Tag ohne besondere Mühe.

Wenn wir sagen, wir rufen uns ein vergangenes Ereignis ins Gedächtnis zurück, sei es die Erinnerung an einen Freund oder der flüchtige Gedanke an ein kleines Erlebnis früher am Tag, sprechen wir vom Gedächtnis in seiner allgemeinsten, vertrautesten Form. Wir sprechen vom Gedächtnis als *deklarativem Gedächtnis*, wenn wir die bewusste Erinnerung meinen. In Kapitel 1 haben wir die grundlegende Vorstellung besprochen, dass es zwei Hauptformen des Gedächtnisses gibt – das deklarative und das nichtdeklarative Gedächtnis –, für die separate Hirnsysteme verantwortlich sind. In Kapitel 2 und 3 haben wir uns mit einigen einfachen Formen des *nichtdeklarativen* Gedächtnisses beschäftigt: Habituation, Sensitivierung und klassische Konditionierung. In diesem Kapitel konzentrieren wir uns auf das deklarative Gedächtnis und seine verschiedenen Arbeitsprozesse: Codierung, Speicherung, Abruf und Vergessen.

Bei der Erforschung des deklarativen Gedächtnisses wollen wir uns zunächst nicht mit Zellen und Molekülen, sondern mit Aspekten beschäftigen, die wir direkt in unserem Verhalten beobachten können. Die Art und Weise, in der wir Information codieren, speichern, abrufen und vergessen, liefert Hinweise darauf, was das deklarative Gedächtnis eigentlich ist und wie es funktioniert; das hilft uns zu verstehen, wie das deklarative Gedächtnis im Gehirn organisiert ist.

Man sollte sich dabei immer daran erinnern, dass das deklarative Gedächtnis nicht isoliert von anderen Gedächtnisformen arbeitet. Daher kann dieselbe Erfahrung eine ganze Reihe verschiedener Erinnerungen hervorbringen. Das lässt sich am Beispiel einer einzigen Begegnung demonstrieren: Nehmen wir an, Sie treffen einen Hund auf der Straße. Sie rufen sich diese Szene später vielleicht als direkte deklarative Erinnerung ins Gedächtnis zurück, doch diese Begegnung kann auch andere Nachwirkungen haben, die sich später in irgendeiner Form von nichtdeklarativer Erinnerung zeigen. Beispielsweise werden Sie das Tier bei einem zweiten Zusammentreffen rascher als Hund identifizieren als beim ersten Mal. Überdies entwickeln Sie vielleicht – je nachdem, was bei diesem Treffen passiert ist – eine starke Zu- oder Abneigung gegenüber Hunden, ganz unabhängig davon, wie gut Sie sich daran erinnern können, was damals geschehen ist.

Das deklarative Gedächtnis ist ein Gedächtnis für Ereignisse, Fakten, Gesichter, Musik – all die verschiedenen Wissenssteinchen, die wir im Laufe unseres Lebens als Erfahrungen und Kenntnisse gesammelt haben, Wissen, das potentiell erklärt oder kundgetan, eben *deklariert* werden kann, das heißt, als verbale Konstruktion oder als Bild ins Gedächtnis gerufen werden kann. Das deklarative Gedächtnis wird auch als explizites oder bewusstes Gedächtnis bezeichnet. Im Jahre 1890 beschrieb der Philosoph und Psychologe William James diese Art von Gedächtnis so:

> [Es ist] das Wissen um einen früheren Geisteszustand, nachdem dieses Wissen dem Bewusstsein bereits entfallen ist, oder vielmehr es ist das Wissen um ein Ereignis oder eine Tatsache, an die wir nicht gedacht haben, wobei uns zusätzlich bewusst ist, dass wir derartiges bereits zuvor gedacht oder erfahren haben.

Nach einer einzigen Begegnung können wir einen neuen Namen mit einem neuen Gesicht verknüpfen, eine Geschichte lernen, die uns ein Freund erzählt, oder uns das Bild eines Vogels ins Gedächtnis zurückrufen, den wir im Garten beobachtet haben. Manchmal scheinen wir ganz mühelos zu lernen und uns lange Zeit an das Gelernte zu erinnern. Doch derartiges Lernen ist weder passiv noch automatisch. Ob etwas, das man wahrnimmt, später erinnert wird oder nicht, hängt von einer Reihe Faktoren ab; am wichtigsten ist dabei, wie oft sich das Ereignis oder die Tatsache wiederholt, wie bedeutsam sie für uns ist, in welchem Maße wir sie organisieren und mit bereits vorhandenen Erfahrungen verknüpfen können und wie oft und intensiv wir das Material nochmals durchspielen, nachdem es uns erstmals präsentiert worden ist. All diese Faktoren beeinflussen Wesen und Ausmaß der *Codierung*, die zum Zeitpunkt des ursprünglichen Lernens erfolgt, und sie beeinflussen, in welchem Maße ein Ereignis oder eine neue Tatsache neuronale Veränderungen im Gehirn bewirkt.

Die Codierung des deklarativen Gedächtnisses

Wörtlich genommen heißt Codieren soviel wie „Information in einen Code umsetzen". In der Psychologie wird der Begriff „Codierung" oder „Encodierung" im selben Sinne gebraucht, um die Weise zu beschreiben, in der das Material, auf das wir treffen, behandelt, verarbeitet und für die Speicherung im Gedächtnis vorbereitet wird. Wenn die Codierung ausführlich und tief ist, ist unser Gedächtnis viel besser, als wenn die Codie-rung nur eingeschränkt und oberflächlich ist. Man kann diese Tatsache leicht demonstrieren, wenn man zwei Gruppen von Leuten auffordert, sich eine

Abb. 4.2 Mit seinem ungewöhnlichen Namen Memories („Erinnerungen") scheint dieses Hotel auf der griechischen Insel Santorini eine nostalgische, erinnerungsträchtige Stimmung heraufzubeschwören. Man kann sich vorstellen, dass man hier dauerhafte Erinnerungen bildet oder alten wiederbegegnet. Unsere Erinnerungen sind persönlich und unverwechselbar, verflochten mit Gefühlen, und sie verleihen uns ein sicheres Gespür dafür, wer wir sind.

ausgedruckte Liste von acht bis zwölf einfa-chen Wörtern einzuprägen. Die eine Gruppe wird angewiesen, sich jedes Wort genau anzusehen und festzustellen, wie viele Buchstaben ausschließlich aus geraden Linien zusammengesetzt sind (beispielsweise A, E oder H im Gegensatz zu C, R oder S). Die Mitglieder der anderen Gruppe werden aufgefordert, die Bedeutung eines jeden Wortes zu verarbeiten und jedes Wort, je nachdem, wie es ihnen gefällt, mit einer Ziffer zwischen 1 und 5 zu bewerten. Wenige Minuten später schreiben beide Gruppen so viele Wörter auf, wie sie erinnern können. Das Ergebnis dieses Experiments ist dramatisch und gleichzeitig logisch: Die Gruppe, die die Bedeutung verarbeitet hat, erinnert zwei- bis dreimal so viele Wörter wie die Gruppe, die sich auf die Form der Buchstaben konzentriert hat. Bei anderen Materialien, wie Bildern und Musikpassagen, ergeben sich ähnliche Resultate.

In gewissem Sinne ist dieser Befund trivial. Ist es nicht offensichtlich, dass es effizienter ist, sich auf die Bedeutung eines Wortes zu konzentrieren als auf die einzelnen Buchstaben, um sich Wörter einzuprägen? Dennoch illustriert dieses Experiment ein Lernprinzip, das allgemeingültig und grundsätzlich ist: Wir erinnern uns umso besser, je vollständiger wir neuen Stoff verarbeiten. Unser Gedächtnis ist umso besser, je mehr wir Grund haben, etwas zu lernen, je mehr wir uns für das interessieren, was wir lernen und je mehr wir unsere ganze Persönlichkeit in diesen Lernprozess einbringen können. Selbst wenn Lernen mühelos erscheint (wenn man sich beispielsweise problemlos an sein Abitur oder seinen Lieblingsfilm erinnern kann), geschieht es doch nicht automatisch. Wir erinnern uns an bestimmte Bilder, Szenen und Momente, weil sie uns interessieren. In diesen Fällen erinnern wir uns deshalb so gut, weil wir diese Information nicht nur spontan intensiv und ausführlich codieren, sondern sie auch mehrfach durchspielen, das heißt, wir rufen uns dieses Ereignis immer wieder ins Gedächtnis.

Ein gutes Beispiel für dieses Verarbeitungsprinzip findet sich in Vladimir Nabokovs Autobiographie *Erinnerung sprich*. Nabokov ist vorwiegend als Schriftsteller bekannt (zum Beispiel durch seinen Roman *Lolita*), doch er war auch ein begeisterter und anerkannter Schmetterlingsforscher, der mehrere neue Arten beschrieben hat. Seine Leidenschaft für Schmetterlinge sorgte dafür, dass sich ihm gewisse Ereignisse unauslöschlich einprägten:

> Und schließlich, in kalten oder sogar frostigen Herbstnächten konnte man Nachtschmetterlinge anlocken, indem man Baumstämme mit einer Mischung aus Melasse, Bier und Rum bestrich. Durch die stürmische Dunkelheit hindurch beleuchtete die Laterne dann die klebrig glitzernden Furchen der Rinde, auf der zwei oder drei große Nachtschmetterlinge hockten, die den süßen Saft aufsogen, ihre nervösen Flügel halb geöffnet, wie es Schmetterlinge zu tun pflegen... ›*Catocala adultera!*‹ rief ich triumphierend, als ich auf die erleuchteten Fenster des Hauses zustolperte, um meinem Vater meinen Fang zu zeigen.

Im Gegensatz dazu erinnern sich diejenigen, die sich weniger für Schmetterlinge interessieren als Nabokov, nicht nur nicht an solche Momente, sondern die Schmetterlinge werden von vornherein gar nicht codiert. Nabokov weiter:

> Es ist erstaunlich, wie wenig der Durchschnittsmensch Schmetterlinge wahrnimmt. ›Nein, keine‹, antwortete der untersetzte schweizerische Wanderer mit seinem Camus im Rucksack, als ich ihn meines ungläubigen Begleiters wegen ausdrücklich fragte, ob er irgendwelche Schmetterlinge gesehen habe, während er den Pfad hinabgekommen sei, wo wir uns einen Augenblick zuvor an ganzen Schwärmen begeistert hatten.

Wenn keine besonderen Anstrengungen unternommen werden, um Erfahrungen für später aufzuzeichnen, steuern unsere Interessen und Vorlieben unsere Aufmerksamkeit und entscheiden über Qualität und Quantität der Codierung. Unsere Interessen und Vorlieben beeinflussen daher Art und Intensität der daraus resultierenden Erinnerungen. Wenn wir uns hingegen spezifisch zu erinnern versuchen, wenn Lernen beabsichtigt und nicht nur zufällig ist, können wir die Wahrscheinlichkeit für eine starke und dauerhafte Erinnerung erhöhen, indem wir die Lernaufgabe auf ausgeklügelte Weise codieren. Wir können uns statt nur einmal mehrmals mit dem Stoff beschäftigen, wir können ihn wiederholt vor unserem geistigen Auge abspielen.

Wichtig ist, in den Lernkontext Hinweise einzubauen, die den Zugriff erleichtern, wenn die Erinnerung später bewusst abgerufen werden soll. Eine solche aufwendige Verarbeitung ist jedoch nur dann effizient, wenn sie relevant dafür ist, wie das Gedächtnis später getestet wird. Um sich auf einen Aufsatz vorzubereiten, ist es am besten, sich auf Konzepte zu konzentrieren; bei einem Multiple-Choice-Test konzentriert man sich hingegen am besten auf Einzelheiten. Mark McDaniel an der Washington University und Aynna Thomas am Colby College legten College-Studenten sechs erklärende Texte vor, jeder rund 300 Worte lang, und stellten ihnen anschließend Fragen, die entweder das Konzept oder Details der Texte betrafen. Zwei der Texte ließen sich einfach durchlesen. Bei zwei anderen Texten fehlten 15 Prozent der Buchstaben, die von den Studenten ergänzt werden mussten, um einen lesbaren, zusammenhängenden Text zu ergeben. Bei den beiden verbliebenen Texten waren die Sätze teilweise vermischt, und die Studenten mussten sie neu ordnen, um einen lesbaren und sinnvollen Text zu erhalten.

Wie sich zeigte, verbesserte sich die Gedächtnisleistung beim Lesen von Passagen mit fehlenden Buchstaben oder ungeordneten Sätzen im Vergleich zum einfachen Durchlesen intakter Passagen. Das galt aber nur dann, wenn die Aufgabe Studenten dazu anregte, sich auf die Art von Information zu konzentrieren, die beim anschließenden Gedächtnistest abgefragt wurde. Buchstaben im Text zu ergänzen, konzentrierte die Aufmerksamkeit auf die Art von Details, die in einzelnen Sätzen auftraten, und verbesserte die Leistung bei detailorientierten Fragen. Sätze in einer kohärenten Ordnung anzuordnen, fokussierte die Aufmerksamkeit auf die Art thematischer konzeptueller Information, die über mehrere Sätze hinweg präsentiert wurde, und verbesserte daher die Leistung bei konzeptorientierten Fragen. Diese Befunde sind ganz offensichtlich für das Lernumfeld wie auch für die Art und Weise von Bedeutung, wie Lehrer ihren Stoff vermitteln und Studenten sich auf Tests vorbereiten.

Ein weiteres, für das Lernumfeld wichtige Merkmal des Gedächtnisses ist, dass Testen nicht nur eine Methode ist, um eine Gedächtnisleistung zu beurteilen, sondern auch dazu dient, den Lernprozess zu verstärken. Einen Gedächtnistest über kürzlich gelernten Stoff zu absolvieren, verbessert den späteren Abruf noch stärker als eine zusätzliche Beschäftigung mit dem Stoff. Henry Roediger und Jeffrey Karpicke von der Washington University forderten Studenten auf, eine 250–300 Wörter lange Textpassage zu studieren, und ließen sie anschließend die Textpassage nochmals studieren (Wiederholung) oder baten sie, soviel wie möglich davon niederzuschreiben (Test). Die Ergebnisse waren eindrucksvoll. Die Testung führte zu einem deutlich besseren Abruf aus dem Langzeitgedächtnis als die Wiederholung – und das, obwohl die Studenten, die den Text wiederholt hatten, stärker davon überzeugt waren, sich an das Material zu erinnern, als die Studenten, die den Test geschrieben hatten.

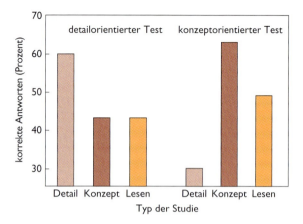

Abb. 4.3 Studenten beschäftigten sich mit Texten, indem sie diese einfach durchlasen (Lesen) oder indem sie Übungen durchführten, bei denen sie sich entweder auf Detailinformation innerhalb eines bestimmten Satzes (Detail) oder auf stärker thematische Information konzentrierten, die sich über mehrere Sätze zog (Konzept). Diese Übungen verbesserten die Gedächtnisleistung über das Niveau beim reinen Durchlesen des Textes hinaus, aber nur dann, wenn der Gedächtnistext dieselbe Art von Information abrief, auf die sich die Studenten bei Textstudium konzentriert hatten.

Speicherung deklarativer Gedächtnisinhalte

Das Langzeitgedächtnis ist offenbar in seiner Speicherkapazität unbegrenzt und kann viele tausend Fakten, Konzepte und Muster speichern

– manchmal ein ganzes Leben lang. Wie überdauert die codierte Information als Gedächtnisinhalt? Am besten verstehen wir die Schritte von der Wahrnehmung zur Erinnerung beim Sehen, dem dominierenden Sinn des Menschen und anderer Primaten. Tatsächlich widmet sich fast die Hälfte unseres Cortex der Verarbeitung visueller Information. An dieser Verarbeitung sind mehr als 30 verschiedene Hirnareale beteiligt, und jedes Areal ist offenbar mit besonderen Aspekten der Aufgabe beschäftigt, beispielsweise mit Farbe, Form, Bewegung, Orientierung oder räumlicher Lage eines Objekts.

Sobald ein Objekt wahrgenommen wird, kommt es in vielen verschiedenen Regionen simultan zu neuronaler Aktivität. Auf dieser simultanen und verstreuten Aktivität basiert, so nehmen wir an, die visuelle Wahrnehmung von Objekten. Daraus ergibt sich die Frage: Wenn die Wahrnehmung eines Objekts von koordinierter Aktivität innerhalb weit verstreuter Cortexareale abhängt, wo wird die Erinnerung an das Objekt letztlich gespeichert? Die Antwort ist überraschend einfach.

Es gibt kein separates Gedächtniszentrum, wo Erinnerungen permanent gespeichert werden. Vielmehr zeigen zahlreiche Befunde, dass die Informationsspeicherung einem Prinzip folgt, das die ganze Wirbellosen- und Wirbeltierevolution hindurch beibehalten worden ist. Gedächtnisinhalte werden offenbar in denselben verstreuten Verbänden von Hirnstrukturen gespeichert, die ursprünglich an der Wahrnehmung und Verarbeitung dessen, was erinnert werden soll, beteiligt waren. Es gibt noch immer keine Technik, die uns erlaubt, eine Erinnerung direkt im Säugergehirn „festzunageln"; wir können bisher die Orte, wo die Erinnerung an ein bestimmtes Objekt gespeichert ist, noch nicht lokalisieren. Dennoch haben Untersuchungen an Menschen und Tieren mit Hirnschäden sowie funktionelle bildgebende Verfahren, die es erlauben, das aktive menschliche Gehirn abzubilden (sog. Brain-Imaging), übereinstimmend zu einer wichtigen Erkenntnis geführt: Die Gehirnregionen im Cortex, die an der Wahrnehmung und Verarbeitung von Farbe, Größe, Form und anderen Objektparametern beteiligt sind, liegen nahe bei denjenigen Gehirnregionen, die für die Erinnerung von Objekten wichtig sind – wenn sie nicht sogar identisch mit ihnen sind.

Selbst wenn es keinen einzelnen Gedächtnisspeicher gibt, ist das Gedächtnis nicht gleichmäßig über das Nervensystem verteilt. Es stimmt zwar, dass an der Darstellung auch nur eines einzigen Ereignisses eine ganze Reihe von Hirnregionen beteiligt ist, doch jede Region liefert einen anderen Beitrag zur Gesamtdarstellung. Die Gesamtsumme aller Veränderungen im Gehirn, die eine Erfahrung erstmals codieren und die Aufzeichnung einer Erfahrung bilden, wird als *Engramm* bezeichnet.

Im Prinzip ist es so, dass sich ein deklaratives Gedächtnisengramm auf verschiedene Hirnregionen verteilt, die auf bestimmte Formen der Wahrnehmung und Informationsverarbeitung spezialisiert sind. Dieses Prinzip hilft uns, die außerordentlichen Leistungen von Leuten zu verstehen, die auf einem bestimmten Gebiet Experten sind. Schachgroßmeister können sich an Stellungen lange zurückliegender Partien erinnern. Profitennisspieler können bestimmte Details diskutieren, die innerhalb eines langen Matches aufgetreten sind. Turnier-Scrabblespieler können nach einem Spiel problemlos das ganze Brett rekonstruieren, einschließlich der Reihenfolge, in der jedes Wort gelegt wurde. Expertenwissen hängt jedoch nicht vom Ausmaß irgendeines allgemeinen Erinnerungstalents ab, sondern von der hochspezialisierten, durch Übung erworbenen Fähigkeit, bestimmte Informationstypen zu codieren und zu organisieren. Diese Fähigkeit ermöglicht Experten, rasch eine Vielzahl von Mustern zu erkennen.

In einer berühmten Untersuchungsreihe forderten William Chase und Herbert Simon von der Carnegie Mellon University in Pittsburgh Schachspieler unterschiedlicher Spielstärke auf, sich ein Schachbrett anzusehen, das authentische Spielpositionen mit 26 bis 32 Figuren zeigte. Die Spieler betrachteten das Brett fünf Sekunden lang und versuchten dann, die Stellung auf einem leeren Brett zu rekonstruieren. Meister und Großmeister konnten rund 16 Figuren richtig platzieren, Anfänger hingegen nur vier Figuren. In der nächsten, entscheidenden Phase der Untersuchung wurden die Schachfiguren zufällig auf dem Brett verteilt, so dass sie keiner realen Spielsituation entsprachen. Unter diesen Bedingungen verschwand

Abb. 4.4. Schachexperten haben ein ausgezeichnetes Gedächtnis für Schachstellungen. Links: Die Stellung nach dem 21. Zug von Weiß in Spiel 10 der Schachweltmeisterschaft 1985 in Moskau zwischen A. Karpow (weiß) und G. Kasparow (schwarz). Rechts: Eine zufällige Anordnung derselben 28 Figuren. Nach kurzem Betrachten der Stellung einer echten Partie können Schachmeister die Anordnung der Figuren viel besser aus dem Gedächtnis rekonstruieren als schwächere Spieler. Bei einem Brett mit zufällig angeordneten Figuren unterscheiden sich die Leistungen von Experten und Anfängern nicht.

der Unterschied zwischen Experten und Anfängern weitgehend, und alle Spieler konnten nur drei bis vier Figuren richtig platzieren.

Experten haben keine besondere Gabe, sich an Details zu erinnern, die für ihr Spezialgebiet unwichtig sind. Und ein allgemeines Gedächtnistraining verwandelt einen Laien nicht in jemanden, der Kunststücke beim Erinnern von Schachpositionen vollbringen kann. Das einzig relevante Training ist ausgedehnte Praxis auf dem Fachgebiet selbst. Der Schachexperte hat Tausende von Schachpositionen gespeichert und kann sie, wenn sie erneut auftreten, leichter verarbeiten. Im Gehirn eines jeden Experten müssen sich spezifische Veränderungen akkumuliert haben, die ihm die Perzeption und Analyse von Situationen erleichtern, welche relevant für sein Fachgebiet sind. Der Befund, dass Experten ein exzellentes Gedächtnis für diese Situationen haben, ist natürlich eine Folge ihrer überragenden Fähigkeit, diese wahrzunehmen und zu analysieren. Jahre der Übung haben ihr Gehirn so verändert, dass es nun relevantes Material vollständiger und detailgenauer codieren und verarbeiten kann als das Gehirn von Nichtfachleuten.

Abruf deklarativer Gedächtnisinhalte

Stellen Sie sich vor, Sie erinnern sich an ein Objekt, das Sie vor kurzem gesehen haben, beispielsweise an einen Sportwagen. Dieses Objekt aus dem Gedächtnis abzurufen, erfordert die verschiedenen Arten von Information, die über verschiedene Hirnregionen verteilt sind, zusammenzuführen, und die Information zu einem Ganzen zusammenzufügen. Der Abruf von Gedächtnisinhalten besteht jedoch nicht nur in der Reaktivierung der verstreuten Fragmente, die das Engramm bilden. Je nach Hinweis oder vorhandener Gedächtnishilfe, die verfügbar ist, werden vielleicht nur einige Bruchstücke des Engramms aktiviert. Ist der Hinweis (*cue*) schwach oder mehrdeutig, so kann sich das, was reaktiviert wird, vielleicht sogar von dem unterscheiden, was ursprünglich gespeichert wurde. Beispielsweise könnten einige der reaktivierten Teile zu einer anderen Begebenheit gehören, an der derselbe Sportwagen oder ein ganz anderes Auto beteiligt war. Man kann die Gedanken und Assoziationen, die direkt von dem Hinweis ausgelöst wurden, mit den gespeicherten Gedächtnisinhalten verwechseln, die von ihm wachgerufen wurden. Im Gehirn des Sich-Erinnernden läuft daher ein Rekonstruktionsprozess ab; es handelt sich nicht um ein wortgetreues Wiederabspielen der Vergangenheit. Im Endeffekt wird eine erinnerte Erfahrung vielleicht auch dann subjektiv als korrekt und überzeugend empfunden, wenn sie nur eine Annäherung an die Vergangenheit und keine exakte Wiedergabe ist.

Der Psychologe Endel Tulving von der Universität Toronto und der Psychologe Daniel Schacter von der Harvard University haben die Bedeutung von Hinweisen beim Abruf von Erinnerungen betont. Eine intensive Erinnerung gespeichert zu haben, garantiert nicht, dass man später den Gedächtnisinhalt erfolgreich abrufen kann. Um effektiv zu sein, müssen Abrufinstruktionen oder Hinweise unsere Erinnerung wecken können, und die effektivsten Abrufhinweise sind diejenigen, die die am besten codierten Aspekte des Ereignisses wachrufen, an das Sie sich zu erinnern versuchen.

Der Akt des Erinnerns verbessert in der Regel darauf folgende Erinnerungen, weil der Abruf von Erinnerungen Gelegenheit bietet, sie nochmals im Geist durchzuspielen. Unter gewissen Umständen kann Erinnern den späteren Abruf jedoch beeinträchtigen. Eines der überraschenden Merkmale des menschlichen Gedächtnisses ist, dass das Sich-Vergegenwärtigen von Information, die mit einem bestimmten Hinweis verknüpft ist, den Abruf anderer, mit demselben Hinweis verknüpfter Information hemmt. In einer Studie von Michael Anderson von der University of Oregon und Robert und Elizabeth Bjork an der UCLA lernten Studenten zunächst sechs Begriffe aus acht Kategorien in gemischter Reihenfolge. Beispielsweise lernten sie Frucht-Orange, Beruf-Schneider, Bäume-Palmen, Leder-Brieftasche, Frucht-Banane, Beruf-Krämer, Bäume-Weiden, Leder-Sattel und so weiter, insgesamt 48 Begriffe. Dann hatten die Studenten drei Gelegenheiten, die Hälfte der Begriffe aus der Hälfte der Kategorien abzurufen. Beispielsweise sahen sie Frucht-Or___ und Beruf-Kr___ und versuchten sich an den Begriff zu erinnern, der zu dem Zwei-Buchstaben-Hinweis passte. Zwanzig Minuten später wurden den Studenten die Kategoriebezeichnungen vorgegeben, und sie wurden aufgefordert, so viele Begriffe aus jeder Kategorie aufzuschreiben, wie sie erinnern konnten.

Wie zu erwarten, wurden die Begriffe, die erneut abgerufen worden waren, wie Orange und Krämer, am besten erinnert (73 Prozent korrekter Abruf). Artikel aus Kategorien, die nicht erneut abgerufen worden waren, wie Sattel, Leder, Palme und Weide, wurden weniger gut erinnert (50 Prozent korrekter Abruf). Bemerkenswerterweise wurden die nicht erneut abgerufenen Begriffe aus den geübten Kategorien, wie Banane und Schneider, am schlechtesten erinnert (38 Prozent korrekter Abruf). Das heißt: Nicht erneut abgerufene Begriffe aus geübten Kategorien wurden schlechter erinnert als Begriffe aus Kategorien, die gar nicht geübt wurden. Offenbar hemmt der Abruf von Begriffen, die mit einem bestimmten Hinweis verknüpft sind, die Fähigkeit, andere, mit demselben Hinweis verknüpft Begriffe zu erinnern. Mit anderen Worten führt Erinnern dazu, dass Leute ähnliche Erinnerungen vergessen. Dieses Phänomen, das als abrufinduziertes Vergessen bezeichnet wird, könnte für gewöhnliches Erinnern adaptiv sein, weil es die Unterdrückung möglicher Antworten erlaubt, die den Abruf der korrekten Antwort stören könnten. Beispielsweise könnte es leichter sein, rasch an einen Fluss zu denken, der mit P anfängt, wenn alle Gedanken an Flüsse, die mit einem anderen Buchstaben beginnen, gehemmt werden. Ein Nachteil eines solchen Mechanismus ist jedoch, dass es ein wenig länger dauert, einen Fluss zu nennen, der mit R anfängt, nachdem man einen Fluss genannt, der mit P beginnt. Man kann sich andere Situationen vorstellen, wo die Auswirkungen von abrufinduziertem Vergessen folgenschwerer sein könnten. Wenn ein Arzt einen Patienten zwecks Diagnosestellung selektiv nach einem bestimmten Aspekt seiner Krankheitsgeschichte befragt, könnte es dem Patienten schwer fallen, sich an ähnliches Material zu erinnern, nach dem nicht gefragt wird. Zumindest in einigen Fällen ist abrufinduziertes Vergessen jedoch offenbar nur temporär. Erinnerungen gehen höchstwahrscheinlich nicht auf Dauer verloren, wenn nur Teile von ihnen abgerufen werden.

Auch Stimmungen und Geisteszustände können einen Einfluss darauf haben, an was und wie gut wir uns erinnern. Der Psychologe Gordon Bower von der Stanford University fand heraus, dass sich studentische Freiwillige eher an negative Erfahrungen erinnerten, wenn sie durch Hypnose in traurige Stimmung versetzt wurden. Wurde ihnen hingegen eine fröhliche Stimmung suggeriert, so erinnerten sie sich vorzugsweise an positive Erfahrungen. Daher ist der Abruf zu einem gewissen Grad zustandsabhängig. Die eigene mentale Einstellung, ja der gesamte Kontext zum Zeitpunkt des Abrufs, fördert die Erinnerung an Ereignisse, die früher in einem ähnlichen Geisteszustand und in ähnlichem Kontext codiert worden sind. Personen, die nach dem Rauchen von Marijuana oder nach dem Inhalieren von Lachgas lernen, erinnern sich später nur schlecht an das Gelernte. Sie erinnern sich jedoch besser – obgleich gewöhnlich nicht so gut wie normal –, wenn sie vor dem Reproduktionstest dieselbe psychoaktive Substanz erhalten.

Ein interessantes Beispiel dafür, wie kontextabhängig das Gedächtnis ist, liefert ein Experiment von Alan Baddeley und Duncan Godden in Cambridge, England. Sie ließen Taucher in zwei verschiedenen Umgebungen eine Liste von 40 zusammenhanglosen Wörtern lernen, und zwar am Ufer oder etwa drei Meter unter Wasser. Der anschließende Test, bei dem es darum ging, sich an möglichst viele dieser Wörter zu erinnern, wurde dann entweder in der gleichen oder in der jeweils anderen Umgebung durchgeführt. Wie sich zeigte, ließen sich Wörter, die unter Wasser gelernt worden waren, auch am besten unter Wasser abrufen, Wörter jedoch, die am Strand gelernt worden waren, am besten am Strand. Insgesamt fielen die Gedächtnisleistungen der Taucher um rund 15 Prozent besser aus, wenn Codierungs- und Abrufkontext identisch waren.

Diese zustandsabhängigen Effekte sind zwar interessant, doch man sollte sie nicht überbewerten, denn sie hängen offenbar von den recht dramatischen Unterschieden zwischen Codierung und Abruf ab, was Stimmung (fröhlich versus traurig), Geisteszustand (psychoaktive Substanzen versus keine psychoaktive Substanzen) oder Kontext (am Ufer versus unter Wasser) angeht. Schließlich müssen wir nicht in denselben Raum gehen, in dem wir ein Buch über den amerikanischen Bürgerkrieg gelesen haben, um uns an Fakten aus dem Buch zu erinnern. Dennoch belegen diese Befunde den potentiellen Einfluss von Abrufhinweisen. Allgemein ist ein Abruf dann am erfolgreichsten, wenn der Kontext und die Hinweise, die präsent waren, als das Material ursprünglich gelernt wurde, dieselben sind wie zum Zeitpunkt des Abrufs. Dieses Prinzip lässt sich für die alltägliche Praxis nutzen. Wenn man sich beispielsweise auf eine mündliche Prüfung vorbereitet, ist es oft besser, jemand anderem den Stoff laut zu erklären, als sich das Material nur einfach still durchzulesen.

Deklarative Gedächtnisinhalte vergessen

Abgesehen von seltenen Fällen isolierter und intensiver Erinnerungen, wie sie angelegt werden, wenn man lebenswichtige Neuigkeiten erfährt oder Zeuge eines schlimmen Unfalls wird, führt das einfache Vergehen der Zeit unausweichlich zu einem Verblassen von Erinnerungen, die ursprünglich klar und voller Details waren. Mit der Zeit fallen die Details weg, und nur der Kern der Vergangenheit bleibt erhalten, die zentrale Bedeutung, nicht das ganze Kaleidoskop von Eindrücken, dem wir einst ausgesetzt waren. An dem Tag, nachdem wir einen Film gesehen haben, können wir den Inhalt und die Handlung in einiger Ausführlichkeit wiedergeben. Ein Jahr später ist es schwierig, sich mehr als das Wesentliche der Geschichte, ihre Stimmung und vielleicht ein paar Szenenbruchstücke ins Gedächtnis zurückzurufen.

Dieses Verblassen von Erinnerungen im Laufe der Zeit beschreibt natürlich das vertraute Phänomen gewöhnlicher Vergesslichkeit. Auf den ersten Blick ist Vergessen störend, sogar nachteilig. Wäre es nicht vorzuziehen, wenn man all den Stoff, den man einmal so mühsam erlernt hat, wiederabrufen könnte? Wäre es nicht besser, niemals die Brille oder die Autoschlüssel zu verlegen, niemals zu vergessen, wo man den Wagen geparkt hat, und sich an all die Ereignisse zu erinnern, die man als wichtig ansieht? Tatsächlich ist es jedoch so, dass wir nicht unbedingt besser dastehen würden, wenn wir uns leicht an alles erinnern könnten. Das zeigt folgende Geschichte über ein ungewöhnliches Individuum mit einem außergewöhnlich guten Gedächtnis.

Der russische Neuropsychologe Alexander Luria führte eine detaillierte Untersuchung an einem Zeitungsreporter namens Shereshevskii durch, der schließlich als Gedächtniskünstler öffentlich auftrat. Ab Mitte der zwanziger Jahre dokumentierte Luria über einen Zeitraum von fast dreißig Jahren die bemerkenswerte Erinnerungsfähigkeit dieses Mannes, der von früher Kindheit an eine fast unbegrenzte Gedächtniskapazität hatte. Shereshevskii konnte sich lange Listen von Wörtern, Zahlen oder sogar sinnlosen Silben anhören und später die ganze Liste fehlerlos wiederholen – solange er drei bis vier Sekunden Zeit hatte, um sich beim Lernen jeden Posten bildlich vorzustellen. Bei einer Gelegenheit präsentierte man ihm eine Reihe von Buchstaben und Zahlen als mathematische Formel mit rund 30 Elementen. Er wiederholte die Formel auf der Stelle richtig und erinnerte sich auch noch nach 15 Jahren daran.

Wie Luria herausfand, erzielte Shereshevskii diese bemerkenswerte Gedächtnisleistung mit Hilfe einer intensiven bildlichen Vorstellung, die bei ihm unwillkürlich als Reaktion auf alle sensorischen Eindrücke entstand. Wörter, beispielsweise, riefen bei ihm visuelle Eindrücke hervor und manchmal auch Geschmacks- und Tastempfindungen. Wenn Shereshevskii einmal einen Posten von einer Liste vergaß, was selten vorkam, dann handelte es sich um einen Wahrnehmungs- oder Konzentrationsmangel, nicht um eine Gedächtnisschwäche. Bei einer Gelegenheit erklärte Shereshevskii beispielsweise, warum er das Wort „Bleistift" und „Ei" aus einer Liste ausgelassen hatte. Seine übliche Technik bestand darin, jedes Bild im Geiste auf einer vertrauten Straße zu platzieren und dann die Straße entlangzugehen und die Bilder wiederzufinden.

Ich hatte das Bild des Bleistifts nahe an einen Zaun gestellt … aber was geschah, war, dass das Bild des Bleistifts mit dem des Zaunes verschmolz, und ich ging im Geiste daran vorbei und konnte nichts entdecken … Das Gleiche passierte mit dem Wort Ei. Ich hatte es im Geist an eine weiße Wand gelegt, und es war gegen den Hintergrund nicht mehr zu erkennen … Wie hätte ich denn ein weißes Ei auch vor einer weißen Wand entdecken sollen?

Was ich nun tue, ist, meine Bilder zu vergrößern. Nehmen wir das Wort Ei … nun mache ich es zu einem größeren Bild, und wenn ich es gegen die Wand eines Gebäudes lehne, achte ich darauf, dass eine Straßenlampe in der Nähe und der Platz gut beleuchtet ist.

Trotz der Vorteile, die ihm sein phänomenales Gedächtnis bot, gab es auch viele ernste Nachteile. Shereshevskiis Eindruck von jedem sensorischen Ereignis war so lebhaft und reichhaltig, dass es ihm schwer fiel, Gemeinsamkeiten zwischen Ereignissen zu entdecken und die allgemeinen Konzepte zu erfassen, um daraus ein übergeordnetes Konzept zu entwickeln. Wenn ihm eine Geschichte recht schnell vorgelesen wurde, kämpfte er gegen die Bilder an, die dadurch bei ihm hervorgerufen wurden, denn sie hinderten ihn daran, sich auf die Bedeutung des Gehörten zu konzentrieren. Wörter und Redewendungen, die in verschiedenen Kontexten verschiedene Bedeutungen haben (beispielsweise „Schimmel", „Zug", „sich ein Bein ausreißen"), bereiteten ihm besondere Schwierigkeiten. Metaphern und Poesie gingen häufig über sein Begriffsvermögen hinaus. Sein Gedächtnis war so voll gestopft mit Details und so überschwemmt von einzelnen Bildern, dass er sich nicht auf das Organisationsschema stützen konnte, das sich auf Regelmäßigkeiten innerhalb von verwandten Erfahrungen konzentriert.

Ich habe häufig Schwierigkeiten, jemandes Stimme am Telefon zu erkennen. Das passiert immer dann, wenn es sich um jemanden handelt, dessen Stimme sich im Verlauf des Tages 20 bis 30 Mal ändert.

Das Gedächtnis eines Normalmenschen arbeitet ganz anders. Wir sind am leistungsfähigsten beim Verallgemeinern, beim Abstrahieren und beim Sammeln allgemeiner Erkenntnisse, nicht dabei, bestimmte Ereignisse wortwörtlich zu behalten. Wir vergessen die besonderen Umstände und gewinnen dadurch die Möglichkeit, zu abstrahieren und das Wesentliche zu behalten. Das normale Gedächtnis wird nicht von all den zahllosen Einzelheiten überschwemmt, die jeden Moment unseres Lebens erfüllen. Weil wir diese Einzelheiten vergessen können, können wir Konzepte ausbilden und unser Wissen allmählich erweitern, indem wir die verschiedenen Arten von Erfahrungen addieren. Zweifellos gibt es neurodegenerative Zustände, wie die Alzheimer-Krankheit, bei denen die Vergesslichkeit bis zu einem tiefgreifenden und persönlichkeitszerstörenden Punkt fortschreitet. Aber ein gewisses Maß an Vergessen, wie es bei gesunden Menschen auftritt, ist ein wichtiger und notwendiger Teil der normalen Gedächtnisfunktion.

Wir sind auch in der Lage zu beeinflussen, wie gut Begriffe im Gedächtnis verfügbar bleiben, indem wir eine bewusste Kontrolle über gelernten Stoff ausüben. Wir können den Umfang des Vergessens nicht nur durch häufiges Wiederholen verringern, sondern wir können erlernte Information auch durch bewussten Nicht-Wiederabruf unterdrücken. Michael Anderson und seine Kollegen baten Versuchspersonen, 36 Wortpaare (zum Beispiel Gottesurteil-Schabe und Dampf-Zug) auswendig zu lernen, und scannten mittels funktioneller Kernspintomographie (fMRI) deren Gehirn, während die Freiwillen eine von zwei unterschiedlichen Aufgaben durchführten. Bei einigen Hinweiswörtern (zum Beispiel Gottesurteil) wurden die Versuchspersonen aufgefordert, während der ganzen vier Sekunden, in denen das Wort präsentiert wurde, an die damit verknüpfte Antwort (Schabe) zu denken. Bei anderen Hinweiswörtern (zum Beispiel Dampf) wurden die Versuchspersonen gebeten, möglichst zu verhindern, dass ihnen die verknüpfte Antwort (Zug) in den Sinn kam. Anschließende Gedächtnistests zeigten, dass Begriffe, an die intensiv gedacht worden war, sehr gut erinnert wurden (rund 99 Prozent korrekter Abruf), solche, die bewusst unterdrückt worden waren, hingegen weniger gut (rund 88 Prozent korrekter Abruf). Wichtig ist, dass die unterdrückten Begriffe schlechter erinnert wurden als andere Begriffe (Basiswert), die beim Scannen nicht mehr präsentiert wurden, aber dennoch später gut erinnert wurden (rund 98 Prozent korrekter Abruf). Daher verblassten unerwünschte Erinnerungen durch aktive und bewusste Unterdrückung.

Mittels Brain-Imaging wurden neuronale Systeme identifiziert, die an der Unterdrückung von Erinnerungen beteiligt waren. Eine erhöhte Aktivität im dorsolateralen und im ventrolateralen präfrontalen Cortex sagte eine erfolgreiche Unterdrückung unerwünschter Erinnerungen voraus; gleiches galt für Aktivität in anderen Regionen, vor allem im Frontallappen. Zusätzlich ging die Unterdrückung mit einer bilateral verringerten Aktivität im Hippocampus einher, einer Struktur, die bei der Bildung von Erinnerungen eine wichtige Rolle spielt. Es ist bisher nicht bekannt, ob die Effekte einer Erinnerungsunterdrückung auf das Vergessen manchmal umfassender sein können, als in dieser Studie gefunden, oder ob sie von Dauer sind.

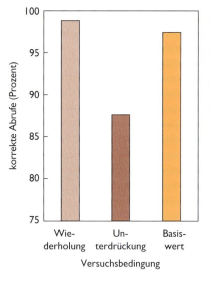
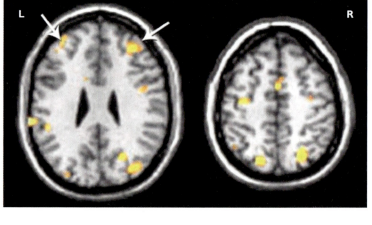

Abb. 4.5 Individuen können Erinnerungen schwächen, indem sie verhindern, zuvor Gelerntes ins Bewusstsein aufsteigen zu lassen. Links: Die Versuchspersonen sahen einen Hinweis auf einen kürzlich gelernten Begriff und riefen den Begriff daraufhin ab und vergegenwärtigten sich ihn oder versuchten, den Begriff aus ihrem Kopf zu verbannen. Begriffe, die unterdrückt wurden, wurden anschließend schlecht erinnert, selbst im Vergleich zu Begriffen, die überhaupt nicht präsentiert wurden (Basiswert). Rechts: In diesen MRI-Bildern, die einen Horizontalschnitt durch das menschliche Gehirn zeigen, illustrieren farbige Bereiche Areale an, in denen eine erhöhte Aktivität eine erfolgreiche Unterdrückung von Erinnerungen voraussagte. Das Bild rechts zeigt eine weiter oben gelegene Schnittebene als das Bild links. Die weißen Pfeile weisen auf den dorsolateralen präfrontalen Cortex.

Es wird seit langem darüber diskutiert, was beim Vergessen tatsächlich geschieht. Vergessen wir wirklich oder verlieren wir nur die Fähigkeit, Erinnerungen abzurufen, die noch immer im Gehirn existieren und irgendwie wieder zugänglich werden könnten? Gegen Ende der sechziger Jahre forderten Elizabeth und Geoffrey Loftus von der Universität Washington 169 Leute – Laien wie Psychologen – auf, zwischen zwei Aussagen zu wählen, um zu beschreiben, wie das Gedächtnis arbeitet:

1. Alles, was erlernt worden ist, wird permanent im Gedächtnis gespeichert, und wenngleich einige Details unter normalen Umständen auch nicht mehr abrufbar sind, so lassen sie sich letztlich doch durch Hypnose oder andere spezielle Techniken ins Gedächtnis zurückrufen.
2. Einige Details, die erlernt worden sind, können für immer aus dem Gedächtnis verschwinden und selbst mit Hilfe von Hypnose oder anderen speziellen Techniken nicht mehr abrufbar sein, weil die Information einfach nicht länger präsent ist.

Damals entscheiden sich 84 Prozent der Psychologen und 69 Prozent der Laien für die erste Aussage. Im Jahre 1996 stellten Stuart Zola und Larry Squire dieselben Fragen an 645 Beschäftigte im Gesundheitswesen (Krankenschwestern, Sozialarbeiter und klinische Psychologen), die an einem Workshop über Gedächtnis teilnahmen. Nun stimmten 62 Prozent der ersten Aussage zu. Der weit verbreitete Glaube, dass Gedächtnisinhalte dauerhaft sind, erwächst vielleicht aus populären Vorstellungen über Hypnose und Psychologie wie auch aus der vertrauten Erfahrung, dass wir uns häufig erfolgreich einige scheinbar vergessene Einzelheiten aus der Vergangenheit ins Gedächtnis zurückrufen können. Tatsächlich stimmt die populäre Sicht mit Freuds These überein, nach der Unterdrückung (Repression) ein Hauptgrund für die üblichen Gedächtnislücken ist. Obwohl Freud einen Großteil des Vergessens für psychologisch motiviert hielt, zog er auch die Möglichkeit des passiven oder biologisch bedingten Vergessens in Betracht:

Es ist durchaus möglich, dass selbst im Geist einiges von dem, was alt ist, in einem solchen Maße ausgelöscht oder absorbiert wird – ob nun normalerweise oder als Ausnahme –, dass es nicht auf irgendeine Weise wiederhergestellt oder wiedererweckt werden kann oder dass der Erhalt ganz allgemein von bestimmten günstigen Bedingungen abhängt. Möglich ist es, doch wir wissen nichts darüber.

Natürlich sagen uns Umfrageergebnisse und Diskussionen nichts über das Wesen des Vergessens. Dazu müssen bestimmte biologische Fakten geklärt werden, zum Beispiel, ob die zellulären und synaptischen Modifikationen im Gehirn, die Gedächtnisinhalte aufzeichnen, im Laufe der Zeit verschwinden oder nicht. Die Informationen, die bisher zu diesem Punkt vorliegen, stammen überwiegend aus Untersuchungen von Tieren mit relativ einfachen Nervensystemen. Diese Untersuchungen deuten darauf hin, dass es sich beim Vergessen, ob es nun nach ein paar Stunden oder vielen Tagen eintritt, zum Teil um einen echten Verlust von Information handelt, und dass sich einige der synaptischen Modifikationen, die sich zum Zeitpunkt des Lernens ausbilden, tatsächlich zurückbilden. Heute haben die Wissenschaftler offenbar die Vorstellung eines echten Vergessens akzeptiert. Im Jahre 1996 baten Zola und Squire 67 Wissenschaftler (Biologen, Neurowissenschaftler und experimentelle Psychologen), zwischen den beiden oben erwähnten Aussagen zu wählen. 87 Prozent entschieden sich für die zweite Aussage und pflichteten damit der Vorstellung bei, dass Vergessen zum Teil auf den tatsächlichen Verlust von Information zurückgeht.

Das wahrscheinlichste Szenario ist, dass neue informationsspeichernde Episoden bereits existierende Repräsentationen allmählich umformen, sie „überschreiben". Das Tilgen des Alten durch das Neue und vermutlich auch die Zeit *per se* verändert den Gedächtnisinhalt. Danach geschieht Vergessen allmählich, es schwächt und modifiziert das Gelernte. Das allmähliche Verblassen deklarativer Erinnerungen an einige Ereignisse bedeutet jedoch nicht, dass keine Spur des Ereignisses im Gehirn zurückbleibt. Allem voran können einige nichtdeklarative Gedächtnisinhalte überdauern, beispielsweise Neigungen und Vorlieben, die aufgrund eines inzwischen vergessenen Ereignisses ausgebildet wurden. Diese nichtdeklarativen Inhalte werden jedoch von synaptischen Veränderungen in verschiedenen Hirnregionen getragen, die sich von denjenigen für das deklarative Gedächtnis unterscheiden.

Wenn etwas ursprünglich relativ gut gelernt wurde, so vollzieht sich das Vergessen ganz allmählich und über viele Jahre hinweg. Selbst nach Jahrzehnten kann noch eine merkliche Menge von Erinnerungen erhalten sein. Genaue Erinnerungen, die mindestens einige Jahrzehnte, wenn nicht ein ganzes Leben lang überdauern, sind für wichtige und bedeutungsvolle Informationen, wie die Namen von Schulkameraden, dokumentiert – und sogar für unwichtige Informationen, wie die Namen früherer Fernsehserien, die nur eine Saison lang ausgestrahlt wurden.

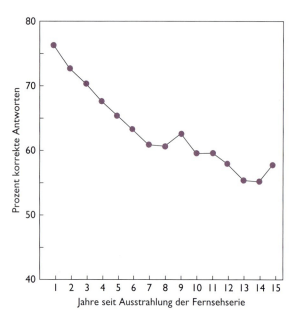

Abb. 4.6 Neun aufeinander folgende Jahre hindurch (1978–1986) wurde jedes Jahr bei einer jeweils anderen Gruppe von Versuchspersonen das Erinnerungsvermögen für Fernsehserien getestet, die ein bis 15 Jahre zuvor jeweils ein Jahr lang ausgestrahlt worden waren. Obwohl die Versuchspersonen sich besser an Sendungen erinnern konnten, die innerhalb der letzten ein bis zwei Jahre ausgestrahlt worden waren, identifizierten sie auch fast 60 Prozent der Serien richtig, deren Ausstrahlung 15 Jahre zurücklag. Bei diesem Test lag die Wahrscheinlichkeit, die richtige Antwort zu erraten, bei 25 Prozent.

Ungenauigkeiten beim deklarativen Gedächtnis

Oft erinnern wir uns nicht so gut, wie wir es gerne täten. Gedächtnisschwächen sind für den Menschen etwas Alltägliches. Vielleicht vergessen wir ein Ereignis vollständig, obwohl wir uns daran erinnern wollten, und vielleicht erinnern wir ein Ereignis falsch, selbst wenn wir sicher sind, dass wir es ursprünglich richtig wahrgenommen und verstanden haben. Wenn erst einmal eine gewisse Zeit vergangen ist, kann unsere Erinnerung an das, was passiert ist, schwach und vage werden. Diese Ungenauigkeiten beim Erinnern lassen sich am besten verstehen, wenn man bedenkt, wie das Gedächtnis arbeitet und für welche Art Aufgabe es am besten geeignet ist. Das Gedächtnis funktioniert nicht wie ein Tonband oder eine Videokamera, die getreulich Ereignisse zum späteren Wiederabspielen aufzeichnen. Stattdessen wird, wie bereits erwähnt, beim Wiederabruf aus den verfügbaren Teilen ein zusammenhängendes „Gewebe" geknüpft. Wenn Leute beispielsweise versuchen, sich an eine Geschichte zu erinnern, machen sie manchmal schöpferische Fehler, schaffen neue Teile und versuchen ganz allgemein, die Information so zu rekonstruieren, dass es Sinn macht. Im Allgemeinen arbeitet das Gedächtnis, indem es die Bedeutung dessen, was wir erleben, herausfiltert, und nicht, indem es eine exakte, wortwörtliche Aufzeichnung bewahrt.

Bei einem Experiment, das von John Bransford und Jeffrey Frank, damals an der University of Minnesota, durchgeführt wurde, lasen Versuchspersonen eine Reihe von Sätzen, darunter folgende:

1. Die Ameisen fraßen das süße Gelee auf dem Tisch.
2. Der Felsbrocken rollte den Berg hinunter und zermalmte die kleine Hütte.
3. Die Ameisen in der Küche fraßen das Gelee.
4. Der Felsbrocken rollte den Berg hinunter und zermalmte die Hütte am Waldrand.
5. Die Ameisen in der Küche fraßen das Gelee auf dem Tisch.

6. Die kleine Hütte stand am Waldrand.
7. Das Gelee war süß.

Anschließend wurden den Versuchspersonen mehrere Testsätze vorgelegt, und sie sollten in jedem Fall entscheiden, ob sie genau denselben Satz schon zuvor gelesen hatten. Beispielsweise lasen sie:

1. Die Ameisen in der Küche fraßen das Gelee.
2. Die Ameisen fraßen das süße Gelee.
3. Die Ameisen fraßen das Gelee am Waldrand.

Die Versuchspersonen erkannten ohne Schwierigkeiten, dass der dritte Testsatz neu war. Die beiden anderen Sätze wurden jedoch als gleich vertraut beurteilt, obwohl nur der erste tatsächlich auf der eingangs studierten Liste stand. Die Versuchspersonen abstrahierten offensichtlich die Bedeutung der Sätze und konnten später nicht zwischen Sätzen unterscheiden, die dieselben richtigen Vorstellungen über das ausdrückten, was sie gelesen hatten.

Wenn sich ein Gedächtnisinhalt etabliert hat und die Bedeutung eines Ereignisses getreuer aufgezeichnet ist als die sensorischen Details, kann sich dieser Gedächtnisinhalt weiter verändern. Was im Gedächtnis gespeichert ist, lässt sich durch den Erwerb neuer, überlagernder Information wie auch durch späteres Durchspielen und Wiederabrufen modifizieren. Erinnerungen können sogar durch die Art und Weise, wie in Gedächtnistests geprüft wird, modifiziert oder verzerrt werden.

In einer Untersuchung, die von Elizabeth Loftus und Kollegen durchgeführt wurde, sahen Probanden kurze Filme über Autokollisionen. Später wurden einige gefragt: „Wie schnell waren die Autos ungefähr, als sie zusammenstießen?" Anderen wurde dieselbe Frage gestellt, doch das Schlüsselverb variierte; so hieß es statt „zusammenstießen" (*hit*), „zusammenkrachten" (*smashed*), „kollidierten" (*collided*), „ineinanderfuhren" (*bumped*) oder „sich berührten" (*contacted*). Wie sich zeigte, gab es einen Zusammenhang zwischen der mittleren Geschwindigkeit, die die Probanden schätzten, und der Formulierung der Frage: zusammenkrachten (65,3 km/h), kollidierten (62,3 km/h), ineinanderfuhren (61,0 km/h), zusammenstießen (54,4 km/h) und sich berührten (50,9 km/h).

Tatsache ist, dass sich an jedem Punkt Fehler ins Gedächtnis einschleichen können: bei der Codierung, bei der Speicherung wie auch beim Wiederabruf. Henry Roediger und Kathleen McDermott von der Rice University in Houston baten Freiwillige, sich eine Liste von Wörtern anzuhören: Bonbons, sauer, Zucker, Zahn, Herz, Geschmack, Nachtisch, Salz, Snack, Sirup, essen und Aroma. Einige Minuten später schrieben die Versuchspersonen so viele der gehörten Wörter nieder, wie sie erinnern konnten. Später wurden sie aufgefordert, aus einer zweiten, längeren Liste diejenigen Wörter herauszuschreiben, die sie bereits früher gehört hatten, und in jedem Fall anzugeben, wie sicher sie sich waren, dieses Wort bereits gehört zu haben. Vierzig Prozent der Versuchspersonen schrieben „süß", obwohl dieses Wort nicht auf der ursprünglichen Liste gestanden hatte. Und was vielleicht noch bemerkenswerter ist: Als Wörter von dieser Liste zusammen mit anderen Wörtern dargeboten wurden, „erkannten" 84 Prozent der Versuchspersonen das Wort „süß" als dasjenige, das sie bereits zuvor gehört hatten, und die meisten von ihnen waren sich sehr sicher, dass dieses Wort tatsächlich auf der Liste war. Im Vergleich dazu wurden die Wörter, die wirklich auf der Liste gestanden hatten, zu 86 Prozent richtig erkannt. Die Versuchspersonen konnten also nicht zwischen den Wörtern unterscheiden, die ihnen präsentiert worden waren, und einem anderen Wort („süß"), das zwar mit den Listenwörtern verwandt, aber nicht tatsächlich präsentiert worden war. Dieses Experiment zeigt, dass es möglich ist, etwas zu erinnern, das niemals stattgefunden hat. Vermutlich riefen die Wörter auf der ursprünglichen Liste (alles Wörter, die eng mit dem Begriff „süß" korreliert sind) eine Assoziation mit dem Wort „süß" hervor, sei es zum Zeitpunkt des Lernens oder beim Gedächtnistest, und die Versuchspersonen verwechselten dann ihr An-das-Wort-Denken mit dem tatsächlichen Hören des Wortes. Das führt zu der bemerkenswerten Schlussfolgerung, dass es manchmal schwierig sein kann, etwas, das man sich nur vorgestellt hat, von der Erinnerung an ein tatsächlich stattgefundenes Ereignis zu unterscheiden.

Kinder sind besonders anfällig für diese Art von Beeinflussung. In einer denkwürdigen Reihe von Untersuchungen, die von Stephen Ceci und seinen Mitarbeitern an der Cornell University in Ithaca, New York, durchgeführt wurde, nahmen Vorschulkinder im Alter zwischen drei und sieben Jahren an mehreren wöchentlichen Interviews mit einem Erwachsenen teil. Zuvor hatten die Eltern den Forschern Beispiele für positive und negative Ereignisse aus dem Leben der Kinder geliefert, die sich im Verlauf des vergangenen Jahres zugetragen hatten (beispielsweise Ferienreisen, Umzüge oder Verletzungen, die genäht werden mussten). Bei den Interviews wurden die Kinder aufgefordert, sich an einige der wirklich stattgefundenen Ereignisse zu erinnern, wie auch an solche, die nach Aussagen der Eltern nie stattgefunden hatten. Insbesondere wurden sie, wenn ein bestimmtes Ereignis zur Sprache kam, aufgefordert: „Versuch' dich zu erinnern, ob das wirklich passiert ist." Nach zehn Wochen wurden die Kinder von einem anderen Erwachsenen interviewt. Der Interviewer sprach nacheinander jedes reale und fiktive Ereignis an und bat jedes Mal: „Sag' mir, ob dir das jemals passiert ist." Je nach Antwort fragte er dann nach zusätzlichen Einzelheiten. Das wichtigste Ergebnis dieser Untersuchung war, dass mehr als die Hälfte der Kinder für wenigstens ein fiktives Geschehen falsche Geschichten produzierten; so erinnerten sich diese Kinder beispielsweise daran, wie sie „mit ihren Klassenkameraden in einem Heißluftballon gefahren waren" oder wie sie „mit ihrem Finger in eine Mausefalle geraten waren und ins Krankenhaus mussten, um die Falle abzumachen". Insgesamt gaben die Kinder in rund 35 Prozent der Fälle an, das angesprochene fiktive Ereignis habe stattgefunden. Dabei waren ihre Antworten nicht einfache Bestätigungen, dass gewisse Ereignisse tatsächlich stattgefunden hatten. Vielmehr erzählten die Kinder Geschichten, die ausführliche Beschreibungen des Kontextes enthielten, und Gesichtsausdruck wie Emotionen passten zur Geschichte. Das folgende Beispiel illustriert eine der falschen Geschichten, erzählt von einem vierjährigen Kind:

> Mein Bruder Colin hat versucht, mir Blowtorch [eine Actionfigur] wegzunehmen, aber ich wollte ihm die Figur nicht lassen, und da stieß er mich in den Holzstoß, wo die Mausefalle war. Und dann geriet mein Finger da 'rein. Und dann fuhren wir ins Krankenhaus, meine Mama, mein Papa und Colin fuhren mich dorthin, ins Krankenhaus, in unserem Kleinbus, weil es weit weg war. Und der Doktor hat mir den Finger da verbunden [zeigt den Finger].

Abb. 4.7 In Tests werden Kinder nach Ereignissen gefragt, die möglicherweise früher stattgefunden hatten. Kinder sind, was ihre Erinnerungen angeht, anfällig für Verzerrungen und Ungenauigkeiten. Das gilt besonders dann, wenn sie Suggestivfragen und falschen Vorgaben ausgesetzt sind.

Als man Leuten, die beruflich mit Kindern arbeiten, Videoaufnahmen von den Kindern zeigte, wie sie ihre Geschichten erzählten, konnten sie die fiktiven Geschichten nicht von den wahren unterscheiden. Wahrscheinlich wirkten diese Geschichten so überzeugend, weil die Kinder inzwischen glaubten, sie hätten tatsächlich einige der erfundenen Ereignisse erlebt. Nach Abschluss des Experiments erklärte ein Kind auf die Aussage seiner Mutter hin, seine Hand sei niemals in eine Mausefalle geraten: „Aber es ist wirklich passiert. Ich erinnere mich daran!" Wenn das typisch war, dann erzählten die Kinder keine Lügen (im Sinne eines Versuchs zu betrügen), sondern behandelten Ereignisse, die sie sich lediglich vorgestellt hatten, wie Ereignisse, die sich tatsächlich ereignet hatten.

In einer anderen Untersuchung, die von denselben Forschern durchgeführt wurde, besuchte ein Fremder, der als „Sam Stone" vorgestellt wurde, zwei Minuten lang einen Klassenraum mit Vorschulkindern. Er ging in der Klasse umher, begrüßte die Kinder und verließ den Raum wieder. Unter einer Versuchsbedingung der Studie wurde den Kindern vor seinem Besuch ein negatives Bild von Sam Stone vermittelt, das ihnen suggerierte, er sei sehr ungeschickt. Zusätzlich wurden den Kindern im Laufe von vier separaten Interviews nach seinem Besuch Suggestivfragen gestellt, die zwei fiktive Ereignisse betrafen: „Als Sam Stone den Teddybär schmutzig machte, was war das für ein Zeug, mit dem er ihn bekleckerte?" Und „Als Sam Stone einen Riss in das Buch machte, hat er das getan, weil er ärgerlich war oder aus Versehen?"

Als die Kinder schließlich von einem anderen Interviewer befragt wurden, behaupteten 72 Prozent der Drei- bis Vierjährigen, dass Sam Stone eine oder beide Taten begangen hätte, und 44 Prozent sagten aus, sie hätten ihn diese Dinge tatsächlich tun sehen. Es ist schwer zu sagen, ob die Kinder wirklich glaubten, dass diese Vorfälle stattgefunden hatten, oder ob sie lediglich das sagten, was der Interviewer ihrer Meinung nach hören wollte. In jedem Fall waren die Geschichten ausgeschmückt, spontan und voller Details, und wieder konnten professionelle Beobachten, die sich Videos der abschließenden Interviews ansahen, nicht entscheiden, welche Kinder Sam Stones Besuch richtig beschrieben.

Die hier beschriebenen Erinnerungsverzerrungen und Ungenauigkeiten sind sicherlich echte Merkmale, die zeigen, wie unser Gedächtnis arbeitet, doch gleichzeitig gilt auch, dass Erinnerungen recht genau sind. So zeigte sich beispielsweise im Fall der Sam-Stone-Untersuchung, dass die meisten Kinder (90 Prozent) – wenn ihnen kein Stereotyp vermittelt und das Interview neutral statt irreleitend geführt wurde – später erklärten, Sam Stone habe weder einem Buch noch einem Teddybär irgendeinen Schaden zugefügt. Das Gedächtnis ist dann am genauesten, wenn die Person, die sich erinnert, nicht mit Suggestivfragen oder falschen Vorgaben bedrängt wird, und wenn statt der Details das Wesentliche dessen geprüft wird, was sich abgespielt hat. Untersuchungen autobiographischer Erinnerungen der fernen Vergangenheit dokumentieren auch, dass Menschen sich an allgemeine Bedeutung und Struktur vergangener Erfahrungen gewöhnlich richtig erinnern.

Wie experimentell nachgewiesen werden konnte, arbeitet das Gedächtnis bei bedeutungsvollem visuellem Material besonders exakt. In einer berühmten Untersuchung zeigte Lionel Standing von der Bishop University in Kanada Freiwilligen 10 000 Farbdias mit einer breiten Palette von Szenen und Gegenständen. Jedes Bild wurde nur fünf Sekunden lang gezeigt; nach jedem 200. Dia gab es eine Ruhepause. Fünf Tage lang sahen die Probanden jeden Tag 2 000 Bilder, und am Ende des fünften Tages wurde ihr Erinnerungsvermögen mit einer Zufallsstichprobe von 160 Bildern aus dem vollen Satz von 10 000 Bildern getestet. Jedes alte Bild wurde mit einem neuen Bild gepaart, und die Probanden versuchten, bei jedem Paar das Bild herauszufinden, das sie bereits zuvor gesehen hatten. Bemerkenswerterweise wählten die Versuchspersonen im Durchschnitt zu 73 Prozent richtig. Unter Berücksichtigung der Tatsache, dass einige der Antworten möglicherweise einfach richtig geraten waren, kann man berechnen, dass die Versuchspersonen fast 4 600 von den 10 000 Dias richtig erinnerten. Nicht bekannt ist, wie lange die

Versuchspersonen dies im Gedächtnis behalten konnten.

In diesem Kapitel ging es um das Wesen deklarativer Gedächtnisinhalte: wie sie codiert, gespeichert, abgerufen und vergessen werden. Das deklarative Gedächtnis ist unvollkommen, anfällig für Ungenauigkeiten und Verzerrungen, doch es kann auch zuverlässig sein, besonders, wenn es um das Sammeln allgemeiner Kenntnisse und um die Wiedergabe allgemeiner Bedeutungen, des Wesentlichen und der Hauptpunkte, geht. Im nächsten Kapitel wollen wir darüber diskutieren, wie das Gehirn das deklarative Gedächtnis schafft. Wo wird die Erinnerung kurzfristig, wo langfristig gespeichert? Welche Gehirnsysteme sind an Codierung, Speicherung und Abruf deklarativer Gedächtnisinhalte beteiligt, und welche Aufgabe übernehmen sie dabei?

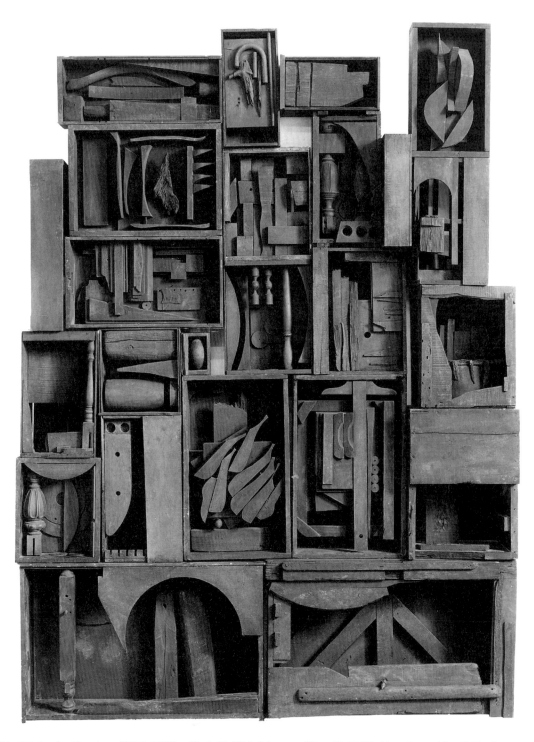

Abb. 5.1 Louise Nevelson (1905–1984): „Black Wall" („Schwarze Wand", 1960). Eine Auswahl vollständiger und fragmentarischer Fundobjekte ist in hochkant gestellten Lattenkisten ausgestellt, die zu einer Einheit zusammengefügt sind. Das erinnert an die Zusammensetzung des Gehirns, in dem separate Module kooperieren, um das deklarative Gedächtnis aufrechtzuerhalten.

5
Gehirnsysteme für das deklarative Gedächtnis

Nachdem wir das deklarative Gedächtnis in Kapitel 4 aus einer kognitiven Perspektive betrachtet haben, wenden wir uns nun den Gehirnsystemen zu, die für diesen Gedächtnistyp verantwortlich sind. Auf dieser Ebene der Analyse wird das Wechselspiel zwischen kognitiver Psychologie und systemorientierter Neurobiologie besonders deutlich. So existiert die Erinnerung beispielsweise an einen zauberhaften Garten als eine verteilte Repräsentation im Cortex, solange die Repräsentation im Gedächtnis bleibt – ein paar Augenblicke oder jahrelang. In jedem Fall dienen offenbar dieselben corticalen Bereiche als Speicherort für die Repräsentation. Aber anders als bei nichtdeklarativen Erinnerungen ist für die Umwandlung von deklarativen Kurzzeiterinnerungen in Langzeiterinnerungen keine Verstärkung synaptischer Verbindungen in genau diesen Bereichen verantwortlich. Ein völlig neues Gehirnsystem kommt ins Spiel, der mediale Temporallappen. Wie sich herausgestellt hat, ist dieses System für die Langzeitspeicherung des deklarativen Gedächtnisses von essentieller Bedeutung. Es wird beim Lernen der Information benötigt und bleibt über eine längere Phase der Reorganisation und Stabilisierung hinweg, in der die Langzeitrepräsentationen im Cortex etabliert werden, entscheidend wichtig.

Kurzzeitgedächtnis, unmittelbares Gedächtnis und Arbeitsgedächtnis

Im allgemeinsten Sinne bezieht sich der Begriff „Kurzzeitgedächtnis" auf die Gedächtnisprozesse, die Information nur zeitweilig behalten, bis sie entweder vergessen oder in einen stabileren, potentiell permanenten Langzeitspeicher eingebaut wird. Kognitive Psychologen unterteilen das Kurzzeitgedächtnis in zwei Hauptkomponenten: in das unmittelbare Gedächtnis (*immediate memory*) und das Arbeitsgedächtnis (*working memory*). Das unmittelbare Gedächtnis bezieht sich auf das, was vom Augenblick des Informationsempfangs an aktiv behalten werden kann. Es ist die Information, die gerade im Brennpunkt der Aufmerksamkeit steht und gerade den Gedankenstrom besetzt hält. Die Kapazität des unmittelbaren Gedächtnisses ist recht begrenzt (es können gewöhnlich rund sieben Posten, zum Beispiel sieben Ziffern, erinnert werden), und wenn seine Inhalte nicht ständig wiederholt werden, wird es gewöhnlich weniger als 30 Sekunden aufrechterhalten. William James fing das Wesen des unmittelbaren Gedächtnisses (oder primären Gedächtnisses, wie er es nannte) ein, als er schrieb, diese Form des Gedächtnisses gehe

> niemals verloren, sie ist im Bewusstsein untrennbar mit dem unmittelbaren, gegenwärtigen Augenblick verknüpft. Tatsächlich tritt sie uns als rückwärtiger Teil des gegenwärtigen Moments und nicht als Teil der echten Vergangenheit entgegen.

Abb. 5.2 Der amerikanische Psychologe William James (1841–1910).

In diesem Kapitel werden wir sehen, dass das Konzept des unmittelbaren Gedächtnisses, wie von William James postuliert, für das Verständnis, wie das Gehirn deklarative Gedächtnisinhalte bewahrt, von zentraler Bedeutung ist. Gewöhnlich verschwindet ein Stück Information innerhalb weniger Sekunden aus unserem Bewusstsein, doch das unmittelbare Gedächtnis kann zeitlich gedehnt und sein Inhalt viele Minuten lang bewahrt werden, wenn wir das Material aktiv wiederholen. Diese zeitliche Ausdehnung des unmittelbaren Gedächtnisses wird als Arbeitsgedächtnis bezeichnet, ein Begriff, den Alan Baddeley einführte. Ein Objekt oder ein Faktum kann anfangs im unmittelbaren Gedächtnis präsent sein, seine Repräsentation kann im Arbeitsgedächtnis bewahrt und es kann schließlich als Langzeiterinnerung gespeichert werden. In diesem Kapitel werden die Begriffe „unmittelbares Gedächtnis" und „Arbeitsgedächtnis" statt des umfassenderen Begriffs „Kurzzeitgedächtnis" verwendet. Tatsächlich bezieht sich der Begriff „Kurzzeitgedächtnis" nicht nur auf das in seiner Kapazität begrenzte unmittelbare Gedächtnis und auf das Memoriersystem des Arbeitsgedächtnisses. Kurzzeitgedächtnis bezieht sich auch auf spätere Konsolidierungsphasen, bis zum Zeitpunkt der Etablierung stabiler Langzeiterinnerungen. In diesem Sinne können Kurzzeiterinnerungen viele Minuten lang – vielleicht sogar eine Stunde oder länger – und damit weit über den Punkt hinaus überdauern, bis zu dem Information aktiv im Gedächtnis behalten wird. Wir beschreiben die zellulären und molekularen Prozesse, die vom Kurzzeitgedächtnis zum stabilen Langzeitgedächtnis führen, in Kapitel 7.

Es gibt keinen einzelnen, zeitlich befristeten Gedächtnisspeicher, den die gesamte Information auf ihrem Weg zum Langzeitgedächtnis passieren müsste. Man stellt sich unmittelbares Gedächtnis und Arbeitsgedächtnis am besten als eine Sammlung temporärer Gedächtniskapazitäten vor, die parallel arbeiten. Ein Typ Arbeitsgedächtnis, die phonologische Schleife, speichert zeitweilig gesprochene Wörter und bedeutungstragende Töne. Dieses System ist zum Beispiel für die Fähigkeit verantwortlich, eine Telefonnummer im Kopf zu behalten, während man sie wählt, und für die Fähigkeit, Wörter im Kopf zu behalten, während man einen Satz ausspricht oder versteht. Ein anderer Typ Arbeitsgedächtnis, der räumlich-visuelle Notizblock, speichert visuelle Eindrücke, wie Gesichter und räumliche Beziehungen. Die phonologische Schleife und der räumlich-visuelle Notizblock arbeiten vermutlich als Systeme, die durch Memorieren Information für den temporären Gebrauch bereithalten.

Ein Test des Arbeitsgedächtnisses bewertet weder die Bewusstseinsspanne noch die Kapazität irgendeines Allzweck-Gedächtnisspeichers. Ein Test, der beispielsweise prüft, wie viele gesprochene Ziffern im Gedächtnis behalten und dann wiederholt werden können, misst lediglich die Spanne eines Typs von Arbeitsgedächtnis (der phonologischen Schleife). Andere informationsverarbeitende Systeme weisen ihre eigenen Arbeitsgedächtniskapazitäten auf. Möglicherweise besteht das Arbeitsgedächtnis tatsächlich aus einer relativ großen Anzahl temporärer Kapazitäten, von denen jede eine Eigenschaft eines der spezialisierten, informationsverarbeitenden Systeme des Gehirns ist.

Dank neurophysiologischer Untersuchungen an Tieraffen beginnen Biologen zu verstehen, wie das Gehirn seine temporären Gedächtnisfunktionen organisiert. In einigen der ersten Untersuchungen haben Joaquin Fuster und seine Kollegen an der University of California in Los Angeles Tieraffen darauf trainiert, sich über einen Zeitraum von rund 16 Sekunden (in dem die Farbe nicht zu sehen war) an eine Farbe zu erinnern. Nach Ende dieser so genannten Delay- oder Verzögerungsphase erschienen zwei oder mehr Farben, und die Tiere erhielten als Belohnung Fruchtsaft, wenn sie die ursprüngliche Testfarbe wählten. Diese Aufgabe nennt man eine verzögerte Übereinstimmungsaufgabe (*delayed matching-to-sample task*). Im Verlauf seines Experiments leitete Fuster die Aktivität einzelner Neuronen aus der Area TE ab, einem visuellen Areal höherer Ordnung im Temporallappen, das für die Wahrnehmung visueller Objekte vermutlich eine wichtige Rolle spielt. Er fand, dass viele Neuronen in der Area TE auf die Testfarbe reagierten, wenn sie das erste Mal präsentiert wurde, ganz wie es der Rolle dieser Region bei der Analyse visueller Wahrnehmung entspricht. Besonders interessant war jedoch, dass viele Neuronen auch während der 16-sekündigen Delay-Periode weiterhin aktiv blieben, als sei die aufrechterhaltene neuronale Aktivität ein neuronales Korrelat des zu erinnernden Reizes. Neuronen, die ihre Aktivität beibehalten, während ein Tier sensorische Information im temporären Gedächtnis behält, hat man bei Aufgaben mit visuellem, akustischem und taktilem Inhalt auch im visuellen, im auditorischen beziehungsweise im sensomotorischen Cortex gefunden.

Wenn eine derartige anhaltende neuronale Aktivität in einer dieser corticalen Regionen auftritt, dann signalisiert das vermutlich, dass diese Region

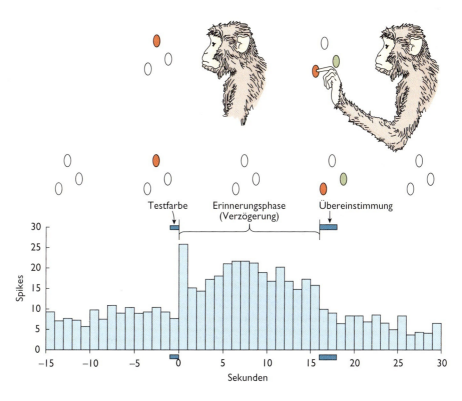

Abb. 5.3 Neuronale Aktivität und Arbeitsgedächtnis. Bei einer verzögerten Übereinstimmungsaufgabe muss sich der Affe für die Dauer einer bestimmten Zeit (Verzögerung) an die Farbe eines Objekts (hier rot) erinnern („Erinnerungsphase"), um Übereinstimmung festzustellen und anschließend die richtige Wahl zu treffen. Die Kurve zeigt die erhöhte Entladungsrate (Spikefrequenz) einer Zelle im Cortexareal TE während der 16-sekündigen Erinnerungsphase. Am Ende der Erinnerungsphase werden die beiden Farben (rot und grün) zur Wahl gestellt; der Affe muss die Farbe rot nicht länger im Gedächtnis behalten, und die Aktivität der Zelle fällt auf die Grundaktivität vor Versuchsbeginn ab.

Teil eines größeren Netzwerks ist. Eine wichtige Region, die bei vielen solchen Gedächtnisaufgaben aktiv ist, ist der frontale Cortex. Fuster nimmt an, dass die Frontallappen dann eine wichtige Rolle spielen, wenn Information für unmittelbar bevorstehende Handlungen im Gedächtnis behalten werden soll, oder auch dann, wenn Information mit dem Ziel einer unmittelbaren Reaktion abgerufen wird. Patricia Goldmann-Rakic von der Yale University erkannte, dass diese Haltefunktion der Frontallappen offenbar dem nahe kommt, was kognitive Psychologen mit dem Begriff „Arbeitsgedächtnis" bezeichnen. Ihrer Meinung nach halten die Frontallappen Material im Arbeitsgedächtnis, um gerade ablaufendes Verhalten und Kognition zu steuern.

Der frontale Cortex weist reziproke neuronale Verbindungen mit den meisten visuellen Arealen des Gehirns auf, darunter auch der Area TE. Wie Experimente mit Tieraffen zeigen, sind während der Delay-Periode der verzögerten Übereinstimmungsaufgabe, die neuronale Aktivität in Area TE hervorruft, in einer bestimmten Region des Frontallappens Neuronen ständig aktiv. Des weiteren fiel Robert Desimone vom National Institute of Mental Health ein wichtiger Unterschied zwischen der Delay-Aktivität im frontalen Cortex und derjenigen im Temporallappen auf: Er fand heraus, dass er die Verzögerungsaktivität im Temporallappen unterbrechen konnte, indem er in der Delay-Periode einen zusätzlichen visuellen Reiz präsentierte. Unterdessen blieb die neuronale Aktivität im Frontallappen ohne Unterbrechung weiter bestehen. Daher spielt die Verzögerungsaktivität im Frontallappen möglicherweise eine besonders wichtige Rolle dabei, Information trotz Ablenkung im Arbeitsgedächtnis zu behalten. Tatsächlich beeinträchtigen Läsionen im frontalen Cortex die Leistung eines Affen bei Aufgaben, die das Arbeitsgedächtnis beanspruchen. Entsprechend signalisiert die neuronale Aktivität in Area TE oder anderen sensorischen Arealen wahrscheinlich die sensorische Information, die in jedem Augenblick empfangen wird. Die darauf folgende *top-down*-Rückkopplung vom frontalen Cortex (*top-down* bedeutet von oben nach unten) hält dann vermutlich die neuronale Aktivität in den sensorischen Arealen über eine Verzögerungsperiode hinweg aufrecht und bereitet diese Areale auf Reize vor, die wichtig für das gerade ablaufende Verhalten sind und daher im Arbeitsgedächtnis behalten werden müssen. Auf diese Weise arbeiten Frontallappen und sensorische Cortexareale als neuronales System zusammen, um Information zu empfangen und sie dann zum zeitweiligen Gebrauch im Arbeitsgedächtnis zu halten.

Der präfrontale Cortex spielt für die Steuerung von Verhalten eine größere Rolle, als durch das Konzept des Arbeitsgedächtnisses deutlich wird. Dorsolaterale und ventrolaterale präfrontale Regionen sind für die so genannte exekutive Funktion verantwortlich, die Fähigkeit, die eigenen Handlungen auf zukünftige Ziele auszurichten. Diese bewusste Kontrolle erlaubt es, strategisch auf das Gedächtnis zuzugreifen, und instrumentiert den Gebrauch von verhaltenssteuernden Regeln, die ermöglichen, für die aktuellen Ziele relevantes Wissen abzurufen und flexibel zu nutzen. Fehlen diese präfrontalen Regionen, sind die Betroffenen auf Außenreize angewiesen und können nur auf ihre direkte sensorische Umgebung reagieren.

Langzeitgedächtnis

Betrachten wir einmal das Problem, ein Objekt zu sehen und es dann im Langzeitgedächtnis zu speichern. Das visuelle System von Primaten ist so organisiert, dass die Information von der Netzhaut (Retina) zuerst zum primären Sehzentrum (Area V1) auf der Rückseite des Gehirns gelangt. Die visuelle Verarbeitung wandert dann von Area V1 nach vorn, und der Informationsfluss folgt dabei zwei Hauptrouten, einer „ventralen" Bahn, die durch den unteren Teil, und einer „dorsalen" Bahn, die durch den oberen Teil des Gehirns verläuft. Eine Route führt via Ventralbahn in den Schläfenlappen und erreicht schließlich den inferioren temporalen Cortex (Area TE), ein übergeordnetes visuelles Areal, das hauptsächlich mit der Analyse der visuellen Form und Qualität von Objekten beschäftigt ist. Ein zweiter Strom visueller Informationsverarbeitung schreitet über eine dorsale Route von Area V1 nach vorn zum parietalen Cortex (Area PG) fort. Area PG beschäftigt sich mit der Lage von Objekten im Raum, mit der räumlichen Beziehung zwischen Objekten und mit der Kontrolle räumlich gesteuerten Verhaltens. Jede Station, die der dorsale und der ventrale Informationsfluss auf ihrem Weg passieren, trägt vermutlich in spezifischer Weise zur Verarbeitung der Information bei, die zum Sehen nötig ist. Einige Areale analysieren Farbe, andere Bewegungsrichtung, wieder andere räumliche Tiefe oder Orientierung. Die weiter vorne gelegenen Areale sind tendenziell stärker mit der Analyse ganzer Objekte beschäftigt. Daher werden über die ventrale wie die dorsale Bahn verteilte Areale simultan aktiviert, wenn wir ein Objekt im Raum wahrnehmen. Das, was wahrgenommen wird, kann im Arbeitsgedächtnis überdauern, wenn es in Koordination mit Aktivität im frontalen Cortex zu einer unterstützenden neuronalen Aktivität in denselben Regionen kommt.

Dieselbe Information kann auch ins Langzeitgedächtnis gelangen, ein Vorgang, der, wie wir noch sehen werden, entscheidend von Strukturen im medialen Temporallappen abhängt. Dennoch ist der mediale Temporallappen nicht der endgültige Langzeitspeicher des Gedächtnisses. Man nimmt an, dass Langzeiterinnerungen in demselben übers Gehirn verteilten Netz von Strukturen gespeichert werden, die das, was erinnert werden soll, auch perzipieren, verarbeiten und analysieren. Daher sollte man erwarten, dass die Erinnerung an ein kürzlich wahrgenommenes Objekt zwischen Area TE im Temporallappen, Area PG im Parietallappen und anderen Gebieten verteilt ist. In jedem der relevanten Areale treten vermutlich dauerhafte Veränderungen in der Stärke der Verbindungen zwischen Neuronen auf, und aus diesem Grund reagieren Neuronen nach dem Lernen anders als zuvor. Man nimmt an, dass die Gesamtaktivität des Kollektivs veränderter Neuronen die Langzeiterinnerung an das erhält, was wir wahrnehmen.

Eine interessante Untersuchung an Affen stützt die These, dass die Gehirnareale, die der Langzeiterinnerung dienen, dieselben sind wie die, die der visuellen Wahrnehmung und dem unmittelbaren Gedächtnis dienen. In dieser Untersuchung trai-

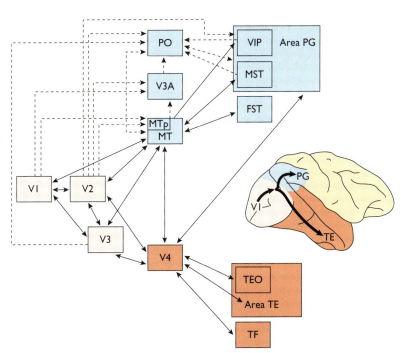

Abb. 5.4 Eine Zusammenstellung der visuellen Cortexareale samt einiger Verbindungen. Informationen über bestimmte Aspekte eines visuellen Reizes verlassen den primären visuellen Cortex (Area V1) über zwei Hauptbahnen: Der Informationsfluss zur Analyse von Form und Qualität eines Objektes (Objektidentifizierung) zieht via V4 über eine ventrale Route zu den Temporallappen (Ventralbahn); der Informationsfluss zur Analyse der Lokalisation des Objekts im globalen Raum zieht via MT über eine dorsale Route zu den Parietallappen (Dorsalbahn). Durchgezogene Linien zeigen Verbindungen an, die sowohl aus zentralen als auch aus peripheren Repräsentationen des visuellen Feldes stammen; gestrichelte Linien zeigen Verbindungen an, die auf Repräsentationen des peripheren Sehfeldes begrenzt sind. Abkürzungen: FST Fundus des superior-temporalen Areals, MST mediosuperior-temporales Areal, MT mediotemporales Areal, OP parietoccipitales Areal, VIP ventrales intraparietales Areal.

nierten Kuniyoshi Sakai und Yasushi Miyashita von der Universität Tokio Tieraffen mit zwölf Paaren farbiger Muster: Zu Beginn des Trainings wurden 24 Muster willkürlich zu zwölf Paaren zusammengefügt, und die Affen mussten lernen, welches Paar zusammengehörte, das heißt, Muster 1 zu Muster 1´, Muster 2 zu Muster 2´ … Muster 12 zu 12´. Nachdem die Affen die Paarungen erlernt hatten, wurde ihnen eines der 24 Muster allein als Hinweisreiz präsentiert (beispielsweise Muster 2 oder Muster 10´); einige Sekunden später konnten sie dann zwischen zwei gleichzeitig präsentierten Mustern wählen – dem zugehörigen Muster (2´ beziehungsweise 10) und einem anderen Muster. Während die Affen die Aufgabe durchführten, zeichneten die Forscher die neuronale Aktivität im inferioren Temporallappen auf. Die Aktivität der Neuronen zeigte, dass viele von ihnen die Paarungen „erinnerten".

Den Beweis, dass diese Neuronen an der Gedächtnisspeicherung beteiligt sind, lieferten Ableitungen, die über viele Versuchsdurchgänge hinweg durchgeführt wurden und zeigten, wie ein Neuron auf jedes einzelne der 24 Muster reagiert, wenn es als Hinweisreiz diente. Bei trainierten wie bei untrainierten Tieren „bevorzugen" Neuronen nur ein oder zwei der Muster und antworten am besten, wenn genau dieses bestimmte Muster erscheint. Infolge des Trainings reagierten jedoch viele Neuronen, die anfangs nur auf einen Partner eines Reizpaares geantwortet hatten, nun auf beide Reize. Mit anderen Worten reagierte ein Neuron, das tendenziell auf Muster 2 reagiert, nach dem Training auch auf den anderen Partner desselben Paares (Muster 2´). Somit erwarben einige Neuronen neue, stabile Antworteigenschaften, in denen sich die Speicherung der zwölf Assoziationen im Langzeitgedächtnis widerspiegelt. Als Gruppe haben sich diese Neuronen infolge des Trainings verändert und tragen damit die Langzeiterinnerung daran, welche Muster miteinander ein Paar bilden.

Untersuchungen an hirngeschädigten Patienten haben Hinweise auf die Lokalisierung solcher Langzeiterinnerungen erbracht. Dabei wurde ein überraschendes Maß an Spezialisierung innerhalb der Großhirnrinde deutlich. Die Untersuchungen stützen die Vorstellung, dass verschiedene Regionen an der Speicherung verschiedener Gedächtnisformen beteiligt sind. Elizabeth Warrington und Rosaleen McCarthy vom Queens Square Hospital in London stellten als erste fest, dass eine Schädigung der linken temporo-parietalen oder fronto-parietalen Region des menschlichen Gehirns zu bemerkenswert selektiven Verlusten bestimmter Wissenskategorien führen kann. Beispielsweise verliert ein Patient möglicherweise sein Wissen über eine bestimmte Kategorie – kleine, unbelebte Objekte (Besen, Löffel, Stühle) –, behält aber sein Wissen über eine andere Kategorie – Lebewesen und andere große Objekte (Welpen, Autos, Wolken). Schädigung des ventralen und des anterioren (vorderen) Temporallappens, bei denen der parietale Cortex verschont bleibt, können das entgegengesetzte Muster hervorrufen.

Diese Befunde ließen Warrington und McCarthy vermuten, dass die spezifischen sensorischen und motorischen Systeme, die dazu dienen, etwas über die Umwelt zu lernen, auch beeinflussen, wo die Gehirninformation letztlich gespeichert wird. Ihre These erklärt die überraschenden Befunde, die sie an ihren hirngeschädigten Patienten gewonnen hatten. Beispielsweise lernen Menschen über lebende Dinge und große Objekte außerhalb ihrer vier Wände insbesondere durch Sehen, und viele der Gehirnsysteme, die Form, Farbe und visuelles Erkennen verarbeiten, liegen im Temporallappen. Im Gegensatz dazu lernen Menschen etwas über unbelebte Objekte, wie Werkzeuge und Möbel, mittels Verarbeitungssystemen, die eher manuelles Hantieren und funktionelles Verständnis erfordern, und die Verarbeitungssysteme, die für manuelles Geschick und Kenntnisse über die Funktion verantwortlich sind, liegen im Parietallappen und im frontalen Cortex.

Alex Martin, Leslie Ungerleider und ihre Kollegen am National Institute of Mental Health untersuchten mit Hilfe der funktioneller Kernspintomographie (fMRI), wo kategoriespezifisches Wissen im Gehirn gesunder Probanden lokalisiert ist. Sie fanden heraus, dass bestimmte corticale Areale in der oben erwähnten ventralen Bahn während der Benennung von Tieren aktiver waren als während der Benennung von Werkzeugen und dass umgekehrt andere corticale Areale in der dorsalen Bahn während der Benennung von Werkzeugen aktiver waren als während der Benennung von Tieren. Im

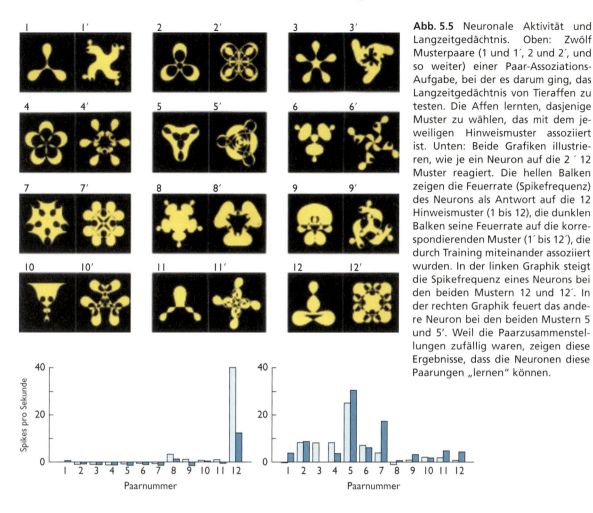

Abb. 5.5 Neuronale Aktivität und Langzeitgedächtnis. Oben: Zwölf Musterpaare (1 und 1´, 2 und 2´, und so weiter) einer Paar-Assoziations-Aufgabe, bei der es darum ging, das Langzeitgedächtnis von Tieraffen zu testen. Die Affen lernten, dasjenige Muster zu wählen, das mit dem jeweiligen Hinweismuster assoziiert ist. Unten: Beide Grafiken illustrieren, wie je ein Neuron auf die 2 ´ 12 Muster reagiert. Die hellen Balken zeigen die Feuerrate (Spikefrequenz) des Neurons als Antwort auf die 12 Hinweismuster (1 bis 12), die dunklen Balken seine Feuerrate auf die korrespondierenden Muster (1´ bis 12´), die durch Training miteinander assoziiert wurden. In der linken Graphik steigt die Spikefrequenz eines Neurons bei den beiden Mustern 12 und 12´. In der rechten Graphik feuert das andere Neuron bei den beiden Mustern 5 und 5´. Weil die Paarzusammenstellungen zufällig waren, zeigen diese Ergebnisse, dass die Neuronen diese Paarungen „lernen" können.

Fall von Tieren handelt es sich vor allem um Regionen im rechten Temporallappen, und zwar in Arealen, die visuelle Information wie Farbe und Textur sowie Information über flexible Bewegungsmuster (manchmal als biologische Bewegung bezeichnet) repräsentieren. Im Fall von Werkzeugen sind diese Areale in der linken Hemisphäre aktiver, vor allem im Temporallappen, im parietalen Cortex und im ventralen prämotorischen Cortex. Diese Regionen repräsentieren Information über die visuelle Form und die starren Bewegungsmuster, die typischerweise mit manipulierbaren Objekten einhergehen, wie auch Information darüber, wie diese Objekte benutzt werden. Diese Ergebnisse, die mit den Befunden von Warrington und McCarthy an Patienten mit Hirnläsionen übereinstimmen, zeigen direkt, dass die Eigenschaften von Objekten und die Art und Weise, wie sie wahrgenommen und benutzt werden, beeinflussen, welche Gehirnregion Langzeitrepräsentationen über die Identität von Objekten speichert.

Wie Sean Polyn, Ken Norman und ihre Kollegen an der University of Pennsylvania und an der Princeton University fanden, sind diese corticalen Regionen nicht nur beim Wahrnehmen aktiv, sondern auch dann, wenn die Versuchspersonen Fakten lernen, die zu einer bestimmten Kategorie gehören (zum Beispiel Bilder von berühmten Gesichtern, häufigen Objekten oder berühmten Örtlichkeiten). Das Interessante daran war, dass dieselben Regionen wieder aktiv werden, wenn sich die Versuchspersonen später an das Gelernte erinnern. Während die Versuchspersonen ihr Gedächtnis nach Begriffen aus einer bestimmten Kategorie durchsuchen, die sie gerade gelernt haben, nähert sich ihre Gehirnaktivität daher immer stärker derjenigen zu dem Zeitpunkt an, als die Begriffe aus dieser Kategorie gelernt wurden.

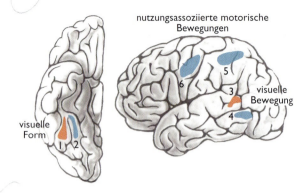

Abb. 5.6 Schematische Illustration von Regionen, die kategoriespezifische Aktivierung für Lebewesen (rot) und für Werkzeuge (blau) zeigen. Die kritische Determinante für diese unterschiedliche Aktivität ist nicht das physische Aussehen des Reizes, sondern die Art, wie der Reiz interpretiert wird (beispielsweise als Tier oder als Werkzeug). Das linke Bild zeigt eine Ventralansicht der rechten Hemisphäre, das rechte Bild eine Seitenansicht der linken Hemisphäre. (1) Gyrus fusiformis lateralis, (2) Gyrus fusiformis medialis, (3) posteriorer Gyrus temporalis superior, (4) posteriorer Gyrus temporalis medialis und (5) ventraler prämotorischer Cortex.

Vom unmittelbaren Gedächtnis zum Langzeitgedächtnis

Um über das Langzeitgedächtnis zu sprechen, kehren wir noch einmal zu Abbildung 5.4 zurück. Die verarbeitenden Bahnen in der Sehrinde laufen auf einer Reihe von Zielregionen zusammen, darunter der Frontallappen und die mediale Oberfläche des Temporallappens. Wenn irgendeines der visuellen Verarbeitungsareale geschädigt ist, resultiert daraus eine spezifische Beeinträchtigung der Wahrnehmung. So kann eine bestimmte Läsion beispielsweise zu Schwierigkeiten bei der Wahrnehmung von Bewegungen führen, eine andere bei der Wahrnehmung von Gesichtern. Eine wichtige Lehre über die neuronale Organisation von Gedächtnisfunktionen stammt aus dem Befund, dass im Gegensatz zu einem geschädigten visuellen Verarbeitungsareal eine Schädigung des medialen Temporallappens die Wahrnehmung überhaupt nicht beeinträchtigt. Sie hat jedoch einen anderen Einfluss, der viel umfassender ist: Eine Schädigung des medialen Temporallappens beeinträchtigt das gesamte deklarative Gedächtnis. Wie wir gesehen haben, ist Gedächtnis eine normale Folge der Wahrnehmung. Der mediale Temporallappen ist verantwortlich für die dauerhaften Eindrücke unserer sinnlichen Erfahrung, die wir Gedächtnis nennen.

Um visuelle Wahrnehmung und unmittelbares Gedächtnis in ein dauerhaftes, langfristiges deklaratives Gedächtnis umzuwandeln, müssen die Temporallappen zunächst Aspekte der sich entwickelnden Erinnerung speichern. Sie müssen dann mit den corticalen Arealen interagieren, die die Wahrnehmung und das unmittelbare Gedächtnis stützen. Eine Möglichkeit, die Funktion der medialen Temporallappen zu bewerten, besteht darin, sich genau anzusehen, was mit dem Gedächtnis passiert, wenn diese Gehirnregion geschädigt wird. Die auffälligste Folge einer beidseitigen Schädigung der Temporallappen ist eine schwere und selektive Beeinträchtigung des deklarativen Gedächtnisses, ein klinisches Syndrom, das man als Amnesie (Gedächtnisverlust) bezeichnet.

Amnesie

Alles, was den medialen Temporallappen (oder anatomisch verwandte Areale) schädigt, kann zu einer Amnesie führen. Die kognitiven Defizite nach bestimmten chirurgischen Eingriffen, Kopfverletzungen, Schlaganfällen, Durchblutungsstörungen, Sauerstoffmangel und Erkrankungen sind ähnlich. Auch die Alzheimer-Krankheit beginnt gewöhnlich mit Symptomen wie Gedächtnisschwäche, denn die degenerativen Gehirnveränderungen, die für diese Erkrankung typisch sind, treten zuerst im medialen Temporallappen auf. Chronischer Alkoholismus kann ebenfalls zu Amnesie führen, weil jahrelanger Alkoholmissbrauch den medialen Thalamus und den Hypothalamus schädigt, also Bereiche mit anatomischen Verbindungen zum medialen Temporallappen.

Wie in Kapitel 1 diskutiert, stammten erste Hinweise auf die Bedeutung des medialen Temporallappens für das Gedächtnis aus der klinischen Beobachtung des amnestischen Patienten H. M. Seit der ersten Beschreibung von H. M.'s Fall im Jahre 1957 ist dasselbe klinische Bild wieder und wieder bei anderen Patienten mit beidseitiger Schädigung des medialen Temporallappens aufgetreten. Das hervorstechende Merkmal des Gedächtnisdefizits ist eine umfassende Vergesslichkeit. Es spielt keine Rolle, ob das, was memoriert werden soll, Namen, Plätze, Gesichter, Geschichten, Bilder, Gerüche, Objekte oder Musikpassagen sind. Und es spielt auch keine Rolle, ob dem Patienten das Material, das er lernen soll, vorgelesen wird, ob er es selbst liest oder ob er es ertastet oder daran riecht. In allen Fällen nimmt der Patient das Material normal wahr und kann es zufriedenstellend in seinem unmittelbaren Gedächtnis halten. Er kann das Material jedoch nicht als Langzeiterinnerung speichern. Obwohl der grundlegende Defekt beim Erwerb neuer Gedächtnisinhalte liegt, werden wir später in diesem Kapitel sehen, dass auch bereits etablierte Gedächtnisinhalte betroffen sein können.

Das Material ist solange abrufbar, wie es in Sicht bleibt oder der sensorischen Wahrnehmung anderweitig zugänglich ist. Weiterhin bleibt es solange abrufbar, wie es memoriert und im Arbeitsgedächtnis gehalten wird. Sobald der amnestische Patient seine Aufmerksamkeit jedoch einem anderen Objekt zuwendet, verschwindet das Material aus dem Gedächtnis. Es kann nicht erneut abgerufen und zurück ins Gedächtnis gebracht werden. Es ist vergessen.

Eine Schädigung des medialen Temporallappens verschont das unmittelbare Gedächtnis (und das Arbeitsgedächtnis), weil für diese Frühstadien des Gedächtnisses vermutlich Cortexbereiche außerhalb der Temporallappen verantwortlich sind. Wegen dieser Anordnung wird die entscheidende Rolle des Temporallappens nicht deutlich, bis nicht wenigstens einige Sekunden nach Präsentation der Information vergangen sind. Nach ein paar Sekunden kann das unmittelbare Gedächtnis (oder das Arbeitsgedächtnis) die Erinnerung nicht länger aufrechterhalten, es sei denn, die Information wird memoriert. Sobald die Erinnerung auf spätere Komponenten des Kurzzeitgedächtnisses oder auf die Anfangsphasen des Langzeitgedächtnisses überzugehen beginnt, gewinnt der mediale Temporallappen für die Gedächtnisspeicherung und den Zugriff auf Inhalte essentielle Bedeutung.

Als die Auswirkungen von Läsionen des medialen Temporallappens in den fünfziger Jahren zum ersten Mal beschrieben wurden, zweifelten viele Wissenschaftler daran, dass das Gedächtnis wirklich isoliert von anderen kognitiven Funktionen betroffen sein könne. Leichter vorstellbar schien es, dass ein beeinträchtigtes Gedächtnis das Resultat irgendeines anderen kognitiven Problems war, wie klinischer Depression, Unaufmerksamkeit oder sogar einem allgemeinen intellektuellen Defizit. Doch Brenda Milners Untersuchungen und spätere experimentelle Arbeiten wiesen schließlich überzeugend nach, dass Gedächtnis eine separate und isolierbare Funktion des Gehirns ist. Wie Tests zeigten, konnten amnestische Patienten gewöhnlich praktisch alle Funktionen ausüben, die kein Lernen neuen Materials erforderten. Beispielsweise schneiden diese Patienten gut bei Tests ab, die große Anforderungen an ihre Wahrnehmungsfähigkeit stellen. In einer solchen Studie zeigten Yael Shrager, Squire und ihre Kollegen, dass Patienten mit separaten Hippocampusläsionen oder großflächigen Läsionen des medialen Temporallappens bei vier schwierigen Tests zur visuellen Diskriminierung genauso gut abschnitten wie Kontrollpersonen, selbst wenn die Reize eine hohe Merkmalsambiguität (signifikante Merkmalsüberlappung) aufwiesen. Ein Test verwendete 100 gemorphte Bilder, die dadurch geschaffen wurden, dass ein Bild über hundert Schritte in ein anderes umgewandelt wurde (beispielsweise eine Zitrone in einem Tennisball). Bei jedem der 45 Versuchsdurchgänge sahen die Teilnehmer oben auf dem Computerschirm ein Zielbild (ein Zwischenstadium zwischen Zitrone und Tennisball). Unten auf dem Schirm erschien ein anderes Bild. Die Aufgabe bestand darin, das untere Bild so zu verändern, dass es dem oberen entsprach. Eingesetzt wurden verschiedene Testsätze von Gesichtern, Szenen oder Objekten, und die Kontrollpersonen lagen durchschnittlich 12,2 Schritte vom korrekten Bild entfernt. Die Patienten schnitten sogar noch ein wenig besser ab und lagen nur 10,0 Schritte vom richtigen Bild entfernt.

Ein anderer Test, der von Carolyn Cave und Squire durchgeführt wurde, erlaubte es, die Kapazität des unmittelbaren Gedächtnisses abzuschätzen. Amnestischen und gesunden Versuchspersonen wurde eine Folge von Ziffern vorgelesen (beispielsweise 5–7–4–1), und sie wurden gebeten, diese Ziffernfolge sofort zu wiederholen. Jedes Mal, wenn die Versuchspersonen erfolgreich wa-

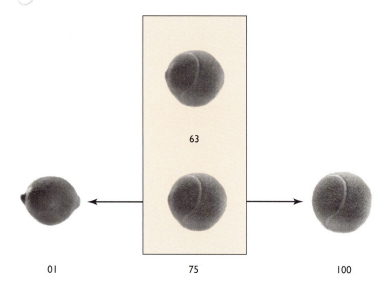

Abb. 5.7 Eine schwierige Aufgabe aus dem Bereich der visuellen Wahrnehmung, bei der Amnesiepatienten normal abschneiden. Bei jedem Versuchsdurchgang wird ein Zielbild über einem anderen Bild präsentiert (Kasten). Beide Bilder stammen aus einer 100-stufigen Morphing-Serie, bei der in diesem Fall eine Zitrone (links) allmählich in einen Tennisball (rechts) umgewandelt wird. Das Zielbild ist hier Nummer 63 in der Reihe, und das Bild unten ist Nummer 75. Bei dem Versuch, das Bild zu finden, das dem Zielbild am besten entspricht, können die Teilnehmer das Bild unten Schritt für Schritt in beide Richtungen verändern.

ren, wurde die Zahl der Ziffern in der Testfolge um eine erhöht (beispielsweise 6–8–2–4–7). Cave und Squire bestimmten nun mittels dieses Zahlennachsprechtests die Anzahl von Ziffern, die eine Versuchperson erfolgreich wiederholen konnte, bevor sie zweimal bei derselben Folgenlänge scheiterte. Wiederholte Testungen führten zu einem Maß, das fast bis auf eine Dezimalstelle genau war. Amnestiker wie gesunde Probanden konnten im Mittel eine Folge von 6,8 Ziffern richtig wiederholen.

In scharfem Gegensatz zu den intakten perzeptiven Fähigkeiten und dem intakten unmittelbaren Gedächtnis amnestischer Patienten kann das Defizit beim Langzeitgedächtnis schwerwiegend sein. Man versteht das Problem am besten als Schwierigkeit, die Ereignisse einer jeden verrinnenden Stunde und eines jeden Tages zu memorieren. Der soziale Umgang der Patienten wird eingeschränkt, weil es ihnen schwerfällt, ein Gesprächsthema im Gedächtnis zu behalten und die Substanz sozialer Kontakte von einem Besuch zum nächsten „hinüberzuretten". Jede komplexe Aktivität stellt eine Herausforderung dar, weil es das Gedächtnis stark belastet, eine korrekte Folge von Schritten einzuhalten. Die Gedächtnisschwäche lässt sich im Labor mit jedem beliebigen Gedächtnistest dokumentieren, bei dem der Proband aufgefordert wird, sich an Fakten oder Ereignisse aus der nahen Vergangenheit zu erinnern. Dabei muss der Test nicht ausdrücklich als Gedächtnistest konzipiert sein, bei dem man einen Probanden bittet, Material zu lernen, und ihn später fragt, an was er sich aus einer früheren Sitzung erinnert. Eine Beeinträchtigung wird auch dann deutlich, wenn den Probanden einfach Faktenmaterial präsentiert wird (beispielsweise „Die Angel Falls liegen in Venezuela") und sie später nach diesen Fakten gefragt werden, ohne dass frühere Lernerfahrungen angesprochen würden (beispielsweise „Wo liegen die Angel Falls?").

Man muss diese Form der Amnesie, die aus neurologischen Verletzungen oder Erkrankungen resultiert, von der psychogenen Amnesie unterscheiden. Psychogene Amnesie wird oft als Verlust der persönlichen Identität beschrieben. Diese Art der Amnesie ist durch Literatur und Film (beispielsweise den Hitchcock-Film „Ich kämpfe um Dich" (*Spellbound*) populär geworden), doch sie ist viel seltener als die Amnesie, die von Hirnschädigungen herrührt, und leicht von ihr zu unterscheiden. Eine psychogene Amnesie beeinträchtigt in der Regel nicht die Fähigkeit, Neues zu lernen. Die Patienten können eine fortlaufende Aufzeichnung der sich abspielenden Ereignisse speichern, und zwar von dem Moment an, wenn sie zum ersten Mal in die Klinik kommen. Das wichtigste Symptom der psychogenen Amnesie ist der Verlust der Erinnerung an die Vergangenheit, wobei sich dieses Symptom von Patient zu Patient stark unterscheiden kann. Einige Patienten verlieren ihre persönlichen, autobiographischen Erinnerungen, erinnern sich aber an Nachrichten und Ereignisse aus der Vergangenheit und andere Fakten über die Welt. Andere verlieren ihr persönliches Gedächtnis und auch Information über Ortsnamen, berühmte Leute und Fakten. Für einige Patienten ist ein großer Teil ihres bisherigen Lebens verloren, bei anderen fehlen nur bestimmte Zeitabschnitte. Emotionale Faktoren entscheiden, was verloren geht. Manchmal klingt diese psychogene Amnesie wieder ab, und die verlorenen Erinnerungen kehren zurück. In anderen Fällen kehren die verlorenen Erinnerungen nicht zurück, und die Patienten leben ohne wichtige Teile ihrer Vergangenheit weiter.

Die Anatomie der Amnesie

Der mediale Temporallappen nimmt einen großen Teil des Gehirns ein; dazu gehören Mandelkern (Amygdala), Hippocampus und umliegender Cortex. H. M.'s Läsion betraf diese gesamte Region, und es war damals nicht bekannt, ob dieser gesamte Bereich geschädigt sein muss, um eine so schwere Behinderung wie die seine hervorzurufen, oder ob die Schädigung eines relativ kleinen Bereichs verantwortlich sein könnte. Seit der Erstbeschreibung von H. M.'s Fall sind einige weitere Patienten ausführlich untersucht worden. Ihre Zahl ist klein, denn es ist kommt selten vor, dass man über Jahre hinweg detaillierte Information über die Gedächtnisfunktionen eines Individuums sammeln und dann auch noch eine post-mortem-Untersuchung durchführen kann, um das Ausmaß der Schädigung genau festzustellen. Dennoch haben Forscher dank derartiger Untersuchungen einige wichtige Punkte hinsichtlich der Anatomie des Gedächtnisses klären können.

Zwei Patienten (G. D. und R. B.), die von Zola, Squire, David Amaral und Kollegen untersucht wurden, litten unter einer Amnesie, die von einer Ischämie herrührte (einer zeitweiligen Mangeldurchblutung des Gehirns, wie sie oft bei einem Herzanfall vorkommt). Wie sich herausstellte, hatten diese Patienten eine beidseitige Hirnschädigung erlitten, die sich auf die CA1-Region des Hippocampus beschränkte. Nach dem, was wir über die Verschaltung des Hippocampus wissen, sollte eine CA1-Läsion jeden Beitrag unterbrechen, den der Hippocampus selbst normalerweise zum Gedächtnis leistet. Diese beiden Patienten lieferten den besten verfügbaren Beweis dafür, dass eine Schädigung, die sich auf eine so kleine Region im Hippocampus beschränkt, ausreicht, um eine leicht feststellbare und klinisch signifikante Gedächtnisstörung hervorzurufen. Weil die Gedächtnisbeeinträchtigung in diesen beiden Fällen nur

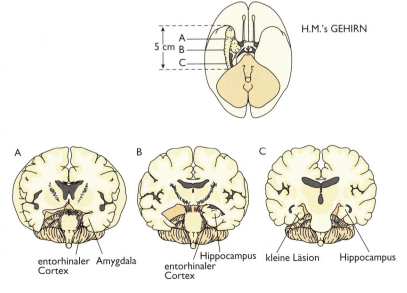

Abb. 5.8 Kernspintomographische Aufnahmen zeigen die Ausdehnung des Areals, das bei dem bekannten amnestischen Patienten H. M. operativ entfernt worden war. Auf dem Diagramm oben ist das menschliche Gehirn von unten abgebildet; zu sehen ist die Länge des entfernten Gewebestreifens. In Höhe von A, B und C sind Hirnschnitte dargestellt, die das Ausmaß der Läsionen in der Transversalebene von vorn nach hinten zeigen. Der Eingriff erfolgte beidseitig und war symmetrisch; in dieser Abbildung ist die rechte Seite jedoch intakt dargestellt, um zu illustrieren, welche Strukturen entfernt wurden.

Gedächtnis

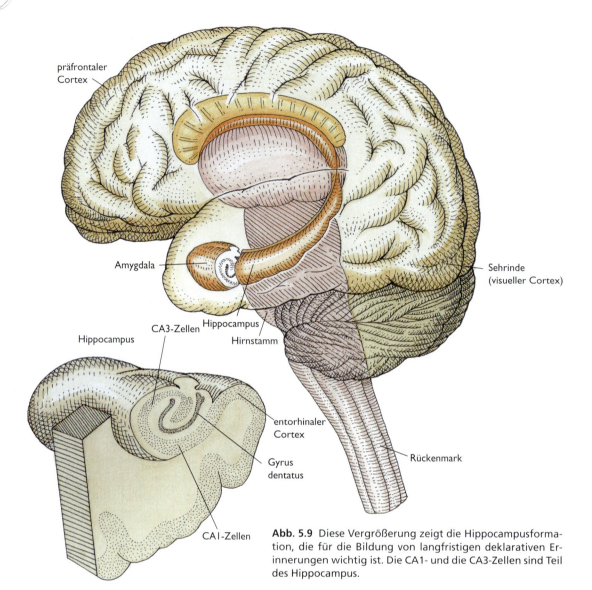

Abb. 5.9 Diese Vergrößerung zeigt die Hippocampusformation, die für die Bildung von langfristigen deklarativen Erinnerungen wichtig ist. Die CA1- und die CA3-Zellen sind Teil des Hippocampus.

mittelschwer war – viel weniger schwer als beim Patienten H. M. –, zeigen diese Fälle auch, dass neben der CA1-Region des Hippocampus andere Areale im medialen Temporallappen für das Gedächtnis eine wichtige Rolle spielen. Zwei andere Patienten (L. M. und W. H.), die von denselben Wissenschaftlern gemeinsam mit Nancy Rempel-Clower untersucht wurden, wiesen ausgeprägtere Schäden in der Hippocampusformation auf als G. D. und R. B. Die Schädigung bei diesen beiden Patienten umfasste alle Hippocampuszonen, einschließlich der CA1-Region, wie auch eine eng verwandte Region, den Gyrus dentatus, sowie ein Areal am Außenrand des Hippocampus, das Subiculum (bei W. H.). Auch in einer benachbarten Region, dem entorhinalen Cortex, war es zu einem gewissen Zellverlust gekommen. Das Gedächtnis war bei diesen beiden Patienten schwerer beeinträchtigt als bei G. D. und R. B., aber immer noch weniger schwer als bei H. M. Insgesamt lassen die verfügbaren Fälle darauf schließen, dass Gedächtnisbeeinträchtigungen umso schwerer ausfallen, je größer die geschädigte Region im medialen Temporallappen ist. Aus den wenigen vorliegenden Befunden konnte man bisher jedoch weder darauf schließen, welche Strukturen wichtiger sind

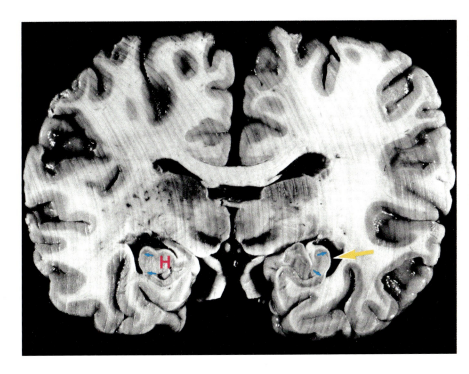

Abb. 5.10 Dieser Schnitt durch R. B.'s Gehirn zeigt den Hippocampus im medialen (oder innengelegenen) Bereich des Temporallappens. Der Hippocampus (Pfeil rechts) sieht bis auf eine ausgedünnte Zone (zwischen den kleineren Pfeilen) in der CA1-Region recht normal aus. In diesem Bereich sind jedoch buchstäblich alle Neuronen abgestorben.

als andere, noch welche spezifische Schädigung für den schweren Gedächtnisverlust bei H. M. verantwortlich ist. Bald nachdem H. M.'s Fall erstmals beschrieben worden war, erkannte man die Notwendigkeit, ein Tiermodell der menschlichen Amnesie zu entwickeln, um mit Sicherheit diejenigen Strukturen und Verbindungen im medialen Temporallappen zu identifizieren, die für das Gedächtnis wichtig sind. Nur an Versuchstieren lassen sich systematische Studien betreiben und die Auswirkungen spezifischer, anatomisch begrenzter Läsionen auf Gedächtnis und Kognition erforschen.

Ein Tiermodell der menschlichen Amnesie

Gegen Ende der siebziger Jahre gelang Mortimer Mishkin am National Institute of Mental Health ein erster Durchbruch mit einem Tiermodell der menschlichen Gedächtnisstörung. Um die Schäden, die der amnestische Patient H. M. erlitten hatte, so weit wie möglich zu reproduzieren, fügte er Tieraffen große beidseitige Läsionen im medialen Temporallappen zu. Diese großen Läsionen riefen bei den Affen viele wichtige Symptome hervor, die für das geschädigte deklarative Gedächtnis beim Menschen typisch sind (siehe Tabelle 5.1). Selbst mit diesem Tiermodell zur Hand dauerte es noch etwa zehn Jahre, um die Strukturen im medialen Temporallappen zu identifizieren, die für das de-

Tabelle 5.1 Charakteristische Merkmale der menschlichen Amnesie, die sich bei Tieraffen reproduzieren lassen

1.	Das Gedächtnis ist bei mehreren Aufgaben beeinträchtigt, einschließlich solcher, bei denen auch amnestische Patienten versagen.
2.	Die Gedächtnisbeeinträchtigung verschlimmert sich, wenn der Abstand zwischen Erlernen und Abruf oder die Menge des zu lernenden Materials zunimmt.
3.	Die Gedächtnisbeeinträchtigung wird durch Ablenkung verstärkt.
4.	Die Gedächtnisbeeinträchtigung beschränkt sich nicht nur auf die Information, die durch einen bestimmten Sinn wahrgenommen wird.
5.	Die Gedächtnisbeeinträchtigung kann dauerhaft sein.
6.	Das Gedächtnis für Ereignisse vor dem Einsetzen der Amnesie kann beeinträchtigt sein (retrograde Amnesie).
7.	Das Gedächtnis für eingeübte Fertigkeiten bleibt verschont
8.	Das unmittelbare Gedächtnis bleibt verschont.

klarative Gedächtnis entscheidend sind. Die Ergebnisse bestätigten das, was man an Patienten gelernt hatte, und erweiterten es beträchtlich.

Beim Menschen wird das deklarative Gedächtnis stets als bewusste Erinnerung ausgedrückt. Doch das Konzept der bewussten Erinnerung lässt sich an Tieraffen nicht untersuchen. Wie kann man bei diesen Affen die Art von Gedächtnis untersuchen, die dem deklarativen Gedächtnis beim Menschen analog ist? Die Antwort ist, dass das deklarative Gedächtnis neben der bewussten Erinnerung noch eine ganze Reihe anderer Eigenschaften aufweist, die sich untersuchen lassen. Ein Gedächtnissystem, das sich von anderen unterscheidet, sollte sich auf der Basis mehrerer Kriterien isolieren lassen. Beispielsweise sollte sich das deklarative vom nichtdeklarativen Gedächtnis anhand seiner typischen Arbeitsweise, anhand des verarbeiteten Informationstyps und anhand des Zwecks, dem dieses System dient, unterscheiden lassen.

Um das deklarative Gedächtnis bei Tieraffen zu untersuchen, sind viele Gedächtnisaufgaben eingesetzt worden, doch an dieser Stelle wollen wir nur zwei Beispiele herausgreifen. Menschliche Amnestiker versagen bei beiden Aufgaben, wenn ihnen diese Aufgaben in genau derselben Weise gestellt werden wie den Affen. Die erste Aufgabe ist eine Variante der verzögerten Übereinstimmungsaufgabe (*delayed nonmatching-to-sample*), ein einfacher Test für die Fähigkeit, ein kürzlich gesehenes Objekt wiederzuerkennen. Die Aufgabe beginnt damit, dass ein Versuchsleiter dem Affen ein einzelnes Objekt (*sample*) präsentiert, beispielsweise eine farbige Plastikbox. Das Tier kann dieses Objekt anheben, um an eine Belohnung in Form von Rosinen zu gelangen, was sicherstellt, dass das Tier seine Aufmerksamkeit einen Moment lang auf das Objekt gerichtet hat. Nach einer Verzögerung (*delay*) von einigen Sekunden wird dem Tier das ursprüngliche, bekannte Objekt und ein neues, unbekanntes Objekt vorgelegt, zwischen denen es wählen kann. Um die Belohnung zu erhalten, muss der Affe das neue Objekt (*non-matching-to-sample*) wählen. (Im Prinzip ist es gleichgültig, ob man das Tier dafür belohnt, dass es das neue Objekt wählt, oder dafür, dass es das alte wählt. In beiden Fällen zeigt eine richtige Wahl, dass das Tier das ursprüngliche Objekt wiedererkannt hat.) Indem man den zeitlichen Abstand zwischen der Präsentation des einzelnen Objekts und des Objektpaares von wenigen Sekunden auf mehrere Minuten verlängert, kann man die Fähigkeit des Tieres testen, neu erworbenes Material zu behalten. Um ein zuverlässiges Maß für das Erinnerungsvermögen zu erhalten, wird dieselbe Prozedur bei jedem Verzögerungsintervall viele Male wiederholt. Bei jedem Versuchsdurchgang werden neue Objekte eingesetzt.

Bei der zweiten Aufgabe muss der Affe lernen und sich erinnern, welches von zwei einfachen Objekten das richtige ist: Das Tier sieht bei jedem Versuchsdurchgang zwei leicht unterscheidbare Objekte, eines zu seiner Rechten, das andere zu seiner Linken. Eines der beiden ist als das richtige Objekt definiert, und wenn der Affe dieses Objekt wählt, erhält er Rosinen als Belohnung. Die Position des richtigen Objekts (zur Linken oder zur Rechten des Affen) variiert nach dem Zufallsprinzip, so dass das Tier lernt, zwischen den beiden Objekten zu unterscheiden; ihre räumliche Lage ist irrelevant. Ein normaler Affe benötigt 10 bis 20 Versuche, um zu lernen, welches Objekt das richtige ist.

Die Untersuchungen, die Zola und Squire mit Affen durchführten, führten zu drei wichtigen Schlussfolgerungen über den medialen Temporallappen und das Gedächtnis. Erstens beeinträchtigt eine bilaterale Schädigung dieser Struktur das Gedächtnis, und zwar selbst dann, wenn sich die Schädigung auf die Hippocampusregion beschränkt. Die Beeinträchtigung kann recht gering sein, wenn die Aufgabe nur darin besteht, kürzlich gesehene Objekte wiederzuerkennen. Die Untersuchungen an Affen stützen also die an Menschen gewonnenen Befunde, denn sie zeigen, dass der Hippocampus eine Komponente des deklarativen Gedächtnissystems ist. Zweitens ist der Mandelkern (Amygdala) nicht Teil des deklarativen Gedächtnissystems, er ist zwar für Emotionen und für Aspekte des emotionalen Gedächtnisses (siehe Kapitel 8) wichtig, jedoch nicht für das deklarative Gedächtnis. Drittens spielt der Cortex, der den Hippocampus und die Amygdala umgibt, eine wesentliche Rolle für das deklarative Gedächtnis.

Abb. 5.11 Ein Affe führt eine verzögerte Übereinstimmungsaufgabe *(delayed nonmatching-to-sample-task)* durch, ein Test für das Objekterkennungsgedächtnis. Links: Der Affe sieht das rotgelbe Objekt. Rechts: Nach einer Verzögerung, die mehrere Minuten dauern kann, wird dem Affen dieses Objekt und ein zweites Objekt angeboten. Wie es der Test erfordert, wählt der Affe das zweite Objekt und demonstriert damit, dass er das erste Objekt erkannt hat.

Die Grenzen dieses umliegenden Cortexgewebes und seine Verbindungen zu anderen Arealen wurden erst vor relativ kurzer Zeit aufgeklärt. Dieser Cortex besteht aus drei gegeneinander abgrenzbaren Arealen: dem entorhinalen Cortex, dem perirhinalen Cortex und dem parahippocampalen Cortex. Die wichtigsten Projektionen in den Hippocampus entspringen im entorhinalen Cortex. Dieser wiederum empfängt Information von anderen Cortexregionen, ungefähr zwei Drittel davon aus dem benachbarten perirhinalen und parahippocampalen Cortex. Alle drei corticalen Areale erhalten Information von ausgedehnten Cortexbereichen und senden umgekehrt auch Information dorthin zurück. Daher haben diese Areale Zugang zu einem Großteil der Verarbeitung, die in anderen Bereichen des Cortex stattfindet. Doch diese Cortexregion, die sich an den Hippocampus anschließt, dient nicht nur als Kanal, um Information aus anderen corticalen Regionen in den Hippocampus zu schleusen. Eine direkte Schädigung der perirhinalen und parahippocampalen Cortices beeinträchtigt das Gedächtnis noch schwerer als eine Schädigung der hippocampalen Region selbst. Daher tragen diese corticalen Areale *per se* zum deklarativen Gedächtnis bei, und die Information muss nicht den Hippocampus erreichen, damit Erinnerungen gespeichert werden. Allgemeinen gilt: Je größer die Schädigung des medialen Temporallappensystems ist, desto schwerer die Gedächtnisbeeinträchtigung. Das heißt aber nicht, dass die Strukturen des medialen Temporallappens alle eine einzige bestimmte Funktion ausüben und diese Funktion allmählich auf Null zurückgeht, wenn mehr und mehr der Region geschädigt wird. Die verschiedenen Strukturen des medialen Temporallappens könnten durchaus verschiedene Unterfunktionen

Abb. 5.12 Bei diesem einfachen Test zur Objektunterscheidung erinnert sich ein Affe daran, welches der beiden Objekte das richtige ist.

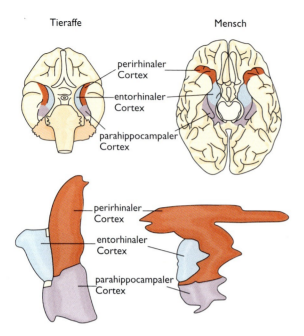

Abb. 5.13 Der mediale Temporallappen. Oben: Diese Ansichten eines Tieraffen- und eines Menschengehirns von unten zeigen die Grenzen des entorhinalen, des perirhinalen und des parahippocampalen Cortex. Im menschlichen Gehirn erstreckt sich der perirhinale Cortex auch längs des entorhinalen Cortex, doch dieser Anteil des perirhinalen Cortex liegt in einer Furche (Sulcus) verborgen. Unten: Abgebildet sind entfaltete, zweidimensionale Karten dieser Cortexareale. Diese Cortexareale bilden gemeinsam mit dem Hippocampus, dem Gyrus dentatus und dem Subiculum das Gedächtnissystem des medialen Temporallappens, das für das deklarative Gedächtnis verantwortlich ist. Die Gehirne sind nicht maßstabgetreu gezeichnet.

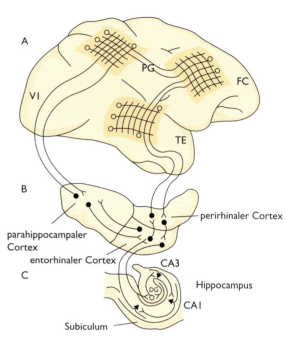

Abb. 5.14 Hier sind für ein Tieraffengehirn die Bahnen abgebildet, die in das Gedächtnissystem des medialen Temporallappens hinein und aus ihm herausführen und vermutlich bei der Überführung von Wahrnehmung in Gedächtnisinhalte eine wichtige Rolle spielen. Damit sich Aktivität in den Arealen TE und PG – die durch Aktivität im frontalen Cortex (FC) beeinflusst wird – in eine stabile Langzeiterinnerung verwandeln kann, muss es zum Lernzeitpunkt in den Nervenbahnen, die von diesen Regionen zum medialen Temporallappen führen, zu neuronaler Aktivität kommen – zunächst in den Projektionen zum parahippocampalen, perirhinalen und entorhinalen Cortex, und dann in mehreren Schritten innerhalb des Hippocampus. Das vollständig verarbeitete Eingangssignal erregt schließlich diesen Schaltkreis via Subiculum und entorhinalem Cortex und kehrt zu den Arealen TE und PG zurück.

erfüllen. Nach dieser Hypothese stehen mit zunehmender Schädigung immer weniger Strategien zur Verfügung, mit deren Hilfe sich Gedächtnisinhalte speichern lassen.

Eigenschaften des deklarativen Gedächtnisses

Heute herrscht weitgehend Übereinstimmung zwischen den Befunden, die an gut untersuchten Säugern gewonnen worden sind: Ratten, Tieraffen und Menschen. In jeder dieser Gruppen entwickelt ein Individuum mit einer Schädigung des Hippocampus oder einer anatomisch verwandten Struktur eine fest umschriebene Beeinträchtigung der Fähigkeit, deklarative Gedächtnisinhalte zu speichern. Es ist auch klarer geworden, wie sich das deklarative Gedächtnis bei Menschen und Versuchstieren charakterisieren lässt. Das deklarative Gedächtnis ist gut dazu geeignet, Verbindungen (oder Assoziationen) zwischen zwei beliebigen verschiedenen Reizen zu bilden. Einige Formen des deklarativen Gedächtnisses lassen sich rasch erwerben, manchmal in einem einzigen Versuchsdurchgang. Beispielsweise kann eine Person rasch lernen, zwei beziehungslose Wörter (wie „Garten" und „springen" oder „Überraschung" und „Glockenspiel") zu assoziieren. Andere Formen werden allmählich erworben, wenn jemand beispielsweise eine lange Liste von Posten auswendig lernt oder eine Ratte eine räumliche Anordnung erlernt. In beiden Fällen ist das deklarative Gedächtnis darauf ausgelegt, Objekte und Ereignisse in der äußeren Welt sowie deren Beziehungen zu repräsentieren. Ein Schlüsselmerkmal des deklarativen Gedächtnisses ist, dass die daraus resultierenden Repräsentationen flexibel sind. Tiere können Beziehungen zwischen im Gedächtnis gespeicherten Dingen lernen und ihr Wissen dann in neuartigen Situationen einsetzen.

Die Flexibilität des deklarativen Gedächtnisses und die relative Inflexibilität des nichtdeklarativen Gedächtnisses lassen sich gut anhand einer Untersuchung über räumliches Lernen und Gedächtnis bei Ratten illustrieren. Howard Eichenbaum und seine Kollegen an der Boston University arbeiteten mit gesunden Ratten und solchen mit geschädigtem hippocampalem System. Die Ratten lernten, vom Rand eines großen runden Schwimmbeckens mit milchig-trübem Wasser zu einer leicht untergetauchten und daher unsichtbaren Plattform zu schwimmen. Weil die Tiere auf die Plattform klettern konnten, um das Wasser zu verlassen, war das Finden der Plattform *per se* eine wirksame Belohnung. Bei jedem Lerndurchgang ließ man die Ratten am selben Punkt des Beckenrandes starten. Beide Gruppen lernten die Lage der versteckten Plattform, was an der starken Verringerung von Schwimmzeit und Schwimmweg ablesbar war. Mit zunehmender Lernerfahrung schwammen die Ratten direkt auf die Plattform zu, statt sich ihr auf Umwegen zu nähern. Nach Abschluss des Lernprozesses wurden zusätzliche Testdurchgänge durchgeführt, um herauszufinden, welcher Art die Information war, die die Tiere über die Lage der Plattform erworben hatten. Bei diesen Versuchsdurchgängen ließ man die Tiere von neuen Punkten des Beckenrandes aus starten. Die gesunden Ratten waren in der Lage, die Plattform rasch von jedem Startpunkt aus zu finden, was darauf hindeutet, dass sie eine flexible (deklarative) Repräsentation des Raumes im Gedächtnis gespeichert hatten. Insbesondere hatten sie die räumlichen Beziehungen zwischen der Lage der Plattform und verschiedenen externen Hinweisen ringsum an den Wänden außerhalb des Beckens erlernt. Die Ratten mit Läsionen hingegen waren außerstande, die Plattform von einem neuen Startpunkt aus zu finden, und mussten erneut nach dem Versuch- und-Irrtums-Prinzip im ganzen Becken suchen.

Die normalen Ratten hatten eine deklarative, auf räumlichen Beziehungen beruhende Art von Gedächtnis erworben, das Verhaltenreaktionen selbst in neuen Situationen flexibel steuern konnte. Im Gegensatz dazu hatten die Tiere mit Läsionen ebenfalls die Plattform zu finden gelernt, doch sie hatten eine feststehende Beziehung zwischen spezifischen Hinweisen und spezifischen Reaktionen erlernt und eine Art von nichtdeklarativem Reiz-Reaktions-Gedächtnis erworben, das manchmal als Gedächtnis für Gewohnheiten bezeichnet wird (siehe Kapitel 9). Ein Tier, das sich auf sein Gedächtnis für Gewohnheiten stützt, kann bei jedem späteren Versuchsdurchgang nur immer dieselbe Bahn nehmen.

Wie wir in Kapitel 6 sehen werden, bauen der Hippocampus und der benachbarte entorhinale Cortex eines Nagers eine reiche Repräsentation der unmittelbaren Umgebung auf, die manchmal als kognitive Karte bezeichnet wird. Infolgedessen ist ausführlich darüber diskutiert worden, ob der

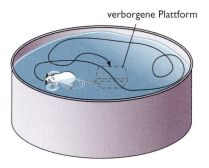 

Abb. 5.15 Das Morrissche Wasserlabyrinth. Links: Die verschlungene Linie zeigt die Bahn, die eine Ratte oder Maus vielleicht schwimmt, um eine untergetauchte, also verborgene Plattform zu finden, wenn das Tier zum ersten Mal in ein Schwimmbecken mit trübem Wasser gesetzt wird. Rechts: Nach dem Training weiß das Tier, wo sich die Plattform befindet, und schwimmt direkt darauf zu.

Hippocampus bei Ratten auf räumliches Erinnerungsvermögen spezialisiert ist (von der Art, wie es nötig ist, um die Wasserlabyrinth-Aufgabe zu bewältigen). Um dies herauszufinden, trainierten Emma Wood, Paul Dudchenko und Eichenbaum Ratten darauf, an verschiedenen Örtlichkeiten auf einer offenen Plattform eine Geruchserkennungsaufgabe durchzuführen. Die Ratten lernten in einer „parfümierten" Mischung aus Sand zu graben, um an Getreide als Belohnung zu gelangen, wenn sich der Geruch (beispielsweise Thymian oder Zimt) von demjenigen im letzten Versuchsdurchgang unterschied (keine Übereinstimmung, Nonmatch) und sie lernten sich abzuwenden, wenn der Geruch identisch war (Übereinstimmung, Match). Wie Ableitungen von Hippocampusneuronen während der Aufgabe zeigten, signalisierte der Hippocampus mehrere relevante Aspekte der Aufgabenstruktur, nicht etwa nur räumliche Information. Die Aktivität von 91 Zellen (aus einer Gruppe von 127 Zellen, von denen abgeleitet wurde) stand mit irgendeinem Merkmal der Aufgabe in Zusammenhang, doch mehr als die Hälfte war mit nicht-räumlichen Merkmalen assoziiert. 14 Prozent der Zellen feuerten je nachdem, ob es sich um eine Match- oder um eine Nonmatch-Aufgabe handelte (das heißt, diese Zellen gaben ein Wiedererkennungssignal), und 29 Prozent antworteten, ganz gleich, welcher Geruch oder welche Örtlichkeit involviert war. Andere Neuronen signalisierten einen bestimmten Geruch (11 Prozent) oder den Match-/Nonmatch-Status des Versuchsdurchgangs in Verbindung mit einer bestimmten Örtlichkeit (34 Prozent). Diese Befunde zeigen, dass der Hippocampus praktisch alle Aspekte einer laufenden Verhaltensepisode signalisiert und nicht bevorzugt mit räumlicher Information befasst ist. Andere Befunde haben gezeigt, dass eine Schädigung des Hippocampus bei Menschen wie bei Ratten die Fähigkeit beeinträchtigt, einen Geruch als vertraut oder neuartig zu erkennen, vorausgesetzt, die Verzögerung zwischen Studie und Test ist genügend lang. Daher unterstreichen diese Befunde die Vorstellung, dass der Hippocampus eine allgemeine Gedächtnisfunktion hat.

Eine andere Vorstellung, die sich aus der Untersuchung von Nagern und Diskussionen über die mögliche Rolle des Hippocampus für die räumliche Vorstellung entwickelt hat, ist, dass der Hippocampus und der entorhinale Cortex für die Pfadintegration eine wichtige Rolle spielen könnten. Pfadintegration bezieht sich auf die Fähigkeit, innere Hinweise während der Bewegung (das heißt Eigenbewegungshinweise) zu benutzen, um einen Referenzpunkt im Gedächtnis zu behalten. Auf der einen Seite ist angesichts ihrer Rolle beim deklarativen Gedächtnis zu erwarten, dass diese Strukturen für das Erinnern einer Örtlichkeit notwendig sind, genauso, wie sie für das Erinnern von Gerüchen und Objekten notwendig sind. Da das Arbeitsgedächtnis nach einer Schädigung dieser Strukturen offenbar intakt bleibt, sollte die Erinnerung an eine Örtlichkeit zudem nur dann beeinträchtigt werden, wenn die Aufgabe vom Langzeitgedächtnis abhängig ist. Auf der anderen Seite schließt die Vorstellung, der Hippocampus und der entorhinale Cortex seien für die Pfadintegration wichtig, die Annahme ein, die Pfadintegration liege in diesen Strukturen.

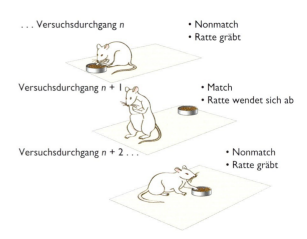

Abb. 5.16 Fortlaufende verzögerte Übereinstimmungsaufgabe (*nonmatching-to-sample task*). Versuchsdurchgang *n* ist ein Nonmatch-Versuchsdurchgang, bei dem sich der Geruch im Napf von dem Geruch im letzten Versuchsdurchgang unterscheidet. In diesem Fall gräbt sich die Ratte durch den Sand, um an eine vergrabene Belohnung zu gelangen. Beim nächsten Versuchsdurchgang (*n* + 1) taucht derselbe Geruch an einer anderen Stelle auf (Match-Versuchsdurchgang). Da es in diesem Fall keine Belohnung gibt, wendet sich die Ratte ab. Beim nächsten Versuchsdurchgang (*n* + 2) unterscheidet sich der Geruch von demjenigen im vorherigen Versuchsdurchgang (Nonmatch), und die Ratte gräbt nach einer Belohnung. Ableitungen von Hippocampuszellen während der Aufgabe haben gezeigt, dass der Hippocampus zahlreiche unterschiedliche Aspekte der laufenden Verhaltensepisode signalisiert.

Wenn das zutrifft, sollte der mediale Temporallappen für die Pfadintegration wesentlich sein, ganz gleich, ob die Aufgabe vom Arbeits- oder vom Langzeitgedächtnis abhängig ist.

Diese Überlegungen führen zu einem grundlegenden Konflikt. Einer Sichtweise zufolge sollte jede Aufgabe, die innerhalb der Spanne des Arbeitsgedächtnisses durchgeführt werden kann, einschließlich der Fähigkeit zur Pfadintegration, unabhängig von medialen Temporallappen sein und nach dessen Schädigung intakt bleiben. Der anderen Sichtweise zufolge sollte der Pfadintegrator jedoch durch Schädigung dieser Strukturen blockiert werden, und die Fähigkeit zur Pfadintegration sollte daher beeinträchtigt werden, ganz unabhängig davon, ob diese Aufgabe innerhalb der Spanne des Arbeitsgedächtnisses ausgeführt werden kann oder nicht.

Yael Shrager, Brock Kirwan und Squire entwickelten eine Pfadintegrationsaufgabe, die innerhalb der Spanne des Arbeitsgedächtnisses bewältigt werden konnte. Patienten mit einer Schädigung des medialen Temporallappens wurden mit verbundenen Augen einen Pfad entlanggeführt und dann aufgefordert, auf ihre Startposition zu weisen. Der Pfad war bis zu 15 Meter lang und enthielt bis zu drei Wendungen. Die Tests wurden drinnen wie draußen durchgeführt. Solange die Patienten angewiesen wurden, den Pfad aktiv im Gedächtnis zu behalten, schnitten die Patienten unter allen Bedingungen genauso gut ab wie die Kontrollpersonen. Wurden die Anforderungen an das Langzeitgedächtnis erhöht, schnitten die Patienten schlechter ab. Schon wenige Minuten nach dem Test konnten sich die beiden am schwersten beeinträchtigten Patienten (E. P. und G. P.) an nichts mehr von dem erinnern, was sie getan hatten. Diese Befunde stützen die Vorstellung, dass die Strukturen des medialen Temporallappens für das Langzeitgedächtnis benötigt werden. Das unmittelbare Gedächtnis und das Arbeitsgedächtnis sind intakt, selbst wenn die Aufgabe die Durchführung spezifischer räumlicher Berechnungen erfordert. Zudem sollte man Aufgaben zum räumlichen Gedächtnis am besten als gute Beispiele für eine breitere Kategorie von Aufgaben zum deklarativen Gedächtnis ansehen, die alle den Hippocampus erfordern und zwischen Arbeits- und Langzeitgedächtnis unterscheiden.

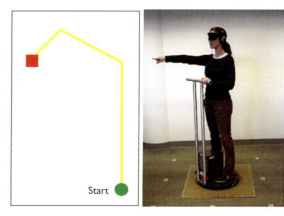

Abb. 5.17 Um die Fähigkeit zur Pfadintegration zu testen, wurden Freiwillige, deren Augen verbunden waren, einen bis zu 15 m langen Pfad entlanggeführt (*links*) und dann aufgefordert, auf ihren Startpunkt zu deuten. (*rechts*). Patienten, die aufgrund ausgedehnter Läsionen im medialen Temporallappen unter einem beeinträchtigten Gedächtnis litten, deuteten ebenso präzise auf ihren Startpunkt wie Kontrollpersonen, wenn sie aufgefordert wurden, den Pfad mittels ihres Arbeitsgedächtnisses aktiv im Erinnerung zu halten.

Die temporäre Rolle des medialen Temporallappensystems

Einer der bemerkenswerten Züge des deklarativen Gedächtnisses ist, dass eine Schädigung des hippocampalen Systems nicht nur neues Lernen beeinträchtigt, sondern auch einige Gedächtnisinhalte zerstört, die vor Eintritt der Schädigung erworben wurden. Dieses Phänomen, das als retrograde Amnesie bekannt ist, wurde erstmals im 19. Jahrhundert von dem französischen Psychologen und Philosophen Theodule Ribot genauer untersucht. Wenn Hirnverletzungen oder Erkrankungen zu Gedächtnismängeln führen, so fand er, sind weiter zurückliegende Erinnerungen in der Regel weniger betroffen als erst kürzlich erworbene. Seine Formulierung dieser Beobachtung wurde als Ribots Gesetz bekannt:

> Dieses Gesetz, das ich als das Gesetz der Regression oder Reversion bezeichnen werde, scheint mir eine natürliche Schlussfolgerung aus den beobachteten Fakten zu sein … Dieser Gedächtnisverlust ist, wie die Mathematiker sagen, invers mit der Zeit verknüpft, die zwischen irgendeinem be-

Abb. 5.18 Der französische Psychologe Theodule Ribot (1839–1916) formulierte das Prinzip, wonach Verletzungen des Gehirns kürzlich erworbene Information stärker beeinträchtigen als weiter zurückliegende Erinnerungen. (Archives of the History of Americam Psychology, University of Akron, Akron, Ohio.)

stimmten Ereignis und dem Sturz [der Verletzung] verflossen ist … das Neue verschwindet vor dem Alten, das Komplexe vor dem Einfachen.

Das Gedächtnis ist zur Zeit des Lernens noch nicht fixiert, sondern benötigt eine beträchtliche Zeit, um seine Dauerform zu entwickeln. Dieser Konsolidierungprozess erfordert mehrere Schritte, von denen einer auf Strukturen im medialen Temporallappen basiert. Bis dieser Prozess vollständig abgeschlossen ist, bleibt der Gedächtnisinhalt störanfällig. Ein Großteil dieses Prozesses ist ein paar Stunden nach dem Lernen abgeschlossen. Doch der Stabilisierungsprozess geht weit über diesen Punkt hinaus und erfordert ständige Veränderungen in der Organisation des Langzeitgedächtnisses selbst.

In den siebziger Jahren wies Squire in einer Untersuchung an Psychiatriepatienten nach, dass es mehrere Jahre dauern kann, bis sich ein Gedächtnisinhalt stabilisiert hat. Diese Patienten wurden wegen starker Depressionen mit der so genannten Elektrokrampftherapie behandelt. Vor und nach der Behandlung wurde ihre Fähigkeit getestet, sich an die Titel von Fernsehserien zu erinnern, die im Verlauf der vorangegangenen 16 Jahre jeweils ein Jahr lang ausgestrahlt worden waren. Vor der Behandlung erinnerten sich die depressiven Patienten an die Titel kürzlich ausgestrahlter Programme besser als an diejenigen alter, vor vielen Jahren ausgestrahlter Programme. Mit anderen Worten erinnerten sie sich wie die meisten Menschen an frisch erlerntes Material besser als an altes Material. Nach der Behandlung litten die Patienten unter retrograder Amnesie, die einem „zeitlichen Gradienten" folgte: Die Patienten erinnerten die entfernte Vergangenheit normal (und besser als die nahe Vergangenheit), doch ihre Erinnerung an Ereignisse der vergangenen ein bis drei Jahre war schlecht. (Ihre Erinnerung kehrte im Lauf der Zeit zurück.) Derselbe Punkt wurde später an Untersuchungen mit Mäusen bestätigt, die einen Tag bis zehn Wochen nach einem einzigen Lerndurchgang Elektroschocks erhielten. Die Mäuse entwickelten eine retrograde Amnesie, die etwa drei Wochen lang anhielt. Daher zeigen die Auswirkungen der Elektrokrampftherapie, dass das Gedächtnis über einen relativ langen Zeitraum hinweg allmählich resistent gegen Störungen wird. Solche Untersuchungen liefern jedoch keine Information darüber, welche Hirnregionen für diese allmähliche Gedächtnisstabilisierung wichtig sind.

Dank verbesserter Brain-Imaging-Techniken, die es erlaubten, hirngeschädigte Patienten zu identifizieren, deren Schäden sich auf den Hippocampus beschränkten, gelang es Neurowissenschaftlern, anatomische Informationen über diesen graduellen Prozess zu gewinnen. Joseph Manns, Squire und ihre Kollegen benutzten einen Test, der auf dem Abruf von Ereignissen aus den Nachrichten beruht, um zu demonstrieren, dass diese Patienten eine zeitweilige retrograde Amnesie zeigten, die eine Periode von einigen Jahren umfasste. Besonders nützliche Erkenntnisse über die Anatomie der retrograden Amnesie verdanken wir dem Studium von Versuchstieren. Statt verflossene Erinnerungen retrospektiv zu untersuchen, wie man es gewöhnlich beim Menschen ten sie jeweils 20 Objektpaare. Nach der Operation wurde das Gedächtnis der Affen getestet, indem man ihnen alle 100 Objektpaare einmal in gemischter Reihenfolge präsentierte, und sie das Objekt auswählen ließ, das sie als das richtige erinnerten. Dabei wurde lediglich ein einziger Versuchsdurchgang durchgeführt, damit die Tiere die weiter zurückliegenden Erinnerungen nicht durch Neulernen wieder auffrischen konnten, was die Ergebnisse verfälscht hätte. Das Experiment zeigte, dass sich die nicht-operierten Affen, wie bei einem normalen Gedächtnis zu erwarten, besser an kürzlich gelernte als an mehrere Wochen zuvor gelernte Objekte erinnerten. Die Befunde für die Affen mit bilateraler Läsion der Hippocampusformation ergaben jedoch genau das umgekehrte Bild: Ihr Gedächtnis für weiter zurückliegende Erinnerungen war normal, doch sie hatten Schwierigkeiten, sich an die kürzlich gelernten Objekte zu erinnern.

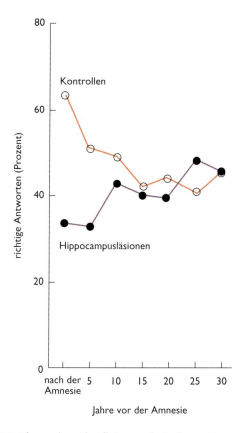

Abb. 5.19 Prüfung der Abrufleistung bei einem Test, der 279 Nachrichtenereignisse zwischen 1951 und 2005 umfasste. Patienten mit hippocampalen Läsionen fiel es schwer, sich an Ereignisse zu erinnern, die nach Einsetzen ihrer Amnesie eingetreten waren; gleiches galt für Ereignisse während der letzten Jahre vor ihrer Amnesie. Ihr Gedächtnis für länger zurückliegende Ereignisse war jedoch ebenso gut wie das gesunder Kontrollpersonen.

tut, kann man Tiere zu einem bestimmten Zeitpunkt auf ein bestimmtes Trainingsniveau bringen, bevor man ihr Gedächtnis manipuliert. Seit 1990 haben mehrere Studien an Mäusen, Ratten, Kaninchen und Tieraffen ergeben, dass sich eine retrograde Amnesie infolge einer Schädigung des Hippocampus oder anatomisch verwandter Strukturen entwickelt. In einer Untersuchung von Zola und Squire erlernten Tieraffen vor der bilateralen Entfernung des Hippocampus 100 verschiedene Objektpaarungen: Ein Partner eines jeden Paares war immer als der richtige definiert, und die Affen lernten bei jedem Paar, das korrekte Objekt zu wählen, um an eine Belohnung (Rosinen) zu gelangen. Im Verlauf von fünf Lernperioden (16, 12, 8, 4 und 2 Wochen vor der Operation) erlern-

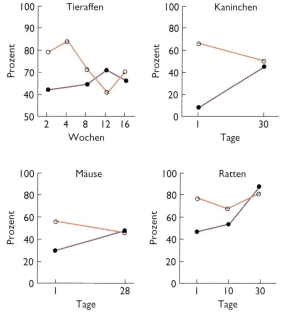

Abb. 5.20 Vier verschiedene Untersuchungen mit vier verschiedenen Tierarten, die zu verschiedenen Zeiten vor Entfernung des Hippocampus eine Aufgabe trainiert hatten. In allen Fällen war das Gedächtnis für kurz zuvor erworbene Information beeinträchtigt, während das Gedächtnis für früher erworbene Information völlig intakt war. Die horizontale Achse zeigt das Intervall zwischen Training und Operation, die vertikale Achse die verhaltensbiologische Leistung.

Diese Befunde treffen nicht nur für das Gedächtnis für Objekte und das Gedächtnis für Fakten zu, sondern auch für die Erinnerung an autobiografische Details aus der Vergangenheit. Patienten mit Hippocampusläsionen wie auch Patienten mit größeren medialen Temporallappenläsionen können detaillierte autobiografische Episoden aus ihrer Jugend erinnern. Brock Kirwan, Peter Bailey und Squire setzten empfindliche Tests ein, um den Patienten 50 oder mehr Details pro Erinnerung zu entlocken. Die autobiografische Erinnerung war beeinträchtigt, wenn Erinnerungen aus der jüngeren Vergangenheit abgerufen werden sollten, aber völlig intakt, wenn sie weiter zurücklagen. Sehr weit zurückliegende autobiografische Erinnerungen, selbst detaillierte und spezifische Information über Zeit und Ort, residieren offenbar im Neocortex und sind nicht vom medialen Temporallappen abhängig. In Übereinstimmung mit dieser Vorstellung haben einige Studien herausgefunden, dass weit zurückliegende autobiografische Erinnerungen bei Patienten mit geschädigtem lateralem temporalem Cortex oder geschädigtem präfrontalem Cortex beeinträchtigt sind.

Der Hippocampusformation ist offenbar nur für einen begrenzten Zeitraum essentiell, einen Zeitraum, der von Tagen bis Jahre reichen kann, je nachdem, was erinnert wird. In der Zeit nach dem Lernen wird das Gedächtnis reorganisiert und stabilisiert. Während dieser Periode der Reorganisation nimmt die Bedeutung der Hippocampusformation allmählich ab, und ein permanenteres Gedächtnis wird – vermutlich in anderen corticalen Arealen – installiert, das von der Hippocampusformation unabhängig ist. James McClelland und Randy O'Reilly von der Carnegie Mellon University und Bruce McNaughton von der University of Arizona haben vermutet, dass der Konsolidierungsprozess dazu führt, dass diese anderen corticalen Areale sich allmählich verändern und in ihre Repräsentationen langsam Fakten über die Welt und andere Regelmäßigkeiten ihrer Umwelt einbauen. Daher werden die corticalen Repräsentationen nicht so rasch modifiziert, dass sie instabil und störanfällig werden.

Paul Frankland, Bruno Bontempi und ihre Kollegen an der University of Toronto und der Universität von Bordeaux verfolgten Veränderungen

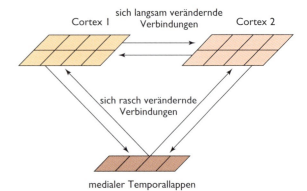

Abb. 5.21 Ein Modell, das zeigt, wie eine Speicherung von Langzeitinhalten funktionieren könnte. Jede Einheit in jedem dieser Areale (vier im medialen Temporallappen und acht in den beiden Cortexarealen) ist reziprok mit jeder Einheit in den anderen Arealen verknüpft.

in der Expression des aktivitätsabhängigen Gens c-Fos, nachdem Mäuse eine frische oder eine länger zurückliegende Erinnerung abriefen. Die Aktivität im CA1-Feld des Hippocampus war nach Abruf einer 1 Tag alten Erinnerung (frisch) hoch, nach dem Abruf einer 36 Tage alten Erinnerung (weiter zurückliegend) jedoch stark verringert. Umgekehrt zeigte eine Reihe von corticalen Regionen (präfrontaler, temporaler sowie anteriorer cingulärer Cortex) das umgekehrte Muster. Die Aktivität in diesen Regionen war nach Abruf einer 1 Tag alten Erinnerung gering, nach dem Abruf einer 36 Tage alten Erinnerung hingegen hoch. Diese Befunde belegen die zunehmende Bedeutung corticaler Regionen, wenn nach dem Lernen Zeit vergeht. Dabei ist es nicht so, als würde man sich vorstellen, das Gedächtnis wandere buchstäblich vom Hippocampus in den Neocortex, sondern man nimmt an, dass allmähliche Veränderungen im Neocortex (einschließlich der Bildung neuer Synapsen) die Komplexität und Verteilung von gespeicherten Erinnerungen wie auch die Konnektivität zwischen zahlreichen corticalen Regionen erhöhen.

Machen alle deklarativen Erinnerungen diesen allmählichen Fixierungsprozess durch? Wie bereits beschrieben, ist vermutet worden, dass räumliche Erinnerungen einen Spezialstatus haben. Die Annahme, dass der Hippocampus eine wichtige Rolle für das räumliche Gedächtnis spielt, unterstrich somit seine Rolle beim Lernen und Erinnern von

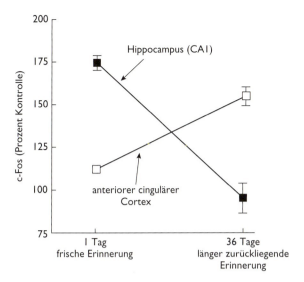

Abb. 5.22 Expression des aktivitätsabhängigen Gens c-Fos nach sofortiger und späterer Testung des Gedächtnisses auf kontextabhängige Angstkonditionierung bei Mäusen. Die Expression von c-Fos ist als Prozentsatz relativ zu untrainierten Kontrolltieren aufgetragen

ist. Der Hippocampus und andere Strukturen im medialen Temporallappen sind wesentlich für die Bildung von deklarativen räumlichen und nicht-räumlichen Langzeiterinnerungen, aber nicht für den Abruf sehr weit zurückliegender Erinnerungen, ob räumlich oder nicht-räumlich.

Die neuronalen Abläufe, die diesem allmählichen Konsolidierungsprozess zugrunde liegen, sind unbekannt. Wie wir in Kapitel 6 jedoch noch sehen werden, findet ein erster Schritt im Hippo-

Örtlichkeiten, einschließlich solcher, über die vor langer Zeit etwas gelernt wurde. Man ging davon aus, dass räumliche Erinnerungen stets von Hippocampus abhängig bleiben, ganz gleich, wie lange ihr Erwerb zurückliegt. Es hat sich jedoch herausgestellt, dass sich räumliche Erinnerungen wie andere deklarative Erinnerungen verhalten. Edmond Teng und Squire fanden, dass die Erinnerung an lange zuvor gelernte Örtlichkeiten selbst nach einer vollständigen Zerstörung des Hippocampus unbeeinträchtigt ist. Sie testeten Patient E. P., der große bilaterale Läsionen des medialen Temporallappens aufweist und keine neuen Fakten und Ereignisse mehr speichern kann (siehe Kapitel 1). Teng und Squire baten E. P., sich an die räumlichen Verhältnisse der Region zu erinnern, in der er aufgewachsen und aus der er vor mehr als 50 Jahren weggezogen war. Bei vier verschiedenen Tests schnitt E. P. ebenso gut oder besser als vier Kontrollpersonen gleichen Alters ab, die in derselben Region aufgewachsen und ebenfalls weggezogen waren. Im Gegensatz dazu wusste E. P. nichts über seine gegenwärtige Nachbarschaft, in die er zog, nachdem er amnestisch geworden war. Diese Beobachtungen zeigen, dass der mediale Temporallappen nicht der permanente Speicherort für Raumkarten

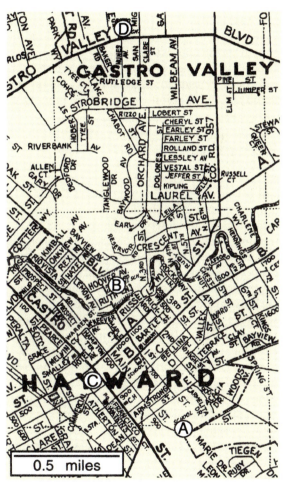

Abb. 5.23 Straßenkarte aus den 1940er Jahren, die einen Ausschnitt aus der Hayward-Castro-Valley-Region in der Nähe von San Francisco zeigt, wo der Amnesiepatient E. P. aufwuchs. Obgleich er vor mehr als 50 Jahren dort wegzog, konnte er sich an den Lageplan dieser Region genauso gut erinnern wie andere, die dort aufgewachsen waren. Die Buchstaben im Kreis zeigen vier Landmarken an, die in den Gedächtnistests abgefragt wurden: (A) Bret Harte School, (B) Hayward Union High School, (C) Hayward Theater und (D) Castro Valley Grammar School.

campus selbst statt. Letztlich, so nimmt man an, wird das Langzeitgedächtnis durch Wachstum von Verschaltungen stabilisiert, die die Cortexareale verbinden. Abhängig vom Lernstoff und vom normalen Verlauf des Vergessens kann der Prozess der Reorganisation und Stabilisierung Tage, Monate oder sogar Jahre in Anspruch nehmen.

Aktuelle Forschungen sprechen für die faszinierende Möglichkeit, dass einige der neuronalen Ereignisse, die diesem langwierigen Prozess zugrunde liegen, während des Schlafs passieren. Studien an Ratten, die von Daoyun Ji und Matt Wilson am MIT durchgeführt wurden, erbrachten, dass Neuronen im CA1-Feld des Hippocampus, die beim Laufen durchs Labyrinth die Tendenz zeigen, der Reihe nach zu feuern, auch dazu tendieren, während einer anschließenden Episoden von langsamwelligem Schlaf (*slow-wave sleep*) in derselben Reihenfolge zu feuern. Dieses physiologische Wiederabspielen von frischen Wacherfahrungen im Schlaf wurde von einem koordinierten Wiederabspielen im Neocortex gespiegelt. Diese Befunde beschreiben einen Dialog zwischen Hippocampus und Neocortex, der im Anschluss an trainierte Erfahrungen erfolgt, ein Wechselspiel, das dem Hippocampus ermöglichen könnte, den Cortex so zu steuern, dass frische Erinnerungen dauerhaft und stabil werden. Für die Bedeutung von langsamwelligem Schlaf für diesen allmählichen Prozess sprechen auch Untersuchungen von Jan Born und seinen Kollegen an der Universität Lübeck. So wurde in einer Studie die Menge an langsamwelligem Schlaf bei Freiwilligen zu Anfang der Nacht durch die Applikation eines schwachen, transcranialen Wechselstroms mit derselben Frequenz wie der langsamwellige Schlaf (0,75 Zyklen pro Sekunde) künstlich gesteigert. Diese Behandlung verbesserte den Abruf von Wortlisten am nächsten Tag. Wichtig ist, dass dieser positive Effekt des langsamwelligen Schlafs auf das Erinnerungsvermögen darin bestand, den Umfang des Vergessens über Nacht zu verringern, und nicht darin, einen tatsächlichen Erinnerungsgewinn zu erzielen.

Eine Studie von Sei-ichi Higuchi und Miyashita in Tokio eröffnet die Möglichkeit, das deklarative Gedächtnis im Cortex direkt zu untersuchen, während sich ein derartiges neuronales Netzwerk entwickelt und stabilisiert. Higuchi und Miyashita trainierten zwei Tieraffen darauf, zwölf verschiedene Paare farbiger Muster zu lernen, wobei sie das auf Seite 90 beschriebene Verfahren anwandten. Nach dem Training leiteten sie von einzelnen Neuronen im inferotemporalen Cortex ab, während die Affen die Aufgabe lösten. Wie bereits

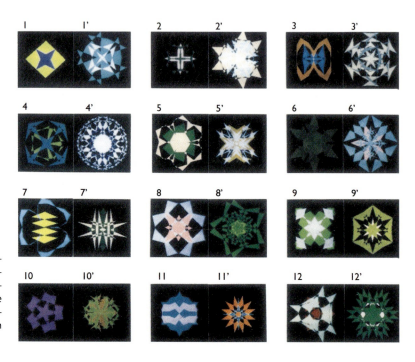

Abb. 5.24 Die 12 farbigen Musterpaare, die bei einer von Sei-ichi Higuchi und Yasushi Miyashita entwickelten Paar-Assoziations-Aufgabe verwendet wurden, um das deklarative Gedächtnis im Cortex von Affen direkt zu untersuchen.

früher beschrieben, lassen sich mit diesem Verfahren Neuronen ermitteln, die die Assoziation zwischen den Mustern „erinnern". Kurz nach Abschluss des Trainings wurden auf einer Seite des Gehirns Läsionen des entorhinalen und des perirhinalen Cortex vorgenommen; anschließend leiteten die Forscher erneut von diesen selben Neuronen ab: Die Neuronen im inferotemporalen Cortex auf der geschädigten Seite des Gehirns erinnerten sich nicht mehr an die Assoziationen. Daraus lässt sich schließen, dass diese Neuronen Teil der Erinnerungsrepräsentation waren und der benachbarte mediale Temporallappen Eingangssignale zu corticalen Arealen anderswo im Temporallappen senden musste, um die kürzlich erworbenen Repräsentationen im Gedächtnis zu behalten. Dieser Ansatz bietet möglicherweise einen Weg, den Prozess, durch den der mediale Temporallappen andere Rindenbereiche beeinflusst, direkt zu beobachten. Darüber hinaus liefert diese Untersuchung den ersten Hinweis für eine Antwort auf eine alte und grundlegende Frage: Wenn das Gedächtnis bei einer Amnesie infolge einer Hirnverletzung verloren geht, sind dann die Erinnerungen wirklich aus dem Gehirn verschwunden oder lässt sich dieser Verlust potentiell wieder rückgängig machen? Sind die Erinnerungen noch immer präsent, nur eben nicht abrufbar? Wenn sich herausstellen sollte, dass die neuronalen Antworten, die Higuchi und Miyashita beobachteten, tatsächlich Repräsentationen des deklarativen Gedächtnisses widerspiegeln, dann reflektiert der Gedächtnisverlust bei der Amnesie den echten Verlust von Information aus dem Speicher.

Episodisches und semantisches Gedächtnis

Bisher haben wir uns mit dem deklarativen Gedächtnis für Fakten befasst – für Kenntnisse über Objekte, Orte und Gerüche. Bereits 1972 benutzte der Psychologe Endel Tulving den Begriff *semantisches Gedächtnis*, um diese Form des deklarativen Gedächtnisses für Fakten und Objekte zu beschreiben. Beim Abruf dieser Art von Information braucht sich eine Versuchsperson oder ein Versuchstier nicht an irgendein bestimmtes zurückliegendes Ereignis zu erinnern. Sie oder es muss nur wissen, dass zum Beispiel gewisse Objekte vertraut sind oder gewisse Assoziationen zwischen Gerüchen die richtigen sind. Dem semantischen Gedächtnis kann man das *episodische Gedächtnis* gegenüberstellen. Nach Tulving ist das episodische Gedächtnis das autobiographische Gedächtnis für Ereignisse des eigenen Lebens. Anders als das semantische Gedächtnis speichert das episodische Gedächtnis räumliche und zeitliche Landmarken, die den spezifischen Zeitpunkt und Ort identifizieren, an dem ein Ereignis stattgefunden hat. Ein episodischer Gedächtnisinhalt wäre beispielsweise die Erinnerung daran, mit einem bestimmten Freund an einem bestimmten Abend in einem bestimmten Restaurant gegessen zu haben. Beide Gedächtnisformen, episodisches wie semantisches Gedächtnis, sind deklarativ. Information wird bewusst abgerufen, und man ist sich darüber im Klaren, dass man auf gespeicherte Information zurückgreift.

Die Unterscheidung zwischen episodischem Gedächtnis (Gedächtnis für bestimmte Zeiten und Orte) und semantischem Gedächtnis (Gedächtnis für Tatsachen) ist nützlich. Semantisches Wissen sammelt sich, so vermutet man, an corticalen Speicherorten an – einfach als Folge von Erfahrung und Erhalt dieser Erfahrung durch den medialen Temporallappen. Das episodische Gedächtnis hingegen benötigt vermutlich diese corticalen Orte in Verbindung mit den medialen Temporallappen, um mit den Frontallappen zusammenzuarbeiten und zu speichern, wann und wo eine vergangene Erfahrung stattgefunden hat.

Die Rolle, die die Frontallappen für das episodische Gedächtnis spielen, lässt sich verstehen, wenn man die Natur des episodischen Gedächtnisses näher betrachtet. Die Essenz des episodischen Gedächtnisses ist das, was man manchmal als „Quellengedächtnis" bezeichnet, das heißt, ein Gedächtnis dafür, wo und wann Information erworben wurde. Ein beeinträchtigtes Quellengedächtnis ist eine der Konsequenzen einer beeinträchtigten Stirnlappenfunktion, wofür zweierlei spricht: Erstens sind Quellengedächtnisfehler bei kleinen Kindern und bei betagten Leuten recht häufig, wenn auch nicht so häufig wie nach einer direkten Stirnlappenschädigung. Dieser Befund deutet darauf hin, dass die Stirnlappen für das Quellengedächtnis wichtig sind, denn man weiß, dass sie im Laufe der Entwicklung langsam heranreifen und in gewissem Maße auch durch den normalen Alterungsprozess gefährdet sind. Zweitens neigen Patienten mit Frontallappenläsionen dazu, durcheinanderzubringen, wo und wann sie etwas gelernt haben. Ein Patient mit Frontallappenschädigung erinnert sich vielleicht aus einer kürzlich stattgefundenen Lernsitzung daran, dass der Goldfisch in der Pinocchio-Geschichte „Cleo" heißt, behauptet aber dann, er habe diese Tatsache bereits als Kind gewusst oder kürzlich von einem Freund erfahren. Quellenerinnerung steht im Zentrum des Prozesses, mit dem wir uns eine individuelle Episode aus der Vergangenheit ins Gedächtnis zurückrufen.

Die Frontallappen spielen für das Behalten von Quelleninformation und für den Erhalt des Zusammenhangs einer episodischen Erinnerung eine entscheidende Rolle. Wenn der Inhalt eines vergangenen Ereignisses von seiner ursprünglichen Quelle getrennt wird, wie der Name des Goldfischs aus der Pinocchio-Geschichte, kann er möglicherweise mit irgendeiner anderen Quelle verknüpft oder mit Inhalten aus anderen Quellen rekombiniert werden. Die entscheidende Rolle, die die Frontallappen beim Erinnern von Quelleninformation spielen, liefert eine biologische Basis für einige Schwächen und Unvollkommenheiten des deklarativen Gedächtnisses. Möglicherweise spiegeln sogar normale individuelle Unterschiede in der Effizienz des deklarativen Gedächtnisses individuelle Unterschiede in der neuronalen Maschinerie der Frontallappen wider.

Aus der Beteiligung der Frontallappen am episodischen Gedächtnis ergibt sich eine interessante Implikation für das Wesen von Lernen und Gedächtnis bei Tieren. Tieraffen, Ratten und andere Tiere können zweifellos eine ganze Menge lernen und erinnern. Zum Beispiel können sie sich an „Tatsachen" erinnern, so daran, dass die Wahl des roten Objekts zu einer Futterbelohnung führt. Es ist jedoch keineswegs klar, in welchem Maße Tiere über ein episodisches Gedächtnis verfügen, ob sie beispielsweise in der Lage sind, sich an den früheren Moment zu erinnern, als die Wahl des roten Objekts zu der Futterbelohnung führte. Es ist bislang auch schwierig, ein zufriedenstellendes Experiment zu entwerfen, um diese Frage zu klären. Auf jeden Fall sollte man die Möglichkeit in Betracht ziehen, dass sich Tiere an vergangene Ereignisse gewöhnlich nicht in derselben Weise erinnern, wie es Menschen können – das heißt, in Form von bewussten, autobiographischen Erinnerungen an vergangene Vorfälle. Stattdessen exprimieren Tiere (einschließlich Ratten und Tieraffen) Gedächtnis möglicherweise vorwiegend als momentan verfügbares Faktenwissen. Ein derartiger Unterschied zwischen Mensch und Tier würde im Hinblick auf die Gehirnorganisation durchaus Sinn machen. Einer der auffälligen Unterschiede zwischen den Gehirnen von Mensch und Tier ist die deutlich größere Ausdehnung und Komplexität des menschlichen Assoziationscortex einschließlich der Frontallappen.

Betrachten Sie einmal die Aufgabe, sich an ein bestimmtes Ereignis zu erinnern, beispielsweise an den Anblick eines Kindes, das mit einem Spielflugzeug auf dem Fußboden eines bestimmten Raumes spielt. Der frontale Cortex übt eine *top-down*-Kontrolle aus, die die neuronale Aktivität im sensorischen Cortex auf die relevante sensorische Information einstimmt. Wenn sich dieser *top-down*-Einfluss auf all die sensorischen Cortexareale erstreckte, die automatisch mit dem frontalen Cortex verbunden sind, würde er praktisch definieren, was dieses Ereignis einmalig und unverwechselbar macht. Antonio Damasio von der University of Iowa vermutet, dass ein Großteil des Erinnerungsvermögens in dieser Weise organisiert ist, das heißt, es existiert eine *top-down*-Aktivität, die von höheren Zentren ausgeht und auf stromaufwärts gelegene corticale Areale rückgekoppelt ist, um die spezifischen Merkmale eines Bildes oder einer Vorstellung zu rekonstruieren. Im nächsten Kapitel geht es um die zellulären und synaptischen Mechanismen im medialen Temporallappen, von denen man annimmt, dass sie mit Hilfe des medialen Temporallappens langfristig deklarative Gedächtnisinhalte speichern.

Abb. 6.1 Pierre Bonnard (1867–1947): „The Open Window" („Das offene Fenster", 1935). Bonnard, der Proust unter den französischen Malern, war stark von den impressionistischen und postimpressionistischen Künstlern beeinflusst, die im Freien arbeiteten, um die Reflexionen des Lichts auf Objekten einzufangen. Jahre später konnte Bonnard diese häuslichen und außerhäuslichen Szenen und Bilder aus dem Gedächtnis wiedererstehen lassen. In dieser Szene stellt er am Rande seine Frau so dar, wie er sie aus ihren früheren gemeinsamen Tagen erinnert.

6
Ein synaptischer Speichermechanismus für das deklarative Gedächtnis

Erinnern Sie sich einen Augenblick daran, was Sie das letzte Mal im Restaurant gegessen und welchen Wein Sie damals zum Essen getrunken haben. Dieser Versuch einer kulinarischen Rekonstruktion erfordert den bewussten Abruf deklarativen Wissens. Wenn Sie hingegen beim Tennisspiel letzten Sonntag einen Überkopfball Ihres Gegners abgewehrt haben, dann haben Sie diese Bewegungsfolge unbewusst und ohne Vorüberlegung mit Hilfe Ihres gespeicherten nichtdeklarativen Wissens ausgeführt.

Wir haben bereits besprochen, dass es beim deklarativen Gedächtnis um bewusste Erinnerungen an Plätze, Objekte und Personen geht, beim nichtdeklarativen Gedächtnis hingegen um die unbewusste Umsetzung von Information über perzeptive, motorische sowie kognitive Fertigkeiten und Gewohnheiten. Beide Gedächtnisformen sind in die spezifischen sensorischen und motorischen Systeme eingebettet, die die Information ursprünglich verarbeitet haben. Aber während der Erwerb einer nichtdeklarativen Erinnerung die Effizienz der Neuronen in diesen Arealen direkt modifiziert, erfordert die Langzeitspeicherung eines deklarativen Gedächtnisinhaltes eine zusätzliche Schleife – ein Extrasystem –, nämlich den Hippocampus und andere Strukturen im medialen Temporallappen.

Wenn man von der Existenz zweier so unterschiedlicher Gedächtnissysteme ausgeht, ist es interessant zu fragen: Wie unterschiedlich sind die *grundlegenden* Speichermechanismen? Erfordert das deklarative Gedächtnis mit seinem bewussten Abruf auch einen speziellen Satz synaptischer und molekularer Speichermechanismen? Wir werden uns in diesem und im nächsten Kapitel mit solchen Fragen beschäftigen.

Die Speicherung deklarativer Gedächtnisinhalte

Wie wir im letzten Kapitel gesehen haben, behindert eine Schädigung des Hippocampus die Speicherung neuer Gedächtnisinhalte. Um diese Gedächtnisschwäche auf einer tieferen, mechanistischeren Ebene zu analysieren, müssen wir mit Versuchstieren arbeiten. Am besten wäre dazu ein vergleichsweise einfaches Versuchstier, das aber dennoch über ein deklaratives Erinnerungsvermögen verfügt. Obwohl Versuchstiere nicht explizit erklären (englisch *declare*) können, an was sie sich erinnern, sprechen – wie wir in Kapitel 5 gesehen haben – gute Gründe für die Annahme, dass ein Speichersystem vergleichbar dem deklarativen Gedächtnissystem von Menschen und Tieraffen auch bei Mäusen und anderen Nagern existiert. Mäuse und Ratten zeigen viele Merkmale des deklarativen Gedächtnisses, die man auch beim Menschen findet. Sie können sich an komplexe Beziehungen zwischen vielfältigen Orientierungspunkten in ihrer Umgebung und an Unterschiede zwischen verschiedenen Objekten erinnern. Insbesondere legen Nager im Hippocampus eine detaillierte interne Repräsentation – eine kognitive Karte – des Raumes an. Wie wir noch sehen werden, codieren individuelle Neuronen des Hippocampus die

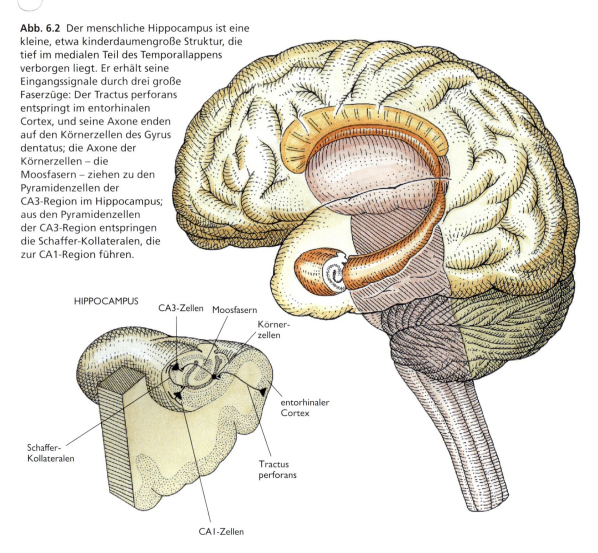

Abb. 6.2 Der menschliche Hippocampus ist eine kleine, etwa kinderdaumengroße Struktur, die tief im medialen Teil des Temporallappens verborgen liegt. Er erhält seine Eingangssignale durch drei große Faserzüge: Der Tractus perforans entspringt im entorhinalen Cortex, und seine Axone enden auf den Körnerzellen des Gyrus dentatus; die Axone der Körnerzellen – die Moosfasern – ziehen zu den Pyramidenzellen der CA3-Region im Hippocampus; aus den Pyramidenzellen der CA3-Region entspringen die Schaffer-Kollateralen, die zur CA1-Region führen.

räumliche Umgebung mittels ihrer Aktivitätsmuster. Man nimmt an, dass diese charakteristischen Spike-Muster der hippocampalen Neuronen das Tier mit der Fähigkeit ausstatten, sich eine bestimmte räumliche Umgebung zu merken. Nager benötigen den Hippocampus zur räumlichen Orientierung, zur Objekterkennung und für andere Aufgaben, die für das deklarative Gedächtnis typisch sind, aber nicht für Aufgaben, die in den Bereich des nichtdeklarativen Gedächtnisses fallen.

Wie wir in Kapitel 5 bereits gesehen haben, beeinträchtigt eine Schädigung des Hippocampus oder anderer Komponenten des medialen Temporallappensystems vor langer Zeit gespeicherte Erinnerungen beim Menschen nicht. Patienten wie H. M. verfügen noch immer über eine verhältnismäßig intakte Erinnerung an Ereignisse, die sich früher in ihrem Leben abgespielt haben. Für Versuchstiere gilt ähnliches. Daher stellt der Hippocampus lediglich einen vorübergehenden Speicherort für Langzeiterinnerungen über einen Zeitraum von Tagen bis Monaten dar.

Möglicherweise besteht die Rolle des Hippocampus und der anderen Komponenten des medialen Temporallappens darin, die ursprüngliche Repräsentation zu modulieren, die in den corticalen Arealen angelegt wurde, als die Information zum ersten Mal verarbeitet wurde. Nach dieser Sichtweise hat der Hippocampus eine *Bindefunktion*. Er dient dazu, die Speicherorte zu verknüpfen, die unabhängig voneinander in mehreren Cortexregionen etabliert wurden, so dass diese Speicherorte letztlich eng miteinander verbunden sind. Wir benötigen das mediale Temporallappensystem daher für einen längeren, aber begrenzten Zeitraum. Der endgültige Speicherort für eine Langzeiterinnerung liegt wahrscheinlich in den vielen verschiedenen Regionen der Großhirnrinde, die die Information über Menschen, Orte und Objekte ursprünglich verarbeitet haben. Das meiste, was wir bisher über die Mechanismen der Langzeitspeicherung deklarativer Gedächtnisinhalte wissen, stammt aus Untersuchungen einer bestimmten Region des medialen Temporallappensystems: des Hippocampus.

auf, über die Information in den Hippocampus gelangt: im Tractus perforans, in den Moosfasern und in den Schaffer-Kollateralen. Zweitens wird sie rasch induziert: Eine einzige, hochfrequente Serie elektrischer Reize kann die Stärke einer synaptischen Verbindung verdoppeln. Drittens bleibt die LTP, einmal induziert, eine bis mehrere Stunden oder gar Tage lang stabil, je nachdem, wie oft die tetanische Reizung wiederholt wird (siehe nächstes Kapitel). Daher weist die LTP wie die Langzeitbahnung bei *Aplysia*, die wir in Kapitel 3 besprochen haben, Merkmale des Gedächtnisprozesses selbst auf. Sie kann an geeigneten Synapsen rasch ausgebildet werden und hält lange Zeit an.

Künstliche Modifizierung von Synapsen

Im Jahre 1973 machten Tim Bliss und Terje Lømo in Per Andersens Labor in Oslo eine bemerkenswerte Entdeckung. Sie kannten Brenda Milners Ansichten über die Rolle des Hippocampus und des medialen Temporallappens für die Gedächtnisspeicherung und wollten nun herausfinden, ob die Synapsen zwischen den Hippocampusneuronen über die Fähigkeit verfügten, Information zu speichern. Um diese Möglichkeit zu untersuchen, führten sie absichtlich ein ziemlich künstliches Experiment durch. Sie stimulierten eine bestimmte Nervenbahn im Hippocampus der Ratte und fragten: Kann neuronale Aktivität die synaptische Stärke im Hippocampus beeinflussen? Wie sich zeigte, führte die künstliche Reizung einer hippocampalen Bahn mit einer kurzen Serie hochfrequenter elektrischer Impulse (Tetanus) zu einer Zunahme der synaptischen Stärke, die bei einem anästhesierten Tier stundenlang anhielt; bei einem wachen, frei beweglichen Tier blieb diese Verstärkung bei wiederholter tetanischer Reizung tage- oder sogar wochenlang bestehen. Diese Form von Verstärkung oder Bahnung wird als *Langzeitpotenzierung* (*long-term potentiation*), kurz LTP bezeichnet.

Die LTP weist mehrere Merkmale auf, die sie als Speichermechanismus geeignet erscheinen lassen. Erstens tritt sie in allen drei Hauptbahnen

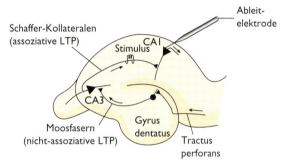

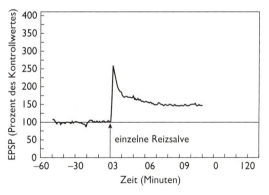

Abb. 6.3 Langzeitpotenzierung (LTP), abgeleitet in den Schaffer-Kollateralen, die von der CA3- zur CA1-Region des Hippocampus führen. Oben: Versuchsanordnung; man gibt eine einzelne Reizsalve von 100 Hertz (100 Impulse pro Sekunde) und einer Sekunde Dauer auf die Schaffer-Kollateralen. Eine Mikroelektrode registriert die exzitatorischen postsynaptischen Potentiale (EPSPs), die von einer Population CA1-Zellen erzeugt werden. Unten: Diese eine Reizsalve erhöht die Stärke der synaptischen Verbindungen zwischen den CA3- und den CA1-Neuronen für mehr als eine Stunde, wie an der Zunahme der EPSPs zu sehen ist.

Die Tatsache, dass die LTP Gemeinsamkeiten mit einem idealen Gedächtnisprozess aufweist, beweist noch nicht, dass sie tatsächlich der gesuchte Mechanismus der Gedächtnisspeicherung ist. Wenn sich jedoch zeigen ließe, dass sie wirklich eine kausale Rolle beim Gedächtnis spielt, würde dies den Wissenschaftlern eine exzellente Möglichkeit eröffnen, die Speichermechanismen für deklarative Gedächtnisinhalte zu untersuchen. Während die neuronale Aktivität, die zu einer deklarativen Erinnerung führt, unter gewöhnlichen Umständen nicht vorhersehbar und schwierig zu studieren ist, lässt sich die LTP im Labor unter kontrollierten Bedingungen produzieren, was es viel leichter macht, den molekularen Mechanismen des Gedächtnisses auf die Spur zu kommen.

Obwohl sich LTP an verschiedenen Synapsen im Hippocampus und in vielen Bereichen der Großhirnrinde induzieren lässt, sind die Mechanismen für die Induktion einer LTP nicht überall dieselben. Wie detaillierte Untersuchungen zeigen, lassen sich diese Mechanismen in mindestens zwei Haupttypen – einen assoziativen und einen nichtassoziativen Typ – unterteilen.

LTP in der Moosfaserbahn

Der Gyrus dentatus empfängt Information vom entorhinalen Cortex und übermittelt sie via Körnerzellen an den Hippocampus. Die Axone dieser Körnerzellen – die Moosfasern – bilden nun ihrerseits ein Faserbündel und ziehen zu den Pyramidenzellen in der CA3-Region des Hippocampus. Die Moosfasern schütten als Transmitter Glutamat aus.

Die LTP in den Moosfasern weist Gemeinsamkeiten mit der Bahnung auf, die bei der Sensitivierung in den sensorischen Neuronen von *Aplysia* auftritt. Wie die Langzeitverstärkung, die zur Sensitivierung beiträgt, ist die Moosfaser-LTP nichtassoziativ. Sie hängt nicht von postsynaptischer Aktivität oder anderen Signalen ab, die in zeitlich geringem Abstand eintreffen. Diese Form der LTP ist nur von einer Salve kurzer, hochfrequenter neuronaler Aktivität in den präsynaptischen Neuronen und dem darauf folgenden Einstrom von Calcium abhängig. Dieser Calciumeinstrom löst seinerseits eine bekannte Reihe von Schritten aus. Insbesondere aktivieren die Ca^{2+}-Ionen eine Calcium-Calmodulin-abhängige (Typ I) Adenylatcyclase; dieses Enzym bewirkt eine Erhöhung des cAMP-Spiegels, und das cAMP aktiviert wiederum die cAMP-abhängige Proteinkinase (PKA). Wie wir gesehen haben, hängt die cAMP-abhängige Proteinkinase Phosphatgruppen an Proteine an und aktiviert dadurch einige Proteine, während sie andere hemmt.

Bei *Aplysia* kann das Serotonin, das von den Interneuronen ausgeschüttet wird, die neuronale Aktivität modulieren und zu einer Langzeitverstärkung führen. In gleicher Weise wird die Moosfaser-LTP von einem modulierenden Input beeinflusst, wenn es sich hierbei auch um den Transmitter Noradrenalin handelt. Dieses bindet an Rezeptoren und aktiviert – genauso, wie Serotonin bei *Aplysia* – die Adenylatcyclase.

Hyung-Bae Kwon und Pablo Castillo am Albert Einstein College of Medicine in New York sowie Nelson Rebola und seine Kollegen an der Universität von Coimbra in Portugal haben gefunden, dass wiederholte kurze Reizsalven – eine Vorgehensweise, die sich von der sonst üblichen zur Erzeugung einer Moosfaser-LTP unterscheidet – eine andere Form von LTP hervorrufen, die von NMDA-Rezeptoraktivierung vermittelt wird und für ihre Induktion auf einen postsynaptischen statt auf einen präsynaptischen Mechanismus zurückgreift. Das stimmt mit dem allgemeinen Befund überein, dass unterschiedliche Aktivierungsmuster unterschiedliche Formen von Langzeitpotenzierung hervorrufen.

Aufgrund ihrer strategischen Position im Hippocampus könnte man erwarten, eine Inaktivierung der LTP im Moosfasersystem, das die Aktivität der Pyramidenzellen in der CA3-Region beeinflusst, beeinträchtige die Gedächtnisbildung. Neuere Versuche, die Rolle der LTP im Moosfasersystem für das räumliche Gedächtnis zu erforschen, deuten jedoch überraschenderweise darauf hin, dass sie höchstens eine untergeordnete Rolle spielt. Eugene Brandon und Stan McKnight von der University of Washington in Seattle und Rusiko Bourtchouladze, Yan-You Huang und Kandel fanden, dass Mutantenmäuse mit einem selektiven Defekt der cAMP-PKA-abhängigen Moosfaser-LTP keine Schwierigkeiten bei räumlichen und kontextuellen Aufgaben zeigen. In ähnlichen Studien fanden Kazutoshi Nakazawa, Susumu Tonegawa und ihre Kollegen am MIT, dass Mutantenmäuse, denen der NMDA-Rezeptor in den CA3-Neuronen fehlte, ebenfalls ein normales räumliches Lernverhalten zeigten, obgleich ihr Abruf räumlicher Erinnerungen beeinträchtigt war, wenn ihnen nur ein Teil der ursprünglichen Hinweise präsentiert wurde. Daher scheint der Moosfaserschaltkreis für den Abruf nur unter bestimmten Bedingungen wichtig zu sein.

Die Bedeutung der Moosfaser-LTP ist zwar noch unklar, doch in zwei anderen hippocampalen Bahnen existiert eine bessere Korrelation zwischen deklarativem Gedächtnis und LTP: in den Schaffer-Kollateralen und in der direkten temporoammonischen Bahn.

LTP in den Schaffer-Kollateralen

Die Pyramidenzellen in der CA3-Region senden Axone zu Zellen in der CA1-Region und bilden einen Faserzug, die Schaffer-Kollateralen. Die Endigungen der Schaffer-Kollateralen setzen zwar ebenfalls Glutamat als Transmitter frei, doch im Gegensatz zum Moosfasersystem wird in den Schaffer-Kollateralen keine LTP induziert, wenn der NMDA-Typ des Glutamatrezeptors in der postsynaptischen Zelle nicht aktiviert wird. Diese Form der LTP ist also assoziativ, das heißt, sie erfordert die gemeinsame Aktivität der prä- und postsynaptischen Seite. Um den Mechanismus der LTP im Detail zu verstehen, muss man zunächst einmal verstehen, wie die LTP induziert und, einmal induziert, aufrechterhalten wird.

Untersuchungen von Jeff Watkins und Graham Collinridge in Bristol, England, machten bald deutlich, dass der Transmitter Glutamat, der von Schaffer-Kollateralen freigesetzt wird, in diesem Fall nicht nur auf einen, sondern auf mindestens zwei Haupttypen von Glutamatrezeptoren in der Empfängerzelle wirkt, einen NMDA-Rezeptor und einen non-NMDA-Rezeptor. Der NMDA-Rezeptorkanal funktioniert unter Normalbedingungen nicht, und zwar aus Gründen, die von Phillipe Ascher an der Ecole Normale Supérieure in Paris und von Mark Mayer und Gary Westbrook von den National Institutes of Health aufgeklärt wurden. Sie fanden, dass der Kanaleingang gewöhnlich von Magnesiumionen (Mg^{2+}) blockiert wird, die sich nur dann entfernen lassen, wenn in der postsynaptischen Zelle ein besonders starkes Signal generiert wird, das das Ruhepotential über der postsynaptischen Membran wesentlich reduziert (oder depolarisiert). Ein derart starkes depolarisierendes Signal lässt sich künstlich durch hochfrequente Reizung der präsynaptischen Zellen auslösen, und man nimmt an, dass eine ähnliche hochfrequente Impulssalve beim Lernen auch auf natürliche Weise zustande kommen kann. Diese hochfrequente Impulssalve reduziert das Membranpotential der postsynaptischen Zelle genügend stark, um den Mg^{2+}-Pfropf aus der Eingangsöffnung des NMDA-Rezeptors herauszutreiben, so dass Ca^{2+} durch den NMDA-Rezeptorkanal in die postsynaptische Zelle einströmen kann.

In einer Reihe eleganter Experimente brachten Holger Wigström und Bengt Gustaffson in Göteborg diese Befunde über die Eigenschaften des NMDA-Rezeptors mit der LTP in Verbindung. Wie sie fanden, genügt es für die LTP nicht, dass das präsynaptische Neuron feuert, sondern es muss wiederholt feuern, um die postsynaptischen Neuronen stark zu depolarisieren und dadurch den Mg^{2+}-Pfropf aus der Eingangsöffnung des NMDA-Rezeptors zu treiben. Nur dann, so postulierten sie, kann genug Ca^{2+} durch die NMDA-Rezeptorkanäle einströmen und damit die Folge von Schritten auslösen, die zur dauerhaften Verstärkung der synaptischen Übertragung führt. Dieser Befund war interessant, weil er das erste direkte Indiz für eine Vermutung lieferte, die Hebb im Jahre 1949 aufgestellt hatte: »Wenn das Axon einer Zelle A ... die Zelle B erregt und wiederholt oder persistierend am Erregungsprozess von B beteiligt ist, kommt es zu einem Wachstumsprozess oder einer metabolischen Änderung in einer dieser Zellen oder in beiden, und zwar in der Form, dass die Effizienz der Zelle A als eines der Neuronen, die B erregen,

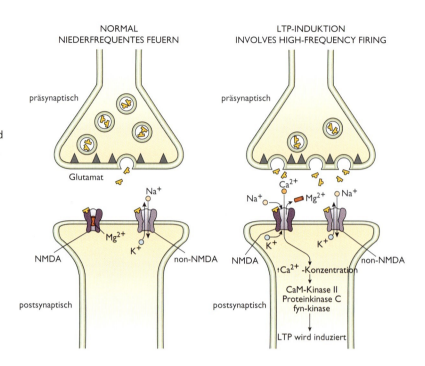

Abb. 6.4 Die Rolle des NMDA-Rezeptors bei der Induktion der LTP. Links: Während der normalen, niederfrequenten synaptischen Übertragung, bleibt die Blockade der NMDA-Rezeptoren durch Mg^{2+} bestehen; Na$^+$- und K$^+$-Ionen können weiterhin durch non-NMDA-Kanäle einströmen und die normale synaptische Übertragung gewährleisten. Rechts: Eine LTP wird induziert, wenn das präsynaptische Neuron mit hoher Frequenz feuert (Tetanus) und die Membran der postsynaptischen Zelle genügend stark depolarisiert, um die Blockade des NMDA-Rezeptorkanals aufzuheben, so dass Calcium in die Zelle einströmen kann.

erhöht wird.« Synapsen, die diese Eigenschaften zeigen, werden heute als Hebb-Synapsen bezeichnet.

Bald nachdem diese Schritte entschlüsselt worden waren, fanden Gary Lynch von der University of California in Irvine und Roger Nicoll von der University of California in San Francisco direkte Hinweise dafür, dass der Calciumeinstrom durch den NMDA-Rezeptor das entscheidende auslösende Signal für die Induktion der LTP ist.

Die einströmenden Ca^{2+}-Ionen aktivieren mindestens drei Proteinkinasen in der postsynaptischen Zelle: die Calcium-Calmodulin-abhängige Proteinkinase II (die so genannte CaM-Kinase II), die Proteinkinase C und eine Tyrosinkinase. Obwohl sich diese Kinasen allesamt von der cAMP-abhängigen Proteinkinase unterscheiden, die wir in Kapitel 3 kennengelernt haben, erfüllen sie offenbar eine analoge Funktion: Sie phosphorylieren, das heißt, sie hängen Phosphatgruppen an Zielproteine an, wodurch einige dieser Proteine aktiviert, andere hingegen gehemmt werden. So fand Tom Soderling am Vollum Institute in Oregon beispielsweise, dass die aktivierte CaM-Kinase II den non-NMDA-Rezeptor in der postsynaptischen Zelle phosphoryliert, was die Bereitschaft dieser Rezeptoren verstärkt, auf das vom präsynaptischen Neuron freigesetzte Glutamat zu reagieren.

Wie Roberto Malinow an den Cold Spring Harbor Laboratories sowie Nicoll und Robert Malenka zusätzlich fanden, beeinflusst die Wirkung der CaM-Kinase II auch die subsynaptische Lokalisation der AMPA-Rezeptoren und führt dazu, dass die neuen AMPA-Rezeptoren in die subsynaptische Membran der postsynaptischen Zelle eingebaut werden. Im Extremfall, stellten Malinow, Malenka und Nicoll fest, kann es sein, dass einige Synapsen gar keine AMPA-Rezeptoren aufweisen und in ihrer postsynaptischen Membran nur NMDA-Rezeptoren sitzen. Da die NMDA-Rezeptoren an routinemäßiger synaptischer Übertragung nicht beteiligt sind, bleiben diese Synapsen vor der LTP stumm und ineffektiv. Wenn mit der LTP neue AMPA-Rezeptoren in die postsynaptische Membran eingebaut werden, beteiligen sich diese Synapsen auch an routinemäßiger synaptischer Übertragung. Dieser neuartige Mechanismus könnte erklären, wie die LTP durch Modifikationen im postsynaptischen Neuron stabilisiert und aufrecht erhalten werden.

Richard Morris von der University of Edinburgh und Julietta Uta Frey vom Leibniz-Institut für Neurobiologie haben gezeigt, dass eines

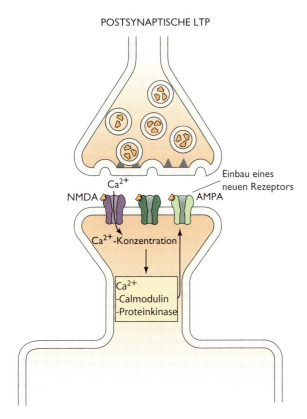

Abb. 6.5 Üblicher Mechanismus für die Aufrechterhaltung der LTP in einer Synapse der Schaffer-Kollateralen. Der Einstrom von Calcium aktiviert die Calcium-Calmodulin-abhängige Proteinkinase, was zum Einbau neuer AMPA-Rezeptoren in die postsynaptische Membran führt.

der charakteristischen Merkmale der LTP in den Schaffer-Kollateralen die Synapsenspezifität ist. Karl Svoboda und Christopher Harvey von den Cold Spring Harbor Laboratories sind dieser Beobachtung nachgegangen und haben sie ein wenig differenziert, denn obwohl die LTP an einer bestimmten Synapse nicht zur Expression einer LTP an anderen Synapsen führt, senkt die LTP an einer einzelnen Synapse doch die Schwelle für eine LTP an direkt benachbarten postsynaptischen Dornen im Umkreis von 10 Mikrometer.

Es gibt zudem Grund zu der Annahme, dass es selbst bei diesem einzelnen Satz Synapsen mehr als einen einzigen LTP-Mechanismus gibt. Wenn die LTP wie üblich bei 100 Hz hervorgerufen wird, ist die verstärkte Bahnung daher vollständig postsynaptisch, doch bei 200 Hz wird eine Form von LTP erzeugt, die zusätzlich zu einer verstärkten Transmitterausschüttung aus dem präsynaptischen Neuron führt.

Da die Induktion der LTP unter diesen Umständen ein postsynaptisches Ereignis erfordert (einen Ca^{2+}-Einstrom) und die Aufrechterhaltung der LTP offenbar nicht nur mit dem Einbau von AMPA-Rezeptoren in die postsynaptische Zellmembran, sondern auch mit einem präsynaptischen Ereignis (einer erhöhten Wahrscheinlichkeit für die Transmitterfreisetzung) verbunden ist, muss offenbar eine *retrograde* Botschaft vom postsynaptischen zum präsynaptischen Neuron zurückgesandt werden. Das ist eine ziemlich radikale Vorstellung. Seit Ramón y Cajal um die Jahrhundertwende zum ersten Mal das Prinzip der dynamischen Polarisation formulierte, hat sich jede untersuchte chemische Synapse als Einbahnstraße erwiesen – Information fließt nur von der präsynaptischen zur postsynaptischen Zelle. Die Hochfrequenz-LTP in den Schaffer-Kollateralen erfordert jedoch möglicherweise einen Zusatzmechanismus, der ein neues Prinzip der Neuronenkommunikation widerspiegelt. In Antwort auf eine durch Calciumeinstrom aktivierte Second-Messenger-Kaskade setzt die postsynaptische Zelle vermutlich einen Botenstoff frei, der zu den präsynaptischen Endigungen zurückdiffundiert und dort die Wahrscheinlichkeit erhöht, dass ein Aktionspotential zu einer Transmitterausschüttung führt.

Wie könnte dieses retrograde Signal aussehen? Wie funktioniert es? Den postsynaptischen Dornen fehlt der Transmitter-Ausschüttungsapparat der präsynaptischen Endigungen. Es gibt dort weder synaptische Vesikel noch aktive Zonen. Man könnte sich daher vorstellen, dass der retrograde Botenstoff eine Substanz ist, die nur bei Bedarf synthetisiert wird, statt in Vesikeln gespeichert zu werden, und die, einmal synthetisiert, rasch aus der postsynaptischen Zelle hinaus durch den synaptischen Spalt zu den präsynaptischen Endigungen diffundiert.

Ein möglicher Kandidat ist Stickoxid (NO). Stickoxid ist ein faszinierendes Beispiel für eine neue Klasse von Botenstoffen. Es ist ein Gas, das mithilfe des Enzyms NO-Synthase aus der Aminosäure *l*-Arginin freigesetzt wird. Stickoxid kann nur ein paar Zelldurchmesser weit diffundieren. Obwohl es frei beweglich ist, ist sein Aktionsradius daher begrenzt. Wenn Stickoxid aus der postsynaptischen Zelle freigesetzt wird, verstärkt es die Transmitterausschüttung tatsächlich nur dann, wenn sein Eintreffen mit Aktivität in der präsynaptischen Zelle koinzidiert. In dieser Hinsicht ähnelt es der aktivitätsabhängigen präsynaptischen Bahnung, die zur klassischen Konditionierung von *Aplysia* beiträgt. Aktuelle Untersuchungen von Ed Ziff und seinen Kollegen an der New York University und von Robert Hawkins an der Columbia University sprechen für die faszinierende Möglichkeit, dass NO eine Doppelfunktion haben und die Plastizität sowohl prä- als auch postsynaptisch regulieren könnte. NO, das in der postsynaptischen Zelle produziert wird, wirkt offenbar dadurch postsynaptisch, dass es den Einbau von AMPA-Rezeptoren in die Membran der postsynaptischen Zelle erleichtert. Aber zusätzlich kann NO zurück (retrograd) durch den synaptischen Spalt diffundieren, um die präsynaptische Maschinerie für die Transmitterfreisetzung zu verstärken. Dieser These zufolge könnte ein einziger Regelmechanismus – NO – prä- wie auch postsynaptisch wirken und koordiniert beide Komponenten der Synapse stärken.

LTP und deklaratives Gedächtnis

Die LTP ist soweit, wie wir sie bisher diskutiert haben, ein reines Laborphänomen, das völlig künstlich induziert wird. Daher können wir nicht ohne weiteres annehmen, dass sie tatsächlich widerspiegelt, was bei der Speicherung einer echten Erinnerung stattfindet. Wir müssen uns aus diesem Grund mit zwei weiteren Fragen beschäftigen: Macht die Gedächtnisspeicherung von der LTP Gebrauch? Wenn ja, welche Rolle spielt die LTP im Einzelnen dabei? In diesem Abschnitt wollen wir die erste Frage, im Folgenden die zweite Frage diskutieren.

Wenn LTP tatsächlich ein Mechanismus der Gedächtnisspeicherung im Hippocampus ist, dann sollten sich Defekte bei der LTP negativ auf das deklarative Gedächtnis auswirken. Bei Ratten wie beim Menschen beeinträchtigen Läsionen des Hippocampus die Bildung neuer räumlicher Gedächtnisinhalte – das Ortsgedächtnis ist eine Form des deklarativen Gedächtnisses. Daher kann man fragen: Ist die LTP für die Speicherung räumlicher Gedächtnisinhalte notwendig? Kann man die LTP lahm legen, ohne die Speicherung von Information zu beeinträchtigen, die der räumlichen Orientierung dienen?

Die ersten, die diese Frage testeten, waren Richard Morris und seine Kollegen an der Univer-

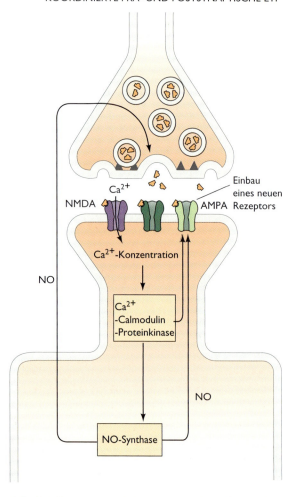

Abb. 6.6 Nach einigen Reizmustern ist die Aufrechterhaltung der LTP in der CA1-Region des Hippocampus nicht nur vom postsynaptischen Einbau neuer AMPA-Rezeptoren abhängig, sondern auch von einer Erhöhung der präsynaptischen Transmitterausschüttung. Diese Erhöhung wird durch die Rekrutierung (mittels Calciumeinstroms) eines Enzyms namens NO-Synthase bewirkt, das den gasförmigen Botenstoff NO erzeugt. NO hat offenbar eine Doppelfunktion: Es wirkt postsynaptisch, indem es den Einbau neuer AMPA-Rezeptoren fördert, und zudem diffundiert es von der postsynaptischen Zelle zur präsynaptischen Endigung, wo es die Transmitterfreisetzung verstärkt.

sity of Edinburgh in Schottland. Wie in Kapitel 5 erwähnt, entwickelte Morris einen Test für das räumliche Erinnerungsvermögen, bei dem eine Ratte (oder Maus) in ein rundes Becken mit milchig-trübem Wasser gesetzt wird und eine untergetauchte, verborgene Plattform finden soll. Man lässt das Tier an einer zufällig ausgewählten Stelle am Beckenrand starten. Beim ersten Versuch stößt die Ratte irgendwann zufällig auf die Plattform. Um sich bei den folgenden Versuchsdurchgängen daran zu erinnern, wo sich die Plattform befindet, muss das Tier räumliche Orientierungshilfen benutzen, die ihm Markierungen an den vier Wänden des Raumes liefern, in dem das Becken steht. Um sich anhand dieser Markierungen zu orientieren, benötigt das Tier sein deklaratives Erinnerungsvermögen und den Hippocampus. Bei einer einfachen *nichträumlichen* (und nichtdeklarativen) Version des Tests wird die Plattform hingegen mit einer Flagge markiert, so dass sie direkt sichtbar ist. Bei diesem Test muss die Ratte einfach nur auf die Flagge zuhalten, um die Plattform zu erreichen.

Um zu testen, ob eine NMDA-abhängige Form der LTP für diese räumliche Aufgabe notwendig ist, injizierte Morris in den Hippocampus seiner Versuchstiere einen Hemmstoff (Inhibitor), der die NMDA-Rezeptoren blockiert. Mit einer derart blockierten LTP können die Tiere die *nichträumliche* Version der Aufgabe bewältigen, doch sie versagen bei der *räumlichen* Version. Diese Experimente sprechen sehr dafür, dass irgendeine Form von hippocampaler synaptischer Plastizität, die vom NMDA-Rezeptor und vielleicht von der LTP abhängig ist, am räumlichen Lernen und am deklarativen Gedächtnis beteiligt ist.

Sich bei der Analyse eines Verhaltens oder einer biochemischen Bahn auf Hemmstoffe zu stützen, ist nicht unproblematisch, weil Inhibitoren möglicherweise nicht völlig spezifisch sind. Sie könnten beispielsweise noch andere Rezeptoren blockieren oder auf andere Moleküle wirken, und diese Nebenwirkung könnte die Ursache für ihren Effekt sein. Daher nahm die Gedächtnisforschung 1990 mit der Entwicklung einer Methode zur Eliminierung von Genen (*Knockout*-Experimente) eine neue Wendung. Diese Technik erlaubt es, jedes beliebige Gen im Genom von Mäusen zu manipulieren. Auf diese Weise wurde es möglich zu untersuchen, wie die Manipulation eines einzelnen Gens LTP und Gedächtnis beeinflusst.

Die Gene, die aus DNA bestehen, tragen die Konstruktionsanweisung für alle Proteine, die ein Organismus herstellen kann, und sie geben diese Information durch Genverdoppelung (Replikation) von Generation zu Generation weiter. Daher beliefert jedes Gen die folgenden Generationen mit identischen Kopien seiner selbst. Ein bestimmtes Gen steuert die Herstellung eines speziellen Proteins, das Struktur, Funktion oder andere biologische Merkmale einer jeden Zelle bestimmen hilft, in der es hergestellt wird.

Es gibt zwei Varianten von genetisch modifizierten Mäusen: so genannte „Knockout-Mäuse" und „transgene" Mäuse. Bei den „Knockout-Mäusen" fehlt das interessierende Gen in allen Körperzellen, und zwar zeitlebens. Infolgedessen mangelt es konventionellen Gen-Knockouts oft an Flexibilität und Präzision: Der Experimentator hat nicht die Möglichkeit, die Genaktivität nur in bestimmten Zellen oder nur für eine gewisse Zeit abzuschalten.

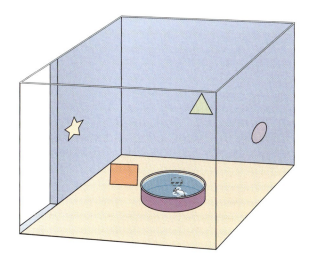

Abb. 6.7 Im Morris-Wasserlabyrinth muss eine Maus ihren Weg zu einer Plattform direkt unter der Wasseroberfläche finden, die wegen des milchig-trüben Wassers unsichtbar ist (siehe Abbildung 5.14). Eine normale Maus kann sich an die Position der Plattform erinnern, indem sie sich mithilfe von Merkmalen an den Wänden des Raumes orientiert.

Bei transgenen Mäusen wird durch die Mikroinjektion von DNA in die Eizelle ein zusätzliches Gen – das Transgen – in das Mäusegenom eingefügt. Das Transgen kann die natürliche Wildtyp-Version eines Gens – in welchem Fall das Produkt verstärkt exprimiert (überexprimiert) wird – oder eine mutierte Version des Gens sein, die dazu dient, die natürliche Funktion des Gens zu verstärken oder zu unterdrücken. Das Transgen trägt ein geeignetes Promotorelement, eine DNA-Sequenz, die kontrolliert, wann (zeitlich) und wo (in welchen Zellen) das Gen exprimiert wird. Dank dieser Promotoren lassen sich die Effekte einer genetischen Modifikation beispielsweise nur im Hippocampus und nicht im übrigen Gehirn untersuchen.

Im Jahre 1992 setzten Alcino Silva, Chuck Stevens, Susumu Tonegawa und ihre Kollegen am Massachusetts Institute of Technology (MIT) und am Salk Institute sowie Seth Grant, Tom O'Dell, Paul Stein, Philip Soriano und Kandel und ihre Kollegen an der Columbia und der Baylor University Genelimierung ein, um LTP und räumliches Lernen bei Mäusen zu untersuchen. Sie fanden heraus, dass Tiere, denen die eine oder die andere von zwei Second-Messenger-Kinasen – die pharmakologischen Experimenten zufolge vermutlich für die LTP wichtig sind – fehlte, auch eine reduzierte LTP aufwiesen. Die Ausschaltung dieser Gene störte das normale Verhalten der Mäuse praktisch nicht, daher war es möglich, Lernvermögen und Erinnerungsfähigkeit dieser Tiere zu testen. Auf diese Weise fand man heraus, dass eine Ausschaltung einer dieser beiden Kinasen das räumliche Erinnerungsvermögen beeinträchtigte. Die Mäuse verirrten sich selbst nach mehreren Trainingsdurchgängen noch im Labyrinth.

Direktere Indizien, die für eine wichtige Rolle der LTP für die räumliche Erinnerung sprechen, lieferten Experimente an Mäusen mit genetischen Defekten, die noch gezielter mit der LTP interferieren. In einem Experiment schalteten Joe Tsien und Tonegawa am MIT selektiv eine Untereinheit des NMDA-Rezeptors in den Pyramidenzellen der CA1-Region aus. Obwohl sich diese Störung auf die Schaffer-Kollateralen beschränkte, wiesen die Mäuse ausgeprägte Defizite bei der CA1-LTP und beim räumlichen Gedächtnis auf. Diese Befunde liefern einen überzeugenden Beweis dafür, dass die NMDA-Rezeptorkanäle und die LTP in den Schaffer-Kollateralen beim räumlichen Gedächtnis eine wichtige Rolle spielen.

Diese Studien haben ihrerseits eine weitere Frage aufgeworfen. Wie wir gesehen haben, ziehen vom entorhinalen Cortex zwei Bahnen zu den CA1-Pyramidenzellen. Zusätzlich zur direkten trisynaptischen Bahn gibt es noch eine temporoammonische Bahn. Welche dieser beiden Bahnen ist wichtiger? In Tonegawas Labor ist eine Maus mit

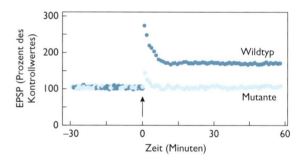

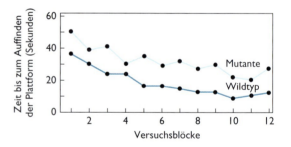

Abb. 6.8 Mäusen, die von Joe Tsien und Susumu Tonegawa genetisch verändert wurden, fehlt eine Untereinheit des NMDA-Rezeptors in der CA1-Region des Hippocampus. Diese Mäuse weisen einen Defekt bei der LTP (oben) und beim räumlichen Erinnerungsvermögen (unten) auf. Oben: Nach einer halbstündigen Registrierung des Grundwertes wird für die Dauer von einer Sekunde ein Tetanus von 100 Hz appliziert. Die Aktivität in der CA1-Region bleibt bei den Mutantenmäusen unverändert, weil diese keine LTP ausbilden können. Bei den Wildtyp-Mäusen hingegen wird eine LTP induziert. Unten: Mutantenmäuse benötigen mehr Zeit, um zu lernen, eine verborgene Plattform im Morris-Wasserlabyrinth mit Hilfe räumlicher Hinweise zu finden. Die Leistung der Mutantenmäuse verbessert sich zwar mit zunehmender Übung, erreicht aber nie die Bestleistung der Kontrollmäuse.

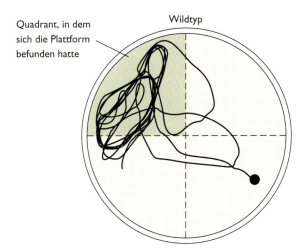

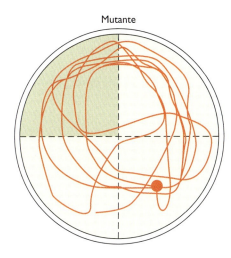

Abb. 6.9 Nachdem Mäuse in einem Morris-Wasserlabyrinth trainiert worden waren, wurde die Plattform entfernt. Wildtyp-Mäuse, die die Aufgabe erlernt hatten, verbrachten signifikant mehr Zeit im Zielquadranten, als es nach dem Zufallsprinzip zu erwarten wäre, wohingegen Mutantenmäuse, die die Aufgabe erlernt hatten, in allen Quadranten gleich viel Zeit verbrachten. Ihnen fehlt die normale Fähigkeit, sich an die Position der Plattform zu erinnern.

einer selektiven Blockade der synaptischen Übertragung in den Schaffer-Kollateralen untersucht worden. Überraschenderweise schnitten diese Mäuse bei den meisten räumlichen Aufgaben sehr gut ab, es sei denn, die räumlichen Hinweise wurden radikal reduziert. Diese Ergebnisse sprechen dafür, dass ein Großteil der Information für das räumliche Gedächtnis über die direkte Bahn zum Hippocampus geschickt wird. Das passt zu den Ergebnissen von Matt Nolan, Steven Siegelbaum und Kandel: Sie untersuchten eine Maus, bei der ein Ionenkanal namens HCN-1 genetisch ausgeschaltet worden war, der besonders häufig in den Spitzen apikaler Dendriten vorkommt, wo die direkte Bahn endet. Hier wirkt HCN-1 hemmend auf die Ausbildung der LTP. Die Tiere ohne diese Hemmung zeigten eine verstärkte LTP in der direkten Bahn und ein verbessertes räumliches Gedächtnis, obgleich synaptische Signalübertragung und LTP in den Schaffer-Kollateralen unverändert blieb.

Geneliminierungen, gleichgültig wie begrenzt, sind jedoch potentiell problematisch: Weil der Defekt schon früh im Leben, gewöhnlich von Geburt an, vorhanden ist, könnte es bei den Mäusen zu Entwicklungsstörungen kommen. Denkbar wäre, dass der Defekt bei der LTP und beim räumlichen Gedächtnis auf irgendeinen Entwicklungsdefekt, beispielsweise eine anomale Verschaltung der Schaffer-Kollateralen, zurückgeht. Diese Möglichkeit wurde durch den Einsatz eines zweiten Mutantenmaustyps verringert, der von Mark Mayford und Kandel entwickelt wurde und bei dem ein Transgen durch Verabreichung einer bestimmten Substanz an- und abgeschaltet werden konnte. Bei diesem zweiten Maustyp wurde eine mutierte Form der Calcium-Calmodulin-abhängigen Kinase – eine der drei Kinasen, die für die LTP essentiell sind – im ganzen Hippocampus überexprimiert. Diese Überexpression führte zu einer Beeinträchtigung der LTP und zu einer Störung des räumlichen Erinnerungsvermögens. Wenn das Transgen jedoch ausgeschaltet wurde, normalisierte sich die LTP und das räumliche Erinnerungsvermögen des Tieres kehrte zurück. Diese Experimente stärken die Hypothese, dass einige Aspekte der LTP in den Schaffer-Kollateralen des Hippocampus mit dem räumlichen Gedächtnis korreliert sind.

Diese Befunde führten zu weiteren Fragen: Warum sollte eine Störung der LTP die Speicherung räumlicher Gedächtnisinhalte beeinträchtigen? Wie führt LTP zum Speichern dieser Erinnerungen? Erst vor kurzem ist deutlich geworden, dass LTP offenbar für eine stabile interne Repräsen-

Abb. 6.10 Mäuse, die das CaM-Kinase-II-Gen exprimieren, das die LTP und das räumliche Gedächtnis beeinträchtigt, weisen eine normale LTP und ein normales räumliches Gedächtnis auf, wenn das Transgen durch Doxycyclingabe abgeschaltet wird. Oben links: Eine Maus wird in die Mitte eines Barnes-Labyrinths gesetzt, das aus einer Plattform mit 40 Löchern besteht. Eines dieser Löcher (hier dunkel gezeichnet), führt zu einem Fluchttunnel, der für die Maus die einzige Möglichkeit darstellt, von dieser exponierten, hell beleuchteten Plattform zu entkommen. Wie beim Wasserlabyrinth findet die Maus dieses Loch am ehesten, wenn sie sich an auffälligen Markierungen an den Wänden orientiert. Das Fluchtloch ist gewöhnlich nicht markiert. Oben rechts: Transgene Mäuse, die Doxycyclin erhalten, erbringen bei dieser Aufgabe dieselbe Leistung wie Wildtypmäuse, wohingegen solche ohne Doxycyclin die Aufgabe nicht erlernen. Unten: Ableitungen des exzitatorischen postsynaptischen Potentials (EPSP) zeigen, dass eine 1,5-minütige 10-Hz-Stimulation bei Wildtypmäusen zu einer vorübergehenden starken Antwortunterdrückung führt, auf die eine schwach ausgeprägte LTP folgt, bei transgenen Mäusen aber nur zu einer schwachen Antwortunterdrückung. Eine Doxycyclininjektion schaltet den Defekt bei transgenen Mäusen ab.

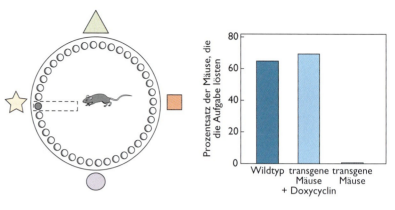

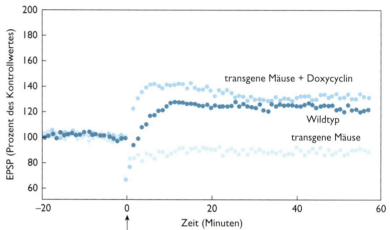

tation des Raumes im Hippocampus erforderlich ist.

Das Ausbilden einer stabilen Karte des Raumes

Im Jahre 1971 machten John O'Keefe und John Dostrovsky am University College, London, die interessante Entdeckung, dass der Hippocampus eine interne Repräsentation – eine kognitive Karte – seiner räumlichen Umgebung ausbilden kann. Die Position eines Tieres in einem bestimmten Raum kann im Spike-Muster seiner hippocampalen Pyramidenzellen codiert sein, denselben Zellen, die LTP entwickeln.

Der Hippocampus einer Maus weist rund eine Million Pyramidenzellen auf. Jede dieser Zellen kann Merkmale der Umgebung und Beziehungen zwischen den Merkmalen codieren. Eines der Merkmale, das diese Pyramidenzellen effektiv codieren, ist die Örtlichkeit. Wenn die Pyramidenzellen Informationen über einen Ort codieren, werden sie konsequenterweise als *Ortszellen (place cells)* bezeichnet. Wenn sich ein Tier im Raum bewegt und in verschiedene Bereiche einer vertrauten Umgebung gelangt, feuern unterschiedliche Zellen im Hippocampus. Einige Zellen feuern vielleicht nur dann, wenn der Kopf des Tieres eine bestimmte Position in einem gegebenen Raum einnimmt. Andere Zellen feuern, wenn das Tier eine andere Position im selben Raum einnimmt. Daher teil-

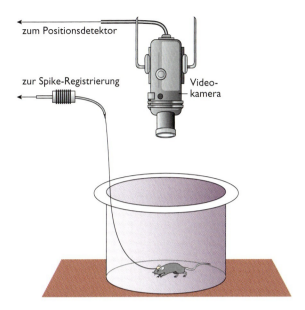

Abb. 6.11 Kammer zur Ableitung der Spike-Muster von Ortszellen. Der Kopf der Maus in der Kammer ist an einem Ableitkabel befestigt, das zu einer Vorrichtung führt, die die Aktionspotentialsalven („Spikes") von einer oder mehreren CA1-Pyramidenzellen registriert. Während die Maus die Kammer erkundet, filmt eine Videokamera über der Kammer die Position einer Lampe am Kopf der Maus. Ihre Signale werden an einen Detektor weitergeleitet, der die Position der Maus aufzeichnet. Mit Hilfe dieser Daten lässt sich das Auftreten von Spikes in Abhängigkeit von der Position als zweidimensionales Muster der Spikefrequenz darstellen, das entweder numerisch analysiert oder als farbkodierte Karte der Spikefrequenz dargestellt werden kann.

das Gehirn einer Maus den Raum, in dem sie sich bewegt, in viele kleine, überlappende Felder auf, und jedem dieser Felder ist ein Platz im Hippocampus zugeordnet. Auf diese Weise konstruiert das Tier, so nimmt man an, eine räumliche Karte seiner Umgebung. Kommt das Tier in eine neue Umgebung, werden innerhalb von Minuten neue Ortsfelder ausgebildet.

Diese Beobachtungen haben zu der Vermutung geführt, dass der Hippocampus eine kartenartige Repräsentation der augenblicklichen Umwelt des Tieres enthält und das Feuern von Ortszellen im Hippocampus jeden Augenblick die Position des Tieres innerhalb der Umwelt signalisiert. Diese räumliche Karte ist das bestverstandene Beispiel für eine komplexe interne Repräsentation im Gehirn, eine echte kognitive Karte. Sie unterscheidet sich in mehrfacher Hinsicht von den klassischen sensorischen Karten, wie man sie beispielsweise im visuellen oder somatosensorischen System findet. Im Gegensatz zu sensorischen Karten ist die Karte des Raumes nicht topographisch, das heißt, benachbarte Zellen im Hippocampus repräsentieren nicht benachbarte Regionen in der Umgebung. Überdies kann das Feuern der Ortzellen nach Entfernen sensorischer Hinweisreize, ja sogar im Dunkeln, andauern. Obwohl die Aktivität einer Ortszelle durch den sensorischen Input modifiziert werden kann, wird sie – anders als die Aktivität eines Neurons im sensorischen System – nicht von ihm dominiert. Es hat den Anschein, als kartierten die Ortszellen nicht den augenblicklichen sensorischen Input, sondern die Position im Raum, wo das Tier sich zu befinden meint. Eines der definierenden Merkmale des deklarativen Gedächtnisses ist, dass ein Abruf bewusste Aufmerksamkeit erfordert. Tatsächlich haben Michael Rogan, Isabel Muzzio und Kandel gefunden, dass selektive Aufmerksamkeit für den Raum wesentlich für die stabile Aufrechterhaltung der Ortszellenkarte ist.

Wie gelangt Information über den Raum zum Hippocampus? Der entorhinale Cortex dient als Schnittstelle zwischen dem Hippocampus und den Assoziationscortices, die sensorische Informationen – visuell, taktil, olfaktorisch und propriorezeptiv – höherer Ordnung weiterleiten, welche für eine räumliche Repräsentation erforderlich ist. Edvard und May Britt Moser und ihre Kollegen in Trondheim, Norwegen, haben entdeckt, dass der mediale entorhinale Cortex eine zweidimensionale metrische Karte enthält, die den wechselnden Aufenthaltsort des Tieres in der Umwelt repräsentiert. Diese Karte bildet einen Teil des hirneigenen Koordinatensystems und stellt die Position des Tieres dar, doch in einer Weise, die sich deutlich von der räumlichen Repräsentation der hippocampalen Ortszellen unterscheidet. Eine Schlüsselkomponente der Karte im medialen entorhinalen Cortex ist die Existenz von Neuronen in dieser Region, die an zahlreichen Stellen ständig feuern. Die Mosers nannten diese Nervenzellen Rasterzellen (*grid cells*). Diese Rasterzellen sind in jeder Umgebung aktiv, und ihr intrinsisches Feuermuster bleibt von einer Umgebung zur nächsten erhalten, was dafür spricht, dass Rasterzellen Teil eines landmarken-

Gezielte Geneliminierung

Bei ihrer Analyse von Lernvorgängen versuchen Biologen, eine Kausalkette herzustellen, die Lernen auf bestimmte Moleküle zurückführt. In der Vergangenheit war es schwierig, eine derartige Beziehung bei Säugern zu demonstrieren, sie lässt sich aber inzwischen bei Mäusen durch selektive Geneliminierung oder durch den Einbau von Transgenen besser untersuchen. Bei der Geneliminierung werden bestimmte Gene aus embryonalen Stammzellen entfernt; dies geschieht mittels homologer Rekombination, einer genetischen Technik, die für Mäuse von Mario Cappechi vom Howard Hughes Medical Institute an der University of Utah und von Oliver Smythies an der University of Toronto entwickelt wurde (Kapitel 1).

Ein Nachteil bei konventionellen Geneliminierungstechniken besteht, wie bereits erwähnt, darin, dass die Tiere die Gendeletionen in allen ihren Zelltypen tragen. Diese globalen Geneliminierungen machen es schwierig, Anomalien einem bestimmten Zelltyp im Gehirn zuzuordnen.

Um die Einsatzmöglichkeit der Geneliminierungstechnik zu verbessern, sind Methoden entwickelt worden, die die Genexpression auf spezifische Regionen beschränken. Eine Methode besteht darin, mit dem *Cre/loxP*-System zu arbeiten. Nehmen wir an, Sie möchten das Gen für eine Untereinheit des NMDA-Rezeptors (*NMDA R1*) ausschalten, aber nur in der CA1-Region des Hippocampus. Dazu benötigen Sie zwei Mäusestammlinien. Die eine Stammlinie ist mit konventionellen Techniken gezüchtet worden und besitzt zwei Kopien des *NMDA R1*-Gens, die auf beiden Seite von *loxP*-„Erkennungssequenzen" flankiert werden, kurzen DNA-Sequenzen, die von einem Enzym namens Cre-Rekombinase erkannt werden. Dieses Enzym rekombiniert DNA-Stränge zwischen den *loxP*-Sequenzen, das heißt, es scheidet das DNA-Stück zwischen den beiden *loxP*-Elementen aus. Die zweite Stammlinie Mäuse enthält als Transgen ein Cre-Gen unter der Kontrolle eines Promotors (in diesem Fall *CaMKII*). Wenn das Cre-Gen unter der Kontrolle des *CaMKII*-Promotors gestellt wird, beschränkt es die Rekombination aus Gründen, die wir noch nicht verstehen, manchmal effektiv auf die CA1-Region des Hippocampus – vielleicht deshalb, weil das Transgen das Enzym Cre-Rekombinase nur in der CA1-Region in genügend hoher Konzentration erzeugt, um eine Rekombination auszulösen.

Nun werden die beiden Mäusestammlinien gepaart. Unter den Nachkommen werden einige Mäuse sein, die sowohl das Cre-Transgen als auch das NMDA-R1-Gen, flankiert von loxP, tragen. Bei diesen Mäusen wird die Cre-Rekombinase, wenn sie in hoher Konzentration exprimiert wird, die DNA zwischen den loxP-Sequenzen rekombinieren und dabei das NMDA R1-Gen herausschneiden.

Die Möglichkeit, ein Transgen an- und abzuschalten, gibt dem Experimentator größere Flexibilität. Überdies lässt sich so die Möglichkeit ausschließen, dass die Anomalien, die man bei erwachsenen Tieren beobachtet, aus Entwicklungsdefekten resultieren. Eine Strategie besteht darin, ein Gen zu konstruieren, das sich durch Verabreichung eines Pharmakons abschalten lässt. Diese Methode wurde angewandt, um eine Calcium-Calmodulin-abhängige Kinase überzu-

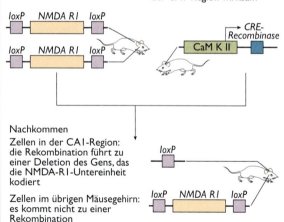

Abb. 6.12 Das Cre/loxP-System zur Geneliminierung. In diesem Fall soll das Gen für den NMDA-Rezeptor ausgeschaltet werden. Dieser Rezeptor setzt sich aus vier Untereinheiten zusammen; um den Rezeptor lahmzulegen, braucht man jedoch nur das Gen für eine der Untereinheiten, genannt R1, zu eliminieren. Mit der hier und auf der gegenüberliegenden Seite gezeigten Methode erreicht man eine sehr gezielte Geneliminierung; sie beschränkt sich auf die Pyramidenzellen der CA1-Region im Hippocampus.

exprimieren, die die LTP hemmt und deren Expression sich an- und abschalten lässt. Wiederum beginnt man damit, zwei Mäusestammlinien zu schaffen. Die eine Linie enthält ein Transgen für eine Calcium-Calmodulin-abhängige Kinase (*CaMKII*), aber statt an ihren normalen Promotor ist diese an einen Promotor namens *tet-o* angeheftet, den man ursprünglich nur bei Bakterien findet. Dieser Promotor kann das Gen, auf sich allein gestellt, nicht anschalten; er benötigt die Hilfe eines Regulators, und diese Hilfe leistet ein Transgen in der anderen Mäusestammlinie. Dieses Transgen ist das Gen für einen Hybrid-Transkriptionsregulator namens Tetracyclin-Transaktivator (tTA), der den *tet-o*-Promotor erkennt und an ihn bindet. Die Expression von tTA ist unter die Kontrolle eines Promotors gestellt, in diesem Fall des *CAMKII*-Promotors. Wenn die beiden Mäusestammlinien gekreuzt werden, tragen einige ihrer Nachkommen beide Transgene. Bei diesen Mäusen bindet tTA an den *tet-o*-Promotor und aktiviert das Gen für die mutierte Calcium-Calmodulin-abhängige Kinase; diese mutierte Kinase ist es, die zu einer anomalen LTP führt. Aber wenn dem Tier Doxycyclin verabreicht wird, bindet dieses Pharmakon an tTA, was dazu führt, dass dieses eine Formveränderung durchmacht und sich vom Promotor löst. Die Zelle hört mit der Überexprimierung der Calcium-Calmodulin-abhängigen Kinase auf, und die LTP kehrt in den Normalzustand zurück.

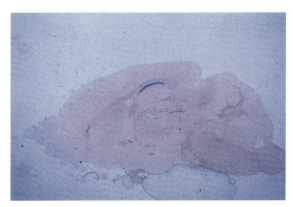

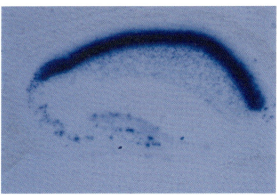

Abb. 6.13 Wenn das Cre-Transgen mit dem Promotor für die Calcium-Calmodulin-abhängige Kinase kombiniert wird, wird es nur in der CA1-Region exprimiert. Das lässt sich an diesen beiden Schnitten durch das Mäusegehirn illustrieren; oben eine schwächer, unten eine stärker vergrößerte mikroskopische Aufnahme mit einer β-Galactosidase-Färbung, die die Wirkung der Cre-Rekombinase anzeigt. Die Cre-Rekombinase hat ihre Wirkung demnach nur in der blau angefärbten Schicht der Pyramidenzellen ausgeübt.

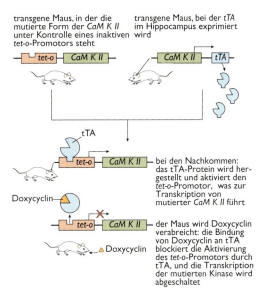

Abb. 6.14 Die Strategie, die man anwendet, um ein Transgen zu erzeugen, das sich durch Injektion von Doxycyclin abschalten lässt. In diesem Fall wird die Strategie eingesetzt, um die Expression einer permanent aktiven Form der Calcium-Calmodulin-abhängigen Kinase (CaMKII) zu steuern.

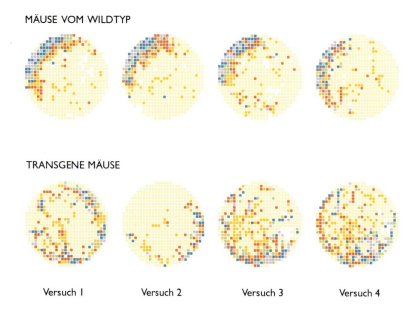

Abb. 6.15 Spike-Frequenzmuster für vier aufeinander folgende Ableitungen von einer einzelnen Ortszelle. Dunkle Farben wie Violett oder Rot zeigen hohe Spikefrequenzen an, Gelb hingegen eine Spikefrequenz von Null. Vor jeder Ableitsitzung wurde das Tier aus der runden Kammer herausgenommen und wieder zurückgesetzt. Zwar erkundet die Maus das Gelände bei jedem Versuchsdurchgang vollständig, jede Ortszelle feuert jedoch nur, wenn die Maus an einem bestimmten Ort ist. Jedes Mal, wenn die Maus in die Kammer zurückgesetzt wird und sich darin bewegt, feuern die Ortzellen an denselben Stellen, an denen sie zuvor gefeuert haben. Das Spikemuster der Zellen einer Wildtypmaus ist stabil. Das Ortsfeld einer Zelle ist hingegen instabil, wenn die Maus das Gen für eine ständig aktive Calcium-Calmodulin-abhängige Kinase trägt.

unabhängigen Mechanismus im Gehirn zur Codierung der eigenen Position sein könnten. Die Rasterzellen projizieren in den Hippocampus und liefern den wichtigsten corticalen Input für die Ortszellen im Hippocampus. Durch Kombination des Inputs von verschiedenen Rasterzellen, die verschiedene Abstände und Orientierungen haben, könnten hippocampale Ortszellen Feuerfelder entwickeln, die sich auf eine einzige Örtlichkeit beschränken. Anders als Rasterzellen ist das Feuern von Ortszellen höchst kontextspezifisch, was vermuten lässt, dass die Lage betreffender Input von den Rasterzellen mit nicht-räumlichem Input aus anderen Zellen integriert wird, um hoch differenzierte, erfahrungsbedingte Repräsentationen zu schaffen.

Die Tatsache, dass die Ortszellen eben diejenigen Pyramidenzellen sind, die im Experiment eine LTP zeigen, warf mehrere interessante Fragen auf. Ortsfelder bilden sich minutenschnell aus, und einmal ausgebildet, kann die Karte, zu der sie beitragen, wochenlang stabil bleiben. Wie tragen Ortszellen zum Ortsgedächtnis bei? Durch welche Mechanismen bilden sich Ortsfelder aus und bleiben, einmal ausgebildet, erhalten? Ist LTP wichtig für die Ausbildung dieser Felder oder für ihre Aufrechterhaltung? Beruht die Wirkung von Eingriffen, die LTP blockieren und das räumliche Gedächtnis beeinträchtigen, auf einer Störung der Ortszellen und deren Repräsentation des Raumes?

Untersuchungen der beiden Mutantentypen, die wir eben besprochen haben, können bei diesen Fragen weiterhelfen, denn bei jedem Typ ist die LTP in anderer Weise gestört. Bei dem einen Typ wurden die NMDA-Rezeptoren der Pyramidenzellen der CA1-Region selektiv ausgeschaltet, was zu einer vollständigen Blockade der LTP in den Schaffer-Kollateralen führt. Bei dem anderen Typ wurde eine Calcium-Calmodulin-abhängige Kinase II im ganzen Hippocampus überexprimiert, was die LTP beeinträchtigte. Bei beiden Mutantentypen bildeten sich die Ortsfelder jedoch ganz normal aus, wenn die Mäuse in eine neue Umgebung gesetzt wurden, vermutlich, weil die notwendige räumliche Information über die direkte temporoammonische Bahn eintrifft..

Obwohl LTP für die Ausbildung von Ortszellen nicht erforderlich ist, ist sie für die Feinabstimmung ihrer Eigenschaften und insbesondere für die zeitliche Stabilität des Ortsfeldes nötig. Bei jeder Mutantenmaus interferieren die Defekte bei der LTP mit bestimmten Eigenschaften der Ortszellen. Bei normalen Mäusen feuern Zellen, deren Ortsfelder räumlich benachbart sind, gemeinsam und relativ synchron. Wenn eine Zelle feuert, neigen die anderen ebenfalls zum Feuern. Wie T. J. McHugh, Matthew Wilson und ihre Kollegen am MIT herausfanden, ist diese korrelierte Aktivität bei Mäusen, denen der NMDA-Rezeptor in der CA1-Region fehlt, verloren gegangen. Bei Mäusen, die die Calcium-Calmodulin-abhängige Kinase überexprimieren, fanden Alex Routenberg, Robert Muller und ihre Kollegen am Downstate Medical Center und an der Columbia University heraus, dass die Ortszellen, über die Zeit gesehen, instabil sind. Wann immer das Tier eine gewisse Zeit später in dieselbe Umgebung gesetzt wird, bilden die Zellen andere Felder aus. Diese Instabilität der Ortszellen beeinträchtigt die Fähigkeit eines Tieres, räumliche Aufgaben zu erlernen und zu erinnern, vermutlich schwer – die Information, die bei einer bestimmten Trainingssitzung erworben wurde, geht verloren, und in einer späteren Trainingssitzung verhält sich das Tier, als stünde es zum ersten Mal vor der Aufgabe. Wenn die Ortszellen die Bausteine einer kognitiven Karte sind, führt die Instabilität der Ortszellen zur Instabilität der Karte selbst, und daher ist die Karte nach einiger Zeit nicht länger für die Navigation geeignet. Tatsächlich erinnern diese Symptome an die Gedächtnisdefizite, die Patienten mit Läsionen des medialen Temporallappens zeigen. Für den Patienten H. M. ist jede Sitzung eines Lerntests, der sich über mehrere Sitzungen erstreckt, wie die erste: Er erinnert sich weder an vorangegangene Sitzungen, noch erkennt er den Psychologen wieder, der den Test bisher durchgeführt hat.

Zusammengenommen liefern diese Experimente ein erstes Glied in der Kette der Kausalbeziehungen, die zum deklarativen Gedächtnis führt und die Moleküle mit dem Geist verbindet. Sie zeigen, wie Gene die Verbindungen zwischen Zellen verändern und wie diese Veränderungen eine internale Repräsentation beeinflussen, die ein komplexes Verhalten des Tieres steuert. So stört jede Beeinträchtigung der LTP in den Schaffer-Kollateralen des Hippocampus auch das normale Funktionieren der Ortsfelder und damit der internen Repräsentation des Raumes. Defekte bei der LTP beeinträchtigen insbesondere die Stabilisierung der räumlichen Karte. Diese instabile Karte ihrerseits manifestiert sich im Verhalten, beispielsweise in einem instabilen räumlichen Erinnerungsvermögen.

Die meisten dieser Experimente unterbrechen die LTP-Ortszellen im CA1-Feld und unterscheiden nicht vollständig zwischen den beiden Inputs, die diese Zellen erhalten – der direkten Bahn vom entorhinalen Cortex und der indirekten Bahn von den CA3-Zellen. Aktuelle Studien sprechen jedoch dafür, dass die Funktion der Ortszellen wie beim räumlichen Gedächtnis vor allem von der direkten Bahn abhängig ist. Daher haben die Mosers und ihre Kollegen Ratten mit Läsionen untersucht, die die Schaffer-Kollateralen unterbrechen. Diese Tiere zeigen dennoch eine normale Ortszellenaktivität.

Eine Verstärkung der LTP verstärkt den Gedächtnisspeicher

Wie wir gesehen haben, störte die genetische Eliminierung einer der Untereinheiten des NMDA-Rezeptors durch Joe Tsien und seine Kollegen nicht nur die LTP in der CA1-Region, sondern auch das räumliche Gedächtnis und die hippocampale Raumkarte, wie in der Ortsfeldkarte offensichtlich wird. Tsien (der inzwischen an der Boston University arbeitet) und seine Kollegen haben auch das umgekehrte Experiment durchgeführt. Mithilfe des CaM-Kinase-Promotors überexprimierten sie eine der Untereinheiten des NMDA-Rezeptors, so dass während der hochfrequenten Reizung, die zu einer verstärkten LTP führt, mehr Calcium in die CA1-Pyramidenzellen einströmen kann. Dieser erhöhte Calciumeinstrom in die postsynaptische Zelle führt zu einer verstärkten LTP und zu einem verbesserten räumlichen Gedächtnis sowie anderen Formen Hippocampus-abhängiger Erinnerungen. Wir werden auf das Thema in Kapitel 7 zurückkommen.

Einige interessante Ähnlichkeiten

Faszinierend ist, dass die Mechanismen für die Moosfaser- und die Schaffer-Kollateralen-LTP, auf die wir im Hippocampus gestoßen sind, nicht ausschließlich dem deklarativen Gedächtnis dienen, sondern mit Abwandlungen immer wieder eingesetzt werden. So ähneln die Mechanismen für die Moosfaser-LTP denjenigen, die wir in Kapitel 3 bei *Aplysia* im Zusammenhang mit der Serotonin-vermittelten präsynaptischen Bahnung erwähnt haben und die zur Sensitivierung beitragen. Ebenso ähneln die NMDA-Rezeptormechanismen für die Schaffer-Kollateralen-LTP denjenigen für die aktivitätsabhängige Verstärkung der präsynaptischen Bahnung, wie wir sie bei der klassischen Konditionierung von *Aplysia* diskutiert haben. Diese Mechanismen spielen möglicherweise auch beim visuellen Cortex eine Rolle, wo sie, so nimmt man an, im Spätstadium der Entwicklung an der Feinabstimmung der synaptischen Verbindungen beteiligt sind.

Trotz der logischen und anatomischen Unterschiede zwischen deklarativem und nichtdeklarativem Gedächtnis weisen die grundlegenden Mechanismen, die die beiden Systeme zur Kurzzeitspeicherung benutzen, einige Gemeinsamkeiten auf. Diese Gemeinsamkeiten werden noch deutlicher, wenn wir uns im nächsten Kapitel den Mechanismen zuwenden, mit deren Hilfe Kurzzeiterinnerungen in Langzeiterinnerungen umgwwewandelt werden.

Abb. 7.1 Roy Lichtenstein (1923–1997): „The Melody Haunts My Reverie" (etwa: „Die Melodie spukt mir im Kopf herum", 1965). Der Pop-Art-Künstler Lichtenstein parodiert die zeitgenössische Kultur mit Comicfiguren, während er gleichzeitig an eine frühere und einfachere Zeit erinnert, die sich in der Cartoon-Simplifizierung widerspiegelt. Hier spielt er auf Hoagy Carmichaels wundervollen Song „Stardust" an.

7
Vom Kurzzeitgedächtnis zum Langzeitgedächtnis

Am Morgen des 31. August 1997 verlor Diana, Princess of Wales, ihr Leben bei einem sinnlosen Autounfall, der sich in Paris, in dem Straßentunnel unter der Place de l'Alma, ereignete. Der Fahrer, Henri Paul, und Dianas Begleiter, Dodi al Fayed, waren auf der Stelle tot. Die Princess of Wales starb einige Stunden später in der Pitié Salpétrière, einem Pariser Hospital. Der einzige, der den Unfall überlebte, war Trevor Rees-Jones, der Leibwächter der Prinzessin. Schwer verletzt, mit gebrochenem Kiefer, trug er eine Gehirnerschütterung davon, die ihn das Bewusstsein verlieren ließ. Wie spätere Untersuchungen ergaben, hatte Henri Paul getrunken, und sein Blutalkoholspiegel betrug das Vierfache des gesetzlichen Grenzwertes. Doch Pauls Alkoholspiegel war vielleicht nicht die einzige Ursache des Unfalls. François La Vie, ein Zeuge, der den Unfall aus nächster Nähe miterlebte, erklärte gegenüber der französischen Polizei, er habe den schwarzen Mercedes in den Tunnel einfahren sehen, umringt von Paparazzi, freiberuflichen Photographen auf Motorrädern, von denen einer den Wagen vor dem Zusammenstoß geschnitten habe. Als sich der Motorradfahrer vor den Wagen mit Prinzessin Diana setzte, sah La Vie einen grellen Blitz aus der Kamera eines der Photographen schießen. Nach La Vies Aussage könnte der Blitz Henri Paul geblendet und dadurch zum Unfall beigetragen haben.

Rees-Jones war der einzige Begleiter Dianas, der etwas über die Ereignisse, die zum Unfall führten, hätte aussagen können. Doch aufgrund seiner Gehirnerschütterung lag er mehrere Tage im Koma. Als er schließlich das Bewusstsein wiedererlangte, erinnerte er sich zwar daran, dass er sich in den Mercedes gesetzt und seinen Sicherheitsgurt angelegt hatte, aber nicht mehr an das Unfallgeschehen selbst. Wir haben allen Grund zu der Annahme, dass Rees-Jones in seinem Kurzzeitgedächtnis alle Ereignisse bis zum Zeitpunkt des Unfalls wahrgenommen und registriert hatte. Doch nach dem Unfall konnte er sich an das eigentliche Unfallgeschehen überhaupt nicht mehr erinnern. Was führte zu diesem kritischen Gedächtnisversagen, das es dem einzigen überlebenden Zeugen unmöglich machte, über die näheren Umstände dieses tragischen Unfalls auszusagen? Was war für seine Amnesie verantwortlich?

Seit fast einem Jahrhundert ist bekannt, dass zur Umwandlung von Kurzzeit- in Langzeiterinnerungen ein Schalter umgelegt werden muss und die Vorgänge, die vor dem Umlegen dieses Schalters ablaufen, leicht gelöscht werden können, insbesondere bei Hirnverletzungen. Die Ereignisse, die kurz vor dem Unfall abliefen, fanden bei Rees-Jones niemals Eingang in ein stabiles Langzeitgedächtnis, weil der Schalter nicht funktionierte.

In milderer Form ist dieser Ablauf – einschließlich der resultierenden retrograden Amnesie – recht häufig, beispielsweise beim Football, wenn ein Spieler so hart angegangen wird, dass er „Sternchen sieht" und eine leichte Gehirnerschütterung erleidet. Wenn man einen solchen Spieler *direkt im Anschluss* an das Spiel, an dem er gerade teilgenommen hat, nach dem Spielverlauf fragt, ist er vielleicht ziemlich benommen, erinnert sich aber dennoch oft an das Spiel und seine Spieleinsätze. Fragt man ihn jedoch *eine halbe Stunde später*, kann er sich häufig nicht mehr an das Spiel und seinen Part darin erinnern, obwohl er sich nun weitgehend von der Gehirnerschütterung erholt hat und besser orientiert ist. Solche Beispiele belegen eindeutig, dass der Spieler die Information vor der Gehirnerschütterung in seinem Kurzzeitgedächtnis gespeichert hatte, der Schlag auf den Kopf jedoch die Umwandlung dieser Kurzzeiterinnerung in eine Langzeiterinnerung verhindert hat.

Denken Sie an eine dritte, noch häufigere Erfahrung – Sie versuchen, sich an den Namen einer Person zu erinnern, der Sie kürzlich auf einer Party vorgestellt wurden. Wie leicht es Ihnen fällt, sich den Namen dieser Person in Erinnerung zu rufen, hängt von einer Reihe von Faktoren ab: wie interessant Sie die Person gefunden haben, wie wichtig das Zusammentreffen für Sie war, wie stark Sie sich auf die Unterhaltung konzentriert haben und in welchem allgemeinen Gemütszustand Sie sich an diesem Abend befanden. Wie die alltägliche Erfahrung lehrt, variiert die Fähigkeit, Information vom Kurzzeit- ins Langzeitgedächtnis zu überführen, je nach Umständen beträchtlich. Das ist so, weil der *Schalter*, mit dessen Hilfe Kurzzeitinhalte in Langzeitinhalte umgewandelt werden, in hohem Maße reguliert wird, so dass unser Vermögen, Kurzzeit- in Langzeitinhalte umzuwandeln, stark schwankt – sicherlich von Tag zu Tag, aber auch innerhalb eines einzigen Tages. In diesem Kapitel wollen wir uns zunächst damit beschäftigen, wie Langzeiterinnerungen gespeichert werden, und anschließend auf den Schalter zurückkommen, der diese Langzeitspeicherung auslöst.

Übung macht den Meister

Das Studium des Langzeitgedächtnisses und seiner Bildung aus dem Kurzzeitgedächtnis geht auf die achtziger Jahre des 19. Jahrhunderts zurück, als Hermann Ebbinghaus versuchte, das menschliche Gedächtnis experimentell zu erforschen. Wie in Kapitel 1 erwähnt, entwickelte Ebbinghaus einfache Techniken zur Messung des Erinnerungsvermögens, die auch heute noch in Gebrauch sind. Er zeigte, dass sich das Studium des menschlichen Gedächtnisses, das bis dahin als schwer fassbares Problem galt, experimentell angehen ließ, vorausgesetzt, man vereinfache die Situation genügend.

Ebbinghaus' Ansatz war einfach. Er wollte untersuchen, wie neue Information in den Gedächtnisspeicher gelangt, musste aber sicher sein, dass die Information, die die Versuchsperson lernte, wirklich neu war. Darum musste er sicherstellen, dass eine Versuchsperson nichts oder zumindest nur sehr wenig mit dem zu erlernenden Material assoziiert. Um die Versuchspersonen dazu zu bringen, nur neue Assoziationen zu bilden, kam Ebbinghaus auf die Idee, ihnen eine Liste neuartiger Wörter vorzulegen – eine neue Sprache sozusagen. Diese Wörter würden so völlig unbekannt sein, dass die Versuchspersonen unmöglich frühere Assoziationen haben konnten. Ebbinghaus hatte die Idee, als Lernwörter sinnlose Silben zu gebrauchen. Diese Silben bestanden aus zwei durch einen Vokal getrennte Konsonanten (beispielsweise NEX, LAZ, JEK, ZUP und RIF). Da eine sinnlose Silbe keine Bedeutung hat, fällt sie weitgehend durch das Netzwerk bereits existierender Assoziationen, das der Lernende aufgebaut hat. Ebbinghaus erfand etwa 2300 derartiger Silben und benutzte sieben bis 36 von ihnen nach dem Zufallsprinzip, um Silbenlisten unterschiedlicher Länge zu erstellen. Anschließend lernte er jede Silbenliste auswendig, indem er sie mit einer Geschwindigkeit von 150 Silben pro Minute laut las.

Diese einfachen Experimente ließen Ebbinghaus bereits damals den Unterschied zwischen Kurzzeit- und Langzeitgedächtnis erahnen. Er fand heraus, dass die Stärke des Erinnerungsvermögens abgestuft ist – dass Wiederholung nötig ist, um Kurzzeiterinnerungen in Langzeiterinnerungen umzuwandeln. Es ist die Übung, die den Meister macht. Indem er die Anzahl der Wiederholungen beim Lernen von acht auf 64 steigerte, fand er eine fast lineare Beziehung zwischen der Anzahl der Wiederholungen beim Erlernen der Listen und dem erfolgreichen Abruf der Erinnerung am folgenden Tag. Daher war das Langzeitgedächtnis offenbar direkt von der Übung abhängig.

Einige Jahre später wurden Ebbingshaus' Ideen von William James, über dessen Gedanken zum Gedächtnis wir bereits in Kapitel 1 gesprochen haben, aufgegriffen und erweitert. James schloß, dass es mindestens zwei unterschiedliche Stadien der Gedächtnisspeicherung geben müsse. Er vermutete einen kurzfristigen Prozess, den er als primäres Gedächtnis bezeichnete, und einen langfristigen Prozess, den er sekundäres Gedächtnis nannte. Information, die wir gerade erworben haben, wird für kurze Zeit bewusst im *primären Gedächtnis* behalten. Im Gegensatz dazu zapfen wir das *sekundäre Gedächtnis* an, um eine Erinnerung an ein Ereignis aktiv ins Bewusstsein *zurückzurufen*, nachdem sie bereits daraus entschwunden war.

Wie in Kapitel 5 erwähnt, wird James' primäres Gedächtnis heute als unmittelbares Gedächtnis bezeichnet, ein Begriff, der sich auf die Information bezieht, mit der wir uns im Augenblick beschäftigen. Das unmittelbare Gedächtnis lässt sich durch ein Repetiersystem, das man als Arbeitsgedächtnis bezeichnet, zeitlich auf Minuten oder länger ausdehnen. Aber selbst nach solchem Wiederholen bleibt die Information in einer Art Übergangszustand. Diese ausgedehnte Übergangsphase des Gedächtnisses, die bis zu einer Stunde dauern kann, bildet das, was wir Kurzzeitgedächtnis nennen. Das Kurzzeitgedächtnis weist drei Merkmale auf, die seine grundlegenden Speichermechanismen beleuchten: Kurzzeiterinnerungen werden nur vorübergehend gespeichert, und ihr Behalten erfordert weder anatomische Veränderungen noch eine Synthese neuer Proteine. James' sekundäres Gedächtnis hingegen ist das, was wir heute als Langzeitgedächtnis bezeichnen. Das Langzeitgedächtnis wird, wie wir noch sehen werden, durch anatomische Veränderungen stabilisiert, und diese Veränderungen erfordern eine Neusynthese von Proteinen.

Der Konsolidierungsschalter

James' Vermutung, dass es bei der Speicherung von Gedächtnisinhalten verschiedene Stadien gibt, wurde gegen Ende des 19. Jahrhunderts von Georg Müller und Alfons Pilzecker aufgenommen und weitergeführt. Mit Hilfe von sinnlosen Silben ähnlich denjenigen von Ebbinghaus fanden Müller und Pilzecker, dass selbst nach Abspeicherung eines Ereignisses im Gedächtnis einige Zeit vergehen muss, damit die Gedächtnisspur eine stabile Langzeitform annimmt. Während dieser Zeit, die sie die *Konsolidierungsperiode* nannten, ist der Gedächtnisinhalt anfällig für Störungen. Ihr Schlüsselbefund war, dass das Lernen einer zweiten Liste direkt nach Lernen einer ersten Liste den späteren Abruf der ersten Liste stört. Sie nannten diesen Effekt retroaktive Interferenz. Spätere Experimente mit Versuchstieren und Versuchspersonen bestätigten Müllers und Pilzeckers Beobachtungen, dass neu gebildete Erinnerungen anfällig für Störungen sind, ohne derartige Störungen jedoch mit der Zeit viel stabiler werden.

Müllers und Pilzeckers Befunde erweckten sofort das Interesse klinischer Neurologen. Sie hatten festgestellt, dass Kopfverletzungen und Gehirnerschütterungen infolge eines Kampfes oder eines Unfalls zu einer retrograden Amnesie führen können, einem Gedächtnisverlust für Ereignisse, die kurz vor dem traumatischen Erlebnis auftraten. Wie wir in Kapitel 5 gesehen haben, kann eine retrograde Amnesie in einigen Fällen monate- oder sogar jahrelang zurückreichen. Wie im Fall von Prinzessin Dianas Leibwächter ist das Kurzzeitgedächtnis für die Ereignisse, die einer Verletzung Minuten oder auch Stunden vorausgehen, besonders anfällig für einen retrograden Gedächtnisverlust. Ein Boxer, der eine Gehirnerschütterung erleidet, erinnert sich beispielsweise vielleicht noch daran, wie er zum Stadion gekommen und in den Ring geklettert ist, aber von da an ist jede Erinnerung wie weggewischt. Zweifellos ist vor dem entscheidenden Schlag eine Reihe von Ereignissen ins Kurzzeitgedächtnis aufgenommen worden – die Bewegungen des Gegners in den ersten Runden, die Kombination, die zum K. o. führte, und der eigene Versuch, auszuweichen –, aber der Kopftreffer hat stattgefunden, bevor auch nur eine dieser Gedächtnisspuren eine Chance hatte, konsolidiert zu werden. Diese Gedächtnisspuren überdauern nicht.

Neben Kopfverletzungen und Gehirnerschütterungen beleuchtete eine zweite klinische Beobachtung den Unterschied zwischen der frühen, labilen und der späteren, stabileren Phase des Gedächtnisses: Man stellte fest, dass auch epileptische Krampfanfälle eine retrograde Amnesie hervorrufen können. Epileptiker erinnern sich oft nicht mehr an Ereignisse, die einem Krampfanfall direkt vorausgegangen sind, obgleich der Anfall ihr Gedächtnis für frühere Ereignisse nicht beeinträchtigt. Im Jahre 1901 vermutete der britische Psychologe William McDougall, dass die retrograde Amnesie nach Gehirnerschütterungen und Krampfanfällen auf eine fehlende Konsolidierung zurückgeht und nahm damit das von Müller und Pilzecker entwickelte Konzept wieder auf. Die erste Gelegenheit, das Versagen des Konsolidierungsschalters genauer zu untersuchen, ergab sich 1949, als es C. P. Duncan gelang, bei Ratten epileptische Krampfanfälle durch elektrische Reizung auszulösen. Duncan fand heraus, dass das Gedächtnis für eine neu erlernte Aufgabe bei Versuchstieren ähnlich wie beim Menschen dann besonders schwer durch einen Krampfanfall gestört wird, wenn dieser kurz nach dem Training, in der Konsolidierungsperiode, auftritt.

Proteinneusynthese für die Umschaltung zum Langzeitgedächtnis

Der erste Hinweis auf eine biochemische Basis der Umschaltung vom Kurz- zum Langzeitgedächtnis wurde 1963 entdeckt, als Louis Flexner und später Bernard Agranoff und seine Kollegen sowie Samuel Barondes und Larry Squire beobachteten, dass die Bildung einer Langzeiterinnerung die Synthese neuer Proteine erfordert, die Bildung von Kurzzeiterinnerungen hingegen nicht. In einem typischen Experiment lernte eine Maus, sich an der Gabelung eines T-förmigen Labyrinths nach rechts beziehungsweise nach links zu wenden. Kurz vor dem Training wurde den Tieren eine Substanz injiziert, die die Proteinsynthese hemmt (Cycloheximid oder Anisomycin), während Kontrolltiere eine physiologische Kochsalzlösung erhielten. Beide Gruppen lernten die Aufgabe ohne Schwierigkeiten, und beide Gruppen wiesen, als sie 15 Minuten nach dem Training getestet wurden, auch ein sehr gutes Kurzzeitgedächtnis auf. Diejenigen Tiere, denen ein Proteinsyntheseinhibitor injiziert worden war, zeigten jedoch, als sie drei Stunden oder mehr nach dem Training erneut getestet wurden, einen weitgehenden Ausfall ihres Langzeitgedächtnisses. Die Kontrolltiere hingegen wiesen ein sehr gutes Langzeitgedächtnis auf. Wie viele andere Verfahren, die die Bildung von langfristigen Gedächtnisinhalten stören, blockieren Proteinsynthesehemmer Langzeiterinnerungen nur dann, wenn sie während des Trainings oder innerhalb eines kurzen Zeitraums von gewöhnlich ein bis zwei Stunden nach dem Training verabreicht werden. Sie haben jedoch keinen Effekt, wenn sie mehrere Stunden nach dem Training verabreicht werden.

Eine Ausnahme von dieser Regel kann beim Abruf von Erinnerungen auftreten. Wenn eine Erinnerung abgerufen wird, bietet der Akt des Abrufens Gelegenheit, die Erinnerung zu restrukturieren und neue Assoziationen in das einzubauen, was gespeichert ist. Passend zu der Vorstellung, dass das Gedächtnis restrukturiert werden kann, sprechen Befunde aus einer Reihe von Studien dafür, dass das Gedächtnis während des Abrufs kürzlich gespeicherter Erinnerungen vorübergehend wieder empfindlich auf Proteinsynthesehemmer reagiert.

Offenbar erfordert die Konsolidierung von Langzeiterinnerungen die Synthese neuer Proteine. Welche Proteine sind das? In den siebziger und achtziger Jahren standen keine Methoden zur Verfügung, um sie in der Maus nachzuweisen. Die ersten Erkenntnisse über diese Proteine stammten aus Untersuchungen der Meeresschnecke *Aplysia*.

Wir haben in Kapitel 3 bereits eine Langzeitform des nichtdeklarativen Gedächtnisses bei *Aplysia* kennengelernt. Ein elektrischer Schock auf den Schwanz ruft eine Sensitivierung des Kiemenrückziehreflexes hervor: Nach einem Schwanzschock reagiert das Tier heftiger auf einen Berührungsreiz an seinem Siphon und zieht seine Kieme weiter zurück als zuvor. Die Dauer der Erinnerung an den Schwanzschock hängt davon ab, wie oft er wiederholt wurde. Ein einziger Schwanzschock ruft eine Kurzzeiterinnerung hervor, die Minuten anhält. Diese Kurzzeiterinnerung erfordert keine Synthese neuer Proteine. Vier oder fünf Schwanzschocks hingegen führen zu einer Langzeiterinnerung, die einen bis mehrere Tage lang anhält, und weiteres Training ruft stabile Erinnerungen hervor, die wochenlang persistieren. Diese langanhaltenden Veränderungen erfordern

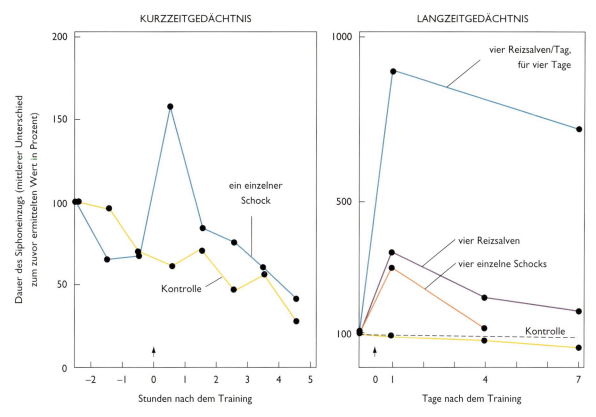

Abb. 7.2 Vor dem Sensitivierungstraining zieht *Aplysia* als Reaktion auf eine leichte Berührung ihren Siphon etwa zehn Sekunden lang zurück. Wenn Aplysia mit einem Pinsel alle 30 Sekunden leicht am Siphon stimuliert wird, gewöhnt sie sich an den Reiz und zieht ihren Siphon weniger lange zurück (Habituation). (Jeder Punkt im Diagramm links stellt den Mittelwert zweier aufeinanderfolgender Antworten dar.) Nach einem einzigen Schwanzschock (einem Schlag auf den Siphon nach dem dritten Trainingsdurchgang) hingegen ziehen die Tiere ihren Siphon auf die Pinselberührung hin etwa doppelt so lange zurück. Das Gedächtnis für Kurzzeitsensitivierung hält etwa eine Stunde lang an (links). Nach vier Schwanzschocks zieht das Tier seinen Siphon doppelt so lange zurück, behält diese Reaktion aber nun etwas länger als einen Tag bei (rechts). Bei vier Salven pro Tag über vier Tage hinweg zieht das Tier seinen Siphon fast achtmal so lang zurück und behält diese Reaktion einige Wochen lang bei.

in der Tat die Synthese neuer Proteine. Wie sich bald zeigte, war eine Komponente dieser Form des Langzeitgedächtnisses bei *Aplysia* die Verstärkung der Verbindung zwischen den sensorischen und den motorischen Neuronen.

Die molekularen Mechanismen der Langzeitveränderung lassen sich nur schwer an einem intakten Tier untersuchen, denn selbst bei einem so einfachen Tier wie *Aplysia* sind die Zellen, die Gedächtnisinhalte über lange Zeiträume speichern, nicht gut über längere Zeiträume zugänglich. Aber nachdem diese Zellen einmal identifiziert worden waren, bestand die Möglichkeit, sie aus dem Nervensystem des Tieres herauszupräparieren und in eine Kulturschale zu überführen. Einen großen Fortschritt bei der Analyse des Langzeitgedächtnisses erzielten Samuel Schacher und Steven Rayport von der Columbia University, denen es gelang, *Aplysia* einzelne sensorische Siphonneuronen, Kiemenmotoneuronen und Serotonin-freisetzende modulierende Interneuronen zu entnehmen und sie in Gewebekultur zu halten. So konnten Schacher und Rayport eine Komponente des Kiemenrückziehreflexes in einer Kulturschale rekonstituieren. In Kultur zeigte dieser stark reduzierte Schaltkreis viele der charakteristischen Merkmale, die man beim intakten Tier beobachtet hatte. Beim lebenden Tier erregen Schwanzschocks die modulierenden Interneuronen und veranlassen sie, Serotonin auszuschütten. In Kultur wie beim intakten Tier enden diese modulierenden Neuronen auf dem sensorischen Neuron und seinen präsynaptischen Endigungen, wo sie zu einer Steigerung der Transmitterausschüttung aus dem sensorischen Neuron führen. Tatsächlich konnte man in Kultur auf die serotoninausschüttenden Interneuronen verzichten und einfach direkt mit einer Pipette Serotonin auf das sensorische Neuron geben.

Nun ließen sich die Effekte wiederholter Schwanzschocks simulieren, indem man kurze, wiederholte Serotoninpulse auf das sensorische Neuron gab. Auf diese Weise fanden Piergiorgio Montarolo, Castellucci, Schacher, Philip Goelet und Eric Kandel, dass in der Gewebekultur die Dauer der synaptischen Bahnung mit der Anzahl der Serotoninapplikationen zunimmt, ganz ähnlich, wie es mit der Dauer der Sensitivierung beim intakten Tier der Fall ist. Eine einzelne, kurze Serotoningabe verstärkt die Glutamatfreisetzung aus den sensorischen Neuronen für mehrere Minuten. Diese Kurzzeitbahnung wird von Proteinsyntheseinhibitoren nicht beeinflusst und erfordert daher keine Synthese neuer Proteine. Die fünfmalige Applikation von Serotonin in Abständen von 20 Minuten verstärkt die Glutamatfreisetzung hingegen mehr als einen Tag lang, und dieser Langzeitprozess erfordert tatsächlich eine Proteinneusynthese.

Frühere Untersuchungen hatten gezeigt, dass für eine langfristige Veränderung im Verhalten eines Tieres die Synthese neuer Proteine erforderlich war – insbesondere für die Langzeitsensitivierung des Kiemenrückziehreflexes. Diese cytologischen Untersuchungen in Kultur zeigten, dass es auf synaptischer Ebene dieselben Anforderungen gab. In einfachen wie in komplexen neuronalen Systemen ist eine Proteinsynthese für Langzeitveränderungen der synaptischen Verbindungsstärke essentiell. Genauso, wie die Langzeitsensitivierung des Kiemenrückziehreflexes bei einer intakten *Aplysia* die Synthese neuer Proteine erfordert, gilt dies auch für die Langzeitverstärkung der Verbindung zwischen sensorischen und motorischen Neuronen des Kiemenrückziehreflexes in Kultur.

Wie beim Gedächtnis für das tatsächliche Verhalten entwickelt sich eine Langzeitverstärkung auch in Kultur nur dann, wenn innerhalb eines bestimmten Zeitfensters – während und direkt nach der Applikationsperiode von fünf Serotoninpulsen – neue Proteine synthetisiert werden. Proteinsyn-

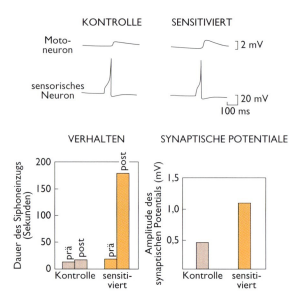

Abb. 7.3 Die Langzeitsensitivierung ist mit einer Verstärkung der Verbindungen zwischen sensorischen und motorischen Neuronen verbunden. Oben: Einen Tag nach Trainingsende wurde das Abdominalganglion bei einem Kontrolltier und einem sensitivierten Tier freigelegt, und von einem sensorischen Siphonneuron sowie einem Kiemenmotoneuron wurden die synaptischen Potentiale abgeleitet. Das Motoneuron eines Tieres, das ein Langzeitsensitivierungstraining erfahren hatte, reagiert stärker auf ein präsynaptisches Aktionspotential konstanter Stärke als das eines Kontrolltiers. Unten: Quantifizierung der oben abgebildeten Ergebnisse. Die Verhaltensänderung (links) läuft mit der Veränderung im synaptischen Potential (rechts) parallel. Nach einem Tag Training halten die sensitivierten Tiere ihren Siphon beträchtlich länger eingezogen als die Kontrolltiere, und die Verbindungen zwischen den sensorischen Neuronen und den Motoneuronen waren bei den sensitivierten Tieren doppelt so stark.

thesehemmer blockieren die Langzeitverstärkung nur dann, wenn sie während der Applikation von Serotonin oder in der darauf folgenden Stunde verabreicht werden. Werden sie zwei bis drei Stunden nach der ersten der fünf Serotoninapplikationen verabreicht, haben Proteinsynthesehemmer keinen Effekt mehr.

Bei der Untersuchung von Entwicklungsprozessen waren Biologen bereits früher auf Zellen gestoßen, die während eines umrissenen, zwei- bis dreistündigen Zeitabschnitts rasch und vorübergehend neue Proteine benötigten. In all diesen Fällen mussten, wie sich herausstellte, Gene angeschaltet werden. Diese Befunde führten daher zu dem Schluss, dass spezifische Gene exprimiert werden müssen, damit sich das Langzeitgedächtnis etabliert. Die logischen Fragen, die sich daraus ergaben, lauten: Welche Gene und Proteine sind dafür verantwortlich, dass Kurzzeit- in Langzeiterinnerungen umgewandelt werden, und wie werden sie aktiviert?

Gene an- und abschalten

Nirgendwo zeigen sich die Fortschritte der Biologie, die Lebensprozesse nachzuvollziehen, deutlicher als in unserem Verständnis dafür, was Gene sind und wie sie funktionieren. Daraus ist die Molekulargenetik entstanden, die nun die Basis vieler biologischer Disziplinen bildet. Tatsächlich ist einer der Gründe, warum das Langzeitgedächtnis für Biologen so interessant ist, gerade der, dass das Problem des Langzeitgedächtnisses die kognitive Psychologie eines geistigen Vorgangs – das Sich-Erinnern – mit der Molekulargenetik, dem Kern der modernen Biologie, verknüpft.

Gene sind DNA-Stränge mit zwei charakteristischen Eigenschaften, die sie mit einer einzigartigen Doppelfunktion ausstatten. Erstens können sie sich verdoppeln. Aus diesem Grund können sie als Schablonen dienen – als Aufbewahrungsorte für genetische Information, die von einer Generation zur nächsten weitergegeben werden kann. Zweitens codieren sie die Information, die nötig ist, um Proteine zu produzieren, von denen alle Aspekte des Lebens, einschließlich des geistigen Lebens, abhängen. Dank dieser Fähigkeit können Gene als Regulatoren der Zellfunktion dienen. An dieser Stelle wollen wir uns vorwiegend mit der zweiten Funktion der Gene beschäftigen.

Von seltenen Ausnahmen abgesehen, enthält jede Zelle im menschlichen Körper einen identischen Satz von Genen (beim Menschen rund 25 000 Gene). Der Grund dafür, dass sich Zellen voneinander unterscheiden – dass eine Nierenzelle eine Nierenzelle und ein Neuron ein Neuron ist –, besteht darin, dass jeder Zelltyp eine andere Kombination der Gene in seinem Zellkern exprimiert, also in Proteine umschreibt. Diese *differentielle* oder *selektive Expression* von Genen liegt jedweder zellulären Spezialisierung zugrunde. Daher muss es Mechanismen geben, um einige Gene zu aktivieren (anzuschalten), andere hingegen zu unterdrücken (auszuschalten). Auch die typischen Merkmale von Nervenzellen entstehen dank dieser differentiellen Genexpression. Die ungefähr 10^{11} Neuronen, aus denen das Gehirn besteht, lassen sich in etwa 100 Zelltypen einteilen, die sich anhand ihrer Form und ihrer Verbindungen unterscheiden – Merkmale, die sowohl durch die typische Kombination von Genen bestimmt werden, die in jeder Nervenzelle exprimiert werden, als auch durch die Kombination von Genen, die in den Zielzellen, mit denen jeder Zelltyp interagiert, exprimiert werden.

Welche Gene eine bestimmte Nervenzelle exprimiert, bestimmt ihr Schicksal, also der Zelltyp, zu dem sie als funktioneller Teil des Gehirns heranreifen wird. Diese Entscheidung fällt im Frühstadium der Embryonalentwicklung. Bei einer bestimmten Zelle bildet sich im Laufe der Entwicklung ein bestimmtes Muster von Genexpression und Genaktivierung heraus, das im Großen und Ganzen das ganze Leben der ausdifferenzierten Zelle hindurch beibehalten wird.

Die meisten Gene, die in einer Zelle exprimiert werden, werden im Zellkern in ein Molekül namens Messenger-RNA (mRNA, *messenger*, englisch Bote) umgeschrieben (Transkription). Das Messenger-RNA-Molekül wird dann aus dem Kern ins Cytoplasma der Zelle transportiert, wo es von den Ribosomen, den proteinsynthetisierenden Maschinen der Zelle, in ein Protein übersetzt wird (Translation). Die Aufgabe der Messenger-RNA besteht also darin, die Information für ein spezifisches Protein, die in der DNA-Sequenz des Gens codiert ist, vom Gen im Kern zu den Ribosomen im Cytoplasma zu übermitteln.

In einer typischen Zelle werden 80 Prozent aller Gene reprimiert und nur 20 Prozent exprimiert (so dass in einer bestimmten Zelle insgesamt rund 5 000 Gene exprimiert werden). Überdies verfügen alle Zellen über Mechanismen zur Kontrolle der Menge an Proteinen, die nach der Vorschrift dieser 20 Prozent aktiven Gene hergestellt werden. Einige dieser exprimierten Gene sind relativ inaktiv und werden nur auf niedrigem Niveau transkribiert. Sie produzieren möglicherweise weniger als 0,01 Prozent des Zellproteins insgesamt. Andere Gene hingegen sind außerordentlich aktiv und erzeugen vielleicht volle 10 Prozent der gesamten Proteinmenge in einer Zelle. Überdies ist das Expressions-

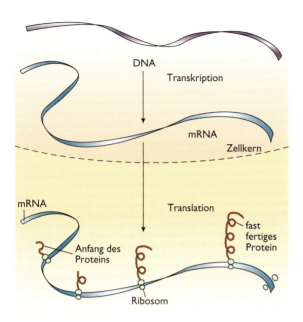

Abb. 7.4 Transkription und Translation sind die beiden wichtigsten Schritte bei der Herstellung eines Proteins aus seiner DNA-Matrize. Die DNA wird im Zellkern in eine Messenger-RNA umgeschrieben (Transkription), die den Kern verlässt und an den Ribosomen in ein Protein übersetzt wird (Translation).

niveau eines Gens in der Zelle nicht fixiert, sondern kann über die Zeit variieren. Die häufigste Art und Weise, diese Produktionsraten zu regulieren, wird als *transkriptionale Kontrolle* bezeichnet. Transkriptionale Kontrollmechanismen regulieren die Rate, mit der ein bestimmtes Gen abgelesen wird, das heißt, wann und wie stark es an- oder abgeschaltet wird.

Was hat das alles mit Gedächtnis zu tun? Die Mechanismen, durch die Gene an- und abgeschaltet werden, spielen eine entscheidende Rolle, wenn wir verstehen wollen, wie das Langzeitgedächtnis ein- und ausgeschaltet wird. Beispielsweise muss Serotonin auf irgendeine Weise die Genexpression in den sensorischen Neuronen des Kiemenrückziehschaltkreises von *Aplysia* regulieren, um neue synaptische Verbindungen zu etablieren. Wie wir noch sehen werden, tut Serotonin dies, indem es spezifische regulatorische Proteinmoleküle aktiviert, die Gene an- und abschalten können.

Wie Gene reguliert werden, ist ein faszinierendes und wichtiges Problem. Ein volles Fünftel *aller* Gene im menschlichen Genom – rund 5 000 Gene – codiert Proteine, so genannte Aktivatoren und Repressoren, die die Expression anderer Gene regulieren! Die Entdeckung, dass Gene reguliert werden können, und die Entschlüsselung des Mechanismus, durch den die Regulation erreicht wird, gehört zu den faszinierendsten Kapiteln der modernen Biologie. Die ersten Sätze dieses Kapitels wurden von den beiden großen französischen Biologen Jacques Monod und François Jacob geschrieben. Viele Jahre später beschrieb Jacob ihre gemeinsame Arbeit so:

> Mehrere Jahre lang verbrachten Jacques Monod und ich täglich mehrere Stunden in seinem Arbeitszimmer vor der Wandtafel, halb redend, halb Modelle skizzierend. Allmählich … kristallisierte sich eine Repräsentation … der Kontrolleinheit der Genexpression heraus: ein Regulatorprotein und sein DNA-Ziel.

Lassen Sie uns zunächst Monods und Jacobs Ziel, einen Ort auf der DNA, betrachten. Jedes Gen lässt sich in zwei Hauptabschnitte unterteilen: in eine codierende Region und eine Kontrollregion. Die DNA in der *codierenden* Region kann in eine mRNA umgeschrieben und dann in ein Protein übersetzt werden. Ob eine bestimmte codierende Region abgelesen wird, hängt von der Kombination regulatorischer Proteine ab, die an die *Kontrollregion* binden. Die Kontrollregion liegt gewöhnlich – bezogen auf die Transkriptionsrichtung – stromaufwärts direkt *vor* der codierenden Region, und ist weiter in zwei Unterbereiche geteilt: in die *Promotorregion* und die *regulatorische Region*. Die regulatorische Region wiederum ist in sechs bis zehn kleinere Abschnitte unterteilt, die so genannten *DNA-Reaktionselemente (response elements)*. Jedes dieser Reaktionselemente wird von spezifischen *regulatorischen Proteinen* erkannt, die daran binden können. Diese regulatorischen Proteine werden als *Transkriptionsregulatoren* bezeichnet, und sie treten in zwei Funktionen auf: als Aktivatoren, die die Transkription verstärken, und als Repressoren, die sie unterdrücken. Genau diese Transkriptionsregulatoren spielen beim Langzeitgedächtnis eine entscheidende Rolle.

An den Promotor direkt neben der Regulatorregion binden ständig Proteine, und diese Bindung

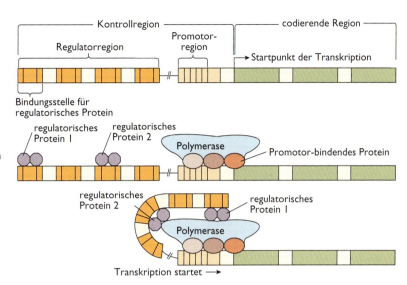

Abb. 7.5 „Stromaufwärts" von der codierenden Region eines Gens liegen die Regulator- und die Promotorregion, die das An- und Ausschalten der Gentranskription kontrollieren. Die Transkription der DNA in mRNA erfolgt mit Hilfe einer Polymerase, die anfangs an Regulatorproteine am Promotor und an der Regulatorregion bindet. Proteine, die an die Regulatorregion binden, können die DNA dazu veranlassen, eine Schlaufe zu bilden, so dass diese Proteine mit der Polymerase Kontakt aufnehmen können. Wenn keine Regulatorproteine an die Kontrollregion gebunden sind oder wenn sich an ihrer Stelle Repressoren angelagert haben, kann das Gen nicht abgelesen werden.

entscheidet darüber, auf welchem Niveau sich das Fließgleichgewicht der Transkription einpendelt, solange es nicht zu einer Stimulation kommt. Im Gegensatz dazu sind die regulatorischen Proteine gewöhnlich nur vorübergehend an die verschiedenen Reaktionselemente gebunden, um als Aktivatoren und Repressoren das Gen zu aktivieren (Induktion) oder zu reprimieren (Repression), und dann, wenn sie nicht länger gebraucht werden, sich wieder abzulösen. Hier treffen wir wieder auf Second-Messenger-Systeme, deren Aufgabe es ist, den jeweiligen Transkriptionsregulatoren zu signalisieren, sich an die verschiedenen Reaktionselemente – den DNA-Zielen von Jacob und Monod – anzulagern. Die Transkriptionsregulatoren, die an die Reaktionselemente in der regulatorischen Region binden, entscheiden also darüber, ob und wie oft ein Gen innerhalb eines gewissen Zeitraums abgelesen wird. Damit Serotonin eine Genexpression induzieren kann, muss es zunächst spezifische Transkriptionsfaktoren aktivieren, die dann an spezifische Reaktionselemente in der Kontrollregion der für das Langzeitgedächtnis wichtigen Gene binden.

Aufgrund der Hypothese, dass für die Umwandlung vom Kurzzeit- zum Langzeitspeicher das Anschalten von Genen erforderlich ist, konnte die sich entwickelnde Molekularbiologie der Gedächtnisspeicherung auf die wohlvertraute Biologie der Genregulierung zurückgreifen. Auf diese Weise wurde es möglich, den früher in diesem Kapitel aufgeworfenen Fragen experimentell nachzugehen: Welche Gene und Proteine sind für das Langzeitgedächtnis verantwortlich?

Eine neue Klasse synaptischer Wirkungen

Um die Gene und Proteine zu finden, die für das Langzeitgedächtnis verantwortlich sind, müssen wir uns nochmals mit den Eigenschaften der cAMP-abhängigen Proteinkinase (PKA) beschäftigen. Wie in Kapitel 3 erwähnt, ist die cAMP-abhängige Proteinkinase ein Tetramer aus vier Untereinheiten. Zwei davon sind katalytische Untereinheiten, die als katalytisch aktive Enzyme Proteine phosphorylieren; die beiden anderen sind regulatorische Untereinheiten, die die katalytischen Untereinheiten hemmen. Nur die regulatorischen Untereinheiten weisen Bindungsstellen für cAMP auf. Wenn der cAMP-Spiegel steigt, binden die regulatorischen Untereinheiten cAMP, wodurch sich ihre Form derart verändert, dass sie sich von den katalytischen Untereinheiten ablösen. Die freigesetzten katalytischen Untereinheiten können nun ihre Zielproteine phosphorylieren und damit deren Funktion ändern.

Roger Tsien von der University of California in San Diego entwickelte eine raffinierte Fluores-

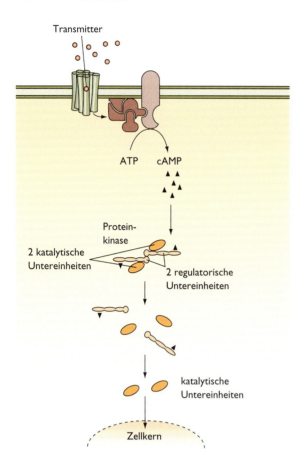

Abb. 7.6 Eine Reihe von Schritten führt zur Translokation der katalytischen (enzymatischen) Untereinheit der PKA aus dem Cytoplasma zum Kern einer Nervenzelle. Die Anlagerung des Transmitters an den non-NMDA-Rezeptor aktiviert das Enzym Adenylatcyclase. Dieses Enzym wandelt ATP in cAMP um, und cAMP entfernt die beiden (hemmenden) regulatorischen Untereinheiten von den katalytischen Untereinheiten, so dass diese in den Kern gelangen können.

zenzmarkierungstechnik, mit der er die Position der regulatorischen wie der katalytischen Untereinheiten der PKA in einem einzelnen sensorischen Neuron von *Aplysia* bestimmen konnte. Mit Hilfe dieser Technik wiesen Brian Bacskai und Tsien nach, dass ein einzelner Serotoninpuls, der eine Kurzzeitverstärkung hervorruft, lediglich zu einer vorübergehenden Erhöhung des cAMP-Spiegels führt. Die Hemmung der katalytischen Untereinheiten wird nur minutenlang und vorwiegend in den präsynaptischen Endigungen aufgehoben. Die PKA-Untereinheiten bewirken die gesteigerte Transmitterfreisetzung, die die Verbindung zwischen sensorischem und motorischem Neuron über einen Zeitraum von Minuten verstärkt. Nach einem einzelnen Serotoninpuls haben nur wenige Moleküle der katalytischen Untereinheit Zeit, zum Kern zu diffundieren. Bei wiederholten Serotoninpulsen steigt der cAMP-Spiegel jedoch bis zu dem Punkt an, an dem die katalytischen Untereinheiten lange genug freigesetzt werden, um in signifikanter Anzahl zum Kern zu gelangen. Dort aktivieren diese katalytischen Untereinheiten dann Gene, die für das Wachstum neuer, für das Langzeitgedächtnis wesentlicher synaptischer Verbindungen sorgen.

Diese Befunde zeigen auf zellulärer Ebene, warum wiederholte Trainingssitzungen oder wiederholte Serotoninpulse für das Langzeitgedächtnis notwendig sind. Die wiederholten Pulse ermöglichen der aktiven Komponente (den katalytischen Untereinheiten) der Proteinkinasen, zum Kern zu wandern, wo sie die für die Langzeitspeicherung nötigen Gene aktivieren können.

Die Entdeckung, dass die PKA zum Kern diffundiert, stellte einen neuen Aspekt der synaptischen Übertragung dar, denn sie machte deutlich, dass es eine neue, dritte Klasse von synaptischen Wirkungen gibt. Wie in Kapitel 3 erwähnt, haben Bernard Katz und Paul Fatt 1951 als erste ionotrope Rezeptoren beschrieben – Rezeptoren, die Ionenkanäle direkt steuern. Sie fanden, dass diese Rezeptoren die häufigen, schnellen synaptischen Effekte von ein bis zwölf Millisekunden Dauer vermitteln, die für Verhaltensreaktionen entscheidend sind. In den sechziger Jahren beschrieben Earl Sutherland und Paul Greengard sowie ihre Kollegen eine zweite Klasse von Rezeptoren – so genannte metabotrope Rezeptoren –, die Second-Messenger-Systeme innerhalb der Zelle aktivieren. Diese zweite Klasse von Rezeptoren kann modulierende Effekte auslösen, die minutenlang anhalten. Diese Effekte sind beispielsweise für die Modulation der Stärke bereits existierender Synapsen verantwortlich.

Wir sehen nun, dass wiederholte sensitivierende Reize (wie Schwanzschocks) oder wiederholte Serotoninapplikationen einen dritten Typ von synaptischen Effekten auslösen, einen Effekt, der nicht nur Sekunden oder Minuten, sondern Tage und Wochen anhält. Diese anhaltende Wirkung resultiert aus der Tatsache, dass die wiederholte

Reizung dazu führt, dass die PKA zum Kern diffundiert. Dort setzt sie eine genetische Kaskade in Gang, die dann, wie wir noch sehen werden, einen stabilen, sich selbst erhaltenden Wachstumsprozess im Neuron auslöst. Daher haben modulierende Faktoren wie Serotonin, die wichtig fürs Lernen sind, möglicherweise eine Doppelfunktion: Auf der einen Seite ruft eine einmalige Exposition eine vorübergehende Veränderung der synaptischen Stärke hervor, die minutenlang anhält; auf der anderen Seite führt eine wiederholte oder länger andauernde Exposition zu einer dauerhaften, stabilen Veränderung in der Architektur des Neurons, ähnlich den Effekten von Wachstumsfaktoren während der Entwicklung.

Erste Schritte beim Umlegen des Konsolidierungsschalters

Wir haben gesehen, wie die wiederholte Applikation von Serotoninpulsen eine Kette von Reaktionen in der postsynaptischen Zelle in Gang setzt, die unter anderem dazu dienen, ein Signal zum Kern zu senden. Nun endlich können wir beginnen, uns eine Vorstellung zu machen, was im Inneren des Kerns geschieht, um Langzeitinhalte zu speichern. Nachdem die PKA zum Kern gelangt ist, phosphoryliert sie eine Reihe von Transkriptionsfaktoren, von denen der vielleicht wichtigste ein Protein namens CREB-1 (das cAMP-Reaktionselement-bindende Protein-1) ist. Diese phosphorylierte Form von CREB-1 bindet an sein cAMP-Reaktionselement (CRE) auf der DNA und schaltet so die Gene an, die zur Ausbildung von Langzeiterinnerungen nötig sind.

Die ersten Hinweise auf eine Rolle von CREB-1 bei der Gedächtnisspeicherung stammen aus den neunziger Jahren, als sich Pramod Dash, Binyamin Hochner und Kandel die Frage stellten: Was passiert mit der Langzeitverstärkung der Kiemenrückziehreaktion bei *Aplysia*, wenn CREB-1 daran gehindert wird, Gene zu aktivieren? Um dieser Frage nachzugehen, synthetisierten sie ein Stück DNA, das die CRE-Sequenz enthielt, also das Reaktionselement, an das CREB gewöhnlich bindet. Anschließend injizierten sie große Mengen dieser Sequenz in den Kern eines sensorischen Neurons von *Aplysia*. Dadurch hatte das CREB-1-Protein die Wahl, sich an die normale Ziel-CRE auf den Genen oder an den großen Überschuss von CRE-Stücken der injizierten DNA zu binden. Weil sehr viel mehr injiziertes CRE als natürlich auftretendes CRE präsent war, wurde das CREB-1-Protein vom injizierten CRE „weggefangen". So konnten Dash und Kollegen verhindern, dass sich das CREB-1-Protein im Zellkern an die natürliche CRE-Sequenz vor dem Gen band. Auf diese Weise wurde die Wirkung von CREB-1 aufgehoben. Das Ergebnis war eine Blockade des Langzeitprozesses ohne Beeinträchtigung der kurzfristigen Erhöhung der synaptischen Stärke.

Anschließend führten Dusan Bartsch, Andrea Casadio und Kandel das umgekehrte Experiment durch. Sie injizierten die phosphorylierte Form des CREB-1-Proteins in die sensorischen Neuronen von *Aplysia* und fanden eine Langzeitverstärkung, ohne dass es zu der kurzen Steigerung der Transmitterausschüttung gekommen wäre, die für die Kurzzeitverstärkung typisch ist. Daher ist CREB-1 in seiner phosphorylierten Form nicht nur notwendig für die Langzeitverstärkung, sondern auch hinreichend, um sie ganz allein zu bewirken. Diese Experimente zeigen direkt, dass CREB-1 eine entscheidende Komponente bei den allerersten Schritten des Umschaltens vom Kurzzeit- zum Langzeitgedächtnis ist.

Hemmende Einflüsse auf das Langzeitgedächtnis

Bisher lässt sich der molekulare Prozess der Langzeitspeicherung wie folgt charakterisieren: Die aktivierten katalytischen Untereinheiten der PKA diffundieren zum Kern und phosphorylieren CREB-1-Proteine. Diese Proteine binden dann an die DNA und schalten die für die Langzeiterinnerung notwendigen Gene an. Die Situation ist jedoch nicht ganz so einfach. Der vielleicht überraschendste Befund bei der Untersuchung des genetischen Schalters ist, dass sich das Langzeitgedächtnis nicht nur an-, sondern auch abschalten lässt. Gewöhnlich wird die Fähigkeit, Langzeiterinnerungen auszubilden, von inhibitorischen Prozessen eingeschränkt. Diese Prozesse entscheiden darüber, wie leicht oder wie schwer Kurzzeitinhalte in Langzeitinhalte konvertiert werden.

Der dramatischste hemmende Faktor ist ein inhibitierender Transkriptionsregulator – ein Repressor –, der von Bartsch und Kandel entdeckt und als CREB-2 bezeichnet wurde. CREB-2 hemmt vermutlich CREB-1 und blockiert die Langzeitverstärkung, indem er sowohl an die CRE-Sequenz auf der DNA als auch an das CREB-1-Protein bindet. Um die Langzeitverstärkung bei *Aplysia* zu aktivieren, muss daher nicht nur CREB-1 aktiviert werden, sondern auch der repressive Einfluss von CREB-2 ausgeschaltet werden.

CREB-2 wird anders als CREB-1 reguliert. Im Gegensatz zu CREB-1 wird CREB-2 nicht direkt von der PKA angeschaltet, sondern offenbar von einer anderen Proteinkinase kontrolliert, die als Mitogen-aktivierte Proteinkinase oder MAP bezeichnet wird. Mitogene sind Substanzen, die die Kernteilung [Mitose] und damit auch die Zellteilung stimulieren. Dass CREB-2 unabhängig reguliert und dadurch unabhängig und in unterschiedlichen Ausmaßen abgeschaltet werden kann, ist eine interessante Eigenschaft. Sie könnte für einen Teil der alltäglichen Variabilität verantwortlich sein, die wir erleben, wenn wir versuchen, Kurzzeit- in Langzeitinhalte umzuwandeln. Wenn dieses Argument korrekt ist, dann sollte ein Ausschalten des repressiven Einflusses von CREB-2 die Schwelle für die Konversion von Kurzzeit- in Langzeitinhalte dramatisch senken. Mirella Ghirardi, Bartsch und Kandel testeten diese Idee und fanden heraus, dass eine Blockade des Repressors zu einer langfristigen synaptischen Bahnung führt, wie sie für das Langzeitgedächtnis wichtig ist. Nun ruft eine einzige Serotoninexposition, die gewöhnlich nur minutenlang anhaltende Kurzzeiteffekte nach sich zieht, die Entwicklung neuer synaptischer Verbindungen hervor, die mehr als einen Tag bestehen bleiben.

Eine ähnliche Form koordinierter Regulation kontrolliert auch den Schalter für das Langzeitgedächtnis bei der Taufliege *Drosophila*. Wie in Kapitel 1 und 3 erwähnt, waren Seymour Benzer und seine Studenten die ersten, die nachwiesen, dass *Drosophila* lernen kann und dass Mutationen in einzelnen Genen das Kurzzeitgedächtnis beeinträchtigen. In jüngerer Zeit fand Tim Tully an den Cold Spring Harbor Laboratories, dass *Drosophila* auch über ein Langzeitgedächtnis verfügt, das durch wiederholtes Training in bestimmten Intervallen aktiviert wird und eine Proteinsynthese erfordert. Jerry Yin, Tully und Chip Quinn klonierten daraufhin die beiden Formen der CREB, die eine ein Aktivator, die andere ein Repressor, bei transgenen Fliegen. Anschließend überexprimierten sie den CREB-Repressor und fanden heraus, dass ein Überschuß des Repressors die Ausbildung des Langzeitgedächtnisses blockierte. Vielleicht noch erstaunlicher ist Yin und Tullys Befund, dass eine Überexpression der Aktivatorform der *Drosophila*-CREB die Anzahl der Trainingsdurchgänge stark reduzierte, die notwendig war, um ein Langzeitgedächtnis zu etablieren. Ein einziger Trainingsdurchgang, der gewöhnlich nur zu einem Kurzzeitgedächtnis von Minutenlänge führte, erzeugte nun ein Langzeitgedächtnis, das tagelang anhielt. Zusammengenommen ergänzen sich die Daten von *Aplysia* und *Drosophila* sehr gut: Sie liefern den molekularen Nachweis, dass es zusätzlich zu einer Aktivierung, die für das Anschalten des Langzeitgedächtnisses wichtig ist, einen speziellen Repressor gibt, dessen Aufgabe es ist, zu verhindern, dass Information im Langzeitgedächtnis gespeichert wird.

Die Tatsache, dass Aktivatoren wie Repressoren den Konsolidierungsschalter kontrollieren, könnte verschiedene Gedächtniseigenschaften erklären helfen, von der Vergesslichkeit bis zu Beispielen für ein außerordentliches Erinnerungsvermögen. So fällt es uns mit zunehmendem Alter immer schwerer, neue Langzeitinhalte zu bilden (altersabhängiger Gedächtnisverlust, siehe Kapitel 10), beispielsweise erinnern wir uns vielleicht nicht an eine kürzlich stattgefundene Unterhaltung mit einem neuen Bekannten. Man schreibt diese Schwierigkeit zum Teil dem Verlust von Synapsen im medialen Temporallappen, zum Teil auch physiologischen Veränderungen zu, die beim Alterungsprozess in dieser Gehirnregion auftreten. Darüber hinaus könnte die normale Altersvergesslichkeit aber auch auf eine schwächere Aktivierung und vielleicht auch auf die Unfähigkeit zur Aufhebung der Repression bestimmter Gene zurückgehen. Überdies könnten Menschen angeborene Unterschiede bei der Aktivität des Repressors im

Verhältnis zu derjenigen des Aktivators aufweisen. Daher könnte unsere genetische Ausstattung zu individuellen Unterschieden bei Speicherungsprozessen beitragen und teilweise für außergewöhnliche Gedächtnisleistungen verantwortlich sein.

Ein außergewöhnlich gutes Gedächtnis

Obwohl wir ein Langzeitgedächtnis gewöhnlich nur nach wiederholtem, in gewissen zeitlichen Intervallen erfolgendem Training ausbilden, wird neue Information gelegentlich auch nach nur einer einzigen Exposition fest im Gedächtnis verankert. Die Fähigkeit, Erinnerungen nach einem einzigen Versuchsdurchgang permanent zu speichern, ist bei gewissen seltenen Individuen mit außergewöhnlichem Gedächtnis besonders gut entwickelt. Der in Kapitel 4 erwähnte Gedächtniskünstler O. C. Shereshevskii vergaß offenbar niemals etwas, das er einmal gelernt hatte – selbst nicht nach einer einzigen Exposition und selbst nicht nach mehr als einem Jahrzehnt. Häufiger sind die Leistungen von Menschen mit außergewöhnlichem Gedächtnis stärker eingeschränkt. Beispielsweise haben die jüdischen Schass-Kenner aus Polen ein bemerkenswertes Gedächtnis, doch es beschränkt sich auf den Talmud. Auf diesem Gebiet ist ihr Erinnerungsvermögen wirklich erstaunlich. Sie können jedes Wort auf jeder Seite der zwölf Bände des babylonischen Talmuds aus dem Gedächtnis abrufen.

Zwei Merkmale sind typisch für Menschen mit einem außergewöhnlich guten Gedächtnis. Erstens mangelt es ihnen, auch wenn ihr Gedächtnis für einige Stoffe vielleicht sehr gut ist, gewöhnlich an einem tiefgreifenden Verständnis des Stoffes. Zweitens ist ein außergewöhnlich gutes Gedächtnis unangenehm. Das war bei Lurias Probanden Shereshevskii deutlich, und der argentinische Schriftsteller Jorge Luis Borges hat dieses Phänomen in seiner Kurzgeschichte *Das unerbittliche Gedächtnis* hervorragend eingefangen. Darin beschreibt Borges einen jungen Mann mit einem perfekten Gedächtnis, das sich als tragische Bürde erwies.

Wir nehmen mit einem Blick drei Gläser auf einem Tisch wahr; Funes sah alle Triebe, Trauben und Beeren, die zu einem Rebstock gehören. Er kannte genau die Formen der südlichen Wolken des Sonnenaufgangs vom 30. April 1882 und vermochte sie in der Erinnerung mit der Maserung auf einem Pergamentband zu vergleichen, den er nur ein einziges Mal angeschaut hatte, und mit den Linien der Gischt, die ein Ruder auf dem Rio Negro am Vorabend des Quebracho-Gefechtes aufgewühlt hatte. Diese Erinnerungen waren indessen nicht einfältig; jedes optische Bild war verbunden mit Muskel-, Wärmeempfindungen usw. Er konnte alle Träume, alle Dämmerungsträume rekonstruieren. Zwei- oder dreimal hatte er einen ganzen Tag rekonstruiert… Er sagte mir: „Ich allein habe mehr Erinnerungen, als alle Menschen zusammen je gehabt haben, solange die Welt besteht… Mein Gedächtnis, Herr, ist wie eine Abfalltonne."

Aber ein außergewöhnlich gutes Gedächtnis ist nicht auf derartige Gedächtniskünstler beschränkt. Eine häufige Form von gutem Gedächtnis (das so genannte Schlaglichtgedächtnis, englisch *flashbulb memory*), ist etwas, über das die meisten Leute zu verschiedenen Zeiten ihres Lebens verfügen. Dabei handelt es sich um eine detaillierte und lebhafte Erinnerung, die bei einer bestimmten Gelegenheit gespeichert wurde und ein Leben lang behalten wird. Schlaglichterinnerungen, wie die Erinnerung, wo Sie waren und was Sie taten, als sie vom Attentat auf Präsident Kennedy oder vom Fall der Berliner Mauer hörten, konservieren langfristig Wissen an ein Ereignis. Anfangs konzentrierten sich Untersuchungen über Schlaglichterinnerungen auf wichtige historische Ereignisse. Doch einiges spricht dafür, dass wir autobiographische Information über überraschende und wichtige persönliche Ereignisse mit derselben lebhaften Klarheit erinnern können. Diese Erinnerungen sind nicht unbedingt in jeder Beziehung präzise, aber es ist klar, dass das Gehirn Langzeiterinnerungen verstärken kann, die von emotional bedeutsamen Ereignissen induziert wurden.

Wie werden Einzelheiten dramatischer persönlicher und historischer Ereignisse gespeichert? Diese überraschenden und gefühlsbeladenen Ereignisse hängen vermutlich von der Amygdala ab, einer Gehirnstruktur, mit der wir uns in Kapitel 8 näher beschäftigen werden. Außerdem sind wohl die wichtigsten Aktivierungssysteme im Säugerhirn, einschließlich des menschlichen Gehirns daran beteiligt – modulierende Systeme, die durch Ausschüttung der Neurotransmitter Serotonin, Noradrenalin, Dopamin und Acetylcholin Stimmung und Aufmerksamkeit regulieren. Eine mögliche Konsequenz dieser modulierenden Systeme könnte darin bestehen, die CREB-2-Repression aufzuheben und das Gedächtnissystem dadurch vorzubereiten, so dass eine einzige Erfahrung ausreicht, um Information ins Langzeitgedächtnis zu überführen. Es ist daher von Interesse, dass diese modulierenden Transmittersysteme eine bedeutende Rolle bei der Art von Lernen spielen könnten, an der bei *Aplysia*, *Drosophila* und – wie wir noch sehen werden – bei Mäusen CREB beteiligt ist.

Gene und Proteine für das Langzeitgedächtnis

Der Schalter zum Langzeitgedächtnis wird durch Beseitigen des Repressors (CREB-2) und Aktivierung des Aktivators (CREB-1) nur teilweise umgelegt. Um ihn vollständig umzulegen, müssen die Gene, die von CREB-1 aktiviert werden, ihre Proteinprodukte liefern. Dieser Schritt – die Synthese der Proteine, die von den CREB-1-aktivierten Genen codiert werden – ist es vermutlich, der die sensible (Konsolidierungs-)Phase bei der Ausbildung des Langzeitgedächtnisses darstellt. Bevor dieser Schritt abgeschlossen ist, lässt sich das Gedächtnis durch Proteinsynthesehemmer blockieren, und ein Schlag auf den Kopf kann eine Erinnerung, die gerade konsolidiert werden soll, für immer auslöschen.

Wie bereits erwähnt, ist eine Proteinneusynthese nur für einen kurzen Zeitraum von einigen Stunden notwendig. Die hohe Geschwindigkeit dieses Mechanismus sprach nach Goelet und Kandels Meinung dafür, dass die Proteine innerhalb kurzer Zeit hergestellt und nur kurze Zeit gebraucht werden. Deshalb stellten sie die These auf, die Konsolidierungsphase des Gedächtnisses sei eine Periode, in der CREB-1 eine spezielle Klasse von Genen, die so genannten unmittelbar frühen Gene (*immediate response genes* oder *immediate early genes*) aktiviert. Diese Gene sind dadurch charakterisiert, dass sie rasch, aber nur vorübergehend aktiviert werden.

Christina Alberini, Kaoru Inokuchi, Ashok Hedge, James Schwartz und Kandel suchten und fanden schließlich bei *Aplysia* zwei unmittelbar frühe Gene, die zu dem Zeitpunkt, zu dem die Langzeitverstärkung etabliert wird, schnell induziert und von cAMP sowie CREB-1 aktiviert werden konnten. Eines dieser Gene codiert ein Enzym, die Ubiquitinhydrolase, das andere einen Transkriptionsregulator namens C/EBP. Wird die Expression eines dieser beiden Gene unterdrückt, so blockiert dies den Langzeitprozess, ohne den Kurzzeitprozess zu beeinflussen. Die Untersuchung dieser beiden Gene hat sich als höchst informativ erwiesen.

Das Enzym Ubiquitinhydrolase, das von dem ersten der beiden Gene codiert wird, setzt einen positiven Rückkopplungsmechanismus in Gang. Dieses Enzym ist Teil eines Proteinkomplexes, des so genannten Ubiquitinproteasoms, das selektiv Proteine abbaut. Schwartz und seine Kollegen haben zuvor gezeigt, dass das Ubiquitinproteasom die regulatorischen Untereinheiten abbaut, die gewöhnlich die katalytischen Untereinheiten der PKA hemmen. Wie bereits erwähnt, ist diese Kinase für die Ausbildung des Langzeitgedächtnisses unerlässlich. Durch Abbau der regulatorischen Untereinheiten beseitigt die Ubiquitinprotease daher einen zweiten hemmenden Einfluss auf das Langzeitgedächtnis (CREB-2 ist der erste).

Sie haben vielleicht angenommen, die regulatorischen Untereinheiten seien bereits früher, als sie vom hochkonzentrierten cAMP gebunden wurden, außer Gefecht gesetzt worden. Zu dem Zeitpunkt, wenn die Ubiquitinhydrolase aktiviert ist, ist die cAMP-Konzentration jedoch bereits wieder auf den Normalwert abgesunken, und die regulatorischen Untereinheiten hemmen die PKA wieder aktiv. Schlimmer noch, jedes Protein, das von der PKA phosphoryliert wurde, ist von einer Phosphatase, einem Enzym, das Phosphatgruppen von Proteinen abtrennt, rasch wieder dephosphoryliert worden. Mit der Beseitigung der regulatorischen Untereinheit durch das Ubiquitinproteasom kann die Kinase nun jedoch ständig aktiv sein, auch

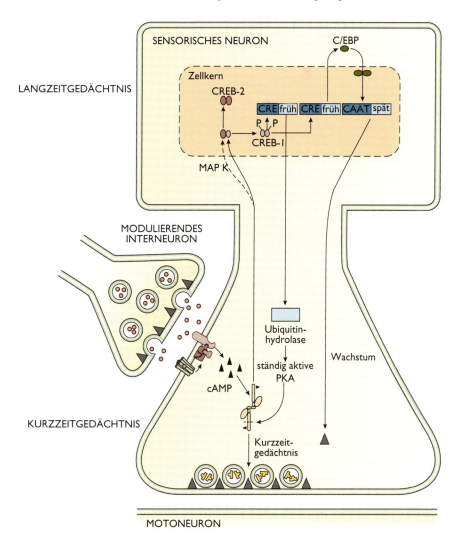

Abb. 7.7 Die Langzeitsensitivierung des Kiemenrückziehreflexes bei *Aplysia* wird durch wiederholte Aktivierung der sensorischen Neuronen durch serotonerge modulierende Interneurone eingeleitet. Das führt zu zwei wichtigen Formen genetisch induzierter Veränderungen in den sensorischen Neuronen des Reflexes: Erstens kommt es zu einer anhaltenden Aktivität von Proteinkinase A und zweitens zur Entwicklung neuer synaptischer Verbindungen. Bei der Kurzzeitverstärkung (Kapitel 3) löst Serotonin, das von den modulierenden Interneuronen freigesetzt wird, eine Reihe von Schritten aus, die zu einer erhöhten cAMP-Konzentration und einer zeitweiligen Aktivierung der PKA führen, einer Proteinkinase, die die Transmitterausschüttung verstärkt. Bei wiederholter Serotoninausschüttung gelangt die PKA auch zum Kern, wo sie das Umschalten zur Langzeitverstärkung einleitet. Dort setzt sie vermutlich aufgrund ihrer Fähigkeit, die MAP-Kinase zu aktivieren, den hemmenden CREB-2-Repressor außer Kraft. Zudem aktiviert PKA das CREB-1-Protein, einen Transkriptionsregulator, der die Transkription verschiedener Gene initiiert. Ein Produkt eines dieser Gene, die Ubiquitinhydrolase, wirkt auf die (hemmende) regulatorische Untereinheit der PKA selbst, so dass die PKA aktiv bleibt. Ein anderes Produkt dieser Gene ist ein Transkriptionsfaktor, C/EBP, der auf Gene weiter stromabwärts wirkt und die Entwicklung neuer synaptischer Verbindungen in die Wege leitet.

wenn der cAMP-Spiegel wieder auf seinen Normalwert gefallen ist. Infolgedessen kann sich die Kinase nun über die Gegenwirkung der Phosphatase hinwegsetzen und mit der Phosphorylierung der Zielproteine fortfahren. Tatsächlich fanden David Sweatt und Kandel, dass viele Proteine, die kurzfristig phosphoryliert werden, diesen Zustand langfristig ohne cAMP-Unterstützung beibehalten können. Wir sprechen hier über den vielleicht einfachsten positiven molekularen Feedback-Mechanismus für das Langzeitgedächtnis. Die ständig aktive Kinase ist während der ersten paar Stunden der Langzeitspeicherung, wenn neue synaptische Verbindungen auszuwachsen beginnen, besonders wichtig.

Das zweite unmittelbar frühe Gen, das vom Langzeitgedächtnis-Schalter aktiviert wird, ist bei *Aplysia* das Gen für den Transkriptionsregulator C/EBP, einen Genaktivator. Wird die Expression des *Aplysia*-Gens für C/EBP blockiert, so wird auch die Entwicklung neuer synaptischer Verbindungen unterdrückt. Diese beiden Gene bilden wahrscheinlich nur die Spitze eines Eisbergs. Bei der Umwandlung von Kurzzeit- in Langzeitinhalte werden vermutlich viele Gene exprimiert.

Entwicklung neuer Synapsen

Einmal induziert, kann das Langzeitgedächtnis bei *Aplysia* je nach Trainingsumfang über Tage und Wochen stabil bleiben. Was macht das Langzeitgedächtnis so stabil?

Craig Bailey und Mary Chen, die die Sensitivierung des Kiemenrückziehreflexes untersuchten, konnten nachweisen, dass es Veränderungen in der Zellanatomie sind, die dieses Gedächtnis bei *Aplysia* langanhaltend machen. Nach einer Trainingsprozedur, die zu einer dreiwöchigen Sensitivierung führt, kommt es zu einer Verdopplung der synaptischen Endigungen pro sensorisches Neuron (von 1300 auf 2600). Diese Veränderungen bleiben solange erhalten, wie auch die Veränderung im Kiemenrückziehreflex anhält. Wenn die Sensitivierung im Laufe der drei Wochen allmählich zurückgeht, gehen mehr und mehr synaptische Endigungen verloren, und ihre Anzahl geht langsam wieder auf die ursprüngliche Zahl zurück. Diese anatomischen Veränderungen beschränken sich *nicht* auf die präsynaptischen sensorischen Neuronen. Bei sensitivierten Tieren wachsen auch die dendritischen Fortsätze der postsynaptischen Zelle, um mit dem neuen synaptischen Wachstum Schritt zu halten. Daher ist für die Langzeitspeicherung eine koordinierte Strukturveränderung in prä- wie auch in postsynaptischen Zellen erforderlich.

Es ist leicht einzusehen, dass ein sensorisches Neuron mit der doppelten Anzahl synaptischer Verbindungen auch doppelt so effektiv ist, wenn es darum geht, Kiemenmotoneuronen zu erregen. Infolgedessen steigt die Wahrscheinlichkeit, dass eine Berührung des Siphons den Kiemenrück-

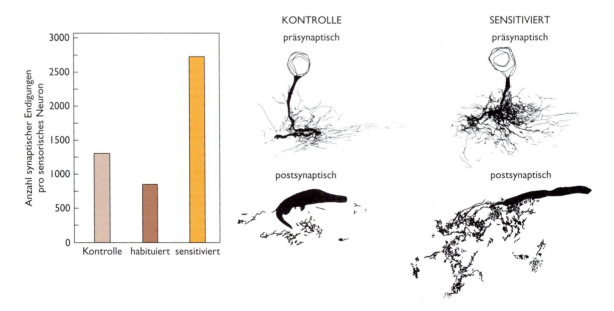

Abb. 7.8 Das stabile Langzeitgedächtnis für Sensitivierungen wird vom Wachstum neuer synaptischer Verbindungen getragen. Links: Die sensorischen Neuronen sensitivierter Tiere weisen viel mehr präsynaptische Verbindungen auf als diejenigen von Kontrolltieren oder habituierten Tieren. Rechts: Sensorische Neuronen (oben) wie Motoneuronen (unten) entwickeln im Verlauf der Sensitivierung neue Zweige.

ziehreflex auslöst, beträchtlich, und die Verstärkung hält solange an, wie die zusätzlichen synaptischen Verbindungen bestehen. Interessanterweise spiegelt sich Langzeitgedächtnis nicht immer im Wachstum zusätzlicher Synapsen wider. Im Fall der Langzeithabituation (Kapitel 2) kommt es ganz im Gegenteil zu einem Rückschneiden oder „Zurechtstutzen" der synaptischen Endigungen von ursprünglich 1300 pro Neuron auf 800 pro Neuron.

Wie wir später in diesem Kapitel noch sehen werden, können strukturelle Veränderungen auch für die stabile Phase des deklarativen Gedächtnisses typisch sein. Diese anatomischen Veränderungen enthüllen einen fundamentalen Unterschied zwischen Kurzzeit- und Langzeitgedächtnis. Beim Kurzzeitgedächtnis beschränken sich die Veränderungen auf kleine, subzelluläre Veränderungen, wie die Verlagerung synaptischer Vesikel, die näher oder weiter von der aktiven Zone entfernt platziert werden. Derartige Verlagerungen ändern die Fähigkeit der Zelle, Transmitter auszuschütten. Im Gegensatz dazu steht das Langzeitgedächtnis mit dem Wachstum neuer synaptischer Verbindungen oder dem Zurückziehen bereits bestehender Verbindungen in Zusammenhang. Daher ist das Umschalten von der Kurzzeit- zur Langzeitverstärkung auf molekularer Ebene ein Umschalten von einem *auf Vorgängen basierenden* Gedächtnis zu einem auf *Strukturen basierenden* Gedächtnis.

Bei Studien der Synapse zwischen sensorischem Neuron und Motoneuron von *Aplysia* in Kultur sind gleichzeitig funktionelle wie auch strukturelle Veränderungen beobachtet worden. Ziel dieser Studien war es, Remodellierung und Wachstum an denselben spezifischen Synapsen zeitlich kontinuierlich zu verfolgen und den funktionellen Beitrag der präsynaptischen Strukturveränderungen zu den verschiedenen zeitabhängigen Phasen der Langzeitverstärkung zu untersuchen. Dabei zeigte sich, dass wiederholte Serotoningaben zwei zeitlich, morphologisch und molekular unterschiedliche Klassen von präsynaptischen Veränderungen induzieren: 1. innerhalb von 3 bis 6 Stunden eine rasche Aktivierung von zuvor stummen synaptischen Endigungen durch das Füllen bereits vorhandener leerer präsynaptischer Endigungen mit synaptischen Vesikeln, ein Prozess, der eine Translation, aber keine Transkription erfordert, und 2. innerhalb von 12 bis 18 Stunden die Bildung von neuen funktionellen synaptischen Endigungen, ein

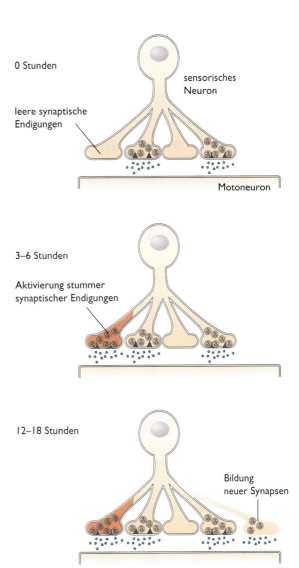

Abb. 7.9 Studien der Synapse zwischen sensorischem Neuron und Motoneuron von *Aplysia*-Zellen in Kultur haben zwei Schritte bei den präsynaptischen Strukturveränderungen aufgedeckt, die die Langzeitverstärkung begleiten. Im Grundzustand (oben) sind einige präsynaptische Endigungen leer; sie verfügen nicht über die Maschinerie, die zur Transmitterfreisetzung nötig ist. Für das Langzeitgedächtnis füllen Vesikel rasch (innerhalb von 3 bis 6 Stunden) diese zuvor leeren (stummen) präsynaptischen Endigungen (Mitte). Daneben existiert ein zweiter, langsamerer Mechanismus, der innerhalb von 12 bis 18 Stunden zur Entwicklung neuer präsynaptischer Endigungen führt.

Prozess, der langsamer abläuft und sowohl eine Translation als auch eine Transkription erfordert.

Ein synapsenspezifischer Mechanismus für das Langzeitgedächtnis

Der Zellkern wird von allen Synapsen einer Zelle gemeinsam genutzt. Die Vorstellung, dass Gene im Kern abgelesen werden, um Langzeitinhalte zu etablieren, hat eine bedeutsame Frage für die Gedächtnisforschung aufgeworfen: Müssen die synaptischen Veränderungen, die zum Langzeitgedächtnis beitragen, zellweit sein, oder lässt sich die Stärke der einzelnen synaptischen Verbindungen einer Zelle unabhängig voneinander modifizieren? Jedes der ungefähr 10^{11} Neuronen im Gehirn bildet im Mittel 1000 synaptische Verbindungen mit seiner Zielzellpopulation aus. Bei der Optimierung der Informationsverarbeitung ist, so nimmt man an, die individuelle Synapse die kritische Einheit der synaptischen Plastizität. Ist das tatsächlich der Fall, und wenn es so ist, wie können die Gene im Zellkern eine einzelne Synapse „anpeilen"?

Um dieser Frage nachzugehen, nahmen Kelsey Martin, Casadio, Bailey und Kandel ein einzelnes sensorisches Neuron von *Aplysia* in Kultur, das zwei Äste aussandte und synaptische Kontakte mit zwei räumlich getrennten Motoneuronen aufnahm. Sie gaben fünf Serotoninpulse auf die Synapsen auf einem der Motoneuronen und fanden heraus, dass der einzelne axonale Ast an diesem Motoneuron eine Langzeitverstärkung erlebt, wohingegen der andere Ast sich nicht verändert. Neue synaptische Verbindungen entwickeln sich ausschließlich an dem behandelten Ast. Es sieht demnach so aus, als laufe ein Signal aus dieser synaptischen Region zurück zum Kern. Das Signal aktiviert dann Genprodukte, die zu allen Endigungen gelangen, aber nur solche Endigungen, die kürzlich eine Veränderung durchgemacht haben, können das Protein, das zu ihren Synapsen gelangt, für Langzeitveränderungen nutzen. Diese Vorstellung, die von Martin, Kandel und ihren Kollegen sowie unabhängig von Frey und Morris entwickelt wurde, wird als *synaptic capture* (wörtl. synaptisches Einfangen) oder als *synaptic tagging* (wörtl. synaptische Markierung) bezeichnet.

Um diese Idee zu testen, applizierten Martin und ihre Kollegen den Kontakten, die das sensorische Neuron auf einem Motoneuron ausgebildet hatte, als nächstes fünf Serotoninpulse und anschließend einen weiteren, einzelnen Serotoninpuls (der allein nur eine vorübergehende, kurzzeitige synaptische Verstärkung von wenigen Minuten Dauer hervorruft). In diesem Kontext konnte der einzelne Serotoninpuls im zweiten Zweig eine Langzeitverstärkung und das Wachstum neuer Verbindungen bewirken.

Diese Ergebnisse sprechen dafür, dass nach der Rücksendung eines Signals zum Kern und der sich anschließenden transkriptionalen Aktivierung neu synthetisierte Genprodukte, sowohl mRNA als auch Proteine, durch einen raschen axonalen Transportmechanismus zu den spezifischen Synapsen geschickt werden, deren Aktivierung diese Welle der Genexpression ursprünglich ausgelöst hat. Die Hypothese des *synaptic tagging* wurde entwickelt, um zu erklären, wie diese Spezifität angesichts der großen Anzahl von Synapsen, die von einem einzigen Neuron produziert wird, auf biologisch ökonomische Weise erreicht werden kann. Dieser Hypothese zufolge werden die Produkte der Genexpression überall in die Zelle geschickt, aber nur in den spezifischen Synapsen funktionell inkorporiert, die durch vorangegangene synaptische Aktivität markiert (*tagged*) worden sind.

Anfang der 1980er Jahre entdeckte Oswald Steward, der heute an der University of California, Irvine, arbeitet, dass es zusätzlich zur Proteinsynthese, die im Zellkörper stattfindet, auch Ribosomen (die Maschinerie für die Proteinsynthese) gibt, die lokal in der Synapse liegen. Martin und ihre Kollegen stellten fest, dass die Regulierung der Proteinsynthese an der Synapse eine wichtige Rolle bei der Kontrolle der Synapsenstärke an einer sensorisch-motorischen Verbindung bei *Aplysia* spielt. Wie wir weiter unten sehen werden, ist eine lokale Proteinsynthese auch für die späteren Phasen der Langzeitpotenzierung (LTP) im Hippocampus wichtig. Martin, Casadio und Kandel untersuchten die Bedeutung der lokalen

Proteinsynthese bei *Aplysia* in einem gabelförmigen Kultursystem, das aus einem sensorischen Neuron zwischen zwei motorischen Neuronen besteht. In diesem System fanden sie, dass die langfristige, synapsenspezifische Verstärkung, die durch die Applikation von Serotonin hervorgerufen wird, für die stabile Aufrechterhaltung eines lerninduzierten Synapsenwachstums eine lokale Proteinsynthese erfordert. Ähnlich geht im Hippocampus die Induktion der LTP in den Schaffer-Kollateralen mit dem Transport von Ribosomen vom Dendritenschaft zu den aktiven dendritischen Dornen von CA1-Neuronen einher; das spricht für eine wichtige Rolle der lokalen Proteinsynthese bei den morphologischen Änderungen, die mit der LTP verknüpft sind.

Diese Ergebnisse zeigen, dass es bei *Aplysia* zwei separate Komponenten für das Markierungssignal gibt. Die erste Komponente ruft eine langfristige synaptische Plastizität und ein synaptisches Wachstum hervor und erfordert Transkription sowie Translation im Zellkern, aber keine lokale Proteinsynthese. Die zweite Komponente ermöglicht eine stabile Aufrechterhaltung der langfristigen synaptischen Veränderung und erfordert eine lokale Proteinsynthese an der Synapse. Wie könnte diese lokale Proteinsynthese an der Synapse reguliert werden?

Da mRNAs im Zellkörper produziert werden, spricht die Erfordernis für eine lokale Translation einiger mRNAs dafür, dass diese mRNA in-

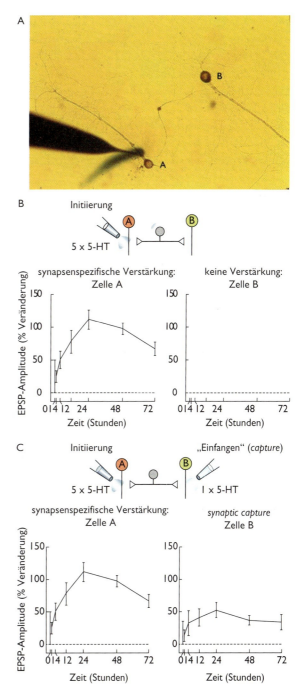

Abb. 7.10 Synapsenspezifische Verstärkung und *synaptic capture*. Teil A: Diese Mikroaufnahme zeigt das bei *Aplysia* entwickelte Kultursystem, das es erlaubt, die Aktivität von zwei unabhängigen Zweigen eines einzelnen sensorischen Neurons (kleines Neuron in der Mitte) auf zwei verschiedene Motoneuronen (A und B) zu untersuchen. Serotonin kann selektiv auf nur einen der beiden Zweige des sensorischen Neurons aufgebracht werden. Teil B: Die Zeichnung oben zeigt den Versuchsaufbau zur Untersuchung der Konsequenzen einer Aktivierung des Langzeitprozesses mittels selektiver Applikation von fünf Serotoningaben (5 x 5-HT) auf nur einen Satz synaptischer Endigungen – den Endigungen auf Zelle A. Das führt zu einer selektiven, synapsenspezifischen Verstärkung dieser Endigungen, ohne irgendeinen Effekt auf die ungereizten Endigungen auf Zelle B zu haben. Teil C: Die Zeichnung zeigt den Versuchsaufbau, bei dem fünf Pulse Serotonin (5 x 5-HT) auf einen Satz von Endigungen appliziert werden und gleichzeitig ein Serotoninpuls (1 x 5-HT) auf den anderen Satz von Endigungen gegeben wird. ein Puls 5-HT ruft normalerweise nur eine kurzfristige Verstärkung von wenigen Minuten hervor. Wenn er jedoch zusammen mit 5 x 5-HT auf den anderen Satz von Endigungen verabreicht wird, fängt 1 x 5-HT den gesamten Zeitverlauf der Langzeitverstärkung ein (to capture), wenn auch in reduzierter Form.

aktiv sind, bis sie die aktivierte Synapse erreichen. Wenn das tatsächlich der Fall ist, bestünde eine Möglichkeit, die Proteinsynthese in der Synapse zu aktivieren, darin, einen Translationsregulator zu rekrutieren, der in der Lage ist, translational inaktive (*dormant*) mRNAs zu aktivieren. Kausik Si und Kandel begannen, nach einem solchen Molekül zu suchen, indem sie sich auf das *Aplysia*-Homolog für CPEB (*cytoplasmatic polyadenylation element bindung protein*) konzentrierten, ein Protein, das inaktive mRNAs aktivieren kann. In *Aplysia* findet man in den Fortsätzen sensorischer Neuronen eine neuartige, neuronenspezifische Isoform von CPEB. Eine Stimulation mit Serotonin erhöht den Spiegel von CPEB-Protein in der Synapse. Die Induktion von CPEB ist unabhängig von einer Transkription, erfordert aber eine neue Proteinsynthese und reagiert empfindlich auf den Proteinsyntheseinhibitor Rapamycin. Zudem blockiert eine Hemmung von CPEB lokal an einer aktivierten Synapse die langfristige Aufrechterhaltung der synaptischen Verstärkung, nicht jedoch ihre Initiierung und eine frühe Expression nach 24 Stunden. Daher weist CPEB Schlüsseleigenschaften auf, die für den lokalen Proteinsynthese-abhängigen Prozess erforderlich sind, der eine stabile Aufrechterhaltung der synaptischen Veränderung ermöglicht. Demnach erfordert die Aufrechterhaltung, aber nicht die Initiierung einer langfristigen synaptischen Plastizität einen neuen Satz Moleküle in der Synapse, von denen ein Teil durch CPEB-abhängige translationale Aktivierung synthetisiert wird.

Auf welche Weise könnte CPEB die Spätphase der Langzeitverstärkung stabilisieren? Wie bereits erwähnt, resultiert die Stabilität der Langzeitverstärkung aus dem Beharren struktureller Veränderungen an den Synapsen sensorischer Neuronen, deren Abklingen dem Verblassen des Verhaltensgedächtnisses parallel läuft. Biologische Moleküle haben im Vergleich zur Dauer von Erinnerungen (Tage, Wochen, sogar Jahre) eine relativ kurze Halbwertszeit (Stunden bis Tage). Wie ist es dann möglich, dass die lerninduzierte Veränderung in der molekularen Zusammensetzung einer Synapse so lange aufrechterhalten werden kann? Die meisten Thesen, wie das Neuron dieses fundamentale Problem löst, basieren in irgendeiner Form auf

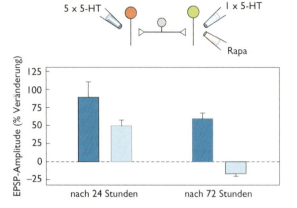

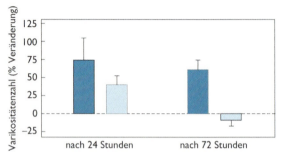

Abb. 7.11 Die Hemmung der Proteinsynthese durch Rapamycin blockiert die Aufrechterhaltung des Wachstums nach 72 Stunden. Die Skizze oben zeigt den Versuchsaufbau zur Untersuchung der Rolle der lokalen Proteinsynthese beim *synaptic capture*. Das obere Balkendiagramm illustriert die funktionellen Veränderungen, das untere die strukturellen Veränderungen auf beiden Seiten der Initiierung, wo 5 × 5-HT appliziert wurde (dunkelblauer Balken), und am Ort des synaptic capture, wo 1 × 5-HT appliziert wurde (hellblaue Balken). *Synaptic capture* (1 Puls 5-HT) wird hier zusammen mit einem Hemmer der lokalen Proteinsynthese (Rapamycin) verabreicht. Die fünf 5-HT-Pulse führen zu robusten funktionellen und strukturellen Veränderungen, die nach 24 und nach 72 Stunden deutlich sind. Am Ort des *synaptic capture*, wo der Proteinsynthesehemmer appliziert wird, sind die funktionellen und strukturellen Veränderungen nach 24 Stunden etabliert, halten sich aber nicht über 72 Stunden hinaus.

einem sich selbst erhaltenden Mechanismus, der synaptische Stärke und Struktur auf irgendeine Weise modulieren kann.

Si und Kandel haben ein Modell vorgeschlagen, das auf den prionenartigen Eigenschaften der neuronalen Isoform von CPEB bei *Aplysia* basiert. Prionen sind Proteine, die in zwei Formen existieren können, von denen eine in der Lage ist, sich selbst zu erhalten. Das Modell erklärt, wie eine Population instabiler Moleküle eine stabile Veränderung der synaptischen Form und Funktion bewirken kann. CPEB weist zwei Konformationszustände auf: Einer ist inaktiv, der andere aktiv. In einer naiven Synapse ist das Grundniveau der CPEB-Expression gering, und ihr Zustand ist inaktiv. Wenn jedoch ein bestimmter Schwellenwert erreicht wird, schaltet CPEB in den prionenartigen Zustand um, der die Translation inaktiver mRNAs in Gang setzt. Sobald der Prionenzustand in einer aktivierten Synapse etabliert ist, werden nach dieser Vorstellung inaktive mRNAs, die im Zellkörper hergestellt und in der ganzen Zelle verteilt werden, nur in den aktivierten Synapsen abgelesen (Translation) werden. Da das aktivierte CPEB selbstperpetuierend sein kann, könnte es eine sich selbst erhaltende, synapsenspezifische langfristige molekulare Veränderung fördern und einen Mechanismus für die Stabilisierung eines lernbezogenen synaptischen Wachstums und die Dauerhaftigkeit gespeicherter Erinnerungen liefern.

Ein Schalter für das deklarative Langzeitgedächtnis

Eine trainierte *Aplysia* zieht ihre Kieme heftig zurück, und eine trainierte *Drosophila* meidet einen negativ assoziierten Geruch. In beiden Fällen haben ähnliche molekulare Mechanismen ein nichtdeklaratives Langzeitgedächtnis geschaffen. In beiden Fällen ist ein Second Messenger, die cAMP-abhängige Proteinkinase, zum Kern bestimmter Neuronen diffundiert, wo er Gene aktiviert, die die Ausbildung neuer synaptischer Verbindungen triggern. Wir wollen uns nun deklarativen Gedächtnisformen zuwenden. Wenn ein Schüler ein Gedicht auswendig lernt oder eine Maus sich in einem Labyrinth zu orientieren lernt, laufen dann ähnliche Vorgänge in den Neuronen ab? Sind diese Mechanismen im Laufe der Evolution, als sich höhere Formen des Gedächtnisses aus niederen Formen entwickelten, konserviert worden?

Wie in Kapitel 6 erwähnt, ist jede Hauptbahn des Hippocampus, eines zentralen Bestandteils des medialen Temporallappensystems, zur Langzeitpotenzierung (LTP) fähig – einem synaptischen Mechanismus, der zur deklarativen Gedächtnisspeicherung geeignet erscheint. LTP ist eine dauerhafte, aktivitätsabhängige Form der synaptischen Modifikation, die durch eine kurze, hochfrequente Reizung hippocampaler Neuronen induziert werden kann. Wie in Kapitel 6 erwähnt, stört ein genetischer Eingriff in die Anfangsstadien der LTP gewisse Aspekte des Kurzzeit- wie des Langzeitgedächtnisses: Eine Maus lernt nicht, ihren Weg durch ein Labyrinth zu finden, und der Kiemenrückziehreflex bei *Aplysia* wird nicht sensitiviert. Gibt es eine bestimmte, abgegrenzte Langzeitkomponente der LTP, analog zur Langzeitverstärkung bei *Aplysia*?

Um dieser Frage nachzugehen, untersuchten Uwe Frey, Yan-You Huang und Kandel die LTP in den Schaffer-Kollateralen an Schnittpräparaten des Hippocampus von Ratten und fanden verschiedene, zeitlich abgegrenzte Phasen, ähnlich der Kurzzeit- und der Langzeitverstärkung bei *Aplysia*. Es gibt eine Frühphase, die direkt nach der tetanischen Stimulation einsetzt und ein bis drei Stunden anhält. Diese Phase wird von einer einzigen hochfrequenten Reizsalve induziert und erfordert keine Proteinsynthese. Im Gegensatz dazu induzieren drei oder mehr hochfrequente Salven eine späte Phase (L-LTP), die mindestens acht Stunden lang anhält, und diese späte Phase erfordert allen Anzeichen nach eine Genaktivierung: Sie wird von Proteinsyntheseinhibitoren, von Inhibitoren der RNA-Synthese und von Inhibitoren der PKA blockiert. Umgekehrt kann diese späte Phase von cAMP aktiviert werden, einem der Botenstoffe in dem Second-Messenger-System, das ein Signal zur Genaktivierung in den Kern sendet.

Wie bei der Langzeitbahnung bei *Aplysia* gibt es bei der späten Phase der LTP im Hippocampus der Ratte einige initiale Schritte, während derer neue Proteine synthetisiert werden. Unabhängig davon, ob man versucht, LTP durch tetanische Reizung oder durch cAMP-Applikation zu induzieren, wird die LTP-Induktion verhindert, wenn die Gentranskription entweder sofort nach der tetanischen Reizung oder während der cAMP-Applikation blockiert wird. Daher erfordert die späte Phase der LTP während einer kritischen

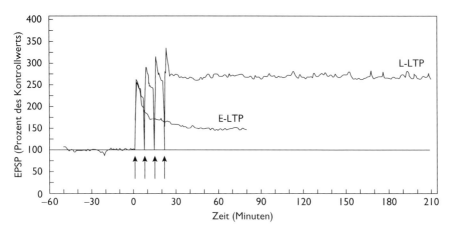

Abb. 7.12 Mit derselben Versuchsanordnung wie in Abbildung 6.3 wurden eine frühe und eine späte Phase der LTP in den Schaffer-Kollateralen abgeleitet, die zur CA1-Region des Hippocampus führen (oben). Eine einzelne Reizserie von 100 Hz und einer Sekunde Dauer ruft die frühe (englisch *early*) Phase der LTP (E-LTP) hervor; vier Reizserien in 10-Minuten-Abständen rufen die späte (englisch *late*) Phase der LTP (L-LTP) hervor. Die resultierende frühe LTP dauert zwei Stunden, die späte LTP mehr als 24 Stunden.

Periode direkt nach der Tetanisierung eine Gentranskription – vielleicht weil während dieser Periode bestimmte Gene exprimiert werden müssen. Um diese Möglichkeit zu testen, untersuchten Joe Tsien, Dietmar Kuhl und Kandel Mäuse auf LTP-induzierte unmittelbar frühe Gene und fanden, dass eine Reihe solcher Gene induziert wurde. Zwei davon sind besonders wichtig, und beide weisen ein CRE-Element in der regulatorischen Region des Gens auf. Eines dieser Gene codiert den *tissue plasminogen activator* (tPA), ein Enzym, das das Wachstum von axonalen Endigungen und dendritischen Dornen stimuliert. Das andere Gen ist mit dem C/EBP-Gen von *Aplysia* verwandt, das, wie bereits erwähnt, für das Anschalten der Langzeitverstärkung bei *Aplysia* entscheidend wichtig ist.

Diese späte Phase der LTP wurde durch simultane Ableitung der synaptischen Antworten vieler Zellen entdeckt. Wie manifestiert sich diese neue Phase in den elementaren synaptischen Verbindungen zwischen individuellen Zellen? Wie in Kapitel 6 erwähnt, bildet ein einzelnes präsynaptisches CA3-Neuron im unstimulierten Normalzustand eine einzelne synaptische Verbindung mit seiner Zielzelle in der CA1-Region. Diese eine synaptische Endigung setzt offenbar an einem einzigen Ausschüttungsort nach dem Alles-oder-Nichts-Prinzip nur ein einziges Transmittervesikel

frei. Im Normalzustand findet häufig keine Transmitterfreisetzung statt, so dass ein Aktionspotential nur selten erfolgreich Transmitter freisetzt. Nach Induktion der frühen Phase der LTP kommt es seltener zu „Fehlschlägen" bei der Freisetzung, und die Erfolgsrate steigt. Die simpelste Erklärung für dieses Ergebnis ist, dass die frühe Phase der LTP aus einer erhöhten Wahrscheinlichkeit für eine Vesikelfreisetzung ohne zusätzliche Freisetzungsorte resultiert.

Bringt die Spätphase der LTP, die mehrere Stunden nach der Induktion nachweisbar ist, auch eine dauerhaft erhöhte Wahrscheinlichkeit für eine Vesikelfreisetzung mit sich? Vadim Bolshakov, Steven Siegelbaum, Hava Golan und Kandel untersuchten, welche Folgen die Behandlung eines Hippocampusschnittpräparats mit cAMP hat, die zu einer Induktion der Spätphase in praktisch allen Synapsen führt. Sie fanden heraus, dass der Anteil an erfolgreichen Transmitterfreisetzungen durchgängig höher lag als vor der Behandlung; diese Ergebnisse sprechen dafür, dass an manchen Synapsen in der Spätphase der LTP weiterhin eine hohe Wahrscheinlichkeit für eine Transmitterfreisetzung existiert. Überdies entdeckten sie zu ihrer Überraschung, dass sich die synaptischen Antworten nicht länger durch eine eingipfelige Gaußverteilung beschreiben ließen, wie sie für einen einzelnen Freisetzungsort typisch ist. Wahrschein-

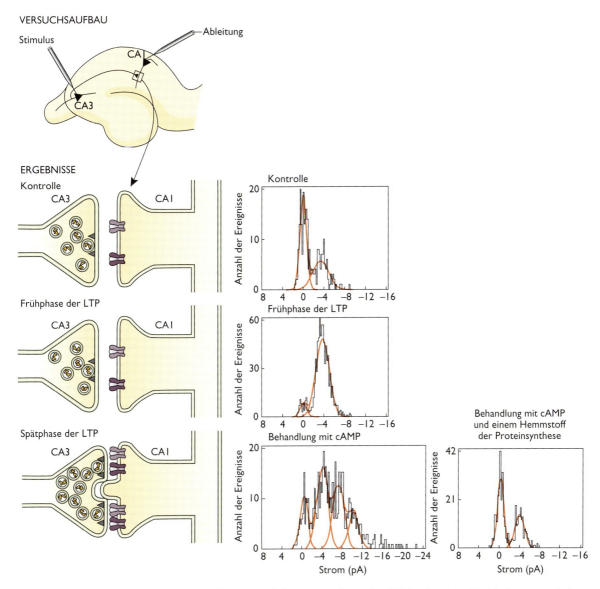

Abb. 7.13 Unterscheidung zwischen der frühen und der späten Phase der LTP in einzelnen Verbindungen zwischen einer CA3- und einer CA1-Zelle. Wie in Abbildung 6.5 zu sehen, wird eine einzelne CA3-Zelle gereizt, um ein einzelnes elementares synaptisches Potential in einer CA1-Zelle zu erzeugen (oben links). Wird die CA3-Zelle wiederholt mit niedriger Frequenz gereizt, löst dies entweder ein elementares synaptisches Potential (die Ausschüttung eines einzelnen Quants) – gemessen als elektrischer Strom von rund vier Picoampere (pA) – oder gar kein synaptisches Potential – gemessen als 0 pA – aus. Bei den Kontrollzellen kam es häufig zu derartigen „Fehlschlägen", wie an der hohen Kurve oben rechts zu sehen, die um den Nullpunkt zentriert ist. Die Verteilung der „Fehlschläge" und „Erfolge" bei der Auslösung eines synaptischen Potentials deutet darauf hin, dass die Wahrscheinlichkeit für eine Vesikelausschüttung an dieser Synapse *gering* ist. Wie wir in Abbildung 6.5 gesehen haben, lässt die Verteilung der Antworten in der frühen Phase der LTP vermuten, dass ein einzelner Ausschüttungsort nun mit *hoher* Wahrscheinlichkeit ein Vesikel freisetzt. Das wird im mittleren Diagramm links angezeigt (frühe Phase der LTP). Die Verteilung der Antworten in der späten, von cAMP induzierten Phase der LTP könnte man so interpretieren, dass präsynaptisch neue aktive Zonen und postsynaptisch neue Rezeptoren entstanden sind. Das wird unten links angezeigt (späte Phase der LTP). Diese Spätphaseneffekte können von einem Proteinsyntheseinhibitor blockiert werden (ganz rechts).

lich heißt das, dass für die späte Phase der LTP die Bildung neuer synaptischer Freisetzungsorte erforderlich ist: neue Freisetzungsorte in den präsynaptischen Endigungen und neue Rezeptoren in den dendritischen Dornen der postsynaptischen Zelle.

Strukturelle Veränderungen in der Spätphase der LTP

Diese Befunde eröffnen die interessante Möglichkeit, dass es in der späten Phase der LTP mit zusätzlichen neuen Freisetzungsorten und postsynaptischen Rezeptoren zu einer Zunahme synaptischer Kontakte kommt. Eine solche Zunahme könnte dadurch zustande kommen, dass sich eine einzelne, bereits existierende Aktivitätszone durch das Auswachsen postsynaptischer Dornen in zwei Zonen aufspaltet. Tatsächlich haben Yuri Geinisman an der Northwestern University Medical School und seine Kollegen nach LTP-Induktion eine Zunahme genau solcher Synapsen beobachtet. An diesen Synapsen wächst ein Vorsprung aus dem postsynaptischen Dorn in die präsynaptische Endigung und teilt die aktive Zone in zwei Regionen (siehe Abbildung 7.10 unten links). Es scheint, als habe die Umwandlung einer bestimmten Synapsenklasse in eine andere stattgefunden.

Die Tendenz, als Reaktion auf Erfahrungen neue anatomische Verbindungen auszubilden, ist offenbar eine allgegenwärtige Eigenschaft von Säugergehirnen. Bereits 1990 haben drei verschiedene Arbeitsgruppen – geleitet von Gary Lynch, William Greenough und Per Andersen – nachgewiesen, dass das Wachstum neuer Synapsen im Hippocampus eng mit der LTP korreliert ist. Wie wir in Kapitel 10 sehen werden, sind strukturelle Veränderungen die Signatur des Langzeitgedächtnisses für viele Arten von Erfahrungen.

Ein Modell für die späte Phase der LTP

In der späten Phase der LTP findet also offenbar sowohl an den präsynaptischen als auch an den postsynaptischen Elementen der Synapse eine koordinierte, langfristige Veränderung statt. Inzwischen kristallisieren sich die Umrisse eines molekularen Modells heraus, demzufolge die LTP im Hippocampus ähnlich wie die Bahnung bei *Aplysia* in Phasen abläuft. Die Frühphase der LTP erfordert die Aktivierung mehrerer, mit der PKA nicht verwandter Proteinkinasen in der postsynaptischen Zelle. Diese *postsynaptische* Initiation führt ihrerseits vermutlich zu einer Sensitivitätserhöhung der postsynaptischen Rezeptoren für Glutamat und zu einer Zunahme der präsynaptisch ausgeschütteten Transmittermenge; dies geschieht möglicherweise mit Hilfe eines oder mehrerer retrograder Botenstoffe, die ein Signal von der postsynaptischen Zelle zurück zur präsynaptischen Zelle senden.

Bei wiederholter, hochfrequenter Reizung in den Hippocampusbahnen beginnt jedoch offenbar etwas Neues. Wenn die späte Phase der LTP einsetzt, schnellt, wie bei *Aplysia* und *Drosophila*, die cAMP-Konzentration hoch, und auf diese cAMP-Erhöhung im Hippocampus folgt eine Aktivierung von PKA und CREB-1. Schließlich führt die Aktivität von CREB-1 ähnlich wie bei *Aplysia* anscheinend zur Aktivierung einer Gruppe unmittelbar früher Gene, was letztlich die Entwicklung neuer synaptischer Strukturen auslöst.

Bisher haben wir uns auf pharmakologisch aktive Stoffe und biophysikalische Untersuchungen gestützt, um die Spätphase der LTP von der Frühphase zu unterscheiden und die Mechanismen der Spätphase zu analysieren. Diese Ansätze haben jedoch noch nicht enthüllt, in welcher Beziehung, wenn überhaupt, diese späte Phase der LTP zum Langzeitgedächtnis steht. Zudem sind diese Ansätze in zweierlei Hinsicht eingeschränkt: Erstens sind Pharmaka selten völlig spezifisch. Sie beeinflussen manchmal andere Ziele als diejenigen, an denen sie wirken sollen. Genetische Experimente sind in dieser Hinsicht viel präziser. Zweitens haben die pharmakologischen und biophysikalischen Analysen, die wir bisher diskutiert haben, noch nicht enthüllt, in welcher Beziehung, wenn überhaupt, diese Phase der LTP zum Langzeitgedächtnis steht.

Wie in Kapitel 6 erwähnt, hat sich das Erzeugen genetisch veränderter Mäuse als experimentell wichtig herausgestellt. Wir können am intakten Tier einzelne Gene selektiv manipulieren und prüfen, wie dies das Verhalten des Tieres verändert, zum Beispiel seine Fähigkeit, Langzeiterinnerungen zu speichern. Zu diesem Zweck sind zwei Experimentreihen mit genetisch modifizierten Mäusen durchgeführt worden. In beiden Untersuchungen

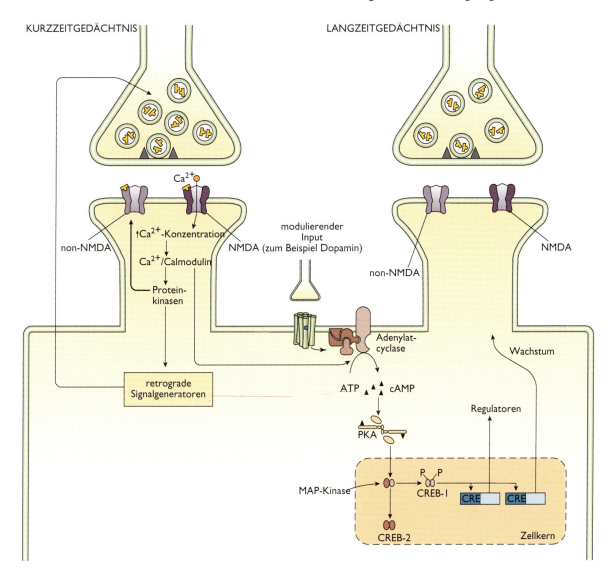

Abb. 7.14 Ein Modell für die frühe und die späte Phase der LTP. Eine einzelne Reizserie führt zur Aktivierung der frühen LTP, indem sie die NMDA-Rezeptoren und den Ca^{2+}-Einstrom in die postsynaptische Zelle aktiviert. Das Ca^{2+} bindet an das Calmodulin, um eine Reihe von Second-Messenger-Proteinkinasen zu aktivieren, die vermutlich mindestens zwei Funktionen vermitteln. Erstens phosphorylieren die Kinasen non-NMDA-Rezeptorkanäle und erhöhen damit die Glutamatempfindlichkeit dieser Rezeptoren. Zweitens aktivieren diese Kinasen vermutlich einen Satz Enzyme, die retrograde Signale erzeugen, welche auf die Endigungen des präsynaptischen Neurons zurückwirken und dessen Transmitterausschüttung verstärken. Bei wiederholten Reizsalven stimuliert der Ca^{2+}-Einstrom auch die Adenylatcyclase. Dieses Enzym aktiviert über cAMP die PKA, die daraufhin zum Kern gelangt, wo sie vermutlich CREB phosphoryliert. CREB seinerseits aktiviert genregulatorische Proteine, was, so nimmt man an, letzlich zu Strukturveränderungen führt.

ging es darum, die Spätphase der LTP auszuschalten, ohne die Frühphase zu blockieren. Ted Abel, Mark Barad, Rusiko Bourtchouladze und Kandel erzeugten Mutantenmäuse, die ein Gen exprimierten, das die Wirkung der katalytischen Untereinheit der PKA blockierte. Zusätzlich untersuchten Bourtchouladze und Alcino Silva in Cold Spring Harbor Mäuse, die durch partielle Ausschaltung von CREB-1 verändert worden waren. Beide Stammlinien transgener Mäuse wiesen im Großen und Ganzen ähnliche Defekte bei der LTP auf. In der CA1-Region war die Frühphase normal, aber die Spätphase ging innerhalb von ein bis zwei Stunden wieder auf den Grundwert zurück, statt wie normal viele Stunden lang anzudauern. Dieser Befund lieferte einen unabhängigen Nachweis dafür, dass die Spätphase der LTP von der PKA und von spezifischen Genwirkungen abhängt, die von CREB-1 ausgelöst werden.

Wir verfügen nun zum ersten Mal über Tiere mit einer normalen Frühphase der LTP und einem gewissen Defekt in der Spätphase. Wie steht es um ihr Erinnerungsvermögen? Wir können voraussagen, dass sie gut lernen und ein gutes Kurzzeitgedächtnis haben, aber einen Defekt bei irgendeiner Form des Langzeitgedächtnisses aufweisen sollten.

Tatsächlich ist genau das der Fall. Diese Mäuse weisen einen ernsten Defekt beim räumlichen Langzeitgedächtnis auf. Die typischen Labyrinthaufgaben sind jedoch nicht gut geeignet, um das Kurzzeitgedächtnis zu testen, weil sie wiederholtes Training über mehrere Tage erfordern. Daher liefern sie nicht die zeitliche Auflösung, die nötig ist, um die Frühphase der Gedächtnisspeicherung eindeutig zu identifizieren. Bourtchouladze und Abel setzten daher Konditionierungsaufgaben ein, bei denen sich in einem einzigen Versuchsdurchgang ein nachhaltiger Lernerfolg erzielen lässt. Die Tiere lernten beim Training, eine neue Umgebung (einen Kontext) wie auch einen neutralen konditionierten Reiz (CS) – beispielsweise einen Ton – zu fürchten, weil Kontext und Ton fast zeitgleich mit einem aversiven unkonditionierten Reiz (UCS) – meist einem elektrischen Schlag auf die Füße – präsentiert werden. Dazu wird eine Maus in eine kleine Box mit einem Gitterboden gesetzt, der unter Strom gesetzt werden kann, so dass die Maus einen leichten elektrischen Schlag auf die Füße erhält. Die Maus erkundet den Käfig zwei Minuten lang und macht sich mit ihrer neuen Umgebung vertraut. Dann erklingt ein Ton, auf den ein Fußschock folgt. Wenn die Maus später in denselben Käfig gesetzt wird, zeigen die Tiere ihre Furcht, indem sie sich zusammenkauern und nicht mehr bewegen – sie „erstarren" (englisch *freeze*). Diese Form von deklarativer, kontextueller Erinnerung erfordert den Hippocampus. In ähnlicher Weise lernen die Tiere auch, den Ton zu fürchten und erstarren in jedem beliebigen Kontext, wenn sie den Ton hören. Diese Form nichtdeklarativer Angstkondi-

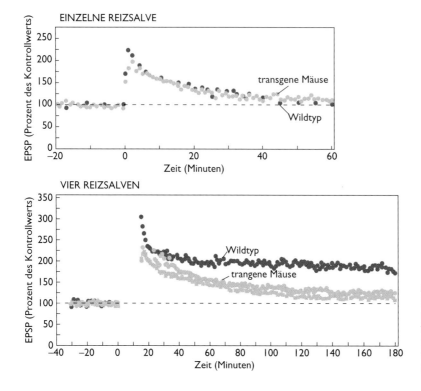

Abb. 7.15 Die Frühphase der LTP ist bei Wildtypmäusen wie bei transgenen Mäusen, die ein PKA-Inhibitorgen exprimieren, völlig normal (oben). Die Abnahme der PKA-Aktivität eliminiert bei transgenen Mäusen die späte Phase der LTP (unten).

tionierung erfordert die Amygdala, aber nicht den Hippocampus.

Bei diesen Aufgaben lernten beide Typen genetisch modifizierter Mäuse ebenso leicht wie normale Mäuse zu erstarren, und noch eine Stunde nach dem Training erstarrten sie beim Erklingen des Tons oder beim Anblick der Box – ihr Kurzzeitgedächtnis war normal. 24 Stunden später jedoch reagierten sie nicht mehr auf die Box – ihr Langzeitgedächtnis für Kontexte, die den Hippocampus erfordern, war defekt. Auf den Ton reagierten sie hingegen normal; diese Reaktion hängt nur von der Amygdala ab, einer Region, in der das Transgen nicht exprimiert war. Weil eine Stammlinie genetisch modifizierter Mäuse ein Gen exprimiert, das die PKA hemmt, zeigen die Experimente, dass diese Proteinkinase entscheidend wichtig für die Umwandlung des Kurzzeitgedächtnisses in das Langzeitgedächtnis ist – vielleicht deshalb, weil die Kinase Transkriptionsfaktoren wie CREB-1 phosphoryliert, die ihrerseits die für eine langfristige LTP erforderlichen Proteine aktivieren. Diese Vorstellung wird durch die Befunde gestützt, die Bourtchouladze und Silva an der zweiten Mäusestammlinie gewannen. Diese transgenen Mäuse wiesen infolge der partiellen Ausschaltung von CREB-1 ein beeinträchtigtes Gedächtnis auf; das spricht ebenfalls dafür, dass eines der Gene, die von der PKA angeschaltet werden, CREB-1 codiert.

Abel, Barad und Bourtchouladze fragten sich, ob das zeitliche Fenster für die Langzeitgedächtnisbildung bei diesen Mäusen dem zeitlichen Fenster für die Spätphase der LTP entspricht, die von der Proteinsynthese abhängt. Dafür verwendeten sie normale Mäuse, die zunächst die Erstarrungsreaktion lernten und diese auch noch eine Stunde nach dem Training zeigten, obwohl ihnen vor dem Training ein Proteinsyntheseinhibitor injiziert worden war. 24 Stunden nach dem Training zeigten dieselben Mäuse im Test hingegen kaum mehr Angst, was für ein dramatisches Defizit bei

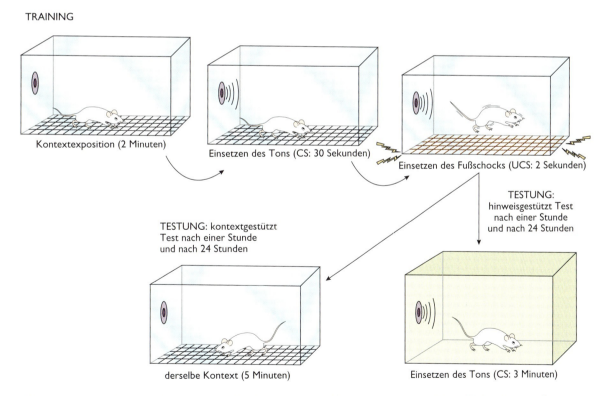

Abb. 7.16 Protokoll zweier Typen von Angstkonditionierungen, die in einem einzigen Versuchsdurchgang erlernt werden können. Der Versuchsdurchgang besteht aus einem einzigen Schock auf die Füße und führt zu einer kontextgestützten Konditionierung (auf eine Box) sowie zu einer hinweisgestützten Konditionierung (auf einen Ton).

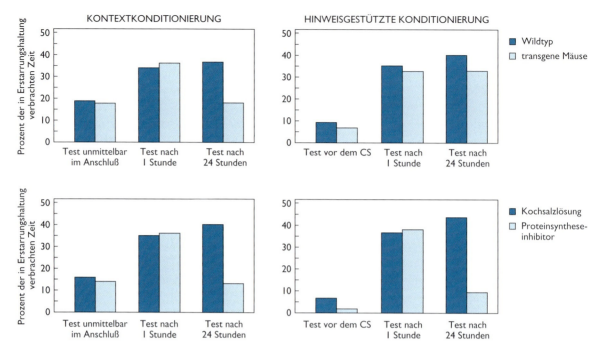

Abb. 7.17 Mutantenmäuse, die im Hippocampus ein PKA-Inhibitorgen exprimieren, oder Mäuse, denen ein Proteinsyntheseinhibitor verabreicht wurde, sind darauf konditioniert worden, zu erstarren, wenn sie eine bestimmte Box sehen (Kontextkonditionierung; links), wie auch dann, wenn sie einen bestimmten Ton hören (hinweisgestützte Konditionierung; rechts). Diese Mäuse haben für die Angstkonditionierung ein gutes Kurzzeitgedächtnis von etwa einer Stunde. Sie reagieren jedoch 24 Stunden nach der Konditionierung nicht mehr auf die Box, was auf eine defekte Langzeiterinnerung bei einer Form des deklarativen Gedächtnisses schließen lässt, das den Hippocampus erfordert (links oben). Doch 24 Stunden nach dem Training erstarren diese Mäuse noch immer, wenn der Ton erklingt, denn die Tonkonditionierung stellt eine Form des nichtdeklarativen Gedächtnisses dar (rechts oben), das die Amygdala erfordert, eine Struktur, in der das Transgen nicht exprimiert wird. Im Gegensatz dazu blockieren Proteinsyntheseinhibitoren das Langzeitgedächtnis für kontextuelle wie für hinweisgestützte Konditionierung, weil der Inhibitor den Hippocampus und die Amygdala ähnlich beeinträchtigt.

der Langzeiterinnerung spricht. Die Proteinsyntheseinhibitoren waren effektiv, wenn sie während oder direkt nach dem Training, nicht aber, wenn sie eine Stunde nach dem Training verabreicht wurden. Daraus kann man schließen, dass der Zeitverlauf des Angstgedächtnisses, der während oder kurz nach dem Training bei den normalen Mäusen durch Proteinsyntheseinhibitoren beeinflusst werden kann, mit dem Zeitverlauf des Angstgedächtnisses parallel läuft, der bei den transgenen Mäusen beobachtet wurde. Das deutet darauf hin, dass die PKA für die Bildung von Langzeitgedächtnisinhalten wesentlich ist.

Arbeiten von James McGaugh an der University of California in Irvine und Yadin Dudai am Weitzmann-Institut in Israel haben diese Vorstellungen entscheidend erweitert. Sie fanden heraus, dass das emotionale Gedächtnis, an dem die Amygdala beteiligt ist, wie auch ein Gedächtnistyp für das Meiden vergifteter Nahrung (so genannte Köderscheu), an dem die Geschmacksregion des cerebralen Cortex beteiligt ist, für die Langzeitspeicherung die CREB-vermittelte Umschaltung erfordern.

Ein konservierter Satz molekularer Mechanismen

Wie wir gesehen haben, werden nichtdeklarative und deklarative Formen des Gedächtnisses, was das Verhalten angeht, ganz verschieden ausgedrückt. Darüber hinaus benutzen diese beiden

Gedächtnisformen eine jeweils andere kognitive „Logik" (bewusste Erinnerung auf der einen Seite, unbewusste Fertigkeiten auf der anderen) und verschiedene anatomische Systeme. Doch trotz all dieser Unterschiede existiert ein überraschendes Maß an Übereinstimmung, nicht nur, was die elementaren Speichermechanismen angeht, sondern auch bei dem Schalter, den sie benutzen, um Kurzzeit- in Langzeitinhalte umzuwandeln.

Erstens durchlaufen das deklarative wie das nichtdeklarative Gedächtnis Speicherphasen, die sich deutlich im Verhalten eines Tieres widerspiegeln. Es gibt eine labile, kurzfristige Phase und eine stabile, sich selbst erhaltende, langfristige Phase. Zweitens hilft Wiederholung dabei, die Kurzzeit- in die Langzeitphase zu überführen. Drittens sind bei beiden Speichertypen diese zwei Phasen an individuellen Synapsen feststellbar, und in beiden Fällen spiegelt die Dauer der synaptischen Veränderungen in etwa die Lebensdauer der zwei Phasen der Gedächtnisspeicherung wider.

Auch hinsichtlich der molekularen Mechanismen gibt es Ähnlichkeiten. Bei beiden Gedächtnisformen wird die Kurzzeitspeicherung durch die Modifikation bereits existierender Proteine und die Verstärkung bereits existierender Verbindungen erreicht, was durch die Aktivität der einen oder anderen Proteinkinase bewirkt wird. Diese Kurzzeitformen des Gedächtnisses erfordern keine Neusynthese von Proteinen. Das Langzeitgedächtnis hingegen verlangt die Aktivierung von Genen, eine Proteinsynthese und das Wachstum neuer synaptischer Verbindungen.

Die Fähigkeit zu langfristigen Veränderungen beruht in allen Fällen darauf, dass zwischen Synapse und Zellkern beziehungsweise der Maschinerie zur Genexpression spezielle Kommunikationswege existieren. Tatsächlich sieht es so aus, als benutzten nichtdeklaratives und deklaratives Gedächtnis für die Kommunikation zwischen Synapse und Zellkern eine gemeinsame molekulare Signalkaskade. Beteiligt an dieser Kaskade sind mindestens ein Second-Messenger (cAMP), zwei Proteinkinasen (die PKA- und die MAP-Kinase) und der Transkriptionsaktivator CREB-1. In jedem Fall bewirkt CREB-1 das Ausschalten der unmittelbaren Reaktionsgene, die die Proteine codieren, die für das Wachstum neuer synaptischer Verbindungen wesentlich sind.

All diese Befunde haben zu neuen Einblicken in den „evolutiven Konservativismus" geführt, der dem molekularen Fundament mentaler Prozesse zugrunde liegt. Die einfachsten Gedächtnisleistungen, diejenigen, die offenbar am frühesten in der Evolution aufgetreten sind, sind anscheinend nichtdeklarative Gedächtnisinhalte im Zusammenhang mit Überleben, Fressen, Paarung, Verteidigung und Flucht. Als sich im Laufe der Zeit eine Vielzahl zusätzlicher nichtdeklarativer Gedächtnistypen und später auch deklarative Gedächtnisformen entwickelten, behielten die neuen Gedächtnisprozesse nicht einfach nur einen Satz von Genen und Proteinen, sondern ganze Signalbahnen und Programme zum Anschalten und Stabilisieren synaptischer Verbindungen bei. Überdies sind diese allgemeinen Mechanismen auch phylogenetisch konserviert worden; man findet sie bei so einfachen Wirbellosen wie *Drosophila* und *Aplysia*, wie auch bei so komplexen Säugern wie Mäusen.

Die beiden Seiten der biologischen Erforschung des Gedächtnisses

Wie im ersten Kapitel besprochen, hat die biologische Analyse des Gedächtnisses zwei Seiten: Erstens gibt es die *elementaren molekularen Mechanismen der Gedächtnisspeicherung*, bei denen Zellen und Synapsen langfristig in Reaktion auf Lernerfahrungen modifiziert werden. Und zweitens gibt es die *Systeme der Gedächtnisspeicherung*, die darüber entscheiden, wie diese elementaren Mechanismen rekrutiert und bei der Speicherung sowie beim Abruf deklarativer und nichtdeklarativer Information eingesetzt werden.

Wie wir in diesem und in früheren Kapiteln gesehen haben, gewinnen wir allmählich Einblick in eine Reihe elementarer Mechanismen zur Speicherung deklarativer und nichtdeklarativer Erinnerungen. Wie steht es mit den systemischen Eigenschaften des Gedächtnisses? In diesem Zusammenhang interessiert uns: Welche Strukturen und Verbindungen sind für das deklarative und das nichtdeklarative Gedächtnis wichtig? Wo im System ist die Erinnerung gespeichert?

Diesen Fragen wollen wir uns nun zuwenden. Wir haben uns in den Kapiteln 2 und 3 bereits mit einfachen Systemen für das nichtdeklarative Gedächtnis bei Wirbellosen und in Kapitel 5 mit Gehirnsystemen für das deklarative Gedächtnis beschäftigt. In den nächsten beiden Kapiteln werden wir sehen, dass es auch mehrere nichtdeklarative Gedächtnistypen gibt, die sich alle auf ein eigenes Gehirnsystem stützen.

Abb. 8.1 Gustav Klimt 1862–1912: „Allee im Park von Schloss Kammer" (1912). Klimt war der berühmteste Vertreter des Wiener Jugendstils und malte dynamische Landschaften wie diese aus dem Gedächtnis. Wie für Malen aus dem Gedächtnis typisch, sind Klimts Gemälde keine exakten Wiedergaben. In diesem Gemälde unterscheidet sich die bildliche Darstellung im Hinblick auf die Proportionen des Hauses und die Perspektive stark von den tatsächlichen Gegebenheiten. Aus Sicht des Neurobiologen rufen auch die knotigen, verzweigten Äste, die Ausläufern von Nervenzellen ähneln, Assoziationen mit „Gedächtnis" hervor.

8
Priming, Wahrnehmungslernen und emotionales Lernen

Wie in den Kapiteln 1 und 2 bereits angesprochen, ist eines der faszinierenden Merkmale der Informationsverarbeitung im Gehirn, dass viel von dem, was verarbeitet wird, dem Bewusstsein nicht zugänglich ist. Denken Sie beispielsweise an den Vorgang, wie ein Objekt, beispielsweise ein Bleistift, identifiziert, lokalisiert und ergriffen wird. In Kapitel 5 haben wir bereits erwähnt, dass für diese Fähigkeiten mehr als ein Gehirnsystem verantwortlich ist. Eine ventrale informationsverarbeitende Bahn zieht zum Temporallappen und beschäftigt sich mit der visuellen Identifikation des Bleistifts; eine entsprechende dorsale Bahn läuft zum parietalen Cortex und befasst sich mit der Lokalisierung von Objekten im Raum und mit der optischen Kontrolle der Navigation durch den Raum. Obwohl wir Wahrnehmung als ein einheitliches, bewusstes Phenomen erfahren, setzen sich unsere Wahrnehmungen aus mehreren Komponenten zusammen.

Nur einige dieser Komponenten sind der bewussten Erfahrung zugänglich. Bewusste visuelle Erfahrung ist offenbar mit Verarbeitung in der *ventralen* Bahn verknüpft. Das heißt, uns werden Form und Farbe eines Bleistifts als Ergebnis derselben neuronalen Verarbeitungsschritte bewusst, durch die wir Bleistifte in unserer visuellen Welt erkennen und identifizieren. Im Gegensatz dazu ist ein Teil des Wissens, das wir aus dem *dorsalen* Verarbeitungsstrom in Form von motorischen Programmen ziehen, um nach einem Stift zu greifen, dem Bewusstsein nicht zugänglich. Wie und wo wir nach dem Stift greifen müssen – dieses Wissen ist unbewusst.

Dies lässt sich durch ein einfaches Experiment illustrieren, das Melvyn Goodale an der University of Western Ontario in Kanada durchgeführt hat. Freiwillige sahen sich zwei Versuchsanordnungen an, die beide aus kreisförmigen Anordnungen kleinerer und größerer Scheiben bestanden. Wenn die Scheiben so angeordnet sind, rufen sie eine bekannte optische Täuschung hervor, die erstmals von Hermann Ebbinghaus beschrieben wurde: Ist eine Scheibe von größeren Scheiben umgeben, erscheint sie kleiner, als sie tatsächlich ist; ist dieselbe Scheibe hingegen von kleineren Scheiben umgeben, erscheint sie größer, als sie in Wirklichkeit ist.

Bei dem Experiment wurden die Probanden aufgefordert, die zentrale Scheibe aus der rechten Anordnung aufzunehmen, wenn die beiden Scheiben gleich groß erschienen, und die zentrale Scheibe aus der linken Anordnung aufzunehmen, wenn die beiden zentralen Scheiben unterschiedlich groß erschienen. Welche Anordnung sich rechts oder links befand, wechselte bei jedem Versuchsdurchgang nach dem Zufallsprinzip. Um die Scheiben aufzunehmen, benutzten die Versuchspersonen Daumen und Zeigefinger, und der Abstand zwischen Daumen und Zeigefinger (die Griffweite) wurde auf Video aufgezeichnet.

Das Ergebnis war eindeutig. Die Wahl der Scheibe (diejenige in der Anordnung links oder diejenige in der Anordnung rechts) stand durchweg unter der Kontrolle der optischen Täuschung. Viele Testdurchgänge hindurch behandelten die Probanden Scheiben, die tatsächlich physikalisch identisch

Abb. 8.2 In der Standardversion der Kreisillusion (oben) erscheinen die beiden Scheiben in der Mitte der beiden Anordnungen verschieden groß, obwohl sie in Wahrheit gleich groß sind. In der unteren Anordnung ist die Scheibe in der Mitte der großen Scheiben etwas größer als die zentrale Scheibe links. Die meisten Betrachter nehmen beide Mittelscheiben jedoch als gleich groß wahr. Wenn sie aber aufgefordert werden, eine der Mittelscheiben in der unteren Anordnung aufzunehmen, ist ihre Griffweite je nach tatsächlicher Größe der Scheibe kleiner oder größer.

waren, als physikalisch verschieden, und solche, die physikalisch verschieden waren, als physikalisch identisch. Die Art und Weise, wie die Probanden nach den Scheiben griffen, sagte jedoch etwas ganz anderes aus: Die Griffweite Daumen–Zeigefinger war immun gegenüber der optischen Illusion und wurde durchweg von der wahren Größe des Ziels bestimmt. Wenn Probanden die beiden Mittelscheiben beispielsweise als gleichgroß wahrnahmen, aber ein Scheibendurchmesser tatsächlich 2,5 mm größer war als der andere, richtete sich der Abstand Daumen–Zeigefinger nach der wahren Größe der Scheibe: Die Versuchspersonen öffneten ihre beiden Finger weiter, wenn sie nach einer physikalisch größeren Scheibe griffen, als wenn sie nach einer physikalisch kleineren griffen.

Während bewusste visuelle Wahrnehmung nach diesen Untersuchungen mit Erkennen und Identifizieren und damit mit der visuellen Informationsverarbeitung in der ventralen Bahn verknüpft ist, sind andere Prozesse der visuellen Informationsverarbeitung unbewusst und erfordern kein bewusstes Zur-Kenntnis-Nehmen. Diese Erkenntnisse über die Natur der visuellen Wahrnehmung gelten auch für das Erinnerungsvermögen. Das Gedächtnis ist keine geschlossene Einheit, sondern besteht aus verschiedenen Systemen. Nur eines dieser Systeme, das deklarative Gedächtnis, ist bewusst abrufbar. In Kapitel 1 haben wir darüber gesprochen, dass einige Formen des Gedächtnisses, wie das Erlernen motorischer Fertigkeiten, nicht bewusst abrufbar sind. Kapitel 2 und 3 haben gezeigt, wie sich die zellulären Prozesse, die einigen einfachen Formen des unbewussten Gedächtnisses (Habituation, Sensitivierung und klassische Konditionierung) zugrunde liegen, bei Wirbellosen mit relativ einfachen Nervensystemen untersuchen lassen. In diesem Kapitel geht es um drei weitere nichtdeklarative Gedächtnisformen, die man beim Menschen und anderen Wirbeltieren findet: Priming (Aktivierungs- oder Vorwärmeffekt, auch als Prägung bezeichnet), Wahrnehmungslernen und emotionales Lernen. Während Wirbellose anscheinend nur über ein nichtdeklaratives Gedächtnis verfügen, ist die Untersuchung des Gedächtnisses bei Menschen und anderen höheren Vertebraten deshalb so besonders interessant, weil sie neben dem nichtdeklarativen Gedächtnis ein ausgeprägtes deklaratives Erinnerungsvermögen entwickelt haben (Kapitel 4, 5 und 6).

Historisch gesehen, dauerte es eine gewisse Zeit, bis sich die Vorstellung durchsetzte, dass es nichtdeklarative, unbewusste Formen des Gedächtnisses gibt. Im Jahre 1962 stellte Brenda Milner fest, dass der amnestische Patient H. M. die sensomotorische Fertigkeit erlernen konnte, die Umrisse eines Sterns nachzuzeichnen, den er nur in einem Spiegel sehen konnte, doch Wissenschaftler neigten dazu, die Befunde über motorische Fertigkeiten beiseite zu schieben und das übrige Gedächtnis weiterhin als eine einzige, undifferenzierte Einheit anzusehen. In den späten sechziger und in den siebziger Jahren tauchten dann Berichte über unerwartet gute Lernerfolge und gutes Erinnerungsvermögen von Amnestikern bei Aufgaben auf, in denen es nicht um motorische Fertigkeiten ging. Doch aus zwei Gründen führten auch diese Befunde nicht dazu, dass über neue Gedächtnisformen nachgedacht wurde: Erstens erreichten die Leistungen amnestischer Patienten, selbst wenn sie gut waren, oft nicht das Normalniveau. In diesen Fällen ließ sich eine gute Leistung durch die Annahme erklären, dass Gedächtnisaufgaben unterschiedlich empfindlich beim Aufspüren dessen sind, was die Probanden gelernt haben. Amnestische Patienten schneiden manchmal vielleicht einfach deshalb gut ab, weil einige Tests es verstehen, ihre übrig gebliebenen Lern- und Gedächtnisfähigkeiten aufzudecken.

Zweitens war unklar, welche Testverfahren nötig waren, um bei Amnestikern gute Ergebnisse zu erzielen. In den siebziger Jahren fanden Elizabeth Warrington am Queens Square Hospital in London und Lawrence Weiskrantz an der Oxford University heraus, dass amnestische Patienten manchmal bei Tests normal abschnitten, die wir heute als Priming-Aufgaben bezeichnen – speziell konstruierte Gedächtnistests, bei denen drei Buchstaben lange Wortstämme (MOT, INC) als Hinweise dienten, um zuvor präsentierte Wörter (MOTEL, INCOME) zu reproduzieren. Das war eine frühe Demonstration einer separaten Gedächtnisform. Es dauerte jedoch eine ganze Weile, bis man die herausragende Bedeutung der Instruktionen, die die Probanden erhielten, richtig einzuschätzen lernte.

Im Jahre 1980 zeigten Neal Cohen und Squire, dass Amnestiker das Lesen von Spiegelschrift ebenso gut wie normale Probanden erlernen und reproduzieren konnten. Weil dies über motorische Fertigkeiten hinausging, verbreiterte sich die Palette dessen, was Amnestiker tun konnten; der Befund sprach für einen entscheidenden Unterschied zwischen deklarativen Formen des Gedächtnisses, die durch die Amnesie beeinträchtigt werden, und nichtdeklarativen Gedächtnisformen, die von der Amnesie nicht betroffen sind. Daraus folgte, dass es irgendeine noch zu erforschende Kollektion von Lern- und Gedächtnisfähigkeiten gab, die von den Hirnstrukturen des bei Amnestikern geschädigten medialen Temporallappens unabhängig war. In diesem Kapitel und in Kapitel 9 geht es um die Formen des nichtdeklarativen Gedächtnisses, die beim Menschen gefunden worden sind, und darum, wie diese Gedächtnisformen im Gehirn organisiert sind.

In den frühen achtziger Jahren nahmen sich Endel Tulving und Daniel Schacter von der Universität Toronto des Problems an, das von Warrington und Weiskrantz aufgeworfen worden war: Warum weichen die Resultate einiger Gedächtnistests für Wörter von anderen ab? Sie zeigten, dass sich die Fähigkeit, kürzlich gelernte Wörter aus Wortfragmenten zu rekonstruieren (nachdem man das Wort ASSASSIN [Mörder] gelernt hat, fällt es leichter, mit den Buchstaben –SS–SS– ein Wort zu bilden), von der Fähigkeit, kürzlich gelernte Wörter zu reproduzieren, bei normalen Probanden trennen lässt. Wenig später benutzten Peter Graf, George Mandler und Squire Wortlisten und Wortstämme aus drei Buchstaben, um zu zeigen, wie wichtig die Instruktionen bei derartigen Tests sind. Nur eine Form von Anweisungen führt bei Amnestikern zu normalen Leistungen („Benutzen Sie diese dreibuchstabigen Wortstämme, um das erste Wort zu bilden, das Ihnen einfällt."). Bei konventionellen Gedächtnisinstruktionen („Benutzen Sie diesen dreibuchstabigen Hinweis, um sich an ein kürzlich gelerntes Wort zu erinnern.") schnitten Amnestiker schlechter ab als gesunde Probanden. Tests wie der erstgenannte, bei dem Amnestiker durchgängig so gut abschnitten wie normale Probanden, wurden als Primingtests (Prägungsaufgaben) bekannt. 1984, als diese Untersuchung durchgeführt wurde, lag die Idee, dass es mehrere Arten von Gedächtnis geben könnte, bereits in der Luft, und das Phänomen des Priming wurde rasch zu einem der Hauptthemen der Gedächtnisforschung.

Priming

Priming (von *to prime* vorbereiten, in Betrieb setzen) bezieht sich auf die Verbesserung der Fähigkeit, Wörter oder Objekte zu entdecken oder zu identifizieren, mit denen man kurz zuvor Erfahrungen gesammelt hat. Nach dieser Definition könnte es so aussehen, als sei Priming nur ein anderer Begriff für das alltägliche deklarative Gedächtnis. Sorgfältige Untersuchungen haben jedoch gezeigt, dass Priming ein eigenes, abgegrenztes Gedächtnisphänomen ist. Der Schlüsselfaktor des Primingphänomens ist, dass es unbewusst ist. Seine Funktion besteht darin, die Wahrnehmung von Reizen, denen man kürzlich ausgesetzt war, zu verbessern, doch wir müssen uns nicht bewusst sein, dass die Geschwindigkeit oder Effizienz unserer Wahrnehmung gestiegen ist.

David Mitchell und Alan Brown an der Southern Methodist University in Dallas zeigten Collegestudenten Zeichnungen bekannter Objekte (wie Flugzeug, Hammer oder Hund) und forderten sie auf, jedes Objekt so rasch wie möglich zu benennen. Später legten sie ihnen dieselben Zeichnungen, gemischt mit neuen Zeichnungen, zum zweiten Mal vor. Die Studenten benötigten im Mittel 0,9 Sekunden, um die neuen Zeichnungen zu benennen, für die bereits zuvor benannten Zeichnungen aber nur rund 0,8 Sekunden, das heißt, sie waren fast eine Zehntelsekunde schneller. Es bestand keine Beziehung zwischen der Fähigkeit, ein Bild schneller zu benennen, und der Fähigkeit, es als bereits bekannt zu erinnern. Der Primingeffekt ist weitgehend perzeptiver Natur. Wurden den Probanden zwei verschiedene Zeichnungen von Flugzeugen vorgelegt (zuerst ein Doppeldecker und dann ein Düsenjet), war der Zeitvorteil beim Benennen deutlich reduziert, obwohl die meisten beide Maschinen als „Flugzeug" bezeichneten. Daher ist der Primingeffekt offenbar überwiegend davon abhängig, dass der Beobachter bei früherer Gelegenheit bereits genau dieselbe perzeptive Operation durchgeführt hat. Wenn ein Individuum die Zeichnung eines Hundes verarbeitet hat, dann fällt ihm das Benennen beim zweiten Mal nur dann leichter, wenn genau die gleiche Zeichnung des Hundes wieder auftaucht.

Ein bemerkenswertes Merkmal des Priming ist, dass es selbst nach einer einzigen Erfahrung außerordentlich lange Zeit bestehen bleiben kann. Viele Jahre nach drei Präsentationen von Strichzeichnungen im Labor, stellte David Mitchell fest, war die Fähigkeit, diese Zeichnungen aus Fragmenten zu identifizieren, noch immer messbar besser als die Fähigkeit, Fragmente anderer Zeichnungen zu identifizieren, die nicht präsentiert worden waren. Dieser Primingeffekt trat trotz der Tatsache auf, dass einige der Versuchspersonen sich nicht erinnern konnten, an dem ursprünglichen Test teilgenommen zu haben.

Wenn Priming unabhängig von der bewussten Erinnerung ist, sollten daran andere Gehirnsysteme als das mediale Temporallappensystem beteiligt sein, das für das deklarative Gedächtnis wesentlich ist. Und amnestische Patienten, deren deklaratives Erinnerungsvermögen gestört ist, sollten trotzdem zu langfristigem Priming fähig sein. Cave und Squire legten Amnestikern bei einer einzigen Gelegenheit Zeichnungen von Objekten vor und testeten eine Woche später, wie schnell sie 50 zuvor gesehene und 50 neue Zeichnungen benennen konnten. Die Patienten benannten die 50 alten Bilder beinahe um 150 Millisekunden schneller als die 50 neuen Bilder, und das, obwohl sie sich sehr schlecht daran erinnern konnten, welche Bilder sie bereits gesehen hatten und welche neu waren.

Stark amnestische Patienten bieten die Gelegenheit zu prüfen, wie sehr sich Priming tatsächlich von deklarativen Erinnerungen unterscheidet. In Kapitel 1 haben wir den Fall des Patienten E. P. kennengelernt, bei dem beidseitig große Teile des medialen Temporallappens fehlten und der keine nachweisbare Fähigkeit zum Speichern neuer Fakten und Ereignisse hatte. Stephan Hamann und Squire stellten E. P. sowohl Wortergänzungsaufgaben (Primingtests) als auch Reproduktionsaufgaben, in denen es um seine Fähigkeit ging, Wörter zu erkennen, die ihm präsentiert worden waren. Bei jeder Testsitzung wurde E. P. zunächst eine Liste mit 24 häufigen englischen Wörtern zum Lernen vorgelegt, und fünf Minuten später wurde entweder Priming oder Wiedererkennen getestet. Bei einem Primingtest wurden 48 Wörter (24 alte und 24 neue) eines nach dem anderen rund 25 Millisekunden lang auf einen Computerschirm geblitzt. E. P. konnte rund 55 Prozent der geblitzten Wörter lesen, die er kurz zuvor auf der Wortliste gelesen hatte, aber nur 33 Prozent der Wörter, die nicht auf der Liste gestanden hatten. Die Wörter kurz zuvor gesehen zu haben, erleichterte also das spätere Erkennen. Nichtamnestische Probanden erbrachten vergleichbare Leistungen. Die Ergebnisse beim Reproduktionstest sahen hingegen ganz anders aus. Bei diesem Test wurden E. P. nacheinander 48 Wörter vorgelegt, und er wurde aufgefordert, mit „Ja" zu antworten,

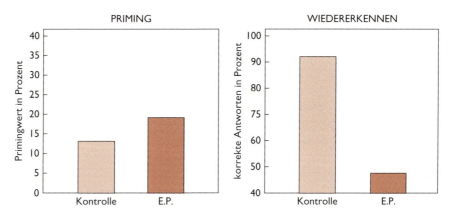

Abb. 8.3 Priming und Wiedererkennen beim amnestischen Patienten E. P. Links: Der Patient E. P. schnitt bei zwölf Priming-Tests etwas besser ab als sieben gesunde Kontrollpersonen. Der Primingwert ist der Prozentsatz kürzlich gelernter Wörter, die korrekt gelesen werden konnten, minus dem Prozentsatz nicht gelernter Wörter, die gelesen werden konnten. Rechts: Als E. P. bei sechs Gedächtnistests, in denen es ums Wiedererkennen ging, die gelernten Wörter identifizieren sollte, kam seine Leistung über reines Raten (50 Prozent korrekt) nicht hinaus.

wenn das Wort auf der Wortliste gestanden hatte, beziehungsweise mit „Nein", wenn dies nicht der Fall war. Eine Trefferquote von 50 Prozent liegt im Zufallsbereich; sie entspricht der Trefferquote, die man erreichen würde, wenn man bei jeder Ja/Nein-Entscheidung einfach eine Münze werfen würde. Bei diesem Test erzielte E. P. genau 50 Prozent korrekter Antworten. Nichtamnestische Probanden fanden diesen Test ziemlich einfach und erkannten rund 80 Prozent der Wörter von der Wortliste wieder. Insgesamt gesehen, war E. P. nicht in der Lage, die Wörter von der Wortliste wiederzuerkennen, doch er zeigte für diese selben Wörter ein völlig normales Priming.

Bei den bisher beschriebenen Beispielen ging es um Priming bei Zeichnungen und Wörtern. Tatsächlich lässt sich Priming bei fast allen sensorischen Reizen demonstrieren: bei Nichtwörtern, Folgen von Nonsens-Buchstaben, unvertrauten visuellen Objekten, neuartigen Linienmustern und akustisch präsentiertem Material. Überdies lässt sich Priming auch bei Tests beobachten, die eine Bedeutungsanalyse erfordern, ein Phänomen, das man als konzeptuelles Priming bezeichnet. Wenn Versuchspersonen beispielsweise aufgefordert werden, zum Begriff *canvas* (Gewebe/Leinwand/Segeltuch/Zeltleinwand etc.) frei zu assoziieren, nennen sie in 10 Prozent der Fälle den Begriff *tent* (Zelt). Wenn *tent* jedoch gerade in einer Wortliste aufgetaucht ist, steigt die Nennung von *tent* beim freien Assoziieren zu *canvas* auf mehr als das Doppelte (25 Prozent). Bei Amnestikern wie E. P. ist diese Fähigkeit voll entwickelt, obwohl sie sich in einem konventionellen Gedächtnistest nicht an das Wort *tent* erinnern können.

Das führt unausweichlich zu der Frage, warum E. P. oder andere amnestische Patienten ihre Fähigkeit zum Priming nicht nutzen können, um herauszufinden, was ihnen bereits bekannt ist. Sie haben eindeutig einen Gedächtniseintrag über ihre kürzlich gemachte Erfahrung mit Wörtern, weil sie anderenfalls die bekannten Wörter nicht schneller lesen könnten als die neuen. Wenn die Patienten aufgefordert werden, die Vertrautheit eines zuvor gelesenen Wortes zu beurteilen, warum sind sie dann nicht in der Lage, ihre Geläufigkeit mit diesem Wort zu spüren und den Schluss zu ziehen, dass ihnen das Wort bekannt ist? Die Sache erscheint auf den ersten Blick verblüffend, weil Menschen mit intaktem Gedächtnis tatsächlich dazu tendieren, ein Wort als vertraut anzusehen, wenn sie es rascher wahrnehmen. Wie sich herausgestellt hat, liegt die Schwierigkeit darin, dass der Effekt recht klein ist. Experimente und Berechnungen von Matthew Conroy und Squire haben gezeigt, dass der erwartete Beitrag der Wortidentifizierungsgeschwindigkeit zur Wiedererkennungsexaktheit zu klein ist, um einen erkennbaren Effekt auszuüben. Daher konsultieren Individuen das System nicht, das das Priming stützt, oder können es vielleicht nicht konsultieren, wenn sie Entscheidungen über Wiedererkennen treffen. Wie leicht jemand ein Wort liest, ist überdies auch kein zuverlässiger Indikator dafür, ob ihm ein Wort vor kurzem „über den Weg gelaufen" ist. Viele Faktoren entscheiden darüber, wie rasch ein Wort gelesen werden kann, darunter seine Häufigkeit in der jeweiligen Sprache, wie sehr der Wahrnehmende das Wort mag und nicht zuletzt sein Aufmerksamkeits- beziehungsweise Motivationsniveau. So gesehen ist es vielleicht wünschenswert, dass Priming nicht allzu viel Einfluss auf das deklarative Gedächtnis hat. Priming ist vermutlich vorteilhaft, weil sich Tiere in einer Welt entwickelt haben, in der die Wahrscheinlichkeit recht groß ist, auf einen Reiz zu treffen, dem man schon einmal begegnet ist. Priming erhöht die Geschwindigkeit und die Effizienz, mit denen Organismen mit einer vertrauten Umwelt interagieren.

Wenn Priming eine separate Gedächtnisform darstellt, die unabhängig vom deklarativen Gedächtnis ist, wo im Gehirn tritt Priming auf? Um diese Frage zu klären, hat man das Phänomen des Wortstammergänzungspriming mit dem bildgebenden Verfahren der Positronenemissionstomographie (PET) näher untersucht. Die Versuchspersonen lernten zunächst Wörter auf einer Wortliste, erhielten dann drei Buchstaben lange Wortstämme und wurden aufgefordert, diese Wortstämme zu dem ersten Wort zu ergänzen, das ihnen in den Sinn kommt. Squire, Marc Raichle und Raichles Mitarbeiter an der PET-Abteilung der Washington University bildeten das Gehirn der Probanden bei dieser Wortstammergänzungsaufgabe ab. Unter einer Versuchsbedingung (der Kontrollbedingung, bei der es um die Bestimmung des Grundwertes ging) ließen sich aus keinem der angebotenen Wortstämme Wörter von der zuvor präsentierten Wortliste bilden. Unter der anderen Bedingung (der Primingbedingung) ließen sich aus vielen der Stämme Wörter von der Wortliste bilden.

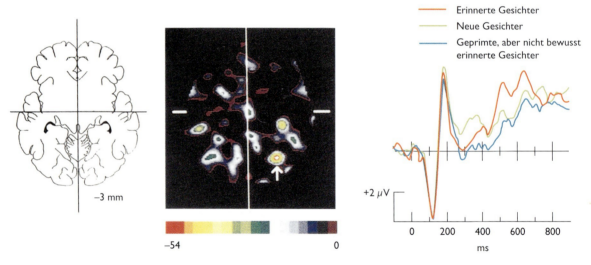

Abb. 8.4 Priming bei gesunden Versuchspersonen mittels PET-Darstellung und elektrischer Ableitung. Links: Der PET-Scan oben rechts, der mit dem Horizontalschnitt durch das Gehirn oben links korrespondiert, zeigt die mittleren Durchblutungsveränderungen bei 15 Freiwilligen. Das Bild entstand durch Subtraktion des gemittelten Bildes, das sich ergab, als die Probanden eine Primingaufgabe durchführten, von dem gemittelten Bild bei einer Kontrollaufgabe, die zur Ermittlung des Grundwertes diente. Die Subtraktion macht eine Verringerung der Durchblutung im rechten posterioren Cortex deutlich (Pfeil). Rechts: 16 Freiwillige nahmen an einem Gedächtnistest teil, bei dem es um drei Arten von Gesichtern ging: neue Gesichter, Gesichter, die sie vor kurzem gesehen hatten und gut erinnerten, sowie Gesichter, die sie gesehen hatten, an die sie sich aber nicht erinnerten, weil die Gesichter zu kurz dargeboten wurden, um verarbeitet zu werden. Obgleich diese letzte Gruppe von Gesichtern nicht erkannt wurde, wurden sie anschließend rascher verarbeitet (d. h. sie führten zu Priming). Bei frontalen Ableitungen von Hirnwellen, die von den geprimten Gesichtern ausgelöst wurden, traten nach der Gesichtspräsentation negative Potenziale von 200-400 Millisekunden auf, die sich von den Hirnwellen unterschieden, welche von neuen Gesichtern hervorgerufen wurden. Im Gegensatz dazu riefen erinnerte Gesichter ausschließlich positive Hirnwellen hervor, die rund 400 Millisekunden nach der Gesichtspräsentation einsetzten. Daher traten Hirnreaktionen, die mit Priming assoziiert waren, früher auf als Hirnreaktionen, die mit bewusstem Erinnern einhergingen.

Als die PET-Aufnahmen unter Primingbedingungen mit denjenigen unter Kontrollbedingungen verglichen wurden, entdeckte man eine auffällige Aktivitätsverringerung in der Sehrinde auf der Rückseite des Gehirns, im so genannten *Gyrus lingualis*. Dieser Befund passte zu der Vorstellung, dass Priming stark visuell gesteuert sein kann und früh in den Bahnen auftritt, die visuelle Information verarbeiten, noch vor der Analyse der Bedeutung. Man kann Priming so deuten, dass für einen gewissen Zeitraum nach Präsentation eines Wortes oder eines anderen sensorischen Objektes weniger neuronale Aktivität notwendig ist, um dieses Wort oder Objekt zu verarbeiten. Dieser grundsätzliche Befund, dass ein wiederholter Reiz eine schwächere Antwort hervorruft (manchmal als Wiederholungsunterdrückung bezeichnet), ist inzwischen häufig bei einem breiten Spektrum von Reizen und Aufgaben beobachtet worden. Brain-Imaging-Studien sprechen dafür, dass Wiederholungsunterdrückung wie Verhaltenspriming recht lang anhalten kann, mindestens über Tage. Die Abschwächung der neuronalen Aktivität wird gewöhnlich bei einer Untergruppe derselben Gehirnregionen beobachtet, die ursprünglich bei der Aufgabe aktiviert wurden. Je nachdem, ob das Reizmaterial aus Gesichtern oder Objekten besteht, kann man Wiederholungsunterdrückung beispielsweise in Regionen des Temporallappens beobachten, die üblicherweise an der Verarbeitung von Gesichtern oder Objekten beteiligt sind. Eine andere Region, die eine enge Verbindung zwischen Verhaltenspriming und Wiederholungsunterdrückung aufweist, ist der inferiore präfrontale Cortex, vor allem dann, wenn die Durchführung der Aufgabe nicht nur Wahrnehmung, sondern auch Verständnis für die Bedeutung des Objekts erfordert.

Brain-Imaging liefert Information darüber, *wo* im Gehirn Aktivität in Verbindung mit Priming auftritt, aber sie liefert keine zuverlässige Information darüber, *wann* die Aktivität auftritt. Daher ist es vorstellbar, dass Primingeffekte sogar später als konventionelle Gedächtniseffekte auftreten. Der Frage der Beziehung zwischen Priming und deklarativem Gedächtnis sind Ken Paller und seine Kollegen an der Northwestern University nachgegangen, indem sie die elektrische Aktivität des Gehirns mit Kopfhautelektroden ableiteten. Wie sie fanden, ließ sich bereits 200–400 Millisekunden nach der Reizdarbietung eine Primingsignatur nachweisen, deutlich vor der elektrischen Aktivität, die bewusstes Erinnern signalisiert. Zusammen mit den Daten aus den bildgebenden Verfahren sprechen diese Befunde dafür, dass Priming früh auftritt und dass die Information, die über das präsentierte Material oder die präsentierte Aufgabe gespeichert ist, den Versuchspersonen später erlaubt, dieselbe Operation rascher und effizienter auszuführen.

Priming könnte dazu dienen, die Anzahl der antwortbereiten Neuronen zu verringern und einen Hintergrund aus relativ stummen Neuronen zu schaffen. Die sensorische Aufgabe könnte dann von einem kleinen Ensemble gut abgestimmter Neuronen gehandhabt werden, und das Resultat wäre eine Nettoverringerung der synaptischen Aktivität während des Priming. Neuronale Veränderungen treten in diesen Bahnen deutlich vor dem Zeitpunkt auf, an dem die Information das Gedächtnissystem des medialen Temporallappens erreicht, das für das deklarative Gedächtnis essentiell ist. Neuronale Veränderungen, die in so frühen Verarbeitungsstadien auftreten, kann man sich demnach als Veränderungen vorstellen, die die Wahrnehmung an sich verbessern. Neuronale Veränderungen, die nach Erreichen des medialen Temporallappens auftreten, kann man sich dagegen als Veränderungen vorstellen, die ein bewusstes deklaratives Gedächtnis schaffen helfen.

Wahrnehmungslernen

Während es nach nur einer einzigen Exposition zu perzeptivem Priming kommen kann, sind andere Formen von nichtdeklarativem Lernen gewöhnlich stärker abgestuft und entwickeln sich manchmal erst im Laufe von zahlreichen Übungsstunden. Lange ging man davon aus, die Frühstadien sensorischer Verarbeitung seien fixiert und unveränderbar. Dieser Ansicht nach dienen die Cortexareale, die die sensorische Information zuerst empfangen, als „Prä-Prozessoren", die die Information zuverlässig und in immer gleicher Weise für die komplexeren Verarbeitungsprozesse in höheren Ebenen vorbereiten. Intuitiv erschien diese Vorstellung außerordentlich vernünftig. Schließlich ist es wichtig, dass wir einen Baum immer als Baum sehen und das Gesicht eines Freundes als das Gesicht eben dieses Freundes.

Dieser Standpunkt ist ins Wanken geraten, teilweise deshalb, weil Untersuchungen an Phänomenen wie dem Wahrnehmungslernen vermuten lassen, dass selbst die allerersten Stadien der sensorischen Verarbeitung im Cortex durch Erfahrung veränderbar sind. „Wahrnehmungslernen" beschreibt die Fähigkeit, einfache Wahrnehmungsattribute, wie Klänge oder Linienorientierungen, besser diskriminieren zu können, weil man dieselbe Aufgabe bereits öfter durchgeführt hat. Eine Belohnung oder eine Fehlerrückkopplung ist nicht erforderlich. Im Falle des Priming folgt unsere verbesserte Fähigkeit, einen Reiz zu identifizieren und zu verarbeiten, daraus, dass wir den Reiz bereits zuvor wahrgenommen haben. Im Fall des Wahrnehmungslernens werden wir erfahrener darin, einige Merkmale eines Stimulus zu diskriminieren. Wie wir in Kapitel 10 noch sehen werden, verändert Übung offenbar die Struktur des sensorischen Apparates im Cortex, der als erster die Information von der Außenwelt empfängt. Wie im Fall der Habituation und der Sensitivierung bei *Aplysia* besteht der Langzeiteffekt von Erfahrungen letztlich in einer Veränderung der Gehirnstruktur.

Das Phänomen des Wahrnehmungslernens ist am ausführlichsten beim menschlichen Sehsystem untersucht worden. Bei entsprechender Übung können Menschen ihre Fähigkeit verbessern, Anordnung, Bewegungsrichtung, Linienorientierung und viele andere einfache visuelle Attribute zu unterscheiden. Bemerkenswert bei dieser Form des Lernens ist, dass sie häufig höchst aufgaben- und trainingsspezifisch ist.

Bei einer besonders eleganten Demonstration von Wahrnehmungslernen geht es darum, einen Zielreiz von einem gemusterten Hintergrund zu unterscheiden. Avi Karni und Dov Sagi vom Weizmann-Institut in Israel betteten eine kleine Zielstruktur aus drei diagonal orientierten Balken in einen großen Hintergrund aus horizontalen Balken. Bei einigen Versuchsdurchgängen waren diese drei diagonalen Balken horizontal, bei anderen waren sie vertikal angeordnet. Die Probanden fixierten die Mitte eines Computerschirms, während das Schaubild kurz (zehn Millisekunden) auf den Bildschirm geblitzt wurde. Nach jeder Präsentation mussten die Probanden entscheiden, ob der Zielreiz horizontal oder vertikal ausgerichtet gewesen war. Karni und Sagi steuerten die Zeit, die ihren Versuchspersonen für die visuelle Verarbeitung des Schirmbildes (und seines Nachbildes) zur Verfügung stand, indem sie ihnen nach einer variablen Verzögerungszeit ein ungeordnetes Muster mit Linien und Winkeln präsentierten. Daher beschränkte sich die verfügbare Verarbeitungszeit auf den Zeitraum zwischen der Präsentation des Zielreizes und dem Auftreten des ungeordneten Musters, und die Länge dieses Intervalls bestimmte die Schwierigkeit der Diskriminierungsaufgabe.

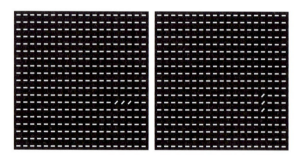

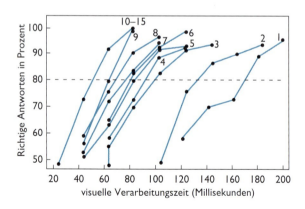

Abb. 8.5 In einem Test zum Wahrnehmungslernen wurde Probanden das computergenerierte Schaubild oben links oder oben rechts kurz dargeboten, und sie mussten dann entscheiden, ob die drei diagonalen Balken im unteren rechten Quadranten des Schaubildes horizontal oder vertikal angeordnet waren. Der Graph zeigt das Ergebnis für eine Versuchsperson, die diese Entscheidungsaufgabe 15 Tage lang mit 1000 Versuchsdurchgängen pro Tag trainierte. Die Kurven, von denen jede die Leistung der Versuchsperson an einem anderen Tag zeigt, demonstrieren eine bemerkenswerte Leistungssteigerung. Die Kurve ganz links zeigt die mittlere Leistung für die Tage 10 bis 15.

Die genaue Position der drei Zielbalken variierte von Versuch zu Versuch, aber sie erschienen relativ zum Fixierungspunkt stets im selben visuellen Quadranten (beispielsweise im Quadranten unten rechts wie in Abbildung 8.5). Im Laufe jeder täglichen Sitzung absolvierten die Probanden ungefähr 1000 Entscheidungsdurchläufe, wobei nach jeweils 50 Versuchsdurchgängen eine Pause eingelegt wurde.

Anfangs benötigten die Probanden eine beträchtliche Verarbeitungszeit, um eine korrekte Entscheidung zu treffen. Der Proband, dessen Leistungen in Abbildung 8.5 aufgezeichnet sind, benötigte anfangs 180 Millisekunden visueller Verarbeitungszeit, um bei dieser Aufgabe 90 Prozent Präzision zu erreichen. Bei einer Verarbeitungszeit von nur 50 Millisekunden konnte er die Aufgabe gar nicht erfüllen. Nach 10 Trainingssitzungen mit 10 000 Übungsdurchgängen im Verlauf von zwei Wochen war seine Leistung bei nur 50 Millisekunden Verarbeitungszeit exzellent. Wenn er oder andere Versuchsteilnehmer einmal durch Übung eine derartige Diskriminierungsfähigkeit erlangt hatten, blieb sie viele Wochen lang erhalten.

Weitere Experimente dokumentierten die außergewöhnliche Spezifität des Lernens. Erstens hob die Verschiebung des Zielreizes zur gegenüberliegenden Gesichtsfeldhälfte oder zum untrainierten Quadranten der trainierten Seite die verbesserte Diskriminierungsfähigkeit fast völlig wieder auf, und die Probanden mussten mit dem Lernen von vorn beginnen. Zweitens ließ sich die erworbene Diskriminierungsfähigkeit nicht übertragen: Als die Orientierung der Hintergrundelemente von horizontal nach vertikal geändert wurde, musste sie wieder neu erlernt werden. Und drittens ließ sich das Lernen nicht auf das andere Auge übertragen, als die Probanden beim anfänglichen Training nur ein Auge geöffnet hielten (monokulares Training).

Diese bemerkenswerte Spezifität spricht dafür, dass Wahrnehmungslernen in frühen sensorischen Verarbeitungsstadien des visuellen Cortex auftritt, wo die Neuronen am besten auf Linien-

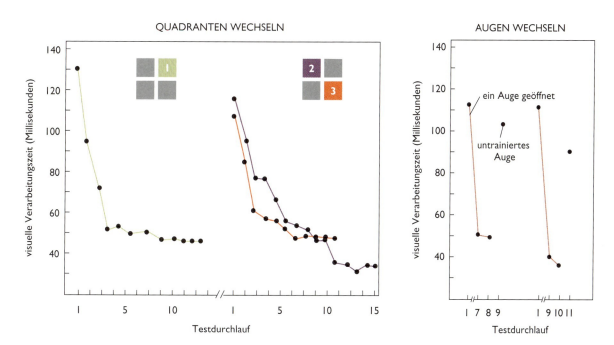

Abb. 8.6 Wahrnehmungslernen ist sehr spezifisch. Links: Eine Versuchsperson, die zunächst eine Struktur im oberen rechten Quadranten (1) eines Schaubildes zu unterscheiden lernte, konnte diese Fertigkeit nicht übertragen, als die Struktur in den oberen linken Quadranten (2) und später in den unteren rechten Quadranten (3) verlagert wurde. Jeder Datenpunkt zeigt die Verarbeitungszeit an, die notwendig ist, um mindestens 80 Prozent richtige Antworten zu erreichen. Rechts: Zwei Versuchspersonen, die zunächst mit einem geöffneten Auge trainiert und dann mit dem untrainierten Auge getestet wurden, konnten die Leistung nicht von einem Auge auf das andere übertragen.

orientierung und auf die Position von Linien im Gesichtsfeld reagieren. Auf höheren Ebenen der visuellen Verarbeitung verarbeiten die Neuronen Informationen von beiden Augen und reagieren invarianter auf räumliche Positionen. Wären höhere visuelle Areale der Ort des Wahrnehmungslernens, hätte man erwarten können, dass sich das Lernen besser zwischen beiden Augen und über räumliche Positionen hinweg übertragen ließe. Daher sind die wahrscheinlichsten Orte des Wahrnehmungslernens die frühen visuellen Areale, beispielsweise die Areale V1 und V2. Vielleicht wachsen in diesen Arealen während des Wahrnehmungslernens einige Neuronen aus und entwickeln mehr Verzweigungen, wodurch sich Zahl und Stärke der synaptischen Verbindungen erhöhen. Charles Gilbert und seine Kollegen an der Rockefeller University haben in Studien an Tieraffen gezeigt, dass Neuronen im Areal V1 ihre funktionellen Eigenschaften in einer Weise verändern, die mit Verbesserung bei der Durchführung der Aufgabe korreliert ist. Interessanterweise verändern die Neurone nicht nur einfach ihre Antworteigenschaften, die auf den Merkmalen des trainierten Reizes basieren. Die Neurone reagieren auch unterschiedlich auf denselben visuellen Reiz, je nachdem, welche visuelle Aufgabe zu einem bestimmten Zeitpunkt durchgeführt wird. Dieses Ergebnis illustriert die Auswirkungen von Erwartung und Kontext auf die V1-Neuronen, nämlich *top-down*-Einflüsse, die aus höheren Hirnregionen stammen und V1 durch Rückkopplungsmechanismen erreichen.

Derartige Experimente zeigen, dass visuelle Erfahrung zu nachhaltigen und langfristigen Effekten führt, die – wie das visuelle Priming – in den Verarbeitungsbahnen auftreten, welche normalerweise visuelle Information empfangen. Unsere visuellen Erfahrungen verändern die frühesten corticalen Verarbeitungsstationen und beeinflussen die Art und Weise, wie wir sehen. Diese Veränderungen machen verständlich, warum der Experte anders wahrnimmt als der Anfänger. Daher sieht der Landschaftsmaler anders als der Computerprogrammierer, und Porträtmaler sehen Gesichter vermutlich etwas anders als wir übrigen. Ein Teil dieses Unterschieds ist wahrscheinlich genetisch bedingt, aber ein anderer wichtiger Teil dessen ist sicherlich eine Folge ständiger Übung. Diese Vorstellung sollte jedoch nicht überbewertet werden. Die Auswirkungen von Übung auf perzeptorische Operationen sollten nicht implizieren, dass Experten eine völlig andere visuelle Welt sehen. Die Spezifität dieser Effekte auf den Trainingskontext hat zur Folge, dass eine Verallgemeinerung nur begrenzt erfolgen kann, wenn man mit anderen Reizen konfrontiert wird oder wenn man eine andere Aufgabe mit denselben Reizen ausführt.

Wir alle, einschließlich des Landschaftsmalers und des Porträtisten, identifizieren die Dinge, die wir sehen, auf grundsätzlich ähnliche Weise. Doch der Künstler nimmt vielleicht schneller wahr, sieht mehr fein abgestufte Nuancen und entdeckt Unterschiede rascher. Teilweise verdankt er diese Fähigkeit seinem Wahrnehmungslernen – Veränderungen, die sich allmählich im Laufe der Zeit in seinem visuellen Cortex angesammelt und die Maschinerie der Wahrnehmung umgestaltet haben. Die meisten dieser Veränderungen sind nichtdeklarativer Natur, das heißt, sie werden uns nicht bewusst und sie verschaffen uns keine bewussten Erinnerungen an vergangene Erfahrungen.

Emotionales Lernen

Wir können Priming und Wahrnehmungslernen hauptsächlich als Gedächtnisfähigkeiten betrachten, durch die die Frühstadien der Wahrnehmungsverarbeitung aufgrund früherer Erfahrungen schneller, effizienter und ganz allgemein besser werden. Aber frühere Erfahrungen erhöhen nicht einfach nur die Geschwindigkeit und die Effizienz der Verarbeitung. Sie können auch die Art und Weise verändern, in der wir das, was verarbeitet worden ist, empfinden. Wie wir Information bewerten – ob wir mit einem Reiz beispielsweise ein positives oder negatives Gefühl verbinden, unsere grundlegenden Vorlieben und Abneigungen –, ist größtenteils ein Resultat unbewusster (nichtdeklarativer) Lernprozesse. Wir haben bei einer Speise, einem Ort oder einem scheinbar neutralen Reiz (beispielsweise einem Ton) eine bestimmte Empfindung aufgrund der Erfahrungen, die wir in Zusammenhang mit bestimmten Speisen, Orten und Tönen gemacht haben.

Eine überzeugende Demonstration von unbewusstem Lernen in Bezug auf Vorlieben und Abneigungen lieferte eine Untersuchung des *mere exposure*-Effekts, eines Effekts, der darauf beruht, dass man einer Sache oder Situation lediglich ausgesetzt war. Robert Zajonc und seine Kollegen an der University of Michigan präsentierten Collegestudenten Bilder von geometrischen Formen mit einer so kurzen Expositionszeit (eine Millisekunde pro Form), dass die Studenten kaum den Eindruck hatten, etwas gesehen zu haben. Bei einem späteren Gedächtnistest konnten sie die Formen, die sie gesehen hatten, auch tatsächlich nicht wiedererkennen. Als man sie jedoch aufforderte, ihre Vorlieben anzugeben, zogen die Studenten die Formen, die sie bereits gesehen hatten, den neuen Formen vor. Die Probanden entwickelten also ein positives Urteil über das Material, das sie gesehen hatten, obwohl ihnen gar nicht bewusst war, dass sie es schon einmal gesehen hatten. Es sieht demnach so aus, als könne gefühlsbeteiligtes Lernen unabhängig von jeder bewussten Kognition ablaufen.

Eine wichtige und gut untersuchte Form des emotionalen Lernens ist mit Angst gekoppelt. Die Fähigkeit, Angst zu empfinden, liegt der angeborenen Fähigkeit zugrunde, Gefahren zu erkennen und darauf zu reagieren, was fürs Überleben unverzichtbar ist. Alle Tiere einschließlich des Menschen müssen Fressfeinde von Beutetieren und sichere Umgebungen von unsicheren unterscheiden können. Da angeborene Angst die ganze Evolution hindurch konserviert worden ist, lässt sich Angst bei einer breiten Palette von Lebewesen wie Schnecken, Fliegen, Mäusen und auch beim Menschen nachweisen und untersuchen.

Zu Beginn des 20. Jahrhunderts entdeckten Pawlow und Freud unabhängig von einander, dass sich Angst auch lernen lässt. Erlernte Angst bereitet das Individuum auf Kampf oder Flucht vor, wenn es einen Hinweis auf eine äußere Gefahr gibt. Ein ursprünglich neutraler Reiz wie ein Ton kann mit einem angsterzeugenden Reiz, wie einem Schock, assoziiert werden, so dass der Ton zu einer konditionierten Angstreaktion führt. Freud nannte dies „Signalangst". Freud und Pawlow erkannten, dass nicht nur angeborene, sondern auch erlernte Angst – antizipatorische Defensivreaktionen auf Gefahrensignale – biologisch adaptiv ist und daher in der Evolution konserviert wird. Anders als deklarative Erinnerungen (Kapitel 5), wird die konditionierte Angst von Hippocampusläsionen nicht beeinflusst. Stattdessen lässt sich die erlernte Angstreaktion durch bilaterale Schädigung der Amygdala eliminieren, einer Struktur im medialen Temporallappen direkt vor dem Hippocampus.

Joseph LeDoux von der New York University und Michael Davis von der Yale University haben neuronale Bahnen kartiert, die für das Angstlernen wichtig sind. Einem Ton und einem Schock ausgesetzt zu sein, führt zu einem Angstsignal. Die Information über den Ton wandert offenbar direkt von den sensorischen Arealen, die das Tonsignal zuerst verarbeiten, zur Amygdala sowie zum benachbarten perirhinalen und insulären Cortex. Die Amygdala (Mandelkern) besteht aus mehr als zehn Unterregionen (oder Kernen, lateinisch *nuclei*), und der Nucleus centralis ist dafür verantwortlich, den Angstzustand breit gefächert an die vielen Systeme zu übermitteln, die zusammenarbeiten, um die Reaktion des Organismus auf Angst auszudrücken. Ein System erhöht die Herzschlagfrequenz, ein anderes führt zum Erstarren jeder Körperbewegung, ein wiederum anderes verlangsamt die Verdauung und so weiter.

Eine gleichzeitige Exposition gegenüber einem Ton und einem Schock führt dazu, dass der Ton zu einem Angstsignal wird. Die Information wandert rasch über eine direkte Bahn vom Thalamus zum basolateralen Kern und erreicht diese Struktur in ungefähr zwölf Millisekunden. Gleichzeitig nimmt die Information über das Angstsignal auch eine längere Route durch den Cortex, wo feine Unterscheidungen über die Natur des Reizes getroffen werden können, doch auf dieser Route braucht die Information etwas länger, um die Amygdala zu erreichen (19 Millisekunden). Die direktere Bahn gibt dem Schaltkreis, der das Angstlernen trägt, die Möglichkeit, das Angstsystem im Notfall rasch zu alarmieren. Natürlich kann der Cortex die Angstreaktion modulieren – die Reaktion kann beispielsweise abgeschwächt werden, wenn die Situation als ungefährlich eingestuft wird. Die Operation dieser parallelen Schaltkreise kann erklären, warum wir vielleicht aufschrecken, wenn jemand unerwartet den Raum betritt, während wir in ein Buch vertieft sind, obwohl wir (fast im gleichen Augenblick)

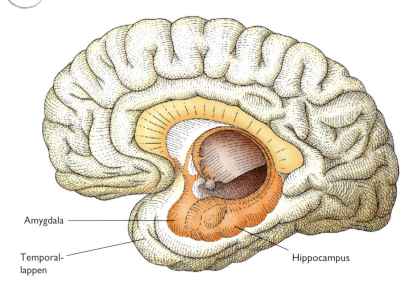

Abb. 8.7 Wenn man von der Seite auf die Innenseite des menschlichen Gehirns sieht, findet man die Amygdala (Mandelkern) tief im Temporallappen, direkt vor dem Hippocampus.

erkennen, dass es sich um einen Freund handelt. Signale erreichen die Amygdala und alarmieren das Angstsystem, während der Cortex noch dabei ist, sie richtig einzuschätzen.

Obwohl die neuronale Verschaltung des Angstlernens, einschließlich der Amygdala und ihrer Verbindungen, am ausführlichsten bei Ratten untersucht worden ist, spielt die Amygdala auch beim Angstlernen des Menschen eine wichtige Rolle. Antonio Damasio und seine Kollegen von der University of Iowa übertrugen die Ergebnisse auf den Menschen, indem sie Probanden einen neutralen Ton präsentierten, auf den sofort ein lautes Geräusch (100 Dezibel) folgte. Nach mehreren derartigen Kopplungen zeigten die Probanden Anzeichen von emotionaler Erregung, sobald der neutrale Ton erklang. Emotionale Erregung führt zu einer leicht erhöhten Schweißabsonderung und damit zu einer erhöhten Hautleitfähigkeit, die sich mit kleinen, an den Fingern angebrachten Elektroden aufzeichnen lässt. Patienten mit geschädigtem Mandelkern entwickelten keine emotionale Reaktion auf den Ton. Die meisten dieser Patienten konnten anschließend erklären, dass auf den Ton regelmäßig ein lautes Geräusch folgte, aber dieses deklarative Wissen über die Trainingssituation reichte nicht aus, um den Patient angstvoll auf den Ton reagieren zu lassen.

Was ruft die verstärkte Reaktion auf erlernte Angst hervor? Der Input-Kern der Amygdala, der Nucleus lateralis, ist der Ort, an dem Signale vom konditionierten Reiz (wie einem Ton) und dem unkonditionierten Reiz (wie einem Fußschock) zusammenlaufen. Vermutlich erreicht die Information über den Fußschock die Amygdala über den Thalamus wie auch über den caudalen Teil des insulären Cortex. Wie oben beschrieben, wird die Toninformation sowohl über die rasche Bahn, die direkt vom Thalamus zur Amygdala zieht, als auch über die langsamere, indirekte Bahn weitergeleitet. Studien an Ratten über die Auswirkungen von Läsionen, die nach dem Angstlernen gesetzt wurden, sprechen dafür, dass die indirekte Bahn (Thalamus–perirhinaler Cortex–Nucleus lateralis) diejenige ist, die normalerweise zum Lernen benutzt wird. Die direkte, subcorticale Bahn kann das Lernen unterstützen, wenn die indirekte Bahn geschädigt ist.

Die Synapsen, die von der direkten wie der indirekten Bahn gebildet werden, können in Antwort auf wiederholte Aktivität eine langfristige Veränderung durchmachen. Diese Veränderung gehört zu der Familie verwandter Formen synaptischer Plastizität, *Langzeitpotenzierung* (LTP) genannt, die wir in Kapitel 7 in Zusammenhang mit dem deklarativen Gedächtnis und dem Hippocampus, wo dieser Mechanismus entdeckt wurde, ausführlich besprochen haben.

Im Nucleus lateralis der Amygdala wird die LTP durch den Einstrom von Calcium in das postsynaptische Neuron ausgelöst. Der Calciumeinstrom wird durch das Öffnen von Glutamatrezeptoren

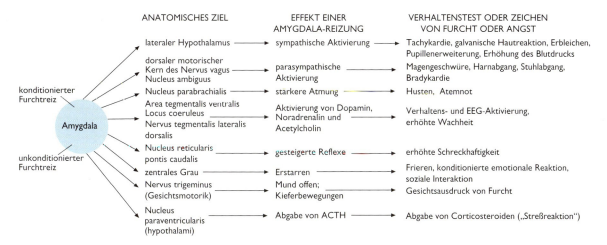

Abb. 8.8 Der Nucleus centralis der Amygdala steht in direkter Verbindung mit zahlreichen Zielorten im Gehirn, die die verschiedenen Symptome von Angst und Furcht ausdrücken.

vom NMDA-Typ und von spannungsgesteuerten Calciumkanälen vom L-Typ vermittelt. Der Calciumeinstrom löst eine biochemische Kaskade aus, die die synaptische Übertragung auf zwei Weisen verstärkt: durch den Einbau zusätzlicher Glutamatrezeptoren vom AMPA-Typ in die postsynaptische Membran und durch eine Steigerung der Transmitterfreisetzung aus der präsynaptischen Endigung. Die Dauerhaftigkeit des Gedächtnisses für erlernte Angst und die synaptischen Veränderungen, die sie tragen, erfordern cAMP-abhängige Proteinkinase (PKA) und MAP-Kinasen, die den Transkriptionsfaktor CREB aktivieren, um die Genexpression in Gang zu setzen, ganz ähnlich, wie es bei der erlernten Angst in Versuchen mit *Drosophila* und *Aplysia* gefunden worden ist.

Sind diese experimentell induzierten, aktivitätsgesteuerten synaptischen Veränderungen tatsächlich wichtig für erlernte Angst oder sind sie nur damit korreliert? Einen Hinweis, dass ein LTP-ähnlicher Mechanismus wichtig ist, liefert der Befund, dass die Antwort auf den Ton im Nucleus lateralis unter den Bedingungen erlernter Angst verstärkt ist. Diese Verstärkung steht in Einklang mit der erhöhten Synapsenstärke in der neuronalen Bahn, die Toninformation weiterleitet. Zusätzlich untermauern zwei Typen von genetischen Experimenten die Vorstellung, dass die LTP ein Mechanismus ist, der das Gedächtnis für erlernte Angst stützt, in direkterer Weise. In einem Experiment zeigte sich, dass die genetische Ausschaltung der NR2B-Untereinheit des NMDA-Rezeptors bei Mäusen die Angstkonditionierung wie auch die LTP-Induktion in Bahnen beeinträchtigt, die das CS-Signal (Ton) an die laterale Amygdala übermitteln. Zudem beeinflusste diese Mutation nur die erlernte Angst, während sie angeborene Angstreaktionen oder die normale synaptische Übertragung nicht beeinträchtigte. Außerdem störte die Ausschaltung der CREB-Signalgebung, ein Schritt „flussabwärts" vom Calciumeinstrom, die Angstkonditionierung, während eine Verstärkung der CREB-Aktivität diese Konditionierung erleichterte.

Die wohl überzeugendste Demonstration, dass die LTP für erlernte Angst wichtig ist, liefern zwei andere experimentelle Beweislinien. In einer Reihe von Studien, die Vadim Bolshakov an der Columbia University durchführte, verstärkte Angsttraining die synaptische Reaktion auf Signale in der direkten auditorischen Bahn zur Amygdala. Es gibt eine Grenze für das Ausmaß, in dem eine Synapse verstärkt werden kann. Wenn erlernte Angst tatsächlich von der LTP vermittelt wird, sollte die LTP-Induktion in der Amygdala durch direkte elektrische Stimulation daher nun verhindert werden. Und genau das war zu beobachten.

Eine zweite Versuchsreihe von Roberto Malinow und seinen Kollegen in Cold Spring Harbor sowie Joe LeDoux sprach dafür, dass das Gedächtnis für ein einzelnes emotionales Ereignis einen signifikanten Anteil der gesamten Pyramidenzellpopulation im Nucleus lateralis erfordert. In diesen genetischen Experimenten wurde ein Virus zur Markierung von Glutamatrezeptoren von AMPA-Typ in postsynaptischen Pyramidenzellen im Nucleus lateralis der Maus eingesetzt. Angstkonditionierung führte zum Einbau einer großen Zahl der markierten Rezeptoren in die Zellmembran, ganz ähnlich dem, was während einer experimentell induzierten LTP beobachtet wurde.

Eine andere wohlbekannte Aufgabe zur Erforschung der neuronalen Basis des emotionalen Lernens ist die „angstpotenzierte" Schreckreaktion. Viele Arten, einschließlich des Menschen, reagieren schreckhafter auf ein lautes Geräusch, wenn sie sich beim Ertönen des Geräuschs bereits in einem Zustand der Angst oder erhöhter innerer Erregung befinden, statt in einem ausgeglichenen Gemütszustand. Wir fahren vielleicht ein wenig hoch, wenn wir ein lautes Geräusch hören, aber wir schrecken viel stärker zusammen, wenn wir dasselbe Geräusch hören, während wir mit gespitzten Ohren eine einsame dunkle Allee entlanggehen. Daher kann das Ausmaß unserer Schreckreaktion durch Angst gesteigert werden. Um dieses Phänomen bei Laborratten zu untersuchen, wird zunächst ein an sich neutraler Hinweisreiz (beispielsweise ein Licht) mit einem Fußschock gepaart. Dann wird ein lautes Geräusch präsentiert, entweder allein oder in Gegenwart des Lichtreizes. Wird das Geräusch zusammen mit dem Licht präsentiert, so fällt die Schreckreaktion stärker aus, als wenn das Geräusch allein präsentiert wird.

Davis und seine Kollegen begannen mit der Analyse der angstpotenzierten Schreckreaktion, indem sie zunächst die neuronale Bahn des Schreckreflexes zu entschlüsseln suchten. Wenn die Ratte ein lautes Geräusch hört, lassen sich innerhalb von sechs Millisekunden Veränderungen in der Beinmuskulatur des Tieres feststellen, wenn es sich darauf vorbereitet zu springen. Die neuronale Bahn, die Informationen über das Geräusch vom Ohr zu den Beinen übermittelt, muss im Zentralnervensystem lediglich drei Synapsen passieren. Die Nervenfasern vom Ohr erreichen via Hörnerv Zellen im Hirnstamm (Radix-cochlearis-Neuronen; 1 in Abbildung 8.9), und von dort führt die Bahn weiter zur Pons (Brücke; Formatio reticularis pontis caudalis; 2 in Abbildung 8.9) und dann zum Rückenmark, wo sie austritt und zum Muskel weiterzieht. Die Amygdala spielt eine wesentliche Rolle, wenn die Induktion eines Angstzustands die Schreckreaktion erhöhen soll. Der Nucleus centralis der Amygdala sendet Verbindungen aus, die in Höhe der Pons in diesen primären Schreckreflexschaltkreis eintreten. Angst kann die Schreckreaktion deshalb modulieren, weil die Amygdala einen modulierenden Einfluss auf den Schaltkreis der Schreckreaktion ausübt.

Die Amygdala ist für die Entwicklung von Erinnerungen, die auf Angst und anderen Emotionen beruhen, zwar unverzichtbar, es ist jedoch unbekannt, ob hier die Gedächtnisinhalte selbst gespeichert werden. Die Ungewissheit rührt daher, dass die Amygdala nicht nur zum Erwerb emotionaler Erinnerungen, einschließlich Angst, wesentlich ist, sondern auch dafür, um nichterlernte, spontane Emotion auszudrücken. Ein Entfernen der Amygdala eliminiert nicht nur erlernte Angstreaktionen, sondern sie stört auch die Grundfähigkeit, Angstgefühle auszudrücken. Wilde Tiere werden ruhiger und furchtloser, wenn die Amygdala geschädigt ist. Gewöhnlich verstecken sich Affen in Gefangenschaft vor Besuchern und ziehen sich in den hinteren Käfigbereich zurück. Affen mit Amygdalaläsionen hingegen kommen trotz Besucher in den vorderen Käfigbereich und lassen sich sogar kraulen. Eine elektrische Stimulation der Amygdala kann ebenfalls ein komplexes Muster von verhaltensbiologischen und vegetativen Veränderungen hervorrufen, das dem Angstzustand ähnelt. Beim Menschen haben Untersuchungen mit bildgebenden Verfahren Aktivitätsveränderungen in der Amygdala sichtbar gemacht, wenn Probanden angstauslösende Szenen sehen oder wenn sich psychiatrische Patienten an traumatische Erlebnisse aus ihrer Vergangenheit erinnern.

Möglicherweise finden die neuronalen Veränderungen, die erlernte Angst oder irgendeine andere erregende Emotion repräsentieren, in den Neuronen der corticalen Areale – einschließlich des perirhinalen und des insulären Cortex – statt, die auf die Amygdala projizieren. Und die Amygdala ist diejenige Struktur, durch die diese Veränderungen integriert und an die anderen Gehirnareale übermittelt werden. Eine andere Möglichkeit wäre, dass die Amygdala tatsächlich Information über erlernte positive wie negative emotionale Re-

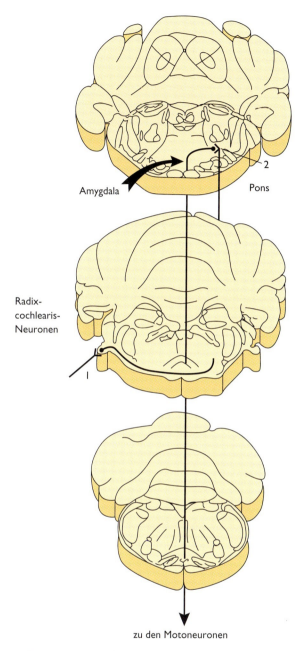

Abb. 8.9 Der primäre Schaltkreis der Schreckreaktion, der bei Ratten der raschen Reaktion zugrunde liegt, die das Tier als Antwort auf ein lautes Geräusch zeigt: Er besteht aus Radix-cochlearis-Neuronen, auf die der Hörnerv projiziert (1), einer Region in der Pons (Brücke) (2) und Axonen, die von der Pons auf Motoneurone im Rückenmark projizieren. Die Amygdala steht durch eine Verbindung in der Brückenregion in synaptischem Kontakt mit dem Schaltkreis.

aktionen speichert. Wenn das der Fall sein sollte, ist dort wahrscheinlich nur die emotionale Komponente des Gedächtnisses gespeichert. Andere Komponenten, wie die Erinnerung daran, was zu tun ist, wenn sich die emotionale Situation wiederholt, sind vermutlich anderswo gespeichert.

Wenn ein Ton oder ein anderer angstauslösender konditionierter Reiz wiederholt ohne einen damit einhergehenden Schock präsentiert wird, geht die Stärke der Angstreaktion allmählich zurück. Diesen Vorgang bezeichnet man als *Extinktion* oder *Auslöschung*, und sie stellt eine eigene Form des Lernens dar. Der Extinktionsprozess hängt, wie gezeigt werden konnte, von NMDA-Rezeptoren in der Amygdala ab; blockiert man die NMDA-Rezeptoren in der Amygdala, wird auch die Extinktion blockiert. Interessanterweise erleichtern Pharmaka, die die Funktion der NMDA-Rezeptoren stärken, die Auslöschung. Da die Behandlung von posttraumatischen Stressstörungen und anderen Angststörungen gewöhnlich mit einem Extinktionstraining einhergeht (manchmal als Desensitivierung bezeichnet), lassen diese Pharmaka in Kombination mit konventionellen Desensitivierungsverfahren auf eine bessere Behandlungsmöglichkeit dieser Störungen hoffen.

Zusammenfassend kann man sagen, dass die Amygdala offenbar im Zentrum eines neuronalen Systems steht, das nichtdeklarative Erinnerungen über emotionale Ereignisse, positive wie negative, trägt. Dieses System erwirbt und speichert vielleicht auch die erlernte emotionale Antwort auf ein Objekt oder eine Situation, eine Reaktion, die von früheren Erfahrungen geprägt ist. Menschen haben im Laufe der Evolution Vorlieben und Abneigungen erworben, so eine Vorliebe für Süßes und eine Abneigung gegen sich bedrohlich rasch nähernde Objekte. Wir empfinden jedoch auch Zu- und Abneigungen, die aus früheren persönlichen Erfahrungen resultieren: Vielleicht fürchten wir uns vor Hunden, weil uns als Kind ein großer Hund umgerannt hat, oder wir mögen den Anblick und das Geräusch eines Baches, der durch einen tiefen Wald fließt, weil wir an einem solchen Ort als Kind schöne Ferien verbracht haben.

Diese erlernten Gefühle von Zu- und Abneigung arbeiten unabhängig von allen bewussten deklarativen Erinnerungen an frühere Begegnungen mit bestimmten Hunden oder Urlaubsorten. Um dies zu illustrieren, stellen Sie sich den hypothetischen Fall eines neunjährigen Mädchens vor, das schlechte Erfahrungen mit einem heißen Kochherd gemacht hat. Später, als junge Frau, sind zwei Dinge geschehen. Erstens erinnert sie sich vielleicht sehr gut an den Vorfall. Wenn das der Fall ist, so ist diese Erinnerung ein deklarativer Abruf, eine bewusste Erinnerung, die vom Hippocampus und mit ihm verbundenen Hirnstrukturen abhängt. Zweitens fühlt sich diese junge Frau in Gegenwart eines Herdes vielleicht etwas anders als wir übrigen. Sie fühlt sich in dessen Nähe vielleicht besonders angespannt, kocht nicht gern oder hält von Herden möglichst einen gewissen Abstand. Diese Gefühlsreaktion im Zusammenhang mit Kochherden spiegelt das Wirken der Amygdala wider. Das Gefühl ist sicherlich eine Erinnerung, denn es basiert auf Erfahrung, aber es ist unbewusst, nichtdeklarativ und unabhängig von der Fähigkeit zur bewussten Erinnerung. Weil die gefühlsmäßige Reaktion auf Kochherde und die bewusste Erinnerung an das, was sich ereignet hat, parallel zueinander und unabhängig voneinander sind, ist die Existenz dieses unbewussten Gedächtnisinhalts – Angst vor Kochherden – keine Garantie dafür, dass die junge Frau eine deklarative Erinnerung abrufen kann, die erklärt, wie es zu dieser Angst gekommen ist. Das ursprüngliche Ereignis kann bewusst erinnert werden oder auch in Vergessenheit geraten sein. Stets sind corticale Bereiche vorhanden, um jedweden mentalen Inhalt, der produziert wird, wie Angst oder Abneigung, zu interpretieren. Eine ganz andere Frage ist aber, ob sich die mentale Erfahrung auf eine Erinnerung bezieht oder nicht, und wenn es eine Erinnerung ist, ob sie korrekt ist oder nicht.

Obwohl Amygdala und das hippocampale System unabhängig voneinander nichtdeklarative emotionale Erinnerungen beziehungsweise deklarative Erinnerungen tragen, können beide Systeme manchmal zusammenarbeiten. Es ist beispielsweise wohlbekannt, dass sich Menschen an gefühlsbeladene Ereignisse besonders gut erinnern. In Experimenten ist das deklarative Gedächtnis für emotional erregendes Material stets besser als für neutrales Material. Diese Fähigkeit der Emotion, das deklarative Gedächtnis zu verstärken, wird von der Amygdala vermittelt. James McGaugh und seine Kollegen von der University of California in Irvine weisen bei Versuchstieren nach, dass bei leicht stimulierenden Erfahrungen eine Reihe von Hormonen ins Blut und ins Gehirn ausgeschüttet wird. Wenn dem Tier dieselben Hormone kurz nach dem Training für eine einfache Aufgabe injiziert werden, behält es das Training besser. Besonders gute Beispiele für diesen Effekt liefern Injektionen von Stresshormonen wie Adrenalin, ACTH (Adrenocorticotropin) und Cortisol, die normalerweise dann in den Blutstrom entlassen werden, wenn plötzlich Stressfaktoren auftreten oder eine Notlage eintritt. Diese Stresshormone üben ihren Einfluss auf das Gedächtnis offenbar durch Aktivierung der Amygdala aus. Wenn die Amygdala aktiv wird, könnten anatomische Verbindungen von der Amygdala zum Cortex die Verarbeitung beliebiger Reize erleichtern. Überdies könnten Nervenbahnen zwischen Amygdala und Hippocampus das deklarative Gedächtnis direkt beeinflussen.

Larry Cahill und McGaugh haben die Rolle der Amygdala bei der Verstärkung des menschlichen Erinnerungsvermögens demonstriert. Freiwillige sahen eine Reihe von Dias, während sie eine Geschichte hörten. Geschichte und Dias erzählten von einem Jungen, der von einem Auto angefahren und zur Notoperation ins Krankenhaus eingeliefert wird. Die Probanden erlebten beim zentralen Teil der Geschichte (in dem es um den Unfall und die Operation ging) eine stärkere gefühlsmäßige Erregung und erinnerten sich an diesen Teil der Geschichte auch besser als an den Anfang oder das Ende (bei denen es um relativ neutrale Ereignisse ging). Überdies war die Erinnerung an den zentralen Teil der Geschichte bei dieser Probandengruppe besser als bei einer anderen Gruppe, die genau dieselben Dias sah, aber eine andere Geschichte hörte, in der die Bilder nicht emotional interpretiert wurden (der Junge sah Autowracks auf einem Autofriedhof und beobachtete die Ausbildung in einem Krankenhaus).

Patienten mit Läsionen, die sich auf die Amygdala beschränken, erinnern sich an die nichtemotionalen Teile der Geschichte ebenso gut wie gesunde Personen, aber sie zeigen nicht die normale Tendenz, sich an die gefühlsbeladenen Teile der Geschichte besser zu erinnern als an andere. Im Gegensatz dazu wiesen Hamann und Squire nach, dass sich amnestische Patienten, deren

Hippocampus samt verwandter Strukturen geschädigt, deren Amygdala jedoch intakt war, insgesamt schlecht an die Geschichte erinnerten. Sie zeigten jedoch die normale Tendenz, sich an die emotionalen Teile der Geschichte am besten zu erinnern. Diese Ergebnisse sprechen dafür, dass die Verstärkung des Gedächtnisses durch Emotion aus dem Einfluss der Amygdala auf das deklarative Gedächtnissystem resultiert.

Die Bedeutung der Amygdala für das emotionale Gedächtnis wurde in einer Untersuchung junger gesunder Erwachsener mit computergestützten bildgebenden Verfahren besonders deutlich. Cahill und seine Kollegen zeigten 15 Freiwilligen neutrale beziehungsweise emotional belastende Filmsequenzen, während deren Hirnaktivität per funktioneller Kernresonanztomographie (fMRI) gemessen wurde. Während des Scannens bewerteten die Teilnehmer, wie emotional erregend jede Szene war. Zwei Wochen später absolvierten die Versuchspersonen dann ohne Vorwarnung einen Gedächtnistest, um herauszufinden, an welche Szenen sie sich erinnerten. Wie zu erwarten, erinnerten sie sich umso besser, je emotional erregender eine Szene gewesen war. Das interessante Resultat hatte mit der neuronalen Aktivität in der Amygdala zum Zeitpunkt des ersten Anschauens zu tun. Eine erhöhte Aktivität in der Amygdala ging sowohl mit einer besseren Erinnerung als auch mit steigenden Bemessungswerten für die emotionale Erregung einher. Je aktiver die Amygdala daher zum Zeitpunkt des Lernens war, desto besser werden deklarativer Erinnerungen mit emotionalem Inhalt gespeichert. Ein anderer Befund war vielleicht noch überraschender: Bei Frauen trat dieser Effekt in der linken Amygdala auf, bei Männern in der rechten. Dieses Ergebnis ist wiederholt worden und zeigt das dramatischste bekannte Beispiel für eine geschlechtsspezifische hemisphärische Lateralisierung der Funktion innerhalb der Domäne des Gedächtnisses. Bisher ist wenig darüber bekannt, welche biologischen Faktoren diesem Unterschied in der Gehirnorganisation von Männern und Frauen zugrunde liegen.

Nichtdeklaratives Gedächtnis bei der moralischen Entwicklung und in der Psychotherapie

Studien früher Eltern-Kind-Beziehungen haben unterstrichen, dass Kleinkinder beträchtliches Wissen über persönliche Beziehungen und die Welt erwerben, in der sie leben, und sie erwerben dieses Wissen auf eine Art und Weise, die nichtdeklarativ und unbewusst ist. In jüngerer Zeit sind die Erkenntnisse aus solchen Studien mit Kleinkindern und ihren Bezugspersonen auf die Beziehung zwischen Patienten und Psychotherapeuten übertragen worden. Wie bei den Eltern-Kind-Bezie-

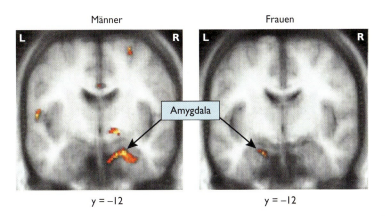
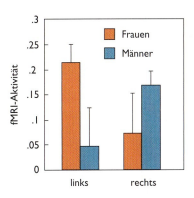

Abb. 8.10 Die Amygdala und das emotionale Gedächtnis: 15 Probanden (8 Männer, 7 Frauen) sahen sich emotional erregende oder neutrale Filmsequenzen an, während ihr Gehirn per funktioneller Kernspintomographie (fMRI) gescannt wurde. Bei Frauen war die Aktivität in der linken Amygdala hoch mit der Fähigkeit korreliert, sich an emotional erregende Filmsequenzen zu erinnern. Bei Männern fand sich dieselbe Assoziation in der rechten Amygdala.

hungen sieht es so aus, als ob viele der Veränderungen, die den therapeutischen Prozess vorwärts bringen, nicht etwa verbalen Interpretationen oder bewussten Einsichten zuzuschreiben sind, sondern Veränderungen des unbewussten, nichtdeklarativen Wissens. Die Psychoanalytiker Louis Sander, David Stern und ihre Kollegen aus der Process of Change Study Group in Boston haben beschrieben, was sie als *Momente der Begegnung* (*moments of meeting*) in der Wechselbeziehung zwischen Patient und Therapeut bezeichnen – bedeutungsvolle Momente eines stillschweigenden Verstehens und gegenseitigen Vertrauens, die auf unbewusste Weise die Entwicklung der therapeutischen Beziehung verstärken und dazu führen, dass sie ein neues Niveau erreicht. Im Gegensatz zum klassischen psychoanalytischen Denken, bei dem Deutung und bewusste Einsicht als Schlüsselereignisse für Fortschritte im psychoanalytischen Prozess angesehen werden, erfordert ein Moment der Begegnung nicht, dass Unbewusstes bewusst wird. Vielmehr führen diese Momente vermutlich zu dauerhaften Veränderungen im Verhalten, indem sie das Spektrum an Strategien erweitern, die dem Patient erlauben, mit sich, seiner Umwelt und anderen umgehen.

Die New Yorker Psychoanalytikerin Marianne Goldberger hat diese Denkrichtung auf die moralische Entwicklung ausgedehnt. Sie hat darauf hingewiesen, dass sich Menschen in der Regel nicht bewusst an die Umstände erinnern, unter denen sie die moralischen Prinzipien erwerben und verinnerlichen, die ihr Leben leiten. Viele der anderen Anlagen und Ausdrucksweisen, die unsere Persönlichkeit ausmachen, werden ebenfalls in Form von nichtdeklarativem Wissen erworben. Diese Prinzipien und Anlagen werden allmählich und fast automatisch erworben, wie die Regeln der Grammatik unserer Muttersprache.

Priming, Wahrnehmungslernen, emotionales Lernen, Psychotherapie und moralische Entwicklung illustrieren verschiedene Weisen, in denen nichtdeklarative Erinnerungen parallel zu deklarativen Erinnerungen wirken können. Diese Beispiele zeigen Möglichkeiten, wie Wahrnehmung zu unbewussten Erinnerungen führen kann. Im nächsten Kapitel geht es um drei andere nichtdeklarative Gedächtnisformen: um das Erlernen von Fertigkeiten sowie Gewohnheiten und um klassische Konditionierung. An einigen dieser Lernformen sind die motorischen Systeme des Gehirns beteiligt, die ebenfalls unbewusste Erinnerungen aufzeichnen können. Und schließlich basieren einige andere Lernformen nicht auf motorischem Lernen, sondern auf recht komplexen perzeptiven und kognitiven Fähigkeiten. Wie alle Formen des nichtdeklarativen Gedächtnisses können sie jedoch selbst dann auftreten, wenn uns nicht bewusst ist, was wir gelernt haben.

Abb. 9.1 Edvard Munch (1863–1944): „Dance On The Beach" („Tanz am Strand", um 1903). Munch verwendete häufig verzerrte Umrisse und warme Farben, um das menschliche Gefühl oder die Zerbrechlichkeit des Menschen auszudrücken. Diese Tänzer am Strand greifen auf Gedächtnisinhalte zurück, die als Fertigkeiten und Gewohnheiten gespeichert sind, um erlernte Bewegungen und Denkmuster auszudrücken.

9
Gedächtnis für Fertigkeiten, Gewohnheiten und konditionierte Reaktionen

Im Jahre 1910 dachte der französische Philosoph Henri Bergson über das nach, was wir heute als nichtdeklaratives Gedächtnis bezeichnen. Er konzentrierte sich insbesondere auf Gewohnheiten und schrieb damals: »[Es ist] ein grundlegend anderes Gedächtnis ... stets auf Handlungen aus, angesiedelt in der Gegenwart und nur in die Zukunft blickend ... In Wahrheit *repräsentiert* es für uns nicht länger unsere Vergangenheit, es *tut* sie; und wenn es doch noch immer den Namen Gedächtnis verdient, dann nicht, weil es verflossene Bilder speichert, sondern weil es deren nützliche Wirkung in den gegenwärtigen Augenblick hinein verlängert.«

Wenn wir einem Besucher vorgestellt werden, strecken wir unsere Hand zum Gruß aus. Wir blicken an einem wolkigen Tag zum Himmel hinauf und können abschätzen, wie wahrscheinlich es ist, dass es regnet. Wenn wir als Erwachsene lesen, üben wir eine komplexe Fertigkeit aus Augenbewegungen und Textverständnis aus, die in Tausenden von Übungsstunden optimiert worden ist. Wie zuverlässig oder präzise wir das alles meistern, hängt von den Erfahrungen ab, die wir gemacht haben, und von den Gelegenheiten, die wir für Lernen und Üben hatten. Aber wir lernen und bewältigen diese und zahllose andere Aufgaben schließlich, ohne uns bewusst zu sein, dass wir Gedächtnisinhalte abrufen. In diesem abschließenden Kapitel über das nichtdeklarative Gedächtnis beschäftigen wir uns mit Beispielen für das Erlernen von Fertigkeiten, Gewohnheiten, Kategorien und klassischer konditionierter Reaktionen. Dies erweitert die Diskussion über das nichtdeklarative Gedächtnis in früheren Kapiteln und illustriert dessen tiefgreifenden Einfluss auf unser tägliches Leben.

Motorische Fertigkeiten

Wie in Kapitel 1 erwähnt, rührten erste Hinweise darauf, dass das Gedächtnis in separaten Gehirnsystemen organisiert ist, von Untersuchungen her, in denen es um das Erlernen motorischer Fertigkeiten ging. Obwohl der Patient H. M. tiefgreifend amnestisch war, was das Erlernen von Fakten und Ereignissen sowie sein normales Erinnerungsvermögen anging, lernte er dennoch, die Umrisse eines Sterns im Spiegel nachzuzeichnen. Das Erlernen von Fertigkeiten dieser Art ließ sich intuitiv stets leicht als etwas Besonderes verstehen, das sich von der gewöhnlichen Erinnerung an aktuelle Ereignisse unterscheidet. Wenn wir zum Beispiel beim Tennis eine neue Vorhand lernen, scheint es vernünftig anzunehmen, dass sich eine Demonstration unserer verbesserten Spieltechnik fundamental von der Erinnerung an die Tennisstunden selbst oder an den Zeitpunkt unterscheidet, als wir ein bestimmtes Spiel durch einen Vorhandschlag gewonnen haben.

Unsere Intuition hinsichtlich motorischer und sensomotorischer Fertigkeiten ist ziemlich richtig. Erlernte Fertigkeiten sind in Verfahren eingebettet, die sich durch Handlungen ausdrücken lassen. Sie sind nicht deklarativ: Man muss nichts „kundtun" (*to declare*), und man ist – selbst wenn man dazu aufgefordert wird – vielleicht nicht in der Lage, sehr viel über seine Handlungen zu sagen. Tatsächlich zeigt die Erfahrung, dass der Versuch, deklaratives Wissen über eine motorische Fertigkeit auszudrücken, während man diese ausübt, der beste Weg ist, ihre Ausübung zu stören.

Wir können eine motorische Fähigkeit erlernen, ohne uns im Geringsten bewusst zu sein, was wir gerade lernen. Dieses seltsame Phänomen ist am besten in Untersuchungen einer Form des motorischen Lernens demonstriert worden, das man als Sequenzlernen oder serielles Lernen bezeichnet. Im bestuntersuchten Beispiel für diesen Lerntyp drücken Probanden als Antwort auf ein visuelles Signal, das in Folge in einer von vier Positionen auf einem Schirm erscheint (A, B, C oder D), möglichst rasch eine Taste. Während 400 aufeinander folgenden Trainingssitzungen erscheint der visuelle Stimulus beispielsweise nacheinander in den Positionen DBCACBDCBA, bis die Versuchspersonen diese Folge 40 Mal durchgespielt haben. Mit zunehmender Übung erlernen sie in Antwort auf das sich verändernde visuelle Signal allmählich eine Folge von fast automatischen Fingerbewegungen. Das Erlernen von Fertigkeiten spiegelt sich in den allmählich immer schneller werdenden Reaktionen wider, wenn die Probanden vorauszuahnen beginnen, wo das visuelle Signal als nächstes auftauchen wird. Wird die Folge jedoch plötzlich geändert, so sinkt die Reaktionsgeschwindigkeit wieder ab. Paul Reber und Squire fanden heraus, dass amnestische Patienten diese Aufgabe recht gut erlernten, obwohl sie sich der Sequenz nicht bewusst waren, wenn sie direkt getestet wurden.

Bei Untersuchungen mit bildgebenden Verfahren wie fMRI ist es gelungen, Areale des Gehirns zu identifizieren, die beim Erlernen motorischer Fertigkeiten aktiviert werden. Daniel Willingham und seine Kollegen an der University of Winchester fanden, dass beim Sequenzlernen der linke präfrontale Cortex, der linke inferiore parietale Cortex und das rechte Putamen (das gemeinsam mit dem Nucleus caudatus als Neostriatum bezeichnet wird) spezifisch aktiviert werden. Diese Regionen waren ganz unabhängig davon aktiv, ob sich die Teilnehmer der Sequenz bewusst wurden oder nicht. Daher sieht es so aus, als unterstütze ein System von Gehirnstrukturen unbewusstes Sequenzlernen, und diese Strukturen seien selbst dann aktiv (und es kommt zu unbewusstem Lernen), wenn deklaratives, bewusstes Wissen über die Sequenzen erworben wird.

Das Areal des Motorcortex, das die Finger repräsentiert, verändert sich beim Erlernen von geschickten Fingerbewegungen ebenfalls. Arvi Karni, Leslie Ungerleider und ihre Kollegen am National Institute of Mental Health ließen Versuchspersonen üben, ihren Daumen mit jedem anderen Finger derselben Hand in einer bestimmten Reihenfolge zu berühren. Das Interessante dabei war aber, dass das Areal des motorischen Cortex, das bei der Aufgabe aktiviert wurde, nach längerem Training – in dessen Verlauf die Probanden die Geschwindigkeit ihrer Fingerbewegungen annähernd verdoppelten – größer wurde. Diese Expansion, die in der Handregion innerhalb des motorischen Cortex auftrat, blieb anschließend mehrere Wochen lang erhalten, ebenso wie die Fähigkeit, die Aufgabe schneller durchzuführen. Wahrscheinlich werden durch Übung zusätzliche Neuronen in einem kleinen Areal des motorischen Cortex rekrutiert, und zwar entsprechend der Gewandtheit und Geschwindigkeit, mit denen die

Abb. 9.2 Eine Aufgabe zum Sequenzlernen, wie sie auf einem Computer dargestellt wird. Unten auf dem Schirm sind stets vier Striche zu sehen, die die vier möglichen Positionen eines Sternchens anzeigen (A, B, C oder D). Während des Trainings bewegt sich das Sternchen nach einem vorher festgelegten Muster von einer zur anderen der vier Positionen. Die Probanden reagieren auf jedes Erscheinen des Sternchens so rasch wie möglich, indem sie die entsprechende Taste darunter drücken.

Probanden die sequentiellen Bewegungen ausführen konnten.

Zusätzliche Untersuchungen von Julien Doyon, Karni und Ungerleider identifizierten subcorticale Strukturen, die für das Erlernen motorischer Fertigkeiten wichtig sind. In der Frühphase des Lernens wurde Aktivität im Cerebellum (Kleinhirn) sowie im frontalen Cortex (im rechten anterioren cingulären Cortex und im dorsalen prämotorischen Cortex) und im inferioren parietalen Cortex registriert. Nach einigen Sitzungen, in denen die Teilnehmer ein hohes Maß an Geschicklichkeit erworben hatten, verringerten das Cerebellum und die corticalen Regionen ihre Aktivität jedoch deutlich. Nun zeigte sich Aktivität im rechten Neostriatum und in verschiedenen Cortexregionen, darunter dem supplementärmotorischen Cortex. Wie bei anderen Beispielen für nichtdeklarative Erinnerungen, die wir besprochen haben, manifestiert sich das Erlernen motorischer Fertigkeiten wie im simpleren Fall von *Aplysia* wahrscheinlich durch Veränderungen innerhalb der Schaltkreise, die bereits dazu dienen, die jeweiligen Fähigkeiten auszuüben. Eine Möglichkeit ist, dass die Gedächtnisspeicherung innerhalb der Areale des motorischen Cortex stattfindet, die beim Üben aktiv sind. Alternativ könnten die entscheidenden synaptischen Veränderungen in den Verbindungen vom Cortex zum Neostriatum auftreten.

Doyon und seine Kollegen haben festgestellt, dass es während des Lernens zu einer Verlagerung im Hinblick darauf kommt, welche Gehirnsysteme wichtig sind. Wir alle wissen, wie es ist, eine gut eingeübte Fertigkeit, beispielsweise Autofahren, ganz automatisch auszuüben. Wenn wir eine bekannte Route fahren, merken wir vielleicht plötzlich, dass wir seit mehreren Minuten fast wie „mit Autopilot" gefahren sind, ohne dem Lenken bewusste Aufmerksamkeit zu zollen. Diese Erfahrung spricht dafür, dass Areale im Gehirn, die bei Aufmerksamkeit und Wachbewusstsein eine Rolle spielen, beim Erlernen einer Fähigkeit anfangs notwendig sind, mit fortschreitender Übung jedoch an Bedeutung verlieren.

In der Frühphase des Lernprozesses ist der präfrontale Cortex gewöhnlich aktiv, was zu dem passt, was wir über seine Rolle bei der Speicherung von Information zum temporären Gebrauch wissen. Die Frühphase des Lernens aktiviert auch den parietalen Cortex, eine Region, von der man weiß, dass sie für die visuelle Aufmerksamkeit wichtig ist. Wie andere Untersuchungen zeigen, lassen sich anhand der Aktivität im präfrontalen und im parietalen Cortex auch Probanden, die sich bewusst werden, was sie gelernt haben, von solchen unterscheiden, die sich dessen nicht bewusst sind. Schließlich ist während der Frühstadien des Erlernens motorischer Fertigkeiten das Cerebellum wichtig. Das Cerebellum (Kleinhirn) ist eine große Struktur auf der Rückseite des Gehirns; sie spielt wahrscheinlich für die Koordination des motorischen Repertoires eine Rolle, das für geschicktes Bewegen und für den zeitlichen Ablauf dieser Bewegungssequenzen notwendig ist. Demnach sieht es so aus, als seien präfrontaler Cortex, parietaler Cortex und Cerebellum allesamt an der Frühphase des motorischen Lernens beteiligt. Ihre kombinierte Aktivität stellt einen korrekten Bewegungsablauf sicher und sorgt dafür, dass sich Aufmerksamkeit und Arbeitsgedächtnis auf die jeweilige Aufgabe konzentrieren. Nach Einüben der Fertigkeit zeigen präfrontaler Cortex, parietaler Cortex und Cerebellum alle-

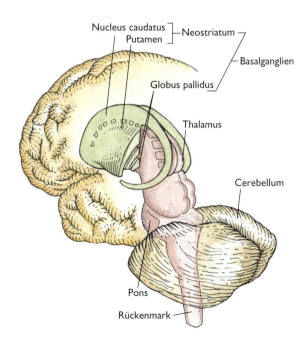

Abb. 9.3 Hirnstrukturen, die für das Erlernen motorischer Fertigkeiten von Bedeutung sind.

samt weniger Aktivität, und andere Strukturen, wie der motorische Cortex und der benachbarte supplementär-motorische Cortex, werden aktiver. Das könnten die Strukturen sein, die gemeinsam mit dem Neostriatum die auf Übung basierende Information im Langzeitgedächtnis speichern und die flüssige Ausführung eingeübter Bewegungen ermöglichen.

Ein interessantes Faktum beim Erlernen motorischer Fertigkeiten ist, dass sich die Leistungen nach einmal nachts schlafen verbessern, aber nicht nach einer entsprechenden Periode Wachbleiben. Matthew Walker und seine Kollegen an der Harvard University benutzten eine sequenzielle Fingerklopfaufgabe, bei der Versuchspersonen mit den Fingern einer Hand nacheinander vier Tasten drückten und die Folge 4-1-3-2-4 so rasch und korrekt wie möglich wiederholten. Ihre Geschwindigkeit verbesserte sich im Verlauf von 12 Stunden Wachbleiben um nur 3,9 Prozent, im Verlauf von 12 Stunden Schlaf hingegen um 20,5 Prozent. Die Verbesserung korrelierte am besten mit der Menge an langsamwelligen Stadium-2-Schlaf (nichtträumend), vor allem spät in der Nacht. Ähnliches gilt für andere motorische und perzeptive Fertigkeiten, auch wenn die verbesserten Leistungen manchmal stärker mit langwelligem Schlaf oder einer Kombination aus langwelligem Schlaf und Traumschlaf (REM-Schlaf wegen der typischen raschen Augenbewegungen, *rapid eye movements*) in Verbindung gebracht worden sind. Welche Aspekte der Biologie des Schlafes für diese Effekte ausschlaggebend sind, wissen wir bisher noch nicht.

Erlernen von Gewohnheiten

Eine motorische Fertigkeit zu erlernen, heißt, ein Verfahren zu erwerben, um in unserer Umgebung zu agieren. Dasselbe gilt, wenn wir neue Gewohnheiten erlernen. Wenn wir heranwachsen, lernen wir „bitte" und „danke" zu sagen, unsere Hände vor dem Essen zu waschen sowie eine Reihe andere Verhaltensweise oder Gewohnheiten anzunehmen, die das Resultat von Training sind. Wir erwerben viele dieser Gewohnheiten bereits früh im Leben, ohne bewusste Anstrengung und ohne besonders darauf zu achten, dass ein Lernprozess stattfindet. In diesem Sinne ist das Erlernen von Gewohnheiten größtenteils nichtdeklarativ.

Wie sich herausgestellt hat, ist das Neostriatum für das Erlernen von Gewohnheiten ebenso wichtig wie für das Erlernen von motorischen Fertigkeiten. In einer wegweisenden Untersuchung trainierten Mark Packard, Richard Hirsh und Norman White von der McGill University Ratten darauf, zwei verschiedene Aufgaben durchzuführen, die Schlüsselunterschiede zwischen dem Gedächtnis für Gewohnheiten und dem deklarativen Gedächtnis enthüllten. Bei einer Aufgabe mussten die Tiere in den acht Armen eines radialen Labyrinths nach Futter suchen. Mehrere Tage hintereinander wurden die Tiere ins Labyrinth gesetzt und wieder herausgenommen, nachdem sie in jedem der acht Labyrinthgänge eine Belohnung gefunden hatten. Als Fehler galt, wenn ein Tier beim Einsammeln aller acht Belohnungen einen Arm des Labyrinths mehrmals aufsuchte. Eine Ratte, die die Aufgabe effizient löst, erinnert sich, welchen Arm sie besucht hat und kehrt nicht erneut in Gänge zurück, in denen sie bereits war. Die Durchführung dieser Gedächtnisaufgabe wurde durch Läsionen im *hippocampalen* System beeinträchtigt, während eine Schädigung des Nucleus caudatus folgenlos blieb. Bei einer auf den ersten Blick ähnlichen Aufgabe, bei der derselbe Apparat eingesetzt wurde, mussten die Ratten lernen, die vier (der acht) Arme zu besuchen, vor denen eine Lampe aufleuchtete. Nur diese vier beleuchteten Arme enthielten eine Futterbelohnung. In diesem Fall wurde das Lernen durch Schädigung des Nucleus caudatus, nicht aber des hippocampalen Systems beeinträchtigt. Dieser Unterschied zwischen den Effekten von hippocampaler und caudater Läsion rührt daher, dass sich diese beiden Aufgaben – obwohl auf den ersten Blick ähnlich – grundlegend unterscheiden. Bei der Futtersuchaufgabe erwirbt und benutzt ein Tier Informationen über Einzelereignisse; das heißt, es muss sich an den speziellen Ort erinnern, den es an einem bestimmten Tag gerade besucht hat. Was erinnert werden muss, ist für jeden Versuchstag einmalig und spezifisch. Dieser Lerntyp erfordert den Hippocampus. Im Gegensatz dazu bleibt die andere Aufgabe von Tag zu Tag konstant, und das Tier muss etwas über ihre Regelmäßigkeiten lernen. Einige Arme enthalten stets eine Futterbelohnung, und die Ratte erwirbt diese Information allmählich durch Wiederholung. Diese zweite Aufgabe ist ein Beispiel für das Erlernen von Gewohnheiten.

Es war schwierig, Gewohnheitslernen beim Menschen zu untersuchen, denn wir neigen dazu, jeden Schritt einer Aufgabe, wann immer möglich, zu memorieren, und auch bei Aufgaben, die Ratten oder sogar Tieraffen nichtdeklarativ als Gewohnheiten erlernen, eine deklarative Gedächtnisstrategie anzuwenden. Beispielsweise könnten wir in wenigen Versuchen lernen, welche vier (der acht) Arme eines Labyrinths die richtigen sind, indem wir die Lage der richtigen Arme rasch memorieren. Es besteht keine Notwendigkeit, eine Gewohnheit herauszubilden, weil wir über ein sehr effektives deklaratives Gedächtnissystem verfügen, das auf rasches Lernen spezialisiert ist. Ratten hingegen können lediglich allmählich lernen, die Labyrinthgänge mit Futterbelohnung von denjenigen ohne Belohnung zu unterscheiden. Vielleicht lernen Ratten Labyrinthe in der Weise zu unterscheiden, wie Menschen lernen würden, gute von schlechten Weinen oder Originalgemälde von Fälschungen zu unterscheiden. In diesen Fällen kommt es allmählich zu Fortschritten, während man die relevanten Dimensionen des Problems erlernt. Daher lernen Ratten allmählich, ohne auf den Hippocampus zurückzugreifen, denn sie memorieren nicht, sondern meistern das Problem langsam, wie wir es beim Einüben einer Fertigkeit tun.

Wissenschaftler können Gewohnheitslernen beim Menschen untersuchen, wenn sie spezielle Vorkehrungen treffen, um eine Aufgabe zu entwerfen, die sich nicht memorieren lässt. Barbara Knowlton und Squire benutzten eine Aufgabe, die von Mark Gluck von der Rutgers University in New Jersey entwickelt wurde. Die Aufgabe wird als Spiel zur Wettervoraussage präsentiert. Bei jedem Durchgang versucht der Proband, mit Hilfe von dargebotenen Karten vorherzusagen, ob es regnen oder ob die Sonne scheinen wird. Dabei sind vier verschiedene Karten im Spiel, und bei jedem Versuchsdurchgang können eine, zwei oder drei

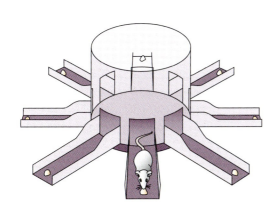

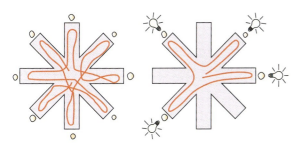

Abb. 9.4 Ein achtarmiges Labyrinth, wie es zum Vergleich von deklarativem Gedächtnis und Gewohnheitsgedächtnis bei Ratten benutzt wird. In der Aufgabe, in der es um das deklarative Gedächtnis geht, befindet sich in jedem Arm Futter (unten links). Mit einiger Übung lernt eine gesunde Ratte, alles Futter zu finden, indem sie jeden Arm einmal aufsucht und dabei einen Weg wie den eingezeichneten zurücklegt. In der Aufgabe, in der es um das Gewohnheitsgedächtnis geht (unten rechts), befindet sich nur in den vier beleuchteten Armen Futter, und die Ratten lernen, nur diese Arme aufzusuchen.

Abb. 9.5 Wettervorhersageaufgabe: Die Probanden entscheiden bei jedem Versuchsdurchgang, welches Wetter – Regen oder Sonnenschein – es geben wird; sie gründen ihre Vorhersage dabei auf einen Satz von einer, zwei oder drei (von vier möglichen) Karten, die auf einem Computerschirm erscheinen.

erscheinen. Jede Karte ist unabhängig und steht mit einer bestimmten statistischen Wahrscheinlichkeit mit dem Ergebnis in Beziehung, und beide Ergebnisse – Regen oder Sonnenschein – treten gleich häufig auf. Beispielsweise ist eine der vier Karten 75 Prozent der Zeit mit Sonnenschein und 25 Prozent der Zeit mit Regen assoziiert. Eine andere Karte sagt 57 Prozent der Zeit Sonnenschein und 43 Prozent der Zeit Regen voraus. Jede Karte hat ihre eigene Vorhersagebeziehung zum Ergebnis. Bei jedem Versuchsdurchgang trifft ein Proband seine Wahl – Regen oder Sonnenschein – und erhält sofort darauf eine Rückkopplung, die ihm sagt, ob seine Wahl richtig oder falsch war. Wegen der probabilistischen Natur der Aufgabe ist es unmöglich, stets richtig zu entscheiden. Dementsprechend haben die Probanden kaum Erfolg bei dem Versuch, auf jeden Satz von Hinweisen eine richtige Antwort zu memorieren, und das führt dazu, dass sie „aus dem Bauch heraus" Vermutungen anstellen. Die meisten Probanden berichten, dass sie kaum das Gefühl haben, irgendetwas zu lernen. Dennoch lernen gesunde Probanden tatsächlich etwas über die Bedeutung der Karten, und sie verbessern allmählich ihre Fähigkeit, das richtige Wetter vorherzusagen. Amnestiker lernen mit derselben Geschwindigkeit wie gesunde Versuchspersonen. In 50 Trainingsdurchgängen verbessern sich beide Gruppen von einem Ausgangswert von 50 Prozent richtiger Antworten (entspricht dem Zufallswert) auf rund 65 Prozent richtiger Antworten. Trotz ihrer normalen Leistung bei der Vorhersageaufgabe zeigen die amnestischen Patienten bei der Beantwortung expliziter Fragen nach Fakten über die Trainingsepisode merkliche Beeinträchtigungen.

Patienten mit Erkrankungen, die den Nucleus caudatus betreffen, wie der Huntington- oder der Parkinson-Krankheit, sind nicht in der Lage, diese Wettervorhersageaufgabe zu erlernen. Im Verlauf von 50 Trainingsdurchgängen entscheiden diese Patienten bei jedem Block von 10 Versuchsdurchgängen in nicht mehr als 53 Prozent aller Fälle korrekt. Der Nucleus caudatus ist also für einige Formen des Gewohnheitslernens beim Menschen genauso wichtig wie bei Versuchstieren.

Russell Pollack und seine Kollegen von der UCLA arbeiteten mit funktioneller Kernspintomographie (fMRI), um die Bedeutung des Nucleus caudatus für das Erlernen einer Wettervorhersageaufgabe zu illustrieren. Die Probanden trainierten entweder die Wettervorhersageaufgabe oder eine ähnliche Aufgabe, bei der sie sich ein Wetterergebnis für mehrere einzelne Kartenkombinationen einprägten. Der Nucleus caudatus war während der Wettervorhersageaufgabe aktiver als während der Gedächtnisaufgabe. Bei der Aktivität im medialen Temporallappen war es genau umgekehrt. Überdies war die Aktivität im medialen Temporallappen und im Nucleus caudatus bei den Versuchspersonen im Mittel negativ korreliert; das passt zu der Vorstellung, dass die Versuchspersonen entweder eine deklarative oder eine nichtdeklarative Strategie zum Lernen einsetzten. Weitere Experimente zeigten, dass der mediale Temporallappen beim Lernen der Wettervorhersageaufgabe zunächst aktiv und der Nucleus caudatus inaktiv war. Der mediale Temporallappen wurde rasch inaktiv, während der Nucleus caudatus für den Rest des Lernprozesses aktiv wurde. Diese Ergebnisse sprechen dafür, dass die Versuchspersonen zunächst versuchen, sich die Aufgabenstruktur einzuprägen, und dann eine nichtdeklarative Gedächtnisstrategie anwenden, die eine allmähliche Meisterung der Aufgabe erlaubt.

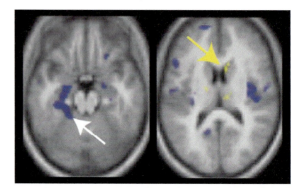

Abb. 9.6 Auf diesen horizontalen MRI-Bilder des menschlichen Gehirns zeigen Gelbfärbungen Regionen an, an denen sich die Aktivität beim Lernen der Wettervorhersageaufgabe stärker erhöht hat als bei Lernen einer ähnlichen, auf Memorieren basierenden Aufgabe. Umgekehrt zeigt die Blaufärbung Regionen an, an denen sich die Aktivität beim Lernen Memorierungsaufgabe stärker erhöht hat als bei Lernen der Wettervorhersageaufgabe. Die gelben Pfeile weisen auf den Nucleus caudatus, die weißen auf den mittleren Temporallappen.

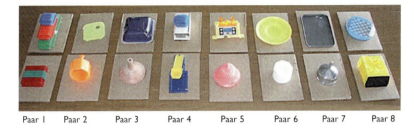

Abb. 9.7 Diskriminierungsaufgabe (*concurrent discrimination task*) mit acht Paaren. Jedes Objektpaar wird eines nach dem anderen präsentiert, wobei eines der Objekte durchgängig als „korrekt" bezeichnet wird. Die Probanden versuchen zu lernen, welches Objekt in jedem Paar korrekt ist; in der Regel erfolgen pro Sitzung 40 Versuchsdurchgänge. Bei jedem Versuchsdurchgang wählen die Probanden eines der Objekte und erfahren, ob die Wahl richtig war. Die räumliche Position des korrekten Objekts variiert von Durchgang zu Durchgang.

Die Tatsache, dass der Nucleus caudatus Menschen Gewohnheitslernen ermöglicht, eröffnet die Möglichkeit, Gewohnheitslernen als Substitut für das deklarative Gedächtnis einzusetzen, wenn dieses geschädigt ist. Falls das der Fall ist, findet dieses Lernen dann unbewusst statt, ohne dass sich der Betroffene bewusst ist, dass er etwas lernt? In welchem Maße kann ein Gedächtnissystem ein anderes ersetzen?

Diese Frage lässt sich mit einer bestimmten Form des Diskriminierungslernens (*concurrent discrimination learning*) untersuchen; dazu gibt es eine Standardaufgabe, die seit 50 Jahren zum Studium des Säugergehirns eingesetzt wird. In der Regel werden fünf Mal pro Tag acht Paare von Objekten, jeweils ein Paar nach dem anderen, in gemischter Ordnung präsentiert; gewöhnlich sind es pro Sitzung 40 Versuchsdurchgänge. Ein Objekt in jedem Paar ist immer korrekt, und die Wahl des korrekten Objekts wird belohnt. Gesunde Versuchspersonen lernen diese Aufgabe leicht in ein bis zwei Tagen. Diese Aufgabe hängt gewöhnlich vom deklarativen Gedächtnis ab, was sich daran zeigt, dass die Probanden, die gut abschneiden, die Objekte beschreiben können und anderes bewusstes Wissen über ihr Tun besitzen. Zudem zeigen Amnestiker, deren deklaratives Gedächtnis geschädigt ist, in der Zeitspanne, in der ihre gesunden Pendants die Aufgabe meistern, wenig Lernerfolg.

Peter Bayley, Jennifer Frascino und Squire testeten die Fähigkeit von zwei schwer amnestischen Patienten (E. P. und G. P.), die gleichzeitige Diskriminierungsaufgabe zu erlernen. Bei beiden Patienten ist der mittlere Temporallappen aufgrund einer Herpes-simplex-Encephalitis stark geschädigt. Trotz ihres stark beeinträchtigen deklarativen Gedächtnisses erlernten E. P. und G. P. allmählich im Lauf von 36 bzw. 28 Sitzungen die Aufgabe. Ihr Lernerfolg ging nicht mit formulierbarem Wissen über die Natur der Aufgabe einher. Zu Beginn der Trainingssitzungen konnten sie beispielsweise weder die Aufgabe noch die Anweisungen oder die Objekte beschreiben.

Um zu testen, ob das erworbene Wissen starr organisiert war, wie es für Gewohnheitslernen angenommen wird, wurde beiden Patienten nach Abschluss des formalen Trainings eine Sortieraufgabe gestellt. Alle 16 Objekte wurden gemeinsam in die Mitte des Tisches gelegt, und die Patienten wurden aufgefordert, die Objekte in zwei Haufen zu ordnen, je nachdem, ob ein Objekt in der ge-

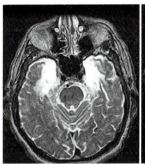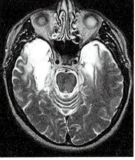

Abb. 9.8 Horizontale MRI-Hirnschnitte von zwei schwer amnestischen Patienten, E. P. (links) und G. P. (rechts). Die weiße Region zeigt das Ausmaß der Schädigung; sie umfasst Amygdala, Hippocampusformation, perirhinalen und parahippocampalen Cortex. (Die linke Seite eines jeden Bildes zeigt die rechte Seite des Gehirns).

rade gelernten Diskriminierungsaufgabe als korrekt oder inkorrekt bezeichnet worden war. Diese Sortieraufgabe war für die Kontrollgruppe kein Problem, doch beide amnestischen Patienten versagten völlig und kamen bei zwei Versuchen nicht über ein Ergebnis heraus, wie es auch reines Raten erbracht hätte.

Diese Ergebnisse zeigen, dass Menschen über eine robuste Fähigkeit zum Gewohnheitslernen verfügen, das selbst dann funktioniert, wenn eine Aufgabe Probanden dazu einlädt, ihr deklaratives Gedächtnis zu gebrauchen und sich an korrekte und inkorrekte Objekte zu erinnern. Was unter diesen Umständen gelernt wird, unterscheidet sich deutlich von dem, was sich deklarativ lernen lässt. Die Information ist unflexibel und unbewusst und drückt sich nicht als Wissen in dem Sinne aus, den wir normalerweise mit diesem Begriff verbinden. Das, was gelernt wird, drückt sich in der Leistung aus, als Satz von Antworten, die richtig sein können oder auch nicht.

Auf Belohnung basierendes Lernen lässt sich auf zellulärem Niveau analysieren. Wolfram Schultz und seine Kollegen von der University of Cambridge in England haben neuronale Antworten aus zwei Regionen des Mittelhirns (Substantia nigra und Area tegmentalis ventralis) von wachen Tieraffen abgeleitet; beide Regionen enthalten einen hohen Prozentsatz von Neuronen, die Dopamin als Neurotransmitter verwenden. Die Substantia nigra liefert einen wichtigen Input für den Nucleus caudatus, und beide Strukturen sind bei der Parkinson-Krankheit geschädigt.

Schultz trainierte Tieraffen darauf, 1,5 Sekunden nach der Präsentation eines visuellen Musters eine Saftbelohnung zu erwarten. Das Lernen zeigte sich darin, dass die Tiere in Erwartung der Belohnung an dem Saftausguss zu nuckeln begannen. Zu Beginn des Trainings feuerte die Mehrheit der Dopaminneuronen, wann immer die Affen die Belohnung erhielten. Später, nachdem die Tiere die Aufgabe gut zu meistern gelernt hatten, feuerten dieselben Neuronen in Antwort auf den visuellen Hinweis, der die Belohnung zuverlässig ankündigte, aber nicht in Antwort auf die Belohnung selbst. Interessanterweise reflektiert die neuronale Antwort auf die Belohnung selbst die Diskrepanz zwischen der Belohnung und der Zuverlässigkeit ihrer Ankündigung (ein Vorhersagefehler). Eine nicht angekündigte Antwort (wie zu Anfang des Trainings) ruft eine stärkere Antwort der Dopaminneuronen hervor, eine zuverlässig angekündigte Belohnung hingegen keine Antwort. Die Stärke der Antwort hängt zudem vom Wert der Belohnung ab. Belohnungen, die kein Dopaminsignal auslösen, unterstützen den Lernprozess nicht.

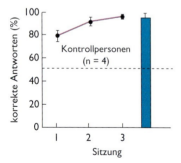
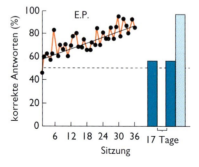
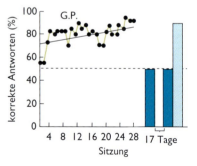

Abb. 9.9 Gesunde Freiwillige meisterten die Diskriminierungsaufgabe (*concurrent discrimination task*) mit acht Paaren leicht in drei Sitzungen (links). Drei bis sechs Tage später demonstrierten sie eine flexible Kenntnis dessen, was sie gelernt hatten, indem sie alle 16 Objekte richtig sortierten, je nachdem, ob sie als korrekt oder inkorrekt bezeichnet worden waren (dunkelblauer Balken). Patient E. P. erlernte allmählich im Verlauf von 18 Wochen und 36 Sitzungen die Objektpaare (Mitte). Fünf Tage und nochmals 17 Tage später versagte er bei der Sortieraufgabe (dunkelblaue Balken), war aber sehr erfolgreich, als die Objektpaarungsaufgabe in ihrer ursprünglichen Form gestellt wurde (hellblauer Balken). Patient G. P. erlernte die Aufgabe allmählich im Verlauf von 18 Wochen und 36 Sitzungen (rechts). Wie E. P. versagte er zweimal bei der Sortieraufgabe (dunkelblaue Balken), war aber ebenfalls bei der ursprünglichen Objektpaarungsaufgabe erfolgreich (hellblauer Balken). Die gestrichelte Linie zeigt das Abschneiden an, das sich durch reines Raten erzielen lässt.

Die Fähigkeit, eine positive Rückkopplung vorherzusagen, ist für den Lernprozess entscheidend, und Dopaminneuronen im Neostriatum sowie verbundenen Strukturen bilden wahrscheinlich einen wichtigen internen Mechanismus für Lernen, das von Belohnungs- oder Rückkopplungsmechanismen getrieben wird. Der Nucleus caudatus und das Putamen empfangen überlappende Eingänge vom sensorischen wie vom motorischen Cortex, und dieser doppelte Satz von Eingangssignalen könnte (zusammen mit einem Belohnungssignal im Mittelhirn) eine Basis für die Verknüpfung (Assoziation) von Reiz und Reaktion und die Beeinflussung von Wahlverhalten bilden. Dieselben Belohnungssignale gehen auch an weit verstreute Zielstrukturen, darunter höhere Gehirnregionen wie den frontalen Cortex, die für Aufmerksamkeit und die Organisation von Handlungen wichtig sind. Auf diese Weise könnten Wahlverhalten, die im Striatum generiert werden, durch Aufmerksamkeit und andere Faktoren moduliert werden, die für die Entscheidungsfindung in der realen Welt von Bedeutung sind.

Perzeptive und kognitive Fertigkeiten

Beim Erlernen von Fertigkeiten geht es weitgehend um motorische Fertigkeiten: wie wir lernen, Hände und Füße koordiniert zu bewegen, um irgendetwas zu erreichen. Es gibt jedoch Beispiele für geschicktes Verhalten, die nicht auf erlernten Bewegungen basieren, aber dennoch den Erwerb von Routine bei bestimmten Tätigkeiten erfordern. Wenn wir beispielsweise unsere Muttersprache lesen lernen, bewegen wir uns anfangs stockend von Wort zu Wort, doch nach einiger Übung lesen wir rasch, bewegen die Augen etwa viermal pro Sekunde zu einer neuen Stelle und nehmen die Bedeutung von mehr als 300 Worten pro Minute auf. Ebenso ist es, wenn wir einen Computer zu programmieren lernen: Anfangs geben wir jeden Befehl jeweils einzeln ein und registrieren ihn, aber später bewegen wir uns mental rascher durch die Operationen, als wir sie eintippen können. Diese Fertigkeiten sind das Ergebnis einer allmählichen Verbesserung der perzeptiven und kognitiven Verfahren, die wir alle benutzen, wenn wir etwas wahrnehmen, wenn wir denken und Probleme lösen.

Das erste Beispiel für das Erlernen nichtmotorischer Fertigkeiten, das, wie sich herausstellte, unabhängig vom medialen Temporallappen ist, war eine Lesefertigkeit. Wie in Kapitel 8 erwähnt, zeigten Neal Cohen und Squire 1980, dass Amnestiker die Fähigkeit, Spiegelschrift zu lesen, mit völlig normaler Geschwindigkeit erlernten und drei Monate später genauso gut ausübten wie gesunde Probanden. Sie waren in der Lage, normal rasch zu lernen, obwohl sich einige der Patienten nicht an die Lernsitzungen erinnerten und bei formalen Tests die Wörter, die sie gelesen hatten, nicht wiedererkannten.

Wir verbessern unsere Fertigkeiten auch dann, wenn wir gewöhnliche Texte lesen. Gail Musen und Squire untersuchten die Tatsache, dass die Zeit, die Individuen benötigen, um wiederholt dieselbe zusammenhängende Prosapassage vorzulesen, mit jedem Durchgang ein wenig abnimmt (natürlich nur bis zu einer gewissen Grenze). Bei aufeinander folgenden Lesungen lassen sich daher Schrift-

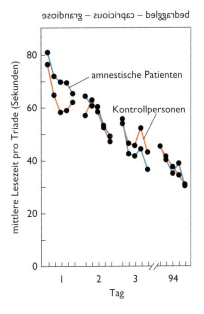

Abb. 9.10 Amnestische Patienten lernten, Spiegelschrift zu lesen, und erinnerten sich, als sie drei Monate später getestet wurden, normal gut an das Erlernte. Sie erwarben diese Fertigkeit bei drei täglichen Sitzungen. Jeden Tag absolvierten sie fünf Versuchsblocks und bei jedem Durchgang sahen sie in Folge fünf jeweils andere Worttriaden, wie diejenige über dem Diagramm.

typ, Buchstaben und Wörter, selbst die im Text ausgedrückten Gedanken, leichter aufnehmen, und das Material wird daher schneller verarbeitet. Diese Verbesserung bei der Lesegeschwindigkeit hängt jedoch nicht vom Erinnern des Textes im gewöhnlichen Sinne ab. Amnestiker zeigen dieselbe Verbesserung bei der Lesegeschwindigkeit wie gesunde Probanden, trotz der Tatsache, dass sie bei Gedächtnistests schlecht abschneiden, in denen es um den Inhalt der Passage geht.

Andere Beispiele für auf Fertigkeiten basierendes Lernen haben ein noch stärkeres „kognitives Flair" als Lesefertigkeiten. Diane Berry und Donald Broadbent von der University of Cambridge in England arbeiteten mit einer Aufgabe, die die Probanden am Computer zu lösen versuchten. Die Probanden stellten sich vor, sie leiteten eine Zuckerfabrik und müssten bei jedem Versuchsdurchgang entscheiden, wie viele Arbeiter sie einstellen sollten. Das Ziel war, ein bestimmtes Produktionsniveau zu erreichen (9 000 Tonnen Zucker). Die Anzahl der eingestellten Arbeiter konnte in zwölf Schritten von 100 bis 12 000 variiert werden, und die Zuckerproduktion konnte entsprechend zwischen 1 000 und 12 000 Tonnen liegen.

Am Anfang gab der Computer ein Startniveau von 600 Arbeitern vor und gab bekannt, diese Arbeiter hätten 6 000 Tonnen Zucker produziert. Die Probanden arbeiteten dann 90 Versuchsdurchgänge lang an der Aufgabe und entschieden bei jedem Durchgang, wieviele Arbeiter sie anheuern sollten, um 9 000 Tonnen Zucker zu produzieren. Was die Probanden nicht erfuhren, war, dass die Zuckerproduktion bei jedem Durchgang von einer Formel bestimmt wurde, die die Anzahl der eingestellten Arbeiter, die Vortagsproduktion an Zucker und einen kleinen Zufallsfaktor enthielt.

Squire und Mary Frambach fanden, dass amnestische Patienten ihre Leistung bei dieser Aufgabe genauso verbesserten wie gesunde Versuchspersonen. Beide Gruppen näherten sich allmählich der korrekten Strategie. Alle Versuchspersonen lernten, die Anzahl der Arbeiter nicht zu abrupt zu verändern, weil das dazu führte, dass die Zuckerproduktion über den Zielwert hinausschoss oder stark dahinter zurückblieb.

Bei der Zuckerproduktionsaufgabe erlernt ein Individuum eine kognitive Fertigkeit, an der zumindest in ihren Frühstadien die Entwicklung eines Gefühls beteiligt ist, wie man die Aufgabe angehen sollte. Das Individuum memoriert nicht tatsächlich Fakten über die Aufgabe, sondern entwickelt vielmehr ein allgemeines Gespür oder eine Intuition, wie es weiter vorgehen sollte. Dieser Prozess ist nichtdeklarativ. Das Lernen erfolgt

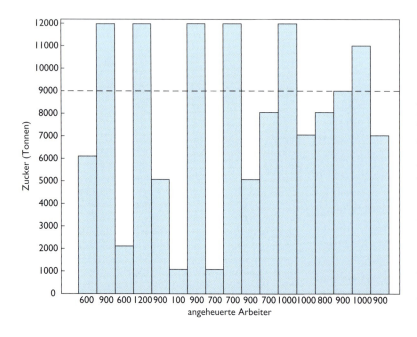

Abb. 9.11 Computerschirmbild nach einer hypothetischen Serie von 12 Versuchsdurchgängen bei der Zuckerproduktionsaufgabe. Bei jedem Durchgang entscheidet der Proband, wie viele Arbeiter er einstellen will, wobei das Ziel ist, ein Produktionsniveau von 9000 Tonnen Zucker zu erreichen. Produktionsniveaus von 9000±1000 Tonnen gelten als „korrekt". Daher würden 3 der 12 hier gezeigten Durchgänge als „korrekt" gewertet werden. Bei der Aufgabe selbst sehen die Probanden die Anzahl der eingestellten Arbeiter nur für den jeweils letzten Versuchsdurchgang.

nicht im Bewusstsein, eine Problemlösung zu erlernen, und greift nicht auf das Gehirnsystem zurück, das das deklarative Gedächtnis trägt. Viel von dem, was wir „Intuition" nennen, ist wahrscheinlich erlernt und basiert auf nichtdeklarativen Gedächtnisinhalten.

Klassische Konditionierung motorischer Reaktionen und das nichtdeklarative Gedächtnis

Wie in Kapitel 3 diskutiert, ist die klassische oder Pawlowsche Konditionierung die grundlegendste und einfachste Form des assoziativen Lernens. Sie tritt auf, wenn ein neutraler Stimulus einem biologisch bedeutsamen Stimulus, wie Futter oder einem elektrischen Schlag, vorausgeht. Nach vielen Kopplungen der beiden Stimuli wird die Reaktion, die gewöhnlich auf den zweiten, biologisch signifikanten Stimulus erfolgt, auch zuverlässig durch den neutralen Stimulus ausgelöst. Auf diese Weise lernen Tiere etwas über die Kausalstruktur ihrer Umwelt, so dass ihr zukünftiges Verhalten besser an die Bedingungen angepasst ist, unter denen sie leben. Ein Hinweis auf die fundamentale Bedeutung der klassischen Konditionierung ist ihre weite Verbreitung im Tierreich. Sie ist bei so unterschiedlichen wirbellosen Tieren wie *Drosophila* und *Aplysia* gut dokumentiert, ebenso bei niederen Wirbeltieren wie Fischen, bei Säugern wie Kaninchen, Nagern und Hunden, und sie ist auch beim Menschen intensiv erforscht worden.

Besonders interessant bei der klassischen Konditionierung ist, dass sie verschiedene Formen annehmen kann. Die Standardprozedur für die klassische Konditionierung, die verzögerte konditionierte Reaktion, ist in Abbildung 9.10 illustriert. Bei dieser Form der Konditionierung wird zuerst der konditionierte Reiz und kurz darauf der unbedingte Reiz präsentiert, während der konditionierte weiterhin präsent bleibt. Die verzögerte konditionierte Reaktion ist relativ reflexartig und automatisch, ein Paradebeispiel für nichtdeklaratives Gedächtnis. Es bleibt sowohl bei Amnestikern als auch bei Versuchstieren mit Hippocampusläsionen erhalten. Tatsächlich haben Untersuchungen bei Kaninchen gezeigt, dass man das ganze Vorderhirn entfernen kann und die verzögerte konditionierte Reaktion (*delay conditioning*) noch immer funktioniert. Wie wir jedoch noch sehen werden, kann eine scheinbar geringfügige Variation der Trainingsprozedur eine Form der klassischen Konditionierung schaffen, den so genannten Spurenreflex (*trace conditioning*), der den Hippocampus erfordert, Bewusstsein involviert und andere Eigenschaften des deklarativen Gedächtnisses aufweist.

Lassen Sie uns mit einer Analyse einer simplen Form der verzögerten konditionierten Reaktion beginnen: der Lidschlussreaktion bei Kaninchen. Typischerweise bietet man, um die Lidschlussreaktion auszulösen, einen neutralen konditionierten Reiz (CS; gewöhnlich einen Ton) gemeinsam mit einem unkonditionierten Reiz an, der dazu führt, dass das Kaninchen blinzelt (UCS, gewöhnlich ein Luftstoß auf das Auge). Bei der verzögerten konditionierten Reaktion wird der CS kurz vor dem

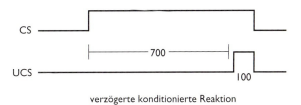

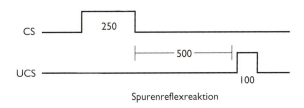

Abb. 9.12 Zwei Formen der klassischen Konditionierung. Die zeitliche Beziehung zwischen dem konditionierten Reiz (CS) und dem unkonditionierten Reiz (UCS) unterscheidet sich bei der verzögerten konditionierten Reaktion und der Spurenreflexreaktion. Bei einer typischen verzögerten Konditionierungsprozedur wird ein Ton (CS) präsentiert und dauert an, bis ein 100 Millisekunden langer Luftstoß auf ein Auge (UCS) gegeben wird und beide Reize gemeinsam enden. Der Begriff „Verzögerung" bezieht sich auf das Intervall zwischen Einsetzen des CS und Einsetzen des UCS (in diesem Beispiel rund 700 Millisekunden). Beim Spurenreflex wird die Präsentation des CS und des UCS durch ein Intervall (in diesem Beispiel 500 Millisekunden) getrennt, während dem kein Reiz präsent ist.

UCS präsentiert. Während der CS andauert, wird der UCS präsentiert, und beide Reize enden gemeinsam. Dabei ist die zeitliche Beziehung zwischen dem CS und dem UCS von entscheidender Bedeutung. Damit es zur Konditionierung einer Defensivreaktion wie dem Blinzeln kommt, muss der CS dem UCS um einen Sekundenbruchteil vorausgehen. Das optimale CS-UCS-Intervall beim Kaninchen beträgt 200 bis 400 Millisekunden. Bei *Aplysia* ist es ähnlich kurz (rund 500 Millisekunden), beim Menschen länger. Wenn das Intervall länger als circa eine Sekunde ist oder wenn der CS zur gleichen Zeit wie der UCS beziehungsweise erst nach dem UCS auftritt, findet keine Konditionierung statt. Aus der Tatsache, dass bei der klassischen Konditionierung zwei Reize gekoppelt werden müssen, folgt, dass der Konditionierungsprozess an Hirnorten stattfinden muss, in denen Informationen über den CS und den UCS zusammenlaufen. In Kapitel 3 haben wir gesehen, dass die CS- und die UCS-Bahn bei *Aplysia* auf den sensorischen Neuronen des Kiemenrückzieh-Schaltkreises konvergieren.

Untersuchungen von Richard Thompson und seinen Kollegen an der University of Southern California in Los Angeles deuten darauf hin, dass die Gedächtnisspuren für die klassische Lidschlusskonditionierung bei Vertebraten im Kleinhirn (Cerebellum) gebildet und gespeichert werden (speziell in der Kleinhirnrinde und im Nucleus interpositus, einer kleinen Gruppe von Nervenzellen, die tief im Kleinhirn unter der Kleinhirnrinde liegen). Seine ungewöhnliche Anatomie und Verschaltung helfen uns zu verstehen, wie es zur klassischen Konditonierung kommt. Das Cerebellum empfängt zwei Haupteingänge (*Inputs*), die beide im Hirnstamm an der Basis des Gehirns entspringen: die Moos- und die Kletterfasern. Die Moosfasern entspringen hauptsächlich in der Pons, dem Teil des Hirnstamms vor dem Cerebellum, sowie anderen Stellen des Hirnstamms und ziehen zu den Körnerzellen des Kleinhirns. Die Axone der Körnerzellen im Kleinhirn, bilden die so genannten Parallelfasern und nehmen Kontakt mit den Dendriten der Purkinje-Zellen auf, die ebenfalls im Kleinhirn liegen. Die Kletterfasern entspringen in einer Gruppe von Nervenzellen im Hirnstamm, dem so genannten Nucleus olivaris inferior. Die Axone dieser Zellen projizieren direkt auf die Purkinje-Zellen. Daher laufen die beiden Inputs ins Cerebellum schließlich auf den Purkinje-Neuronen zusammen. Jede Purkinje-Zelle erhält Input von vielen verschiedenen Parallelfasern und von nur einer einzigen Kletterfaser. Die Purkinje-Neu-

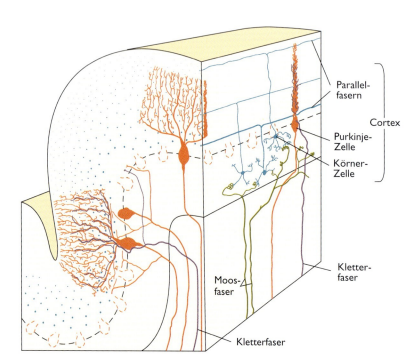

Abb. 9.13 Ein Stereogramm der Kleinhirnrinde. Die Kletterfasern projizieren direkt auf die Purkinje-Neuronen. Die Moosfasern projizieren auf die Körnerzellen (blau), die ihrerseits Parallelfasern (blaue horizontale Linien und Punkte links) aussenden, welche ebenfalls synaptischen Kontakt mit den Purkinjefasern aufnehmen.

ronen selbst sind wichtig, weil sie den einzigen Ausgang (*Output*) des cerebellaren Cortex bilden. Sie verlassen die Kleinhirnrinde und projizieren auf Kerne tief im Cerebellum, darunter auch den Nucleus interpositus. Diese geordnete und gut verstandene Verschaltung hat es ermöglicht zu beweisen, dass das Cerebellum nicht nur für die klassische Konditionierung wichtig ist, sondern auch der Ort ist, wo die Gedächtnisspur gebildet und gespeichert wird.

Thompson und seine Kollegen, die mit Kaninchen arbeiteten, fanden zunächst heraus, dass kleine Läsionen des Nucleus interpositus von nur etwa einem Kubikmillimeter Gewebe ein Kaninchen vollständig und dauerhaft daran hinderten, die konditionierte Lidschlussreaktion (CR) zu erlernen. Dieselbe Läsion verhinderte auch vollständig und auf Dauer den Wiederabruf einer CR, die bereits etabliert worden war. In beiden Fällen ist die unkonditionierte Blinzelreaktion (UCR), die als Reaktion auf einen Luftstoß eintritt, nicht betroffen. Diese Befunde zeigen, dass sich die Läsion nicht auf die Fähigkeit zum Blinzeln an sich auswirkt, sondern lediglich auf die Fähigkeit, eine Lidschlussreaktion auf einen CS hin zu lernen.

Direkter zeigt sich die Bedeutung des Cerebellums darin, dass sich der Ton-CS und der Luftstoß-UCS durch eine elektrische Stimulation der beiden Haupteingänge ins Cerebellum ersetzen lassen. Speziell können die Kletterfasern dazu angeregt werden, Blinzeln hervorzurufen, und diese elektrische Stimulation kann dann als UCS für eine Lidschlusskonditionierung dienen. In gleicher Weise kann eine Stimulation der Moosfasern als CS dienen. Wenn die Stimulierung von Kletter- und Moosfasern gekoppelt wird, löst eine Reizung der Moosfasern schließlich Blinzeln aus. Das heißt, es kommt zu einer Verhaltenskonditionierung.

In weiteren Experimenten erforschten Thompson, David Lavond und Kollegen die Rolle des Cerebellums bei der Speicherung der Gedächtnisspur für die Lidschlusskonditionierung. Sie inaktivierten den Nucleus interpositus und die darüber liegende Kleinhirnrinde durch Kühlen des Gewebes. Kaninchen, die dieser Behandlung unterzogen wurden, konnten die Blinzel-CR nicht erlernen. Nachdem die Kühlung abgeklungen war, lernten die Kaninchen die CR ebenso schnell wie unbehandelte Tiere. Diese Ergebnisse zeigen, dass die Gedächtnisspur für die Ton-Luftstoß-Assoziation im Cerebellum oder in weiter „stromabwärts" gelegenen Strukturen gespeichert wird. Das Cerebellum dient nicht nur einfach dazu, auszudrücken, was von weiter stromaufwärts im Informationsfluss gelegenen Strukturen gelernt worden ist. Wenn das der Fall wäre, würde die CR exprimiert worden sein, sobald die Kühlung abgeklungen ist.

In ähnlichen Experimenten wurde die Ausgangsbahn aus dem Nucleus interpositus (Pedunculus cerebellaris superior, oberer Kleinhirnstiel) wäh-

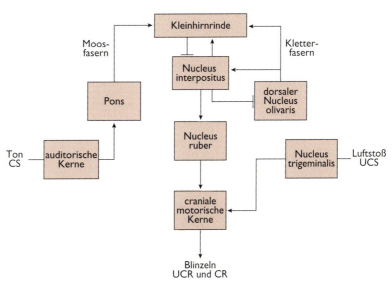

Abb. 9.14 Ein vereinfachtes Schema der Gehirnverschaltung, die bei der Lidschlusskonditionierung eine wesentliche Rolle spielt. Der Ton (CS) aktiviert auditorische Neuronen. Der Luftstoß (UCS) aktiviert Neuronen im Nucleus trigeminus, der taktile Information von der Gesichtshaut erhält. Die Pfeile zeigen erregende, die T-Balken hemmende Verbindungen an.

rend des Trainings durch Injektion eines Pharmakons inaktiviert oder eines ihrer wichtigsten Ziele im Hirnstamm, der Nucleus ruber (Roter Kern). Bei diesen Experimenten wurde ein anderer Effekt beobachtet. In diesem Fall trat die konditionierte Blinzelreaktion während des Trainings nicht auf, weil die motorische Durchführung blockiert war. Sobald die Inaktivierung jedoch abgeklungen war, war die CR von Beginn der Testsitzung an voll ausgeprägt. Das heißt, dass das Lernen stromaufwärts vom Nucleus ruber stattgefunden haben muss. Während der Inaktivierung müssen sich Gedächtnisspuren ausgebildet haben, und diese Gedächtnisspuren konnten in Aktion umgesetzt werden, sobald die Inaktivierung abgeklungen war. Diese Untersuchungen sprechen sehr dafür, dass die entscheidende Gedächtnisspur für die Lidschlusskonditionierung in einer kleinen Region des Cerebellums ausgebildet und gespeichert wird. Experimente zur Lidschlusskonditionierung liefern die umfassendste gegenwärtig verfügbare Information darüber, wo ein Gedächtnisinhalt im Vertebratengehirn lokalisiert ist.

Die Purkinje-Zellen wirken hemmend (inhibitorisch): Wenn sie feuern, rufen sie bei tiefgelegenen cerebellaren Kernen eine Hemmung hervor, darunter bei Neuronen im Nucleus interpositus. Purkinje-Zellen bewirken daher eine *Abnahme* der Feuerrate der Nucleus-interpositus-Neuronen. Wenn eine Konditionierung jedoch dazu führt, dass die Blinzelfrequenz auf den konditionierten Reiz hin zunimmt, sollte man erwarten, dass sie zu einer *Zunahme* der Feuerrate der Nucleus-interpositus-Neuronen führt. Diese Logik impliziert, dass die Purkinje-Neuronen ihre Feuerrate während der Konditionierung senken. Als Masao Ito, damals an der Universität Tokio, im Jahre 1982 auf das Phänomen der Langzeitdepression (*long term depresssion*, LTD) stieß, fand er eine Möglichkeit, wie dies geschehen könnte.

Die LTD ist ein vielversprechender Kandidat für den synaptischen Mechanismus, der der Lidschlusskonditionierung zugrunde iegt. Sie tritt auf, wenn Parallel- und Kletterfasereingänge ins Cerebellum in enger zeitlicher Folge und mit niedriger Frequenz (ein bis vier Hertz) aktiviert werden. Das Ergebnis ist eine Abnahme der Stärke der Parallelfasersynapsen auf den Purkinje-Neuronen. In einfachen Präparationen hält die LTD für die Dauer des Experiments – bis zu mehreren Stunden – an. Die LTD wird offenbar vollständig postsynaptisch vermittelt, das heißt, von der Purkinje-Zelle selbst. Die Kletterfaser dient lediglich dazu, die Purkinje-Zelle zu depolarisieren, was zu einem Ca^{2+}-Einstrom führt. Roger Tsien und seine Kollegen von der University of California in San Diego wiesen nach, dass die Parallelfaserstimulation dadurch zur LTD beiträgt, dass sie den gasförmigen Botenstoff Stickoxid (NO) erzeugt, der dann eine Erhöhung des Spiegels an cyclischem Guanosinmonophosphat (cGMP) in der Purkinje-Zelle bewirkt. cGMP seinerseits aktiviert eine Proteinkinase (PKG). Das Ergebnis ist, dass die Purkinje-Zellen weniger stark auf Input reagieren, vermutlich infolge einer reduzierten Empfindlichkeit ihrer non-NMDA-Glutamatrezeptoren. Wenn diese Zellen weniger empfindlich für erregenden Input werden, nimmt ihre Feuerrate ab und ihr hemmender Einfluß auf die Neuronen des Nucleus interpositus sinkt.

Das Cerebellum sorgt nicht nur für die Lidschlusskonditionierung. Vielmehr ist die Lidschlusskonditionierung nur ein Beispiel für eine abgeschlossene motorische Reaktion, und die klassische Konditionierung aller derartigen motorischen Reaktionen erfordert vermutlich das Cerebellum. Darüber hinaus ist das Cerebellum wichtig für das Erlernen und die Durchführung motorischer Aufgaben, die die Koordination komplexer Bewegungen verlangen. Daher spielt das Cerebellum bei einem Großteil motorischer Lernprozesse eine entscheidende Rolle. Richard Ivry von der University of California, Berkeley, stellte eine umfassendere Hypothese auf, nach der das Cerebellum einen spezifischen Beitrag zur zeitlichen Abfolge, dem „Timing", liefert, das sowohl für die motorische Kontrolle als auch für die Wahrnehmung wichtig ist. Er fand heraus, dass Patienten mit cerebellaren Läsionen bei Aufgaben versagten, bei denen sie das zeitliche Intervall zwischen Tonpaaren beurteilen sollten. Dabei handelt es sich nicht um ein Wahrnehmungsdefizit, denn die Patienten hatten keine Schwierigkeiten, die relative Lautstärke zweier Töne zu beurteilen. Vielmehr scheint das Cerebellum eine Rolle beim Timing zu spielen, und zwar sowohl für das Timing von

Wahrnehmungsereignissen als auch von motorischen Reaktionen. Ito vermutet, dass sich die Bedeutung des Cerebellums bei der Koordination motorischer Reaktionen auch auf die Koordination des Denkens selbst erstreckt. In diesem Zusammenhang ist die Lidschlusskonditionierung lediglich das bei Vertebraten am besten verstandene Beispiel eines erlernten Verhaltens, das ein präzises Timing, die Bildung von Assoziationen zwischen zwei Ereignissen und die allmähliche Entwicklung eines koordinierten Verhaltens erfordert.

Klassische Konditionierung und deklaratives Gedächtnis

Die Analyse der verzögerten konditionierten Blinzelreaktion hat eine sehr grundlegende und relativ einfache Form des Lernens enthüllt. Die klassische Konditionierung umfasst jedoch auch komplexere Formen des Lernens, die, wie sich herausgestellt hat, typische Merkmale des deklarativen Gedächtnisses aufweisen. Betrachten wir den Fall des Spurenreflexes. Dieser Typ von Konditionierung ist eine Variante der klassischen Konditionierung, jedoch wird beim Spurenreflex zwischen Aussetzen des CS und Einsetzen des UCS ein kurzes Intervall (von 500 bis 1 000 Millisekunden Dauer) eingeschoben. Ihren Namen verdankt er der Tatsache, dass der CS irgendeine Spur im Nervensystem hinterlassen haben muss, damit die CS-UCS-Assoziation etabliert wird. Diese kleine Variation schafft eine völlig neue Situation, wie sich an der Tatsache ersehen lässt, dass Tiere mit hippocampalen Läsionen diese Konditionierung nicht erwerben. Die Frage ist, welcher Aspekt des Spurenreflexes den Hippocampus erfordert, und warum am Spurenreflex das deklarative Gedächtnis beteiligt sein könnte.

Um dieser Frage nachzugehen, testeten Robert Clark und Squire amnestische Patienten und gesunde Freiwillige mit zwei Versionen der verzögerten konditionierten Reaktion und zwei Versionen der Spurenreflexreaktion; anschließend bewerteten sie das Ausmaß, in dem sich die Probanden der zeitlichen Beziehung zwischen dem CS und dem UCS bewusst wurden. Amnestiker erwarben die verzögerte konditionierte Reaktion mit normaler Geschwindigkeit, aber keinen Spurenreflex. Die gesunden Probanden erwarben die verzögerte konditionierte Reaktion, ob sie sich nun der CS-UCS-Beziehung bewusst waren oder nicht, aber ein „Sich-bewusst-Sein" war eine Voraussetzung für einen erfolgreichen Spurenreflex. In weiteren Experimenten kam es zuverlässig zu einem Spurenreflex, wenn den Probanden vor dem Training mitgeteilt wurde, wie CS und UCS korreliert sein würden. Umgekehrt fand keine derartige Konditionierung statt, wenn die Probanden kein Bewusstsein für die CS-UCS-Beziehung entwickeln konnten, weil sie eine zweite Aufgabe durchführen mussten, die ihre Aufmerksamkeit in Anspruch nahm und mit den Konditionierungsdurchgängen konkurrierte.

Wie andere Aufgaben, die das deklarative Gedächtnis beanspruchen und deren Bewältigung nach hippocampalen Läsionen beeinträchtigt ist, verlangt ein Spurenreflex daher von den Individuen, Wissen zu erwerben und über eine beträchtliche Zeitspanne (in diesem Fall die 20 bis 30minütige Konditionierungssitzung) zu behalten. Ein Grund, der dafür spricht, dass die Spurenreflexreaktion deklaratives Wissen erfordert, ist, dass es das Intervall zwischen dem CS und dem UCS schwierig macht, die CS-UCS-Beziehung auf eine automatische, reflexartige Weise zu verarbeiten. Vielmehr ist die Situation wahrscheinlich so komplex, dass die Reize und ihre zeitliche Beziehung zueinander im Cortex repräsentiert werden müssen. Wie in Kapitel 5 diskutiert, arbeiten dabei Hippocampus und damit verbundene Strukturen mit dem Cortex zusammen, um eine nutzbare Repräsentation zu etablieren, die als Gedächtniseintrag überdauern kann. Menschen entwickeln vielleicht immer dann ein Bewusstsein für eine Aufgabe, wenn Hippocampus und Cortex beim Lernen aktiv sind. Analog dazu sind diejenigen Lern- und Gedächtnisaufgaben, bei denen Tiere mit Hippocampusläsionen versagen, vielleicht Aufgaben, für die intakte Tiere ein gewisses Bewusstsein erwerben müssen.

Die Spurenreflexreaktion unterscheidet sich von der verzögerten konditionierten Reaktion durch ihre Abhängigkeit vom Hippocampus. Sie ähnelt der verzögerten konditionierten Reaktion

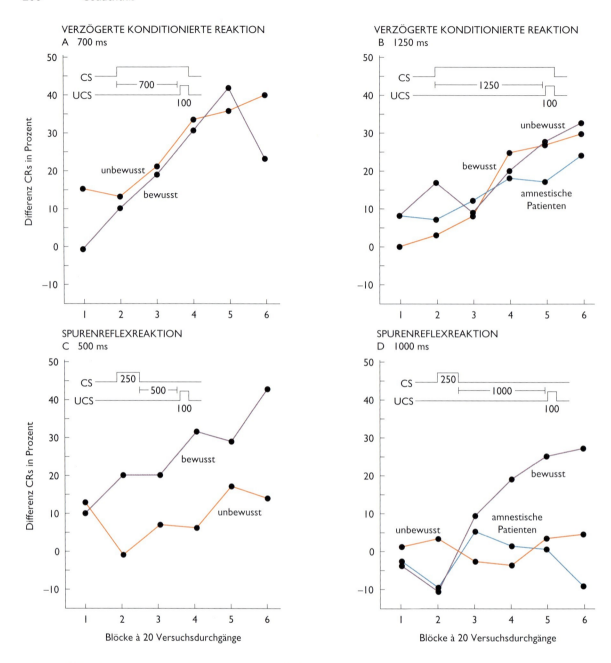

Abb. 9.15 Ergebnisse von amnestischen Patienten und vier Gruppen gesunder Probanden bei der klassischen Konditionierung der Lidschlussreaktion. Jeder Block aus 20 Versuchsdurchgängen umfasste 10 CS+-Durchgänge, bei denen ein Ton (oder ein statisches Rauschen) zusammen mit einem Luftstoß aufs Auge (dem UCS) präsentiert wurde, sowie 10 CS−-Durchgänge, bei denen ein Ton (oder ein statisches Rauschen) erklang, aber kein UCS folgte. Die Daten sind in Prozent Differenz konditionierter Lidschlussreaktionen für jeden Block von 20 Durchgängen dargestellt – das heißt, in Prozent konditionierter Reaktionen auf den positiven konditionierten Reiz (CS+) minus Prozent konditionierter Reaktionen auf den negativen konditionierten Reiz (CS−) (CS+ − CS− = CR). Nur Gruppen, die einen richtig/falsch-Test über die Beziehung zwischen dem CS+, dem CS− und dem UCS bestanden und damit als „bewusst" angesehen wurden, erwarben eine Spurenreflexreaktion (unteres Diagramm). Alle Gruppen, ob bewusst oder nicht, erwarben eine verzögerte konditionierte Reaktion (oberes Diagramm).

jedoch insofern, als sie auch vom Cerebellum abhängt. Bei der Spurenreflexreaktion ist genauso wie bei der verzögerten konditionierten Reaktion ein nichtdeklarativer Lernschaltkreis im Cerebellum erforderlich, um eine zeitlich wohlabgestimmte konditionierte Antwort zu generieren. Eine Möglichkeit ist, dass sich eine Repräsentation der CS-UCS-Beziehung im Cortex entwickelt und CS- wie UCS-Information dann für das Cerebellum in einem Format zugänglich wird, welches das Cerebellum nutzen kann.

Kaori Takehara und ihre Kollegen an der Universität Tokio haben die Beziehung zwischen Hippocampus, Cerebellum und Cortex bei der *trace-eyeblink*-Konditionierung (Spurenreflex-Lidschluss-Konditionierung) erforscht. Ratten wurden einen Tag, eine Woche, zwei Wochen oder vier Wochen, nachdem sie die konditionierte Reaktion (CR) erlernt hatten, bilaterale Läsionen an dorsalem Hippocampus, medialem präfrontalem Cortex oder Cerebellum zugefügt. Die hippocampalen Läsionen zerstörten sowohl eine frische als auch eine früher erworbene CR. Die mediale präfrontale Läsion hatte einen schwachen, doch signifikanten Einfluss auf eine frische CR und rief mit wachsendem Intervall zwischen Lernen und Läsion eine zunehmend stärkere Beeinträchtigung hervor.

Diese Ergebnisse sprechen dafür, dass das Cerebellum für die Erzeugung einer CR unverzichtbar ist und dass es bei der Rolle der anderen Hirnregionen in der Zeit nach dem Lernprozess zu einer Reorganisation kommt. Der Hippocampus und in geringerem Maße auch der Cortex sind kurz nach dem Lernen wesentlich. In Lauf der Zeit wird der Hippocampus unnötig, und der mediale präfrontale Cortex gewinnt zunehmend an Bedeutung. Daher ist der mediale präfrontale Cortex *ein* Kandidat für die Region, in der wichtige Informationen über die CS-UCS-Beziehung repräsentiert und im Lauf der Zeit ausgearbeitet werden könnten. Alternativ könnte der mediale präfrontale Cortex ebenfalls eine wichtige Rolle für den Abruf einer anderenorts gespeicherten Erinnerung spielen. Gewöhnlich ist es schwieriger, eine lang zurückliegende Erinnerung abzurufen als eine frische, und das könnte die besonders starke Beeinträchtigung erklären, die von der corticalen Läsion vier Wochen nach dem Lernen hervorgerufen wurde.

Kapitel 8 und 9 haben das breite Spektrum nichtdeklarativer Formen von Lernen und Gedächtnis illustriert und gezeigt, wie diese verschiedenen Formen von unterschiedlichen Gehirnsystemen abhängen. Priming und Wahrnehmungslernen sind für die Wahrnehmungsmaschinerie des Cortex typisch. Das emotionale Gedächtnis erfordert die Amygdala. Das Erlernen von Fertigkeiten und Gewohnheiten hängt entscheidend vom Neostriatum ab. Die klassische Konditionierung motorischer Reaktionen ist auf das Cerebellum angewiesen. Wie in Kapitel 2 und 3 erwähnt, sind viele Formen des nichtdeklarativen Gedächtnisses auch bei wirbellosen Tieren gut entwickelt. Diese Formen des Lernens, wie Habituation, Sensitivierung und klassische Konditionierung, sind im Laufe der Evolution bewahrt worden, und man findet sie bei allen Tieren mit einem genügend entwickelten Nervensystem, von Wirbellosen wie *Aplysia* und *Drosophila*, bis zu Wirbeltieren, einschließlich des Menschen. Aufgrund ihres komplexeren perzeptiven und motorischen Repertoires haben Wirbeltiere, was das Erlernen von Fertigkeiten und Gewohnheiten angeht, natürlich komplexere Formen des Lernens entwickelt als Wirbellose.

Diese verschiedenen Formen des nichtdeklarativen Gedächtnisses sind nicht auf eine Beteiligung des medialen Temporallappensystems angewiesen. Sie sind, phylogenetisch gesehen, sehr alt, sie sind zuverlässig und beständig, und sie liefern Myriaden unbewusster Möglichkeiten, auf die Umwelt zu reagieren. Weil diese Gedächtnisformen unbewusst sind, tragen sie zu einem nicht geringen Teil zu dem Geheimnis bei, das die menschliche Erfahrung umgibt. Hier wurzeln die Neigungen, Gewohnheiten und Vorlieben, die der bewussten Erinnerung nicht zugänglich sind, aber dennoch von vergangenen Ereignissen geformt worden sind, die unser Verhalten und unser geistiges Leben beeinflussen und einen wichtigen Teil unseres Selbst darstellen.

Abb. 10.1 Alberto Giacometti (1901–1966): „The Artist's Mother" („Die Mutter des Künstlers", 1950). Giacometti malte und bildhauerte wie besessen, schuf und zerstörte jedes Werk solange, bis er es nicht mehr verbessern konnte. Auf diese Weise bemühte er sich, ein Idealkonzept der menschlichen Form aus dem Gedächtnis zu reproduzieren. Hier hat er seine betagte Mutter abgebildet.

10
Das Gedächtnis und die biologische Basis der Individualität

Dass wir neue Information so leicht erwerben und behalten, beruht darauf, dass die gedächtnisrelevanten Gehirnsysteme so leicht modifizierbar sind. Die synaptischen Verbindungen innerhalb dieser Systeme können verstärkt oder geschwächt werden und sind sogar in der Lage, sich dauerhaft strukturell zu verändern. Diese bemerkenswerte Plastizität des Gehirns bildet das Fundament unserer Individualität und aller anderen Aspekte unseres geistigen Lebens. Infolgedessen hat jede Beeinträchtigung dieser Fähigkeiten, sei es durch Alterungsprozesse oder Krankheit, nicht nur einen starken Einfluss auf unsere kognitiven Funktionen, sondern auch auf unser Selbst.

In diesem abschließenden Kapitel betrachten wir die Folgen, die sich aus der Fähigkeit des Gehirns zu Veränderungen ergeben, denn diese bildet die biologische Basis unserer Individualität – unseres Bewusstseins für uns selbst – und gewährleistet Kontinuität sowie ein freies und unabhängiges geistiges Leben bis ins hohe Alter.

Die biologische Basis unserer Individualität

Jeden Tag sammeln wir neue Erfahrungen und speichern sie vermutlich in Form neuer Verbindungen im Gedächtnis. Dieses einfache Prinzip hat weit reichende Folgen. Weil jeder von uns in einer etwas anderen Umgebung aufwächst und etwas andere Erfahrungen macht, wird die Architektur eines jeden Gehirns in *einzigartiger*, unverwechselbarer Weise moduliert. Selbst bei eineiigen Zwillingen, deren Genom übereinstimmt, ist das Gehirn nicht identisch, denn sie haben mit Sicherheit im Lauf ihres Lebens unterschiedliche Erfahrungen gesammelt.

Natürlich verfügt jeder von uns über denselben Satz von Gehirnstrukturen und über ein gemeinsames Muster synaptischer Verbindungen, die auf dem typischen Bauplan unserer Art beruhen. Diese Grundstruktur des menschlichen Gehirns – die festlegt, welche Region mit welcher verbunden ist, und welche Klasse von Neuronen einer Region mit welcher anderen Neuronenklasse verknüpft ist – stimmt bei allen Individuen einer Art überein. Doch die Details des Bauplans variieren von Person zu Person ein wenig. Zum Beispiel unterscheidet sich das genaue Verknüpfungsmuster zwischen Neuronen und die Stärke ihrer Verbindungen je nach genetischer Ausstattung von Individuum zu Individuum. Und schließlich werden sowohl das Muster als auch die Stärke der synaptischen Verbindungen entsprechend den persönlichen Erfahrungen weiter modifiziert.

Modifikation des Gehirns durch Erfahrung

Wie stark Erfahrung das Gehirn beeinflussen kann, zeigen Untersuchungen der Wahrnehmung – wie wir Information aus unserer Außenwelt aufnehmen. Wir nehmen die Außenwelt durch unsere fünf Sinne wahr: Tastsinn (und verwandte Empfindungen aus der Haut), Gesichtssinn, Hörsinn, Geschmacks- und Geruchssinn. Jede Empfindung wird zunächst von geeigneten Rezeptoren auf der Körperoberfläche analysiert und dann über Relaisstationen zum Cortex übermittelt. Die meisten Empfindungen gelangen vermutlich in der Großhirnrinde ins Bewusstsein.

Die moderne Erforschung der Rolle, die der cerebrale Cortex für das sensorische Empfinden spielt, begann 1936 mit einer Arbeit über den Tastsinn: Philipp Bard, Clinton Woolsey und Wade Marshall von der Johns Hopkins University in Baltimore entdeckten damals, dass die Körperoberfläche von Tieraffen als sensorische Karte auf der Gehirnoberfläche repräsentiert war. Nerven aus der Haut projizieren über drei synaptische Relaisstationen auf Neuronen im Gyrus postcentralis der Großhirnrinde. Diese corticalen Neuronen sind so angeordnet, dass sich eine Karte des Körpers ergibt. Benachbarte Hautareale sind in benachbarten Cortexarealen repräsentiert. Der Neurochirurg Wilder Penfield bestätigte bald darauf die Existenz einer analogen sensorischen Karte beim Menschen und wies damit nach, dass nicht nur Tieraffen, sondern jeder von uns in seinem Gehirn eine interne Repräsentation seines eigenen Körpers aufweist. Diese Repräsentation in unserem Gehirn ähnelt einem „Menschlein" – einem Homunculus –, bei dem die rechte Seite des Körpers in der linken Hemisphäre und die linke Seite des Körpers in der rechten Hemisphäre repräsentiert ist.

Bis vor kurzem nahm man an, dass diese interne Repräsentation im Cortex von einem Individuum zum nächsten invariant ist und sich im Laufe des Lebens nicht verändert. Experimente von Michael Merzenich und seinen Kollegen von der University of California in San Francisco, haben diese Vorstellung widerlegt. Wie sie zu ihrer Überraschung feststellten, unterschied sich diese Repräsentation von einem Affen zum nächsten signifikant. Das warf die Frage auf: Sind diese Unterschiede genetisch bedingt oder durch Lernen – also durch Unterschiede in ihrer taktilen Erfahrung?

Um zu entscheiden, ob taktile Erfahrung die corticale Repräsentation des Handareals verändern kann, führten Merzenich und Kollegen ein Lernexperiment zur Wahrnehmung durch. Sie trainierten Tieraffen darauf, zwischen zwei Vibrationsreizen zu unterscheiden, die auf ein begrenztes Hautareal eines bestimmten Fingers gegeben wurden. Als die Affen die Aufgabe nach mehreren Wochen und einigen Tausend Trainingsdurchgängen mühelos beherrschten, untersuchten sie das Gehirn der Affen, um festzustellen, wie der trainierte und die untrainierten Finger im Cortex repräsentiert waren. Sie entdeckten, dass das Areal, das den stimulierten Anteil des trainierten Fingers darstellte, mehr als doppelt so groß geworden war wie das entsprechende Areal der anderen Finger. Interessanterweise fand eine Reorganisation nur bei Affen statt, die sich aktiv auf die Stimulation konzentrierten. Bei Affen, die passiv berührt wurden, während sie eine auditorische Diskriminierungsaufgabe durchführten, veränderten sich die corticalen Fingerkarten nicht. Es sieht daher so aus, als spiegele die funktionelle Organisation der corticalen Karte für Berührung in jedem Moment

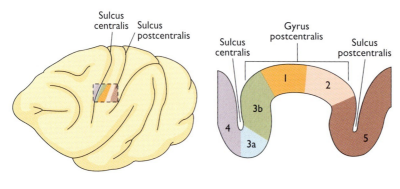

Abb. 10.2 Karten der Körperoberfläche sind in Area 1, 2, 3a und 3b des Gyrus postcentralis enthalten, einem Cortexstreifen, der sich vorn am Parietallappen entlangzieht und durch zwei Sulci oder Furchen begrenzt ist. Das Quadrat im Gehirn des Tieraffen links zeigt die Cortexregion im Gyrus postcentralis, die rechts vergrößert dargestellt ist. Wenn man ein bestimmtes Hautareal am Körper, beispielsweise an der Hand oder am Fuß berührt, so löst dies neuronale Antworten an bestimmten Orten auf dem Gyrus postcentralis aus.

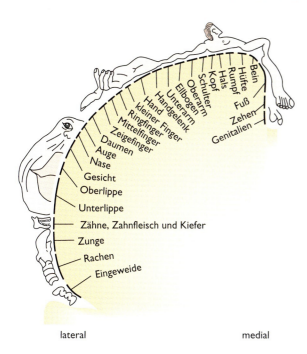

Abb. 10.3 Sensorische Information von der Körperoberfläche gelangt in den Gyrus postcentralis der Großhirnrinde und wird dort in einer geordneten Karte angelegt. Hier ist die klassische Karte für Area 1 beim Menschen abgebildet. Körperareale, wie Zungenspitze, Finger und Hand, die für taktile Unterscheidungen wichtig sind, sind überproportional groß repräsentiert, was ihren höheren Innervierungsgrad widerspiegelt.

der assoziativen Langzeitpotenzierung (LTP) im Hippocampus (Kapitel 6) eingesetzt wird. Hautareale, die gleichzeitig aktiv sind, werden in der Regel gemeinsam auf der corticalen Karte repräsentiert. Merzenich und seine Kollegen illustrierten dieses Prinzip, indem sie an einer Hand die Haut des dritten und vierten Fingers zusammennähten. Das führte dazu, dass die verbundenen Finger stets gemeinsam benutzt wurden und die Eingangssignale aus der Haut der beiden Finger wie bei der assoziativen LTP stets korreliert waren. Dieser chirurgische Eingriff veränderte die Repräsentation des Handareals im Gehirn dramatisch. Die normalerweise scharfen Grenzen zwischen den Zonen, die den dritten und den vierten Finger repräsentieren, verschwanden. Obwohl die Zonen, die jeden Finger im Cortex repräsentieren, gewöhnlich sauber gegeneinander abgegrenzt sind, können Muster und Ausmaß dieser Verbindungen also durch Erfahrung modifiziert werden, und zwar einfach dadurch, dass man das zeitliche Muster des Inputs aus den Fingern verändert.

die verhaltensbiologischen Erfahrungen wider, die das Tier gemacht hat.

Diese Untersuchungen zeigen, dass corticale Karten, die die Körperoberfläche repräsentieren, nicht fixiert, sondern dynamisch sind. Sie werden ständig in Einklang damit modifiziert, wie die sensorischen Bahnen in Abhängigkeit von der Zeit benutzt werden. Funktionelle Verbindungen können infolge von Gebrauch oder Nichtgebrauch expandieren beziehungsweise schrumpfen. Weil jeder von uns ein anderes sensorisches und soziales Umfeld hat und weil zwei Menschen niemals genau dasselbe erleben, werden unsere Gehirne im Laufe unseres Lebens unterschiedlich modifiziert. Dieses allmähliche Herausbilden einer einzigartigen, unverwechselbaren Gehirnarchitektur liefert die biologische Basis für unsere Individualität.

Wie kommt es zu derartigen Veränderungen? Im Fall des Tastsystems ähnelt der Veränderungsmechanismus offenbar dem Mechanismus, der bei

Fertigkeiten, Talente und das sich entwickelnde Gehirn

Wenn man an die lange gemeinsame Evolution von Tieraffen und Menschen denkt, wäre es überraschend, wenn das, was für sie gilt, nicht auch auf uns zuträfe. Die Entwicklung funktioneller bildgebender Verfahren in den neunziger Jahren machte es möglich, diese Vermutung direkt zu bestätigen.

Thomas Ebert von der Universität Konstanz und seine Kollegen verglichen die Gehirne von Geigenspielern und anderen Saiteninstrumentspielern mit denjenigen von Nichtmusikern. Saiteninstrumentalisten sind eine interessante Gruppe, wenn man untersuchen will, wie Erfahrung das Gehirn beeinflusst, weil die Finger zwei bis fünf der linken Hand beim Spielen individuell bewegt werden und ständig komplexe, schwierige Bewegungen durchführen. Die Finger der rechten Hand, die den Bogen führen, zeigen hingegen keinen derart geordneten, differenzierten Bewegungsablauf. Wie Hirnuntersuchungen an diesen Musikern mit bildgebenden Verfahren ergaben, unterschieden sich

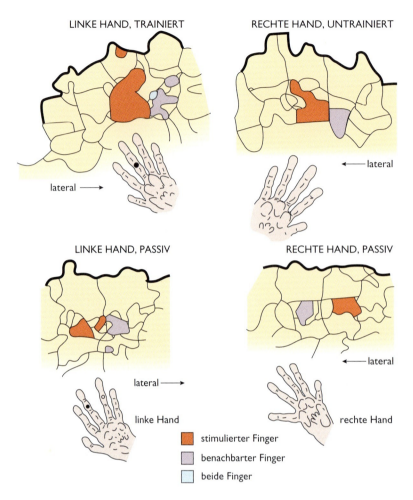

Abb. 10.4 Karten des Handareals im Gyrus postcentralis eines Tieraffen. In der Zeichnung markiert der schwarze Punkt auf jeder Hand das Hautareal, das beim Verhaltenstraining stimuliert wurde. Oben links: Die Abbildung zeigt die Repräsentation des kleinen Hautareals im Gyrus postcentralis, das bei der taktilen Diskriminierungsaufgabe trainiert wurde, wie auch die Repräsentation der korrespondierenden Stelle auf einem benachbarten, untrainierten Kontrollfinger. Ebenfalls abgebildet ist eine kleine Cortexregion, die beide Finger repräsentiert (oben ist in dieser Abbildung gleich vorn). Die Pfeile weisen zur Seite des Gehirns (lateral). Das corticale Areal, das den trainierten Finger repräsentiert, ist deutlich größer als dasjenige, das den untrainierten Finger repräsentiert. Oben rechts: Die corticalen Repräsentationen der korrespondierenden Hautorte für die andere, untrainierte Hand sind ähnlicher in der Größe. Unten: Die corticalen Repräsentationen des Hautareals, das passiv bei der auditiven Aufgabe stimuliert wurde (links), und des korrespondierenden Hautareals auf der anderen, nicht stimulierten Hand (rechts). In diesem Fall hat sich die corticale Repräsentation des stimulierten Fingers nicht vergrößert.

ihre Gehirne von denjenigen der Nichtmusiker. Insbesondere war die corticale Repräsentation der Finger der linken Hand, nicht aber die der rechten Hand, bei den Musikern größer. Diese Ergebnisse bestätigen auf überzeugende Weise beim Menschen, was Tierstudien bereits im Einzelnen gezeigt hatten. Die Repräsentation von Körperteilen im Cortex hängt von ihrem Gebrauch und von den persönlichen Erfahrungen des Individuums ab.

Derartige strukturelle Veränderungen lassen sich früh im Leben leichter erwerben. Deshalb ist Wolfgang Amadeus Mozart nicht nur darum Mozart und Michael Jordan nicht nur darum Jordan, weil sie über die richtigen Gene verfügen (wenn diese auch sicherlich helfen), sondern auch deswegen, weil sie die Fertigkeiten, für die sie später berühmt wurden, zu einem Zeitpunkt zu üben begannen, als ihr Gehirn für eine Modifizierung durch Übung noch besonders empfänglich war.

Betrachten Sie einmal den Fall Michael Jordan. Auf dem Gipfel seiner Basketballkarriere versuchte Jordan, einer der besten Basketballspieler, die es jemals gegeben hat, als Baseballspieler in die Major League überzuwechseln. Gerade hatte Jordan die Basketballmannschaft „Chicago Bulls" zum dritten Mal hintereinander zur NBA-Championship geführt. In all diesen Jahren, von 1990 bis 1993, führte er die Punktwertung der Liga an, und in allen drei Jahren wurde er zum besten Spieler der Play-off-Runde gewählt. Als er sich jedoch im Alter von 31 Jahren dem Baseball zuwandte, hatte er trotz aller Hingabe und ernsthaften Bemühungen keinen Erfolg. Der Baseballverein „Chicago White Sox" nahm ihn unter Vertrag, doch nach dem Frühjahrstraining erschien er ihnen nicht für ihr Mayor-League-Team und noch nicht einmal für ihr Class-AAA-Farm-Team qualifiziert. Er wurde stattdessen zu den Birmingham Barons geschickt,

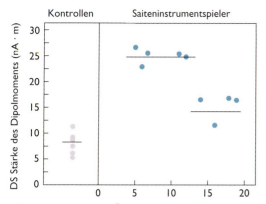

Abb. 10.5 Das corticale Areal, das den fünften Finger der linken Hand repräsentiert, ist bei Saiteninstrumentspielern größer als bei Nichtmusikern. Die Abbildung zeigt die Größe der corticalen Repräsentationen, via Magnetoencephalographie als Dipolmoment gemessen, das als Index für die neuronale Gesamtaktivität gilt. Saiteninstrumentspieler, die vor dem 13. Lebensjahr zu musizieren begonnen haben, weisen eine größere Repräsentation auf als „Späteinsteiger".

dem AA-Team der White Sox. Hier erzielte er in seiner einzigen vollständigen Saison eine Schlagquote von 0,202; das war der niedrigste Durchschnittswert eines regulären Spielers in der Liga. Überdies beging er elf Fehler im Outfield, was ihn für die meisten Clubs in der Liga uninteressant machte.

Dieses Ergebnis sollte eigentlich keine Überraschung sein. Obwohl Michael Jordan in seiner Jugend Baseball gespielt hatte, begann er im Alter von acht Jahren, Basketball zu spielen, und konzentrierte sich bald ganz auf diese Sportart. Baseball auf hohem Niveau zu spielen, bedeutete Lernen, Üben und das Speichern neuer nichtdeklarativer Gedächtnisinhalte, eines vollständig neuen Satzes motorischer und perzeptiver Fähigkeiten. Mit 31 Jahren konnte selbst ein Michael Jordan dies alles nicht innerhalb weniger Jahre erreichen, und andere Untersuchungen lassen vermuten, dass er es möglicherweise nie geschafft hätte. So fanden Ebert und seine Kollegen bei ihrer Untersuchung über Saiteninstrumentspieler, dass diejenigen, die ihr Instrument bis zum zwölften Lebensjahr zu beherrschen gelernt hatten, eine größere Repräsentation der Finger der linken Hand – ihrer Spielhand – aufwiesen, als diejenigen, die erst später im Leben zu spielen begonnen hatten. Das Gehirn ist am besten modifizierbar, solange es jung ist.

Lernen und die entwicklungsbedingte Feinabstimmung der Gehirnarchitektur

Bereits in den sechziger Jahren zeigten Mark Rosenzweig, Edward Bennett und ihre Kollegen von der University of California, Berkeley, dass die Architektur des Gehirns wesentlich von der Umgebung beeinflusst werden kann, in der ein Tier aufwächst. Etwas später erweiterte William Greenough von der University of Illinois diese Untersuchungen. Junge Ratten wurden in große Käfige mit Artgenossen und Spielzeug gesetzt, das häufig gewechselt wurde. Ratten, die in dieser abwechslungsreichen Umgebung aufwuchsen, wiesen eine Zunahme an Cortexgewicht und -dicke auf. Sie besaßen auch größere corticale Neuronen, längere und stärker verzweigte Dendriten und größere Synapsen. Im visuellen Cortex führten diese Veränderungen zu einer mehr als 20prozentigen Zunahme der Synapsenzahl pro Neuron. Ratten, die in einer abwechslungsreichen Umgebung aufwachsen, entwickeln also mehr Synapsen als Ratten, die unter Standard-Laborbedingungen aufgezogen werden.

Gibt es Hinweise darauf, dass diese Gehirnveränderungen dem Tier auf irgendeine Weise nutzen? Die Antwort ist „ja". Ratten, die in einer abwechslungsreichen Umgebung aufgewachsen sind, fällt es beispielsweise leichter, komplexe Labyrinthprobleme zu lösen. Tatsächlich führt das Trainieren von Ratten für bestimmte Aufgaben zu strukturellen Veränderungen in Gehirnarealen die bekanntermaßen für das Training relevant sind. Labyrinthtraining verändert die Sehrinde, und das Training im Rahmen von Aufgaben zur motorischen Koordination verändert das Kleinhirn (Cerebellum).

Einige der Mechanismen, die dazu dienen, die synaptische Stärke während des Lernens zu verändern, greifen möglicherweise auf dieselben Mechanismen zurück, die während der Entwicklung zur Feinabstimmung der synaptischen Verbindungen dienen. Wenn sich das Nervensystem entwickelt, wird die Feinabstimmung der synaptischen Verbindungen vermutlich teilweise von einem aktivitätsabhängigen Mechanismus ähnlich der Langzeitpotenzierung (Kapitel 6) bewirkt. Es ist eine verlockende Vorstellung, dass die Fähigkeit zu lernen – sobald das Entwicklungsprogramm einmal abgeschlossen ist – von einer Übernahme solcher Mechanismen ins Erwachsenenalter abhängt, so dass die synaptischen Verbindungen, die im Laufe der Entwicklung ausgebildet worden sind, nun verstärkt oder geschwächt werden können. Daher spielen bei Lern- wie auch bei Entwicklungsprozessen möglicherweise aktivitätsabhängige Veränderungen der Effizienz neuronaler Verbindungen eine Rolle, die letztlich zu anatomischen Veränderungen im Gehirn führen.

Am anderen Ende des Lebenszyklus – im Alter – sind Gedächtnisprobleme recht häufig. In einigen Fällen können derart gravierende Gedächtnisprobleme auftreten, dass es zur Auflösung derjenigen Individualität kommt, die sich in einem ganzen Leben voller Lernen und Erfahrungsammeln entwickelt hat. Wenn Lernen und Gedächtnis so stark von der Plastizität des Gehirns abhängen, welche Veränderungen im Gehirn sind dann für die verschiedenen Gedächtnisprobleme im hohen Alter verantwortlich?

Gedächtnisverlust und die Auflösung der Individualität

Remind Me Who I Am, Again! (etwa: „Sag mir nochmals, wer ich bin!"). – So lautet der niederschmetternde Titel von Linda Grants beeindruckendem Buch über den stetig fortschreitenden Gedächtnisverlust, den ihre Mutter aufgrund einer Multiinfarkt-Demenz erlitt, einer Erkrankung, die klinisch der Alzheimer-Krankheit ähnelt, wenn sie auch eine andere Ursache hat. Wie der Ausspruch ihrer Mutter andeutet, ist Gedächtnis der geistige Kitt, der die Erfahrungen unseres Lebens verbindet und untereinander verknüpft. Leben ohne die Möglichkeit, neue Information zu speichern oder früher gespeicherte Information abzurufen, ist ein Leben in Auflösung, ein Leben ohne geistige Vergangenheit, Gegenwart oder Zukunft, ein Leben ohne Beziehung zu anderen Menschen oder Ereignissen und, was besonders tragisch ist, ohne Beziehung zu sich selbst. Es gibt vielleicht keinen stärkeren Beweis für die Bedeutung des Gedächtnisses als bindende Kraft der Individualität – des Selbst-Bewusstseins eines Menschen, im eigentlichen Wortsinn – als der Identitätsverlust, der mit der Demenz einhergeht.

Grant illustriert dies in einer Unterhaltung mit ihrer Mutter:

Ich erzähle ihr, dass ich nach Polen reise, um unserer Familiengeschichte nachzugehen, um nach meinen Wurzeln zu suchen.
 -„Weißt du, meine Eltern kamen aus Polen", antwortet sie.
 „Nein, das war Vaters Familie."
 „Und woher kamen dann meine Eltern?"
 „Aus Russland, aus Kiew."
 -„Wirklich? Ich erinnere mich nicht mehr. Deine Tante Millie wird es wissen. Frag' sie."
 „Mutter, Tante Millie ist gestorben."
 Sie begann zu weinen. „Wann? Niemand hat mir davon erzählt."
 „Schon vor Jahren, noch bevor Vater starb."
 „Ich weiß nicht, ich kann mich nicht erinnern."

Grant fährt fort:

Ich weiß nicht, ob es eine Tragödie oder ein Segen ist, wenn Juden, die darauf bestehen, nichts zu vergeben und zu vergessen, ihr Leben beenden, ohne sich an irgend etwas erinnern zu können. Meine Mutter, die letzte ihrer Generation, war dabei, ihr Gedächtnis zu verlieren. Nur die ferne Vergangenheit blieb erhalten und kam gelegentlich bruchstückhaft zum Vorschein ... Dieser Augenblick, der, in dem sie tatsächlich lebt, ist aus dem Sinn, sobald er stattfindet. Und die Erinnerungen an lange vergangene Zeiten verblassen ebenfalls. Es bleiben nur Bruchstücke. So ist fast ein Jahrhundert persönlicher Geschichte mit wenn nicht Tausenden, so doch Dutzenden von Akteuren – genug, um ein Broadway-Musical zu besetzen – auf einen schrumpfenden Eiweißklumpen von ein bis zwei Pfund reduziert, durch den elektrische Impulse jagen. Gewisse Regionen sind permanent vom Netz genommen. ... Bald wird sie mich, ihre eigene Tochter, nicht mehr erkennen, und wenn ihre Krankheit so fortschreitet, wie es Alzheimer tut, werden ihre Muskeln schließlich vergessen, kontrahiert zu bleiben, um den unfreiwilligen Abgang von Ausscheidungsprodukten zu verhindern. Sie wird vergessen zu sprechen, und eines Tages wird sogar ihr Herz sein Gedächtnis verlieren und aufhören zu schlagen, und sie wird sterben. Gedächtnis, das habe ich inzwischen verstanden, ist alles, es ist das Leben selbst.

Die Alzheimer-Krankheit führt zum katastrophalsten Gedächtnisverlust, den es bei älteren Leuten gibt, doch glücklicherweise trifft dieses Schicksal nur eine Minderheit der älteren Bevölkerung. Eine leichte Beeinträchtigung der Gedächtnisfunktion, die sich deutlich von Alzheimer unterscheidet, ist bei älteren Menschen hingegen sehr häufig. Wir wollen uns zunächst näher mit altersabhängigen Gedächtnisproblemen und anschließend mit der Alzheimer-Krankheit beschäftigen, und wir werden sehen, dass beide auf molekularen und cytologischen Veränderungen im Gehirn beruhen – ein weiteres Bindeglied zwischen Geist und Molekülen.

Alter und nachlassendes Gedächtnis

Bei einer statistischen Untersuchung der älteren Bevölkerungsgruppen in den Vereinigten Staaten wies John Rowe vom Mt. Sinai Medical Center in New York City auf die bemerkenswert gestiegene Lebenserwartung der amerikanischen Bevölkerung hin. Im Jahre 1900 lag die Lebenserwartung in den USA bei 47 Jahren, und nur 4 Prozent der Bevölkerung war älter als 65. 1997 betrug die Lebenserwartung mehr als 76 Jahre, und 13 Prozent der Bevölkerung war älter als 65. Im Jahre 2050 wird die Lebenserwartung wahrscheinlich bei 83 Jahren liegen. Die Menschen leben heutzutage nicht nur länger als früher, sondern sind dabei auch in einem besseren Allgemeinzustand, zumindest in den USA. Fast 90 Prozent der Menschen zwischen 65 und 74 haben nach eigenen Aussagen keine Beschwerden. Noch bemerkenswerter ist vielleicht, dass 40 Prozent der Bevölkerung über 85 nicht

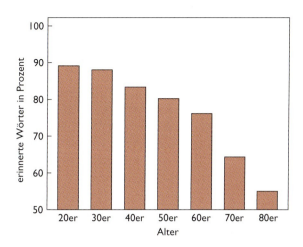
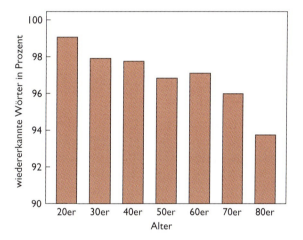

Abb. 10.6 Die Leistung von 469 Probanden, die an zwei Paralleltests teilnahmen, in denen es um Wiederabruf (recall) und Wiedererkennen (recognition) ging. Die Leistung von Menschen in ihren Siebzigern und Achtzigern lag beim Test zum Wiederabruf deutlich unter derjenigen jüngerer Versuchsteilnehmer; beim Test auf Wiedererkennen waren die altersbedingten Unterschiede weniger frappant.

unter gesundheitlichen Beeinträchtigungen leidet. Amerikanische Männer, die 65 Jahre alt sind, dürfen heutzutage erwarten, den größten Teil ihrer verbleibenden Jahre unabhängig und frei von gravierenden Beschwerden zu verbringen.

Die Tatsache, dass Menschen heute wesentlich länger leben als vor 100 Jahren, hat zu einer wichtigen Frage im Gesundheitsbereich geführt: Wie soll die Lebensqualität für den ständig wachsenden Prozentsatz älterer Menschen bewahrt werden? Eines der dringendsten Probleme beim normalen

Alterungsprozess sind allmählich fortschreitende Gedächtnisprobleme. Wie wir bei Athleten und Musikern gesehen haben, nimmt die Fähigkeit, Gehirnverbindungen zu modifizieren, mit zunehmendem Alter ab. Bei älteren Menschen sind solche Modifikationen in der Regel schwieriger zu erreichen als bei jüngeren. Häufig berichten ältere Menschen, dass ihr Gedächtnis nicht mehr so gut ist, wie es einmal war. Beispielsweise kann es ihnen passieren, dass sie sich bei einer bestimmten Gelegenheit nicht an den Namen einer Person erinnern können, die sie gut kennen. Sie vergessen vielleicht, wohin sie ihre Brille oder ihre Hausschlüssel gelegt haben. Ältere Menschen schneiden auch bei einer breiten Palette von Gedächtnistests schlechter ab als jüngere.

Hasker Davis und Kelli Kleber von der University of Colorado in Colorado Springs, testeten das Gedächtnis von 469 gesunden Probanden zwischen 20 und 89 Jahren. Beim ersten Test hörten die Probanden 15 häufige Wörter, die ihnen nacheinander vorgelesen wurden, und versuchten anschließend, sich an möglichst viele dieser Wörter zu erinnern. Dieselbe Versuchsprozedur – erst Wörter hören, anschließend Wörter abrufen – wurde viermal wiederholt, wobei die Reihenfolge der Wörter beim Vorlesen variiert wurde. Anschließend, 20 Minuten nach dem letzten Abruftest, versuchten die Probanden erneut, die Wörter zu erinnern. Das Säulendiagramm in Abbildung 10.6 oben zeigt, dass Versuchspersonen in ihren Siebzigern und Achtzigern Schwierigkeiten hatten, sich an die Listenwörter zu erinnern. In einem zweiten Test wurde mit einer anderen Wortliste, aber demselben Verfahren die Fähigkeit derselben Freiwilligen geprüft, Wörter wiederzuerkennen. Dazu wurden den Probanden 30 Wörter, die Hälfte davon von der Liste, mit der Aufforderung vorgelegt, bei jedem Wort zu entscheiden, ob es von der Liste stammt oder nicht. Wiedererkennen ist viel einfacher als Wiederabruf, und die Teilnehmer erkannten viel mehr Wörter, als sie wiederabrufen konnten. Dennoch schnitten ältere Menschen bei beiden Tests schlechter ab als jüngere.

Der normale Alterungsprozess geht gewöhnlich mit einem breiten Spektrum kognitiver Veränderungen einher, darunter auch, aber nicht nur,

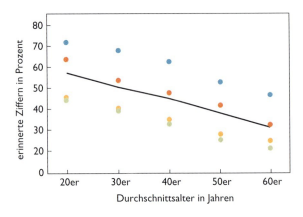

Abb. 10.7 Nachdem der Proband auf jedem Ohr drei unterschiedliche Zahlen gehört hat, versucht er, sich erst an den einen und dann den anderen Satz von Zahlen zu erinnern. In vier Untersuchungen stellte sich heraus, dass die Leistung bei dieser Höraufgabe mit zunehmendem Alter stetig sinkt.

mit Gedächtnisveränderungen. In der Tat gibt es eine Reihe verschiedener Fähigkeiten, die unabhängig vom Alter abnehmen können. Aus diesem Grund heißt es manchmal, dass sich Menschen im Verlauf des normalen Alterungsprozesses allmählich weniger ähnlich werden; sie werden unterschiedlicher. Ältere Menschen beklagen sich häufig darüber, es falle ihnen schwer, bei störenden Hintergrundgeräuschen zu hören oder eine Unterhaltung zu führen. Dieses Phänomen, eine der frühesten kognitiven Veränderungen beim Altern, ist im Labor eingehend untersucht worden. Bei einem derartigen Test hören Versuchspersonen durch Kopfhörer drei Ziffernpaare in Folge. Jedes Paar wird gleichzeitig auf beide Ohren gegeben, eine Zahl auf das eine, die andere Zahl auf das andere Ohr. Anschließend nannten die Probanden die Zahlen, die sie gehört hatten. Bereits im Alter von 30 bis 40 nimmt die Leistung bei derartigen Aufgaben ab.

Das Problem ist nicht das Gedächtnis an sich, weil die meisten Leute leicht sechs Ziffern wiederholen können, die in Folge auf ein Ohr gegeben werden. Das Problem besteht darin, Information zu verarbeiten, die beiden Ohren simultan präsentiert wurde. Es sieht so aus, als seien die Verarbeitungsressourcen im Alter reduziert, so auch die Fähigkeit, rasch zwischen Verarbeitungsstrategien zu wechseln. Diesem Problem wie auch gewissen anderen Problemen, die ältere Menschen betreffen, könnte eine Schwächung der Frontallappenfunktion zugrunde liegen. Dazu gehören Schwierigkeiten, sich daran zu erinnern, wo und wann eine bestimmte Information erworben wurde (Beeinträchtigung des Quellengedächtnisses), Schwierigkeiten, sich an die Reihenfolge zu erinnern, in der zwei Ereignisse eingetreten sind (Beeinträchtigung des Gedächtnisses für zeitliche Abläufe) und die Schwierigkeit, beabsichtigte Handlungen zum vorgesehenen Zeitpunkt durchzuführen (vergessen, sich zu erinnern).

Normale Altersvergesslichkeit

Die Schwierigkeiten, die ältere Menschen mit ihrem Gedächtnis haben, bezeichnet man oft als normale Altersvergesslichkeit (englisch *benign senescent forgetfulness*, wörtlich: gutartige seneszente Vergesslichkeit), aber diese Vergesslichkeit ist weder völlig gutartig, noch setzt sie unbedingt erst im hohen Alter ein. Viele von uns erleben ein gewisses Nachlassen des Gedächtnisses bereits Mitte Dreißig, und Gedächtnisprobleme werden gewöhnlich mit zunehmendem Alter verbreiteter und ausgeprägter. Aber nicht alle alten Menschen haben Gedächtnisprobleme. Einige alte Leute verfügen über ein ausgezeichnetes Gedächtnis. Bei dem auf Seite 219 geschilderten Abruftest schnitten beinahe 20 Prozent der 70 bis 79jährigen hinsichtlich Lernen und Informationsspeicherung besser ab als der Durchschnitt der 30jährigen.

Im Laufe des Alterungsprozesses kommt es nicht überraschend im Gehirn zu Veränderungen. Von diesen Veränderungen würde ein Neuronenverlust den eindeutigsten Hinweis auf eine reduzierte Funktion liefern. Leider ist es ausgesprochen schwierig, Neuronen zu zählen, und es kommt dabei leicht zu technischen Fehlern. Die Schwierigkeit ist, dass jede Gehirnregion Millionen von Neuronen aufweist und es unmöglich ist, sie alle zu zählen. Vielmehr schätzt man die Anzahl der Neuronen, indem man von kleinen Stichproben auf ein größeres Gebiet extrapoliert. Bei diesen Extrapolationen müssen Korrekturen gemacht werden, was das Gesamtvolumen des Gewebes und die Größe der gezählten Neuronen angeht. Eine ungenügende Beachtung dieser Faktoren ist offenbar die Basis eines der unausrottbaren Mythen über das menschliche Gehirn: dass wir während unseres Erwachsenenlebens täglich eine enorme Anzahl cerebraler Neuronen – vielleicht 100000 – verlieren. Dieser weit verbreitete Irrglaube geht auf frühe Fehlmessungen der Neuronendichte in älteren Gehirnen zurück.

Moderne Techniken zur Zählung von Zellen haben unser Verständnis des neuronalen Zellverlusts bedeutend erweitert. Selbst in Bereichen des Gehirns, die für das deklarative Gedächtnis besonders wichtig sind, wie dem Hippocampus, ist das Absterben von Neuronen kein hervortretendes Merkmal des normalen Alterungsprozesses. Bei Nagern beispielsweise bleibt die Gesamtzahl der wichtigsten Neuronen (Körnerzellen im Gyrus dentatus und Pyramidenzellen in der CA1- und der CA3-Region) im alternden Hippocampus erhalten. Die einzigen Hippocampuszellen, deren Zahl im Lauf des normalen Alterungsprozesses stets zurückgeht, sind die Hiluszellen im Gyrus dentatus. Wie unten beschrieben, treten im Hippocampus wesentlichere Änderungen auf, was Zahl und Stärke der Synapsen in seinen Schaltkreisen sowie die Plastizität dieser Synapsen angeht. Diese Veränderungen tragen wahrscheinlich zur normalen Altersvergesslichkeit bei.

Es ist jedoch ebenfalls eindeutig, dass man über den Hippocampus hinausblicken muss, um alle Gedächtnisveränderungen bei älteren Menschen zu erklären. Vergessen, wo man die Autoschlüssel gelassen hat, Schwierigkeiten, einen neuen Namen, ein neues Gesicht oder eine neue Tatsache zu lernen – all dies könnte eine funktionelle oder anatomische Veränderung innerhalb des Hippocampussystems widerspiegeln. Aber Hippocampusschädigungen können nicht die Schwierigkeit erklären, Wörter zu finden oder sich an den Namen eines alten Bekannten zu erinnern. Amnestische Patienten, deren Hippocampus geschädigt ist, haben damit keine besonderen Schwierigkeiten. Diese Art von Gedächtnisproblemen bei älteren Menschen muss auf anderen Veränderungen basieren. Beispielsweise könnten Veränderungen in den linkshemisphärischen Spracharealen Namensfindungsprobleme erklären, und Veränderungen im Frontallappen könnten für die reduzierte Fähigkeit verantwortlich sein, seine Aufmerksamkeit zwischen zwei konkurrierenden Informationsquellen zu teilen.

In seinem Gedicht „Forgetfullness" schreibt Billy Collins mit leichter Hand über Gedächtnis und den Alterungsprozess. Obgleich diese Veränderungen viel Leid mit sich bringen können, sind sie nicht so verheerend wie die Alzheimer-Krankheit:

> *The name of the author is the first to go*
> *followed obediently by the title, the plot,*
> *the heartbreaking conclusion, the entire novel*
> *which suddenly becomes one you have never read, never even heard of,*
>
> *as if, one by one, the memories you used to harbor*
> *decided to retire to the southern hemisphere of the brain,*
> *to a little fishing village where there are no phones.*
>
> *Long ago you kissed the names of nine Muses good-bye*
> *Amd watched the quadratic equation pack its bag,*
> *And even now as you memorize the order of the planets,*
>
> *Something else is slipping away, a state flower perhaps,*
> *The address of an uncle, the capital of Paraquay.*
>
> *Whatever it is you are struggling to remember*
> *It is not poised on the tip of your tongue,*
> *Not even lurking in some obscure corner of your spleen.*
>
> *It has floated away down a dark mythological river*
> *Whose name begins with an L as far as you can recall,*
> *Well on your own way to oblivion where you will join those*
> *Who have even forgotten how to swim and how to ride a bicycle.*
>
> *No wonder you rise in the middle of the night*
> *to look up the date of a famous battle in a book of war.*
> *No wonder the moon in the window seems to have drifted*
> *Out of a love poem that you used to know by heart.*

Deutsche Übersetzung:

> *Der Name des Autors ist das erste, was geht,*
> *getreulich gefolgt vom Titel, vom Plot,*
> *vom herzzerreißenden Ende, vom ganzen Roman,*
> *der plötzlich erscheint, als habest du ihn niemals gelesen, niemals von ihm gehört,*
>
> *als hätten die Erinnerungen, die du gespeichert hast, eine nach der anderen*
> *beschlossen, sich in der Südhälfte des Gehirns zur Ruhe zu setzen,*
> *in einem kleinen Fischerdorf, wo es kein Telefon gibt.*
>
> *Schon vor langem hast du die neun Musen zum Abschied geküsst*
> *und zugesehen, wie die quadratischen Gleichungen ihren Rucksack schnürten,*
> *und selbst jetzt, wo du dir die Reihenfolge der Planeten einprägst,*
>
> *entschlüpft dir etwas anderes, vielleicht die Wappenblume eines Staates,*
> *die Adresse eines Onkels, die Hauptstadt von Paraguay.*
>
> *Was immer es ist, das du zu erinnern suchst,*
> *es liegt dir nicht auf der Zungenspitze,*
> *lauert nicht einmal in irgendeiner finsteren Ecke deiner Milz.*
> *Es ist einen dunklen, mythologischen Fluss hinab getrieben,*
> *dessen Name, soweit du dich erinnern kannst, mit einem L beginnt,*
> *auf dem besten eigenen Weg ins Vergessen, wo du dich denen anschließen wirst,*
> *die selbst schon vergessen haben, wie man schwimmt oder Fahrrad fährt.*
>
> *Kein Wunder, dass du mitten in der Nacht aufstehst,*
> *um das Datum einer berühmten Schlacht in einem Buch über den Krieg nachzuschauen.*
> *Kein Wunder, dass der Mond im Fenster aus einem Liebesgedicht gedriftet scheint,*
> *das du einmal hast auswendig hersagen können.*

Tiermodelle für den altersabhängigen Gedächtnisverlust

Altersabhängige Defizite in der Funktion des deklarativen Gedächtnisses sind bei einer breiten Palette von Tierarten beobachtet worden, darunter

Primaten und Nager. Alte Nager weisen zwei Merkmale auf, die an betagte Menschen erinnern. Erstens herrscht wie beim menschlichen Altern eine beträchtliche Variabilität in der individuellen Leistungsfähigkeit. In einer Reihe von Untersuchungen, die von Michela Gallagher von der Johns Hopkins University durchgeführt wurden, lernten rund 40 Prozent aller alten Ratten (24 bis 27 Monate alt) eine räumliche Gedächtnisaufgabe ebenso rasch wie junge Ratten. Die übrigen 60 Prozent lernten langsamer als die Jungtiere. Zweitens zeigten sich die Auswirkungen des Alterns auf Lernen und Gedächtnis allmählich und waren bereits in mittlerem Alter (14 bis 18 Monate) nachweisbar.

Durch derartige Tierexperimente beginnen Biologen die Einzelheiten des Alterungsprozesses besser zu verstehen, als es durch die Untersuchung von Menschen möglich wäre. Scott Small und seine Kollegen von der Columbia University haben gezeigt, dass der Gyrus dentatus die Subregion des Hippocampus ist, die besonders empfindlich auf die Auswirkungen des Alterns reagiert. Studien an Mäusen und Ratten haben zudem ergeben, dass es in der Bahn vom entorhinalen Cortex zum Hippocampus zu einem Synapsenverlust kommt, besonders dort, wo die Bahn im Gyrus dentatus und in der CA3-Region endet. Und obgleich die Zahl der Synapsen in der CA1-Region konstant bleibt, verringert sich doch die Synapsengröße. Darüber hinaus kommt es zu einer Verringerung der Antwortbereitschaft von hippocampalen Synapsen, die Rezeptoren für den Neurotransmitter Acetylcholin aufweisen, wie auch zu einem Verlust des modulatorischen Inputs in den Hippocampus seitens cholinerger Neuronen. All diese Veränderungen sind bei denjenigen betagten Tieren, die bei Verhaltenstests kognitive Defizite zeigen, stärker ausgeprägt, als bei Tieren, die bei diesen Tests gut abschneiden.

Diese Veränderungen der synaptischen Struktur und Funktion haben Konsequenzen für die Plastizität der hippocampalen Schaltkreise. Innerhalb der Bahn, die vom entorhinalen Cortex in den Hippocampus projiziert, schwindet die Fähigkeit, eine Langzeitpotenzierung zu generieren und aufrecht zu erhalten. Carol Barnes von der University of Arizona hat als erste gezeigt, dass die LTP bei alten Ratten genauso groß werden kann wie bei jungen Ratten, auch wenn dieses Niveau vielleicht langsamer erreicht wird. Die Fähigkeit, eine LTP über Tage aufrechtzuerhalten, nimmt jedoch im Alter ab. Das heißt, einmal induziert, klingt die LTP anomal rasch wieder ab. Dieses Defizit bei der Aufrechterhaltung der LTP ist bei denjenigen Ratten am ausgeprägtesten, die am stärksten in ihrer Fähigkeit beeinträchtigt sind, Verhaltensaufgaben im Zusammenhang mit Lernen und Gedächtnis zu bewältigen. Diese Untersuchungen sind von Mary Elizabeth Bach und ihren Kollegen an der Columbia University erweitert worden. Sie fanden heraus, dass alte Mäuse einen selektiven Defekt in der späten Phase der LTP aufweisen, die teilweise von der cAMP-abhängigen Proteinkinase vermittelt wird. Diese Defekte sind mit dem Grad der Gedächtnisschwäche korreliert.

Die im Lauf des Alterungsprozesses auftretenden Veränderungen sind recht selektiv und spiegeln keinen allgemeinen Verfall wider. Erstens treten Leistungsbeeinträchtigungen bei Tests, die die Funktion des präfrontalen Cortex prüfen, gewöhnlich früher im Leben auf als Leistungsbeeinträchtigungen bei Tests des deklarativen Gedächtnisses. Zweitens hat Elizabeth Glisky von der University of Arizona gezeigt, dass die Leistungen bei Tests der Frontallappenfunktion bei gesunden älteren Menschen nicht mit den Leistungen bei Tests der Temporallappenfunktion korreliert sind. Daher können diese verschiedenen Aspekte kognitiver Fähigkeiten im Lauf des Alterns offenbar unabhängig voneinander nachlassen.

Die Behandlung von altersbedingten Gedächtnisstörungen

Besteht irgendeine Möglichkeit, die Gedächtnisschwächen zu behandeln, die der normale Alterungsprozess mit sich bringt? Seit Jahrzehnten ist bekannt, dass gewisse pharmakologisch wirksame Substanzen, wie Amphetamin oder Coffein, die kognitive Leistungsfähigkeit einschließlich des Erinnerungsvermögens steigern können, doch sie wirken hauptsächlich als Stimulanzien, die der Müdigkeit entgegenwirken und den Wachheitsgrad steigern. Heute, wo wir etwas mehr über die Biologie des Gedächtnisses wissen, ist die Frage beim normalen Alterungsprozess nicht länger, ob irgendeine Behandlung die Leistung bei einem Gedächtnistest verbessern kann, sondern ob sich das Gedächtnis über das hinaus verbessern lässt, was man mit einer guten Tasse Kaffee erreichen kann.

Obwohl ein breites öffentliches Interesse an Kräuter- und Vitaminmischungen zur Stärkung des Gedächtnisses herrscht, gibt es bis heute noch keine allgemein akzeptierten Behandlungsmethoden, die das Gedächtnis bei gesunden Menschen verbessern. Bei Menschen mittleren und höheren Alters sind gelegentlich einige positive Effekte beobachtet worden, doch sie waren nur recht geringfügig.

Neuere Fortschritte in der Biologie des Gedächtnisses haben die Suche nach gedächtnisverbessernden Pharmaka weiter vorangetrieben. Wie in Kapitel 6 erwähnt, hängt die LTP im Hippocampus von einer Reihe von Mechanismen – beginnend mit der Aktivierung des NMDA-Rezeptors – ab, die für die normale synaptische Übertragung nicht benutzt werden. Wäre es möglich, diese Mechanismen selektiv zu beeinflussen und dadurch das Gedächtnis zu fördern, ohne andere neuronale Funktionen zu tangieren? Von den Gedächtnisproblemen im Zusammenhang mit dem Altern ist die Vergesslichkeit für neuerworbene Information wohl dasjenige Problem, das am ehesten für eine Behandlung in Frage kommt. Die Fähigkeit, neue Erinnerungen zu speichern, hängt entscheidend vom Hippocampus und den mit ihm verbundenen Strukturen ab, und Behandlungen, die auf diese Strukturen und die LTP insbesondere abzielen, wären durchaus sinnvoll.

Im Zusammenhang mit der Suche nach gedächtnissteigernden Pharmaka sei jedoch daran erinnert, dass Vergessen ein wichtiger Teil des Erinnerns ist (Kapitel 4). Menschen müssen vergessen oder Details übergehen, um das Wesentliche herauszugreifen, und sie müssen Einzelheiten beiseite schieben, um Ähnlichkeiten und Metaphern zu entdecken und allgemeine Konzepte auszubilden. Daher geht es bei der Suche nach gedächtnisverstärkenden Behandlungen nicht nur einfach darum, das Erinnerungsvermögen zu verbessern. Ein maximal starkes Gedächtnis ist nicht dasselbe wie ein optimales, gut funktionierendes Gedächtnis. Wenn wir jedoch eine nebenwirkungsfreie Methode finden, die Vergesslichkeit zu bekämpfen, die unter ansonsten gesunden älteren Menschen so häufig ist, dann wäre dies sicherlich ein wertvoller Fortschritt.

Die Demenz bei der Alzheimer-Krankheit

Die Alzheimer-Krankheit, die häufigste Form der Demenz, ist ein neurodegenerativer Zustand, der dramatisch und unerbittlich fortschreitet. Diese Erkrankung befällt rund zehn Prozent aller Menschen zwischen 65 und 85 Jahren und circa 40 Prozent aller über 85-jährigen. In den Vereinigten Staaten leiden gegenwärtig allein vier Millionen Menschen an dieser Krankheit, und im Laufe der nächsten 50 Jahre wird ihre Zahl vermutlich 14 Millionen erreichen. Daher ist die Alzheimer-Krankheit ein außerordentlich wichtiges Problem für das öffentliche Gesundheitswesen.

Das erste Angriffsziel der Alzheimer-Krankheit ist der entorhinale Cortex, die Input-Region des Hippocampus, und die CA1-Region des Hippocampus. Beide Regionen erleiden in der Frühphase dieser Erkrankung einen bedeutenden Zellverlust. Ein weiterer wichtiger Ort pathologischer Veränderungen ist eine Region an der Basis des Gehirns, der *Nucleus basalis*, der eine große Population cholinerger Neuronen enthält, Neuronen, die als Transmitter Acetylcholin freisetzen. Diese cholinergen Neuronen sind modulatorische Neuronen, die in viele Regionen des Cortex Axone senden. Ein Verlust dieser cholinergen Neuronen kann die Aufmerksamkeit und andere höhere mentale Funktionen beeinträchtigen. Obwohl die Alzheimer-Krankheit gewöhnlich mit Gedächtnisproblemen beginnt, greift sie später in breiter Front auch auf andere intellektuelle Funktionen über. Immer größere Cortexbereiche sind betroffen, und die Patienten bekommen Sprachprobleme, Schwierigkeiten beim Problemlösen, beim Rechnen und mit ihrem Urteilsvermögen. Schließlich verlieren sie sogar die Fähigkeit, die Welt um sich herum zu verstehen. Das deklarative Gedächtnis ist weitaus stärker betroffen als das prozedurale Gedächtnis. Das wird bei begabten und geübten Menschen besonders deutlich. Der große abstrakte amerikanische Expressionist Willem de Kooning konnte im fortgeschrittenen Stadium der Krankheit noch immer interessante und originelle Bilder malen. Auch wenn sie in ihrer Kraft nicht an Koonings frühere Gemälde heranreichten, stellen sie für jemanden mit einer schweren Demenz noch immer eine bemerkenswerte Leistung dar.

Wenn sich die Krankheit verschlimmert und die Fähigkeit, den Alltag zu bewältigen, mehr und mehr abnimmt, können Patienten manchmal nicht einmal mehr normal gehen oder selbständig essen. Diese Krankheit entwickelt sich im Verlauf von fünf bis zehn Jahren, und weil die Patienten so hilflos und schwach werden, sterben sie gewöhnlich an einer anderen Krankheit, wie Lungenentzündung.

Da die Hippocampusformation eines der ersten Ziele der Alzheimer-Krankheit wie auch der Ort des Zellverlustes beim normalen Alterungsprozess ist, könnte man annehmen, dass ältere Leute mit altersbedingtem Gedächtnisverlust in Wirklichkeit frühe Symptome der Alzheimer-Krankheit zeigen. Obwohl einige Menschen mit altersbedingtem Gedächtnisverlust tatsächlich an Alzheimer erkranken, ist ein altersbedingter Gedächtnisverlust viel häufiger, und die meisten Betroffenen entwickeln keine Demenz. Wie bereits erwähnt, unterscheidet sich das Muster des Neuronenverlustes beim Altern überdies deutlich von demjenigen bei der Alzheimer-Krankheit. Die neuronalen Veränderungen, die typisch für die altersbedingte Gedächtnisschwäche sind, treten vor allem im Gyrus dentatus auf, und nicht etwa im entorhinalen Cortex und in der CA1-Region des Hippocampus selbst.

Plaques und Knäuel: Die typischen Anzeichen der Alzheimer-Krankheit

Die Alzheimer-Demenz wurde erstmals 1907 von dem deutschen Neurologen Alois Alzheimer beschrieben. Er untersuchte eine 52-jährige Frau, die eine Gedächtnisschwäche entwickelt hatte, mit der ein progressiver Verlust kognitiver Fähigkeiten einherging. Sie starb fünf Jahre nach Ausbruch der Krankheit. Bei der Autopsie entdeckte Alzheimer drei histologische Veränderungen, die heute als die entscheidenden diagnostischen Merkmale für diese Krankheit gelten: 1. senile Plaques im Gehirn, insbesondere im Hippocampus und in der Großhirnrinde, 2. Neurofibrillenknäuel und 3. Neuronenverlust.

Die *senilen Plaques* bestehen aus *extrazellulär* abgelagertem so genannten *Amyloidprotein*, umgeben von drei zellulären Elementen: 1. dendritischen Neuronenfortsätzen, 2. Astrocyten (Gliazellen, die Stützfunktion im Gehirn haben) und 3. Zelltrümmer beseitigende Zellen (Mikroglia). Die wesentliche Komponente der Amyloidplaques ist ein Peptid – das Amyloidpeptid – von etwa 40 Aminosäuren Länge. Dieses Amyloidpeptid wird von einem größeren Vorläufer namens APP (*amyloid precursor protein*) abgespalten, ein Protein, das gewöhnlich in der Membran von Nervenzellen zu finden ist. Obwohl dieses APP ein normaler Be-

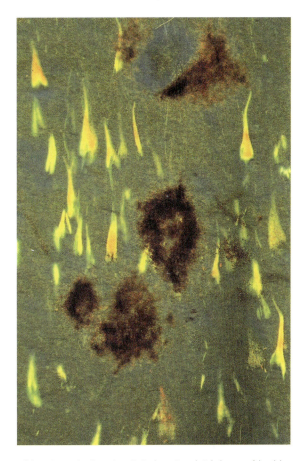

Abb. 10.8 Die charakteristischen Amyloidplaques (dunkle, schmutzfleckartige Strukturen) und Neurofibrillenknäuel (gelbe Strukturen), die für die Alzheimer-Krankheit so typisch sind, sind auf diesem histologischen Schnittpräparat aus der Großhirnrinde eines Alzheimer-Patienten deutlich zu erkennen.

standteil der Dendriten, des Zellkörpers und des Axons von Neuronen ist, kennen wir seine Funktion im gesunden Gehirn noch nicht. Das Gen für APP liegt beim Menschen im Mittelteil des langen Arms von Chromosom 21, und eine Mutation dieses Gens führt zu einer früh einsetzenden Form dieser Krankheit, die erblich ist.

Die *Neurofibrillenknäuel* sind fädige, *intrazelluläre* Einschlüsse, die man in Zellkörpern und zellkörpernah in Dendriten findet. Diese anomalen Einschlüsse bestehen aus der unlöslichen Form eines normalerweise löslichen Zellproteins namens *tau*, das Teil des zellulären Cytoskeletts ist. Das formgebende Cytoskelett ist wesentlich für die Aufrechterhaltung der Zellgeometrie und zuständig für den intrazellulären Transport von Proteinen und Organellen, einschließlich des axonalen Transports. In betroffenen Nervenzellen ist das Cytoskelett häufig anomal ausgebildet. Wahrscheinlich beeinträchtigt das fehlerhafte Cytoskelett den axonalen Proteintransport zur Nervenendigung und damit die Funktionen und die Lebensfähigkeit der Synapsen und anschließend der Neuronen insgesamt. Schließlich sterben die betroffenen Nervenzellen, und die Neurofibrillenknäuel bleiben wie Grabsteine der von der Krankheit zerstörten Zellen zurück. Wenn diese Neuronen sterben, empfangen Hirnregionen, die für eine normale kognitive und gedächtnisrelevante Funktion entscheidend sind, keine synaptischen Eingangssignale mehr.

Frühes und spätes Einsetzen der Alzheimer-Krankheit

Einige Menschen entwickeln bereits in ihren Vierzigern und Fünfzigern Alzheimer. Diese bedauernswerten Menschen leiden unter der *früh einsetzenden Form* dieser Erkrankung, die in manchen Familien gehäuft auftritt und bei der wahrscheinlich eine genetische Komponente ausschlaggebend ist. Durch Untersuchung solcher Familien hat man Mutationen in mehreren Genen identifiziert, die ihre Träger für diese früh einsetzende Form der Alzheimer-Krankheit prädisponieren. Dazu gehören Mutationen im APP-Gen auf Chromosom 21 (siehe oben), im Presenilin-1-Gen auf Chromosom 14 und im Presenilin-2-Gen auf Chromosom 1. Alle drei Mutationen sind „autosomal-dominant", das heißt, wenn ein Elternteil diese Krankheit hat, ist statistisch die Hälfte seiner Kinder davon betroffen.

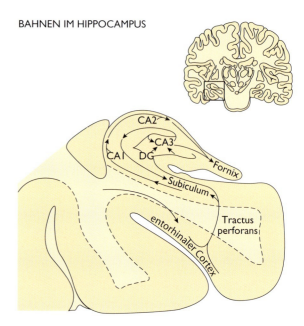

BAHNEN IM HIPPOCAMPUS

SITZ VON NEUROFIBRILLENKNÄUELN

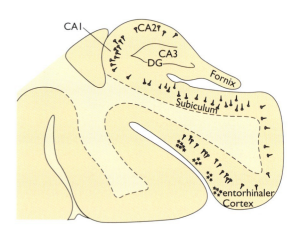

Abb. 10.9 Oben: Mehrere wichtige Bahnen (Pfeile) verbinden die Hauptabschnitte des Hippocampus. Unten: Bei der Alzheimer-Krankheit treten in einigen dieser Bahnen gehäuft Neurofibrillenknäuel auf. Die Fibrillenknäuel sind in der CA1-Region, im Subiculum und im entorhinalen Cortex am deutlichsten ausgeprägt.

Alle drei Mutationen führen zu einer anomalen Verarbeitung des Amyloid-Precursorproteins. Diese Befunde haben dazu beigetragen nachzuweisen, dass die Alzheimer-Krankheit durch eine Anomalie bei der Verarbeitung des Amyloid-Precursorproteins und die daraus resultierende Akkumulation von toxischem Aß-Peptid hervorgerufen werden kann. Infolgedessen werden mit jeder dieser Mutationen zunehmend erhöhte Konzentrationen des toxischen Amyloidpeptids im Gehirn abgelagert. Diese Befunde haben zu der interessanten Vermutung geführt, dass es vielleicht nur einen einzigen pathogenen Mechanismus für die genetischen Formen der Alzheimer-Krankheit gibt. Die verschiedenen Mutationen führen zur selben Krankheit, indem sie die Ablagerung von toxischem Amyloidpeptid im Gehirn erhöhen.

Die Ansicht, dass die Amyloidablagerung ein frühes und kritisches Element bei der Pathogenese der Alzheimer-Krankheit ist, wird auch durch Untersuchungen des Down-Syndroms gestützt. Das Down-Syndrom ist die häufigste Form geistiger Retardierung; es resultiert aus dem Vorhandensein einer dritten Kopie des Chromosoms 21 (Trisomie 21), desjenigen Chromosoms, das das Gen für das Amyloid-Precursorprotein trägt. Das Gen für das Amyloid-Precursorproteins liegt tatsächlich in der Region des Chromosoms 21, die als minimale Down-Syndrom-Region bezeichnet wird und von der man weiß, dass sie für die Entwicklung der Störung entscheidend ist. Wenn Menschen mit Down-Syndrom älter als 30 Jahre werden, entwickeln sie fast immer Alzheimer, und ihr Gehirn zeigt die Amyloidplaques, die für diese Krankheit so typisch sind.

Die Fälle mit früh einsetzendem Alzheimer machen nur etwa 2 Prozent aller Betroffenen aus. Beinahe 98 Prozent aller Alzheimer-Patienten leiden unter der *spät einsetzenden Form*. Hier manifestieren sich die ersten klinischen Anzeichen der Erkrankung erst nach Erreichen des 60. Lebensjahres. Es gibt zwei bedeutende Risikofaktoren, die einen Menschen für die spät einsetzenden Formen der Alzheimer-Krankheit – die in Familien gehäuft auftretenden wie die weit häufigeren nichtfamiliären Formen – prädisponieren. Der erste Risikofaktor ist die Präsenz eines bestimmten Allels des Gens, für das Glycoprotein ApoE auf dem proximalen Arm von Chromosom 19. ApoE ist an Speicherung, Transport und Metabolismus von Cholesterin beteiligt.

Wie bei den meisten Genen der Fall, kommt das Gen für ApoE in mehreren Allelen oder Varianten vor. ApoE hat drei Allele: ApoE2, ApoE3 und ApoE4. ApoE3 ist in der Gesamtbevölkerung das häufigste Allel. ApoE4 ist sehr viel seltener – nur etwa ein Fünftel so häufig. Allen Roses und seine Kollegen von der Duke University haben jedoch herausgefunden, dass bei Patienten mit der spät einsetzenden Form der Alzheimer-Krankheit das ApoE4-Allel *viermal* häufiger auftritt als im Bevölkerungsdurchschnitt. Menschen, die auf beiden Kopien von Chromosom 19 (eine vom Vater, die andere von der Mutter ererbt) das Allel von ApoE4 tragen, sind achtmal stärker gefährdet, an der spät einsetzenden Form der Alzheimer-Krankheit zu erkranken, als der Bevölkerungsdurchschnitt. Im Gegensatz dazu haben selbst in Familien, in denen einige Mitglieder an der spät einsetzenden Form der Alzheimer-Krankheit leiden, diejenigen Mitglieder, die keine Kopie von ApoE4 aufweisen, nur ein kleines Risiko, Alzheimer zu entwickeln – nur etwa ein Fünftel des Risikos, das im Bevölkerungsdurchschnitt herrscht. Diese Daten zeigen, dass das Erben einer einzelnen oder einer doppelten Kopie von ApoE4 ein Risikofaktor ist, der die Wahrscheinlichkeit für diese Krankheit deutlich erhöht. Keine Kopien von ApoE4 zu besitzen, ist dagegen nicht lediglich ein neutraler Faktor – es ist in der Tat ein Schutzfaktor, der die Wahrscheinlichkeit verringert, an Alzheimer zu erkranken.

Daher haben alle vier bisher identifizierten Gene – die Mutationen im Amyloid-Precursorprotein, die beiden Presenilin-Mutationen, die genetische Variante des ApoE-Gens (ApoE4) – möglicherweise eines gemeinsam: Sie sind an einer mehrstufigen biochemischen Reaktionskaskade beteiligt, die dazu dient, Amyloidpeptid zu generieren oder zu entfernen. Dieser Ansicht zufolge können Anomalien auf jeder der Produktions- oder Abräumschritte zu einer exzessiven Ablagerung von toxischem Amyloidpeptid und damit zur Alzheimer-Krankheit führen.

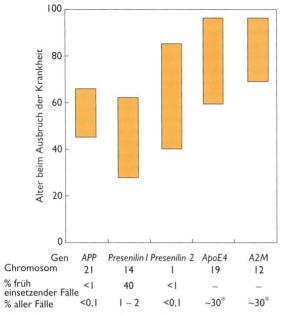

Abb. 10.10 Heute bringt man vier Gene mit der Alzheimer-Krankheit in Verbindung. Drei von ihnen, das Amyloid-Precursorprotein (APP) und die beiden Presenilin-Gene, können Mutationen tragen, die zur früh einsetzenden Form der Krankheit führen, welche typischerweise in den Vierzigern beginnt, in Ausnahmefällen aber auch noch früher. Von diesen Genen ist Presenilin-1 das häufigste; es ist in 40 Prozent aller Frühfälle mutiert. Die spät einsetzende Form der Alzheimer-Krankheit ist bei weitem häufiger. Zwei Gene, das ApoE4-Allel und A2M, tragen möglicherweise ebenfalls mit jeweils rund 30 Prozent zur Gesamtzahl der Fälle bei.

Auf der Suche nach einer Behandlung

Obwohl die Alzheimer-Krankheit bisher nicht heilbar ist, sind enorme Anstrengungen unternommen worden, um einen Weg zu finden, das Fortschreiten dieser Erkrankung zu verlangsamen. Die medizinische Forschung hat sich anfangs insbesondere auf die cholinergen Neuronen in der Gehirnbasis konzentriert, die in zahlreiche Cortexbereiche projizieren und ein frühes Angriffsziel dieser Krankheit darstellen. Es ist bisher nicht möglich, den Tod dieser Zellen hinauszuzögern, doch es gibt Pharmaka, die die Neurotransmitterfreisetzung der überlebenden Zellen steigern können. Mit Acetylcholinesteraseinhibitoren wie Aricept, Excelon und Gelantamin haben sich bei Alzheimer-Patienten marginale oder bestenfalls bescheidene therapeutischen Wirkungen erzielen lassen.

Inzwischen werden mehrere neue therapeutische Wege erforscht. Ein Ansatz besteht darin, die Akkumulation von Aβ-Peptid und damit die Plaquebildung zu verringern, indem man einen Impfstoff gegen das Peptid entwickelt. Ein anderer Ansatz besteht darin, die Toxizität des Peptids zu reduzieren, noch bevor die Plaquebildung einsetzt. Studien mit Tiermodellen der Alzheimer-Krankheit haben Verhaltensdefizite in Abwesenheit von nachweisbaren Ansammlungen von Aβ-Petid beschrieben. Michael Shelanski und seine Kollegen an der Columbia University haben die Genexpression von Zellen in Gewebekulturen untersucht, die Aβ_{1-42} ausgesetzt waren, dem wichtigsten und neutotoxischsten Bestandteil von Amyloidplaques. Wie sie fanden, stört Aβ LTP und Kognition, indem es die PKA-Aktivität hemmt, was zu einer Abnahme der CREB-Phosphorylierung führt. Bei gentechnisch modifizierten Mäusen, die eine Mutantenform des Amyloid-Precursorproteins exprimieren, das bei Menschen zu Alzheimer führt, kommt es zu einer Verringerung der PKA-Aktivität, einer gestörten Kognition, einem Verlust dendritischer Dornen und einem Rückgang der LTP. Bei diesen Mäusen lassen sich die Hemmung der PKA wie auch die kognitiven, anatomischen und LTP-Defekte durch Pharmaka rückgängig machen, die den zellulären cAMP-Spiegel erhöhen.

Da wir die molekulare und zelluläre Basis der Alzheimer-Krankheit inzwischen besser verstehen, wird es vielleicht möglich, rationaler fundierte Behandlungsmethoden zu entwickeln, die auf die tatsächliche Ursache der Erkrankung zielen. Wenn das der Fall ist, kann man hoffen, dass Behandlungen in Zukunft nicht nur die Symptome mildern, sondern der Krankheit tatsächlich vorbeugen oder sie stoppen.

Die Biologie des Gedächtnisses vom Geist zum Molekül: Eine neue Synthese und ein neuer Beginn

Bei dem Versuch herauszufinden, wie das Gedächtnis funktioniert, stehen wir einem der wichtigsten wissenschaftlichen Probleme des 21. Jahrhunderts und einer der größten Herausforderungen des öffentlichen Gesundheitswesens gegenüber. Glücklicherweise haben Biologie wie auch Psychologie bei der Erklärung dieses Phänomens in letzter Zeit große Fortschritte gemacht. Infolgedessen sind Wissenschaftler, die sich mit der Erforschung des Gedächtnisses beschäftigen, heute in einer viel besseren Position, sich dieser Herausforderung zu stellen, als früher.

Zum einen hat eine bemerkenswerte Synthese der biologischen Wissenschaften in den letzten Jahrzehnten unser Verständnis hinsichtlich der Funktion von Genen, Zellen und Organismen beträchtlich erweitert. Aufgrund der großen Fortschritte bei der Entschlüsselung der Genfunktion, zum Beispiel, verstehen wir nun besser, wie die Gene die Vererbung beeinflussen und wie die Regulierung der Gene Entwicklung und Funktion bestimmt. Diese Erkenntnisse haben die vielen, zuvor unabhängigen Einzelgebiete innerhalb der Biologie zu einer einzigen, kohärenten Disziplin vereinigt. Gebiete wie Biochemie, Genetik, Cytologie, Entwicklungsbiologie und Krebsforschung sind heute weitgehend zu einem Ganzen verschmolzen – der Molekularbiologie. Die Einheit, die durch die Molekularbiologie erreicht worden ist, hat zu einem tieferen Verständnis für die Kontinuität von Struktur und Funktion geführt, die die Zellen eines Organismus charakterisiert, eine Kontinuität, die im Tierreich über alle Artgrenzen hinweg deutlich wird. Aus dieser Perspektive ist auch ein wunderbares Empfinden für die grundlegende Universalität der Natur erwachsen.

Zum anderen hat durch die Konvergenz von systemorientierter Neurowissenschaft und kognitiver Psychologie eine unabhängige und ebenso tiefgreifende Vereinigung bei der Erforschung geistiger Prozesse stattgefunden. Diese Vereinigung hat eine Disziplin geschaffen, die wir heute *kognitive Neurowissenschaft* nennen und die zu einer neuen Sichtweise von Phänomenen wie Wahrnehmen, Handeln, Lernen und Erinnern geführt hat.

In diesem Buch haben wir die Anfänge einer dritten Vereinigung – einer neuen Synthese – skizziert, durch die Molekularbiologie und kognitive Neurowissenschaft kombiniert werden. Diese neue Synthese – die *Molekularbiologie der Kognition* – verspricht, den Kreis der Vereinigung vom Geist zum Molekül zu schließen. In der Tat ist die Erforschung des Gedächtnisses vielleicht der erste Fall, bei dem ein kognitiver Prozess der molekularen Analyse zugänglich wird. Die Synthese von Molekularbiologie und kognitiver Neurowissenschaft beleuchtet besonders die beiden Komponenten des Gedächtnisses, die wir in diesem Buch besprochen haben: das *Gedächtnissystem des Gehirns* und die *Mechanismen zur Gedächtnisspeicherung*. Verglichen mit dem, was wir vor 20 Jahren wußten, haben wir über beides außerordentlich viel gelernt.

Aus der Erforschung des Gedächtnissystems des Gehirns haben sich drei Befunde herauskristallisiert, die gegenwärtig für unser Verständnis eine zentrale Rolle spielen: Erstens ist das Gedächtnis keine einheitliche Eigenschaft des Geistes, sondern setzt sich aus zwei grundlegenden Formen zusammen: deklarativ und nichtdeklarativ. Zweitens hat jede dieser beiden Formen ihre eigene Logik – bewusster Abruf im Gegensatz zu unbewusst ausgeübter Fertigkeit. Drittens verfügt jede Form über ihre eigenen neuronalen Systeme.

Die molekulare Erforschung der Mechanismen der Gedächtnisspeicherung hat ihrerseits unerwartete Ähnlichkeiten zwischen deklarativen und nichtdeklarativen Formen des Gedächtnisses aufgedeckt. Beide Formen des Gedächtnisses verfügen über eine Kurzzeitform, die Minuten anhält, und eine Langzeitform, die tagelang oder länger andauert. Beide Gedächtnisformen, die Kurzzeit- und die Langzeitformen, hängen von einer Veränderung der synaptischen Stärke ab. In beiden Fällen erfordert die Kurzzeitspeicherung nur eine *vorübergehende* Veränderung der synaptischen Stärke. Hingegen ist in beiden Fällen die Aktivierung von Genen und Proteinen nötig, um Kurzzeit- in Langzeitgedächtnisinhalte zu überführen. Tatsächlich teilen beide Formen der Gedächtnisspeicherung – deklarativ und nichtdeklarativ – offenbar eine Signalbahn, um gemeinsam genutzte Gen- und Proteinsätze zu aktivieren. Und schließlich setzen beide Formen des Gedächtnisses anscheinend auf das Wachstum neuer Synapsen – das Wachstum präsynaptischer Endigungen wie dendritischer Dornen –, um Langzeiterinnerungen zu stabilisieren.

Eine weitere Errungenschaft dieser neuen Synthese ist die Erkenntnis, dass wir die Gedächtnissysteme des Gehirns gewöhnlich zusammen benutzen. Stellen Sie sich beispielsweise vor, Sie betrachten eine Vase auf einem Tisch. Der Anblick der Vase ruft eine Reihe bewusster und unbewusster Effekte hervor, die als Erinnerungen überdauern können. Die unbewussten Erinnerungen sind besonders vielfältig. Erstens wird die Fähigkeit, genau diese Vase zu einem späteren Zeitpunkt zu erkennen und zu identifizieren, durch das Phänomen Priming verstärkt. Zweitens könnte die Vase beim allmählichen Erwerb einer neuen Verhaltensreaktion oder Gewohnheit, die durch Belohnung geformt wird, als Hinweisreiz dienen. Eine Präsentation des Hinweisreizes (Vase) signalisiert, dass die Ausübung des Verhaltens belohnt wird. Drittens könnte die Vase als konditionierter Stimulus (CS) dienen und eine Reaktion auslösen, die geeignet ist, mit einem unkonditionierten Stimulus (UCS), wie einem lauten Geräusch, umzugehen. Und viertens gilt: Wenn das Zusammentreffen zu einem besonders erfreulichen oder unerfreulichen Resultat führt, dann kann man starke positive oder negative Gefühle hinsichtlich der Vase entwickeln. Das Erlernen von Gefühlen wie Zu- und Abneigung erfordert die Amygdala, das Erlernen von Gewohnheiten das Neostriatum, und das Erlernen einer bestimmten motorischen Reaktion auf einen CS das Cerebellum.

All diese Erinnerungen, die potentiell von der Vase ausgelöst werden können, sind unbewusst. Sie werden ohne den bewussten Abruf irgendeines Gedächtniseintrags ausgedrückt und ohne das Gefühl, Gedächtnisinhalte zu benutzen. Überdies sind all diese Erinnerungen das Ergebnis kumulativer Veränderungen. Jeder neue Moment, den man erlebt, liefert zu all dem, was gerade vorangegangen ist, einen positiven oder negativen Beitrag. Die resultierende neuronale Veränderung ist die Summe all dieser von Augenblick zu Augenblick erfolgenden Veränderungen, die akkumuliert werden. Es gibt keinen bewussten Sinn, mit dem diese Gedächtnisformen die zahlreichen individuellen Episoden, die alle zusammen mit ihrem eigenen Kontext von Raum und Zeit die kumulativen Aufzeichnungen ausmachen, auseinandersortieren und speichern. In diesen Fällen ist die Vase Basis für eine verbesserte Wahrnehmung oder Basis zum Handeln, sie wird aber nicht als etwas aus der Vergangenheit erinnert.

Das bewusste deklarative Gedächtnis ist etwas ganz anderes; es bietet die Möglichkeit, eine bestimmte Episode aus der Vergangenheit im Gedächtnis wiederauferstehen zu lassen. Im Fall der Vase können wir diese später als vertrautes Objekt wiedererkennen und uns auch an das Zusammentreffen selbst erinnern, an den Ort und den Zeitpunkt, als eine unverwechselbare Kombination von Ereignissen einen Moment schuf, an dem genau diese Vase beteiligt war. Jede deklarative und nichtdeklarative Erinnerung, die aus der Begegnung mit der Vase erwachsen könnte, geht von derselben verteilten Gruppe corticaler Orte aus, die beim Anblick der Vase aktiv waren. Das deklarative Gedächtnis hängt einzig von der Konvergenz der Eingangssignale dieser corticalen Orte im medialen Temporallappen und letztlich im Hippocampus ab sowie von der Konvergenz dieser Eingangssignale mit anderen Aktivitäten, die den räumlichen und zeitlichen Zusammenhang identifizieren, in dem die Vase stand. Diese Konvergenz baut eine flexible Repräsentation auf, so dass die Vase als bekannt und auch als Teil einer früheren Episode erfahren werden kann.

Ein weiteres Ergebnis dieser Synthese ist, dass unabhängig davon, welches Gehirnsystem in einem speziellen Fall zum Lernen rekrutiert wird, die resultierenden Erinnerungen als Veränderungen der Verbindungsstärke vieler Synapsen innerhalb eines großen Ensembles von miteinander verbundenen Neuronen gespeichert werden. Bei Untersuchungen einzelner Synapsen in einfachen Nervensystemen, wie bei *Aplysia*, konnte man im Detail studieren, wie sich individuelle Synapsen infolge von Lernprozessen verändern. Bei komplexeren Tieren, wie Ratten oder Mäusen, verstehen wir die molekularen Ereignisse, die den synaptischen Veränderungen zugrunde liegen, inzwischen in groben Umrissen. Es sieht so aus, als ob Synapsen trotz der Vielfalt verfügbarer Gedächtnissysteme relativ weit verbreitete Mechanismen benutzen, um Veränderungen zu bewirken. Daher geht es nicht darum, welche Arten von Molekülen in den Synapsen hergestellt werden, die darüber entscheiden, was erinnert wird, sondern vielmehr, wo und in welchen Bahnen die synaptische Veränderung auftritt. Sie erinnern sich an die Vase als eine bekannte Vase und an den Lieblingsschal

Ihrer Mutter als einen bekannten Schal nicht aufgrund der Natur der synaptischen Veränderung, sondern aufgrund des Ortes, wo diese Veränderungen im Nervensysten lokalisiert sind. Die Vase und der Schal sind an verschiedenen Orten im Gehirn repräsentiert. Daher wird die Spezifität der gespeicherten Information durch die *Lage* der synaptischen Veränderungen bestimmt. Die Dauerhaftigkeit dieser Information hängt hingegen offenbar von strukturellen Veränderungen ab, die die Geometrie der Kontakte zwischen den Zellen verändern. Das heißt, die Architektur des Gehirns verändert sich, um die Auswirkungen von Erfahrung aufzuzeichnen.

Obwohl wir inzwischen viel gelernt haben, stehen wir mit unserer Arbeit über die Molekularbiologie und die kognitive Neurowissenschaft des Gedächtnisses erst am Anfang. Wir wissen noch immer relativ wenig darüber, wie und wo die Speicherung von Gedächtnisinhalten stattfindet. Wir wissen in groben Umrissen, welche Gehirnsysteme für die verschiedenen Formen des Gedächtnisses wichtig sind, wir wissen jedoch nicht, wo die verschiedenen Komponenten der Gedächtnisspeicherung tatsächlich lokalisiert sind und wie sie miteinander in Wechselwirkung treten. Wir verstehen bisher weder die Funktion der verschiedenen Unterabteilungen des medialen Temporallappensystems noch ihre Interaktion mit dem übrigen Cortex. Wir verstehen auch nicht, wie deklarative Information dem Bewusstsein zugänglich gemacht wird. Wir wissen fast nichts darüber, wie eine frühere Begegnung mit einer Vase im Gedächtnis rekonstruiert wird, was eigentlich passiert, wenn die Vase allmählich in Vergessenheit gerät, oder warum es so leicht ist, eine Erinnerung mit einem Traum oder mit einer bloßen Vorstellung zu verwechseln.

Und obwohl wir eine kleine Anzahl der Gene und Proteine identifiziert haben, die vom Kurzzeit- zum Langzeitgedächtnis umschalten, haben wir noch einen langen Weg vor uns, bevor wir die molekularen Schritte, die für die strukturellen Veränderungen des Langzeitgedächtnisses notwendig sind, völlig verstehen. Einige dieser Fragen werden mit computergestützten bildgebenden Verfahren (Neuroimaging-Techniken) gelöst werden können, mit deren Hilfe sich das menschliche Gehirn abbilden lässt, während es kognitive Aufgaben mit Lernen, Erinnern und Vergessen löst. Mit Hilfe derartiger Untersuchungen werden sich Korrelationen zwischen kognitiven Aktivitäten und neuronalen Systemen für das Gedächtnis aufzeigen lassen. Um die Kausalmechanismen zu entschlüsseln, kann man auf genetische Techniken an Mäusen zurückgreifen, mit deren Hilfe es möglich ist, Gene in bestimmten Regionen und sogar in bestimmten Zellen zu exprimieren oder zu eliminieren. Die fundamentalsten Erkenntnisse werden jedoch aus dem ständigen Wechselspiel dieser beiden Ansätze erwachsen – der molekularbiologischen Analyse der Kognition und der anatomischen, physiologischen und verhaltensbiologischen Analyse der Funktion von Gehirnsystemen, die die Kognition tragen.

Intellektuelle und praktische Implikationen der modernen Biologie des Gedächtnisses

Da das Gedächtnis bei allen intellektuellen Aktivitäten eine so zentrale Rolle spielt, ist zu erwarten, dass die fortschreitende Erforschung des Gedächtnisses auf den beschriebenen Wegen zu einer Reihe wichtiger Anwendungen führt. So werden neue Einblicke in die Biologie des Gedächtnisses wahrscheinlich eine ganze Reihe von geisteswissenschaftlichen Disziplinen beeinflussen. Einige Gebiete, wie die Philosophie des Geistes, haben sich bereits durch die molekularbiologische Erforschung kognitiver Prozesse verändert. Schon seit den Zeiten von Sokrates und den frühen Platonikern stellen sich Denker jeder Generation die Frage: Wie interagiert unsere Erfahrung mit der angeborenen Organisation unseres Gehirns? Wie nehmen wir die Welt wahr, lernen etwas über einander und erinnern, was wir gelernt haben? Kürzlich haben sich Philosophen wie John Searle von der University of California in Berkeley und Patricia Churchland von der University of California in San Diego auf biologische Erkenntnisse gestützt, um sich in neuer Weise mit einigen der klassischen philosophischen Fragen über das Wesen des Geistes und die bewusste Erfahrung auseinanderzusetzen. Sie sind zu neuartigen Positionen gelangt, die nicht nur auf introspektiven Vermutungen beruhen, sondern auf experimentellen Beobachtungen im Rahmen biologischer Kognitionsstudien.

Die Erforschung des Gedächtnisses könnte auch die Pädagogik beeinflussen, indem sie neue Lehrmethoden nahe legt, die darauf basieren, wie das Gedächtnis Wissen speichert. So sprechen neuere Untersuchungen beispielsweise dafür, dass es effizienter ist, den Abruf zuvor gelernten Materials zu üben, als das Material länger zu studieren. Auch die Art der Untersuchung, ob man sich mehr auf Details oder auf Konzepte konzentriert, hat Einfluss auf das spätere Abschneiden bei einem Test. Sich auf Details zu konzentrieren, ist bei einem Multiple-Choice-Test von Vorteil; soll man einen Aufsatz schreiben, konzentriert man sie besser auf Konzepte. Lässt sich das Lernen in der Schule dadurch optimieren, dass es sich diese Fakten über Gedächtnisspeicherung zunutze macht?

Weiterhin führt ein Intervalltraining häufig zu einer effektiveren Langzeitspeicherung als intensives Training zu einem einzigen Zeitpunkt. Das wirft mehrere Fragen auf: In welchen zeitlichen Abständen sollte man ein und denselben Lernstoff wiederholen? Ist es besser, das Gelernte zu praktizieren und dabei Fehler zu riskieren? Oder ist es besser, solange zu üben, bevor man das Gelernte in die Praxis umsetzt, bis die Fehlerwahrscheinlichkeit gering ist? Mit wie vielen verschiedenen Themen sollte sich ein Schüler an ein und demselben Tag beschäftigen? Eines Tages könnte eine Abschätzung der anatomischen Veränderungen im Gehirn die Möglichkeit bieten, das Resultat eines neuen Erziehungsprogramms oder eines Förderunterrichts zu bemessen.

Die Biologie des Gedächtnisses wird durch ihre Auswirkungen auf die Technologie wahrscheinlich auch eine Reihe von wirtschaftlichen Folgen haben. Um nur ein Beispiel zu nennen: Sie sollte einen tiefgreifenden Einfluss auf die Computerwissenschaften haben. Frühere Untersuchungen über künstliche Intelligenz und computergestützte Mustererkennung haben gezeigt, dass das Gehirn Bewegung, Form und Muster nach Strategien erkennt, die von heute existierenden Computern nicht einmal auch nur annähernd nachvollzogen werden können. Ein Gesicht wiederzuerkennen, erfordert eine rechnerische Leistung, die nicht von demselben Computer durchgeführt werden kann, der sich beim Lösen logischer Probleme oder beim Schachspiel bewährt. Verstehen, wie das Gehirn Muster erkennt und andere rechnerische Probleme löst, die in Beziehung zum Gedächtnis stehen, wird wahrscheinlich einen bedeutenden Einfluss auf die Entwicklung von Computern und Robotern haben.

Und schließlich verspricht die moderne Biologie des Gedächtnisses, die medizinische Forschung und Praxis in der Neurologie und der Psychiatrie zu revolutionieren. In der Neurologie wird die pharmakologische Behandlung von altersabhängigem Gedächtnisverlust und vielleicht sogar von Alzheimer-Demenz allmählich zu einem realistischen Ziel. In der Psychiatrie wird die Biologie des Gedächtnisses wahrscheinlich einen tiefgreifenden Einfluß auf das klinische Denken und die therapeutische Praxis haben. Insofern als die Psychotherapie Stimmung, geistige Haltung und Verhalten verbessert, wirkt die Therapie vermutlich dadurch, dass sie langfristige lernbezogene strukturelle Veränderungen im Gehirn der Menschen erzeugt. Mit Neuroimagingtechniken sollte es eines Tages möglich sein, genau aufzuzeigen, wo und wie diese Veränderungen auftreten. Wenn das der Fall sein sollte, würde es die verschiedenen Formen der psychotherapeutischen Intervention einer rigiden wissenschaftlichen Überprüfung zugänglich machen. Alles in allem versprechen diese Bemühungen und diese neuen Denkwege zum intellektuellen Wachstum der Psychiatrie beizutragen, die sich allmählich zu einer effektiven medizinischen Wissenschaft entwickelt, indem sie ihre traditionellen humanistischen Anliegen mit modernen molekularen Erkenntnissen kombiniert.

So gesehen spiegelt die sich herauskristallisierende Synthese von Molekularbiologie und kognitiver Neurowissenschaft des Gedächtnisses, die wir in diesem Buch beschrieben haben, sowohl eine vielversprechende wissenschaftliche Unternehmung als auch ein fortwährendes Trachten nach humanistischer und praktischer Erkenntnis wider. Sie ist Teil des ständigen Versuchs jeder Generation von Geistes- und Naturwissenschaftlern, menschliches Denken und Handeln in neuer und komplexerer Hinsicht zu verstehen. Aus dieser Perspektive stellt die molekulare Biologie der Kognition historisch nur den aktuellsten Versuch dar, eine Brücke zwischen den Naturwissenschaften, die sich traditionell mit der Natur und der physischen Welt beschäftigen, und den Geisteswissenschaften, die sich traditionell mit dem Wesen der menschlichen Erfahrung beschäftigen, zu schaffen, und diese Brücke zum Wohl mental und neurologisch beeinträchtigter Patienten wie auch zum Wohl der ganzen Menschheit zu nutzen.

Weiterführende Literatur

Vorwort

Damasio, A. R. *Descartes' Irrtum: Fühlen, Denken und das menschliche Gehirn*. Deutscher Taschenbuchverlag, München, 1997.

Descartes, R. (1637) *The Philosophical Works of Descartes*, übersetzt von Elizabeth S. Haldane und G. R. T Ross, Bd. 1. Cambridge University Press, New York, 1970.

Kapitel 1

Kandel, E. *Auf der Suche nach dem Gedächtnis. Die Entstehung einer neuen Wissenschaft des Geistes*. Pantheon, München, 2007

Scoville, W. B.; Milner, B. *Loss of recent memory after bilateral hippocampal lesions*. In: *Journal of Neurology, Neurosurgery and Psychiatry* 20: 11–21, 1957.

Squire, L. R. *Memory systems of the brain: A brief history and current perspective*. In: *Neurobiology of Learning and Memory* 82: 171–177, 2004.

Stefanacci, L.; Buffalo, E. A.; Schmolck, H.; Squire, L. R. *Profound Amnesia after damage to the medial temporal lobe: A neuroanatomical and neuropsychological profile of patient E. P.* In: *Journal of Neuroscience* 20: 7024–7036, 2000.

Kapitel 2

Bailey, C. H.; Chen, M. *Morphological basis of long-term habituation and sensitization in Aplysia*. In: *Science* 220: 91–93, 1983.

Thompson, R. F.; Spencer, W. A. *Habituation: A model phenomenon for the study of the neural substrates of behavior*. In: *Psychological Review* 173: 16–43, 1966.

Tigh, T. J.; Leighton, R. N. (Hrsg.) *Habituation: Perspectives from Child Development, Animal Behavior and Neurophysiology*. Erlbaum, Hillsdale, N. J., 1976.

Kapitel 3

Liu, Y.; Davis, R. *Insect olfactory memory in time and space*. In: *Current Opinion in Neurobiology* 6: 679–685, 2006.

Kandel, E. R. *Kleine Verbände von Nervenzellen*. In: *Spektrum der Wissenschaft* 11: 58–67, 1979.

Kandel, E. R. *The molecular biology of memory storage: A dialogue between genes and synapses*. In: *Science* 294: 1030–1038, 2001.

Kapitel 4

Baddeley, A. *Your Memory: A User's Guide*. Firefly Books, New York, 2004.

Dudai, Y. *Memory from A to Z*. Oxford University Press, New York, 2002.

Neisser, U.; Hyman, I. *Memory Observed: Remembering in Natural Contexts*. 2. Auflage. Worth Publishers, New York, 2000.

Roedinger III, H. L.; Dudai, Y.; Fitzpatrick, S. M. (Hrsg.) *Science of Memory: Concepts*. Oxford University Press, New York, 2007.

Schachter, D. L. *Aussetzer. Wie wir vergessen und uns erinnern*. Lübbe, Bergisch Gladbach, 2006.

Kapitel 5

Eichenbaum, H.; Dudchenko, P.; Wood, E.; Shapiro, M.; Tanila, H. *The hippocampus, memory, and place cells: Is it spatial memory or a memory space?* In: *Neuron* 23: 209–226, 1999.

Martin, A. *The representation of object concepts in the brain*. In: *Annual Review of Psychology* 58: 25–45, 2007.

Squire, L. R.; Bayley, P. J. *The neuroscience of remote memory*. In: *Current Opinion in Neurobiology* 17: 185–196, 2007.

Squire, L. R.; Stark, C. E. L.; Clark, R. E. *The medial temporal lobe*. In: *Annual Review of Neuroscience* 27: 279–306, 2004.

Squire, L. R.; Wixted, J. T.; Clark, R. E. *Recognition memory and the medial temporal lobe: A new perspective*. In: *Nature Reviews Neuroscience* 8: 872–883, 2007.

Kapitel 6

Bliss, T.; Collingridge, G.; Morris, R. (Hrsg.) *Long-term Potentiation: Enhancing Neuroscience for 30 years*. Oxford University Press, New York, 2004.

Serulle, Y.; Zhang, S.; Ninan, I.; Puzzo, D.; McCarthy, M.; Khatri, L.; Arancio, O.; Ziff, E. B. *A novel GluR1-cGKII interaction regulates AMPA receptor trafficking*. In: *Neuron* 56: 670–688, 2007.

O'Keefe, J. *Place units in the hippocampus of the freely moving rat*. In: *Experimental Neurology* 51: 78–109, 1976.

Moser, E. I.; Kropff, E.; Moser, M.-B. *Place cells, grid cells, and the brain's spatial representation system*. In: *Annual Review of Neuroscience* 31: 69–89, 2008.

Wang, H.-G.; Lu, F.-M.; Jin, I.; Udo, H.; Kandel, E. R.; de Vente, K.; Walter, U.; Lohmann, S. M.; Hawkins, R. D.; Antonova, I. *Presynaptic and postsynaptic roles of NO, cGK, and RhoA in long-lasting potentiation and aggregation of synaptic proteins.* In: *Neuron* 45: 389–403, 2005.

Kapitel 7

Abel, T.; Martin, K. C.; Bartsch, D.; Kandel, E. R. *Memory suppressor genes: Inhibitory constraints on the storage of long-term memory.* In: *Science* 279: 338–341, 1998.

Bailey, C. H.; Kandel, E. R.; Si, K. *The persistence of long-term memory: A molecular approach to self-sustaining changes in learning-induced synaptic growth.* In: *Neuron* 44: 49–57, 2004.

Davis, H. P.; Squire, L. R. *Protein synthesis and memory: A review.* In: *Psychological Bulletin* 96: 518–559, 1984.

Harvey, C. D.; Svoboda, K. *Locally dynamic synaptic learning rules in pyramidal neuron dendrites.* In: *Nature* 450: 1195–1202, 2007.

Rumpel, S.; LeDoux, J.; Zador, A.; Malinow, R. *Postsynaptic receptor trafficking underlying a form of associative learning.* In: *Science* 308: 83–88, 2005.

Tully, T.; Preat, T.; Boynton, S. C.; Del Vecchio, M. *Genetic dissection of consolidated memory in Drosophila melanogaster.* In: *Cell* 79: 35–47, 1994.

Kapitel 8

Cahill, L.; Uncapher, M.; Kilpatrick, L.; Alkire, M. T.; Turner, J. *Sex-related hemispheric lateralization of amygdala function in emotionally influenced memory: An fMRI investigation.* In: *Learning & Memory* 11: 261–266, 2004.

Davis, M. *Neural systems involved in fear and anxiety measured with fear-potentiated startle.* In: *American Psychologist* 11: 741–756, 2006.

LeDoux, J. *Das Netz der Gefühle.* DTV, München, 2001.

Gilbert, C. D.; Sigman, M. *Brain states: Top-down influences in sensory processing.* In: *Neuron* 54: 677–696, 2007.

Schacter, D. L.; Gagan, S. W.; Evans, W. D. *Reductions in cortical activity during priming.* In: *Current Opinion in Neurobiology* 17: 171–176, 2007.

The Process of Change Study Group: Stern, D. N.; Sander, L. W.; Nahum, J. P.; Harrison, A. M.; Lyons-Ruth, K.; Morgan, A. C.; Bruschweiler-Stern, N.; Tronick, E. Z. *Non-interpretive mechanisms in psychoanalytic therapy: The 'something more' than interpretation.* In: *International Journal of Psycho-Analysis* 79: 903–921, 1998.

Kapitel 9

Bayley, P. J.; Frascino, J. C.; Squire, L. R. *Robust habit learning in the absence of awareness and independent of the medial temporal lobe.* In: *Nature* 436: 550–553, 2005.

Clark, R. E.; Squire, L. R. *Classical conditioning and brain systems: A key role for awareness.* In: *Science* 280: 77–81, 1998.

Poldrack, R. A.; Clark, J.; Paré-Blagoev, E. J.; Shohamy, D.; Cresco, M. J.; Myers, C.; Gluck, M. A. *Interactive memory systems in the human brain.* In: *Nature* 414: 546–550, 2001.

Schultz, W. *Multiple dopamine funtions at different time courses.* In: *Annual Review of Neuroscience* 30: 259–288, 2007.

Stickgold, R. *Sleep-dependent memory consolidation.* In: *Nature* 437: 1272–1278, 2005.

Takehara, K.; Kawahara, S.; Kirino, Y. *Time-dependent reorganization of the brain components underlying memory retention in trace eyeblink conditioning.* In: *Journal of Neuroscience* 23: 9897–9905, 2003.

Kapitel 10

Buonomano, D. V.; Merzenich, M. *Cortical plasticity: From synapses to maps.* In: *Annual Review of Neuroscience* 21: 149–186, 1998.

Sookson, M. R.; Hardy, J. *The persistence of memory.* In: *New England Journal of Medicine* 355: 2697–2698, 2006.

Gong, b.; Vitolo, O. V.; Trinchese, F.; Liu, S.; Shelanski, M.; Arancio, O. *Persistent improvement in synaptic and cognitive functions in an Alzheimer mouse model after rolipram treatment.* In: *Journal of Clinical Investigation* 114: 1624–1634, 2004.

Klawans, H. L. *Why Michael Couldn't Hit and Other Tales of the Neurology of Sports.* W. H. Freeman, New York, 1996.

Merzenich, M. M.; Sameshine, K. *Cortical plasticity and memory.* In: *Current Opinion in Neurobiology*, 3: 187–196, 1993.

Rapp, P. R.; Amaral, D. G. *Individual differences in the cognitive and neurobiological consequences of normal aging.* In: *Trends in Neuroscience* 15: 340–345, 1992.

Roses, A. D. *Apolipoprotein E and Alzheimers disease.* In: *Scientific American Science Medicine* 2: 16–25, 1995.

Selkoe, D. J. *The ups and downs of Aβ.* In: *Nature Medicine* 12: 758–759, 2006.

Shresta, B. K.; Vitolo, O. V.; Joshi, P.; Lordkipanidze, T.; Shelanski, M.; Dunaevsky, A. *Amyloid peptide adversely affects spine number and motility in hippocampal neurons.* In: *Molecular and Cellular Neuroscience* 33: 274–282, 2006.

Stevens, M.; Swan, A. *de Kooning: An American Master.* Knopf, New York, 2005.

Eine Auswahl zusätzlicher deutschsprachiger Literatur (Sach- und Lehrbücher) zum Thema „Gedächtnis"

Anderson, J. R. *Kognitive Psychologie.* Spektrum Akademischer Verlag, Heidelberg, 6. Aufl. 2007.

Baddeley, A. D. *Die Psychologie des Gedächtnisses.* Klett-Cotta, Stuttgart, 1979.

Bear, M. F.; Connors, B. W.; Paradiso, M. A. *Neurowissenschaften. Ein grundlegendes Lehrbuch für Biologie, Medizin und Psychologie.* Spektrum Akademischer Verlag, Heidelberg, 2008.

Draaisma, D. *Die Metaphernmaschine. Eine Geschichte des Gedächtnisses.* Primus, Darmstadt, 1999.

Draaisma, D. *Warum das Leben schneller vergeht, wenn man älter wird. Von den Rätseln unserer Erinnerung.* Piper, München, 2009.

Ebbinghaus, H. *Über das Gedächtnis.* Wissenschaftliche Buchgesellschaft, Darmstadt, (Nachdr. d. Ausg. 1885) 1992.

Johnson, G. *In den Palästen der Erinnerung. Wie die Welt im Kopf entsteht.* Droemer Knaur, München, 1993.

Kotre, J. *Der Strom der Erinnerung.* Deutscher Taschenbuchverlag, München, 1998.

Kotre, J. *Weiße Handschuhe. Wie das Gedächtnis Lebensgeschichten schreibt.* Hanser, München, 1996.

Kühnel, S.; Markowitsch, H. J. *Falsche Erinnerungen. Die Sünden des Gedächtnisses.* Spektrum Akademischer Verlag, Heidelberg, 2009.

Lurija, A. R. *Der Mann, dessen Welt in Scherben ging. Zwei neurologische Geschichten.* Rowohlt Taschenbuch Verlag, Hamburg, 1992.

Markowitsch, H. J.; Welzer, H. *Das autobiographische Gedächtnis.* Klett-Cotta, Stuttgart, 2006.

Pinker, St. *Wie das Denken im Kopf entsteht.* Kindler, München, 1998.

Rosenfield, I. *Das Fremde, das Vertraute und das Vergessene. Anatomie des Bewusstseins.* Fischer, S., Frankfurt, 1999.

Schacter, D. L. *Wir sind Erinnerung. Gedächtnis und Persönlichkeit.* Rowohlt, Reinbek, 2001.

Spitzer, M. *Lernen. Gehirnforschung und die Schule des Lebens.* Spektrum Akademischer Verlag, Heidelberg, 2006.

Vester, F. *Denken, Lernen, Vergessen.* Deutscher Taschenbuchverlag, München, 1998.

Bildnachweise

1.1	Marc Chagall „L'Anniversaire" („Der Geburtstag", 1915). Öl auf Karton, 31¾" × 39¼" (80,6 × 99,7 cm). The Museum of Modern Art, New York. © VG Bild-Kunst, Bonn 2009	2.2	UPI/Corbis-Bettmann
1.2	Corbis-Bettmann	2.3	The Granger Collection, New York
1.3	Department of Experimental Psychology, University of Cambridge, England	2.5	Mit freundlicher Genehmigung von Thomas Woolsey, M.D.
1.4	Nach B. Alberts et al.: *Essential Cell Biology*. New York, Garland Science, 2004, Abb. 7-1	2.8	Mit freundlicher Genehmigung von Sir Bernard Katz, Department of Biophysics, University College, London
1.5	Harvard University Archives	2.9	Aus T. M. Jessell; E. R. Kandel *Synaptic transmission: A bidirectional and self-modifiable form of cell-cell communication*. In: *Cell* 72/*Neuron* 10 (Jan. 1993 Suppl.) 1–30
1.6	Aus K. Lashley *Brain Mechanisms and Intelligence*. University of Chicago Press (1929)		
1.7	University Relations Office, The McGill Reporter, McGill University	2.10	Mit freundlicher Genehmigung von Craig Bailey
1.9	University Relations Office, The McGill Reporter, McGill University	2.11	Aus R. E. Schmidt *Motorsystems*. In: *Human Physiology*. R. E. Schmidt; G. Thews (Hrsg.), übersetzt von M. A. Biederman-Thorson, Springer (1983) 81–110
1.10	Mit freundlicher Genehmigung von David Amaral, Ph.D.		
1.11	Aus B. Milner; L. R. Squire; E. R. Kandel *Cognitive neuroscience and the study of memory*. In: *Neuron* 20 (1998) 445–468	2.12	Nach E. R. Kandel *Cellular Basis of Behavior: An Introduction to Behavioral Neurobiology*, W. H. Freeman
1.12	Mit freundlicher Genehmigung von Thomas Teyke	2.13	Nach E. R. Kandel *Cellular Basis of Behavior: An Introduction to Behavioral Neurobiology*, W. H. Freeman
1.13	Mit freundlicher Genehmigung von Alfred T. Lamme. Aus E. R. Kandel *Small systems of neurons*. In: *Scientific American* 241 (1979) 66–76	2.14	Nach E. R. Kandel *Cellular Basis of Behavior: An Introduction to Behavioral Neurobiology*, W. H. Freeman
1.14	Oliver Meckes/Photo Researchers	2.16	Nach E. R. Kandel *A Cell Biological Approach to Learning*. In: *Society of Neuroscience* (1978) 21
1.15	Institute Archives, California Institute of Technology	2.18	Nach C. H. Bailey; M. Chen *Morphological basis of short-term habituation in Aplysia*. In: *Journal of Neuroscience* 8, (1988) 2452–2459
1.16	Photo von James Prince		
2.1	Robert Rauschenberg „Reservoir", 1961. National Museum of American Art, Washington, DC, Art Resource, NY. Öl, Collage und Objekte auf Leinwand. 85 ½" × 62 ½" × 14 ¾". © Robert Rauschenberg/ VG Bild-Kunst, Bonn 2009	2.19 oben (Grafik)	Nach T. J. Carew; H. M. Pinsker; K. Rubinson; E. R. Kandel *Physiological and biochemical properties of neuromuscular transmission between identified motoneurons and gill muscle in Aplysia*. In: *Journal of Neurophysiology* 37, (1974) 1020–1040

2.19 Mitte (Aufzeichnungen und Grafik)	Aus V. Castellucci; T. J. Carew; E. R. Kandel *Cellular analysis of long-term habituation of the gill-withdrawal reflex of Aplysia californica.* In: *Science* 202 (1978) 1306–1308	3.9	Aus R. D. Hawkins; T. W. Abrams; T. J. Carew; E. R. Kandel *A cellular mechanism of classical conditioning in Aplysia: Activity-dependent amplification of presynaptic facilitation.* In: *Science* 219 (1983) 400–405
2.19 unten (Grafik und Diagramm)	Aus C. H. Bailey; M. Chen *Morphological basis of long-term habituation and sensitization in Aplysia.* In: *Science* 220 (1983) 91–93	3.10 oben	Nach E. R. Kandel; J. H. Schwartz; T. M. Jessell *Principles of Neural Science.* 3. Aufl., Elsevier (1991)
3.1	Jasper Johns, „Zero Through Nine" („Null bis Neun", 1961). The Tate Gallery, London/ Art Resource, NY. Kohle und Pastell auf Papier. 54 ⅛" × 41 ⅝". © VG Bild-Kunst, Bonn 2009	3.11	Nach E. R. Kandel; J. H. Schwartz; T. M. Jessell *Principles of Neural Science.* 3. Aufl., Elsevier (1991)
3.2 oben:	Nach E. R. Kandel; J. H. Schwartz; T. M. Jessell *Principles of Neural Science.* 3. Aufl., Elsevier (1991)	3.12	Nach E. R. Kandel; J. H. Schwartz; T. M. Jessell *Principles of Neural Science.* 3. Aufl., Elsevier (1991)
3.2 unten:	Aus E. R. Kandel; M. Brunelli; J. Byrne; V. Castellucci *A common presynaptic locus for the synaptic changes underlying short-term habituation and sensitization of the gill-withdrawal reflex in Aplysia.* In: *Cold Spring Harbor Symp. Quant. Biol.* 40 (1976) 465–582	3.13	Nach J. D. Watson et al. *Recombinant DNA.* 2. Aufl., Scientific American Books (1992)
		4.1	Milton Avery, „Girl Writing" („Schreibendes Mädchen", 1941). Öl auf Leinwand, 48" × 32 ⅛" (122 × 81 cm). Erworben 1943 / © The Phillips Collection, Washington D.C. / VG Bild-Kunst, Bonn 2009
3.3	Nach E. R. Kandel; J. H. Schwartz; T. M. Jessell *Principles of Neural Science.* 3. Aufl., Elsevier (1991)	4.2	Photo von Mary Fox Squire
3.4 oben	Nach H. Cedar; J. H. Schwartz *Cyclic adenosine monophosphate in the nervous system of Aplysia californica: Effect of serotonin and dopamine.* In: *J. Gen. Physiology* 60 (1972) 570–587	4.3	Nach A. K. Thomas; M. A. McDaniel *The negative cascade of incongruent generative study-test processing in memory and metacomprehension.* In: *Memory & Cognition* 35 (2007) 668–678
		4.4	Aus L. R. Squire *Memory and Brain,* Oxford University Press (1987)
3.4 unten	Aus: E. R. Kandel; M. Brunelli; J. Byrne; V. Castellucci *A common presynaptic locus for the synaptic changes underlying short-term habituation and sensitization of the gill-withdrawal reflex in Aplysia.* In: *Cold Spring Harbor Symp. Quant. Biol.* 40 (1976) 465–582	4.5	Nach M. C. Anderson et al. *Neural systems underlying the suppression of unwanted memories.* In: *Science* 303 (2004) 232-235
		4.6	Aus L. R. Squire *On the course of forgetting in very long-term memory.* In: *Journal of Experimental Psychology: Learning, Memory and Cognition* 15 (1989) 241–245
3.5	Nach E. R. Kandel et al. *Serotonin, cyclic AMP and the modulation of the calcium current during behavioral arousal.* In: *Serotonin, Neurotransmission, and Behavior.* A. Gelperin; B. Jacobs (Hrsg.), Cambridge, MA. MIT Press (1991)	4.7	Photo von Kevin Walsh
		5.1	Louise Nevelson „Black Wall" („Schwarze Wand", 1959). The Tate Gallery, London/ Art Resource, NY. © VG Bild-Kunst, Bonn 2009
3.6	Nach E. R. Kandel, J. H. Schwartz und T. M. Jessell *Principles of Neural Science.* 3. Aufl., Elsevier (1991)	5.2	The Granger Collection, New York
		5.3	Aus J. Fuster *Network memory.* In: *Trends in Neurosciences* 20 (1997) 451–459
3.7	The Granger Collection, New York	5.4	Aus L. G. Ungerleider *Functional brain imaging studies of cortical mechanisms for memory.* In: *Science* 270 (1995) 769
3.8	Aus T. J. Carew et al. *Classical conditioning in a simple withdrawal reflex in Aplysia californica.* In: *Journal of Neuroscience* 12 (1981) 1426–1437	5.5	Aus K. Sakai; Y. Miyashita *Neural organization for the long-term memory of paired associates.* In: *Nature* 354 (1991) 152–155

5.6	Mit freundlicher Genehmigung von Alex Martin, Ph.D. NIMH	5.16	Aus E. R. Wood; P. A. Dudchenko; H. Eichenbaum *The global record of memory in hippocampal neuronal activity*. In: *Nature* 397 (1999) 613–616
5.7	Nach Y. Shrager, J. Gold, R. Hopkins, L. R. Squire *Intact visual perception in memory-impaired patients*. In: *Journal of Neuroscience* 26 (2005) 2235–2240	5.17	Mit freundlicher Genehmigung von Y. Shrager, Ph.D.
5.8	Aus S. Corkin; D. G. Amaral; R. G. Gonzalez; K. A. Johnson; B. T. Hyman *H. M.'s medial temporal lobe lesion: Findings from magnetic resonance imaging*. In: *Journal of Neuroscience* 17 (1997) 3964–3979	5.18	Archives of the History of American Psychology, University of Akron
5.9	Aus S. Zola-Morgan; L. R. Squire; D. G. Amaral *Human amnesia and the medial temporal region: Enduring memory impairment following a bilateral lesion limited to field CA1 of the hippocampus*. In: *Journal of Neuroscience* 6 (1986) 2960–2967	5.19	Aus P. J. Bayley; R.O. Hopkins; L. R. Squire *The fate of old memories after medial temporal lobe damage*. In: *Journal of Neuroscience* 26 (2006) 13311–13317
5.10	Aus S. Zola-Morgan; L. R. Squire; D. G. Amaral *Human amnesia and the medial temporal region: Enduring memory impairment following a bilateral lesion limited to the field CA1 of the hippocampus*. In: *Journal of Neuroscience* 6 (2006) 2960–2967	5.20	Nach L. R. Squire; R. E. Clark; P. J. Bayley *Medial temporal lobe function and memory*. In: *The Cognitive Neuroscience III,* hrsg. M. S. Gagganiga. MIT Press, Cambridge, MA 2004
5.11	Aus S. Zola-Morgan; L. R. Squire *The neuropsychology of memory: Parallel findings in humans and nonhuman primates*. In: *The Development and Neural Bases of Higher Cognitive Functions, Annals of the New York Academy of Sciences* 12 (1990) 414–456	5.21	Aus P. Alvarez; L. R. Squire *Memory consolidation and the medial temporal lobe: A simple network model*. In: *Proceedings of the National Academy of Sciences,* USA 91 (1994) 7041–7045
5.12	Aus S. Zola-Morgan; L. R. Squire *The neuropsychology of memory: Parallel findings in humans and nonhuman primates*. In: *The Development and Neural Bases of Higher Cognitive Functions, Annals of the New York Academy of Sciences* 12 (1990) 414–456	5.22	Nach P. W. Frankland; B. Bontempi, L. E. Talton; L. Kaczmarek; A. J. Silva *The involvementof the anterior cingulated cortex in remote contextual fear memory*. In: *Science* 304 (2004) 881–883
5.13	Aus R. D. Burwell; W. A. Suzuki; R. Insausti; D. G. Amaral *Some observations on the perirhinal and parahippocampal cortices in the rat, monkey, and human brains*. In: *Perception, Memory and Emotion: Frontiers in Neuroscience*. T. Ono; B. L. McNaughton; S. Molotchnikoff; E. T. Rolls; H. Hishijo (Hrsg.) Elsevier (1996) 95–110	5.23	Aus E. Teng; L. R. Squire *Memory for places learned long ago is intact after hippocampal damage*. In: *Nature* 400 (1999) 675-677
5.14	Aus L. R. Squire; S. Zola-Morgan *The medial temporal lobe memory system*. In: *Science* 253 (1991) 1380–1386	5.24	Mit freundlicher Genehmigung von Yasushi Miyashita, Ph.D.
5.15	Aus M. E. Bear; B. W. Connors; M. A. Paradiso *Neuroscience: Exploring the Brain,* Williams & Wilkins (1996)	6.1	Pierre Bonnard „The Open Window" („Das offene Fenster", 1921). Öl auf Leinwand. 46 ½ × 37 ¾" (118 × 96 cm). Erworben 1930. © The Phillips Collection, Washington D.C. / VG Bild-Kunst, Bonn 2009
		6.3 oben	Nach E. R. Kandel; J. H. Schwartz; T M. Jessell *Principles of Neural Science*. 3. Aufl., Elsevier (1991)
		6.3 unten	Aus R. A. Nicoll; J. A. Kauer; R. C. Malenka *The current excitement in long-term potentiation*. In: *Neuron*1 (1988) 97–103
		6.4	Aus Gustafsson; Wigstrom *Physiological mechanisms underlying long-term potentiation*. In: *Trends in Neurosciences* 11 (1988) 156–162
		6.5	Zeichnung von Charles Lam
		6.6	Zeichnung von Charles Lam
		6.7	Originalzeichnung aus der ersten Ausgabe von W. H. Freeman

6.8 Aus J. Z. Tsien; P. T. Huerta; S. Tonegawa *The essential role of hippocampal CA1 NMDA receptor-dependent synaptic plasticity in spatial memory*. In: *Cell* 87 (1996)

6.10 Nach M. Mayford et al. *Science* 274 (1996) 1678–1683

6.11 Aus J. Z. Tsien; P. T. Huerta; S. Tonegawa *The essential role of hippocampal CA1 NMDA receptor-dependent synaptic plasticity in spatial memory*. In: *Cell* 87 (1996)

6.12 Nach M. Mayford; I. M. Mansuy; R. U. Muller; E. R. Kandel *Memory and behavior: A second generation of genetically modified mice*. In: *Current Biology* 7 (1997) R580–R589

6.13 Aus J. Z. Tsien; P. T. Huerta; S. Tonegawa *The essential role of hippocampal CA1 NMDA receptor-dependent synaptic plasticity in spatial memory*. In: *Cell* 87 (1996)

6.14 Nach R. U. Muller; J. L. Kubie; J. B. Banack, Jr. *Spatial firing patterns of hippocampal complex-spike cells in a fixed environment*. In: *Journal of Neuroscience* 7 (1987) 1935–1950

6.15 Aus Rotenberg et al. *Mice expressing activated CaMKII lack low frequency LTP and do not form stable place cells in the CA1 regions of the hippocampus*. In: *Cell* 87 (1996) 1351–1361

7.1 Roy Lichtenstein „The Melody Haunts My Reverie" (etwa: „Die Musik spukt mir im Kopf herum", 1965). © VG Bild-Kunst, Bonn 2009

7.2 Aus W. N. Frost; V. E. Castellucci; R. D. Hawkins; E. R. Kandel *Monosynaptic connections from the sensory neurons of the gill- and siphon-withdrawal reflex in Aplysia participate in the storage of long-term memory for sensitization*. In: *Proceedings of the National Academy of Sciences,* USA 82 (1985) 8266–8269

7.3 Aus W. N. Frost; V. E. Castellucci; R. D. Hawkins; E. R. Kandel *Monosynaptic connections from the sensory neurons of the gill- and siphon-withdrawal reflex in Aplysia participate in the storage of long-term memory for sensitization*. In: *Proceedings of the National Academy of Sciences,* USA 82 (1985) 8266–8269

7.5 Nach E. R. Kandel; J. H. Schwartz,; T. M. Jessell *Principles of Neural Science*. 3. Aufl., Elsevier (1991)

7.7 Nach E. R. Kandel; J. H. Schwartz; T. M. Jessell *Principles of Neural Science*. 3. Aufl., Elsevier (1991)

7.8 Aus C. H. Bailey; M. Chen *Morphological basis of long-term habituation and sensitization in Aplysia*. In: *Science* 220 (1983) 91–93

7.9 Nach J.-H. Kim; H. Udo; H.-L. Li; T. Y. Youn; M. Chen; E. R. Kandel; S. H. Bailey *Presynaptic activation of silent synapses and growth of new synapses contribute to intermediate and long-term facilitation in Aplysia*. In: *Neuron* 40 (2003) 151–165

7.10 Mit freundlicher Genehmigung von Kelsey Martin, M.D., Ph.D.

7.11 Aus A. Casadio; K. C. Martin; M. Giusetto; H. Zhu; M. Chen; D. Bartsch; C. H. Bailey; E. R. Kandel *A transient, neuron-wide from of CREB-mediated long-term facilitation can be stabilzed at specific synapses by local protein synthesis*. In: *Cell* 99 (1999) 221–237

7.12 Aus R. A. Nicoll; J. A. Kauer; R. C. Malenka *The current excitement in long-term potentiation*. In: *Neuron* 1 (1988) 97–103

7.13 Nach V. Y. Bolchakov; H. Odon; E. R. Kandel; S. Sigelbaum *Recruitment of new sites of synaptic transmission during cAMP-dependent late phase of LTP at CA3-CA1 synapses in the hippocampus*. In: *Cell* 19 (1997) 635–651

7.14 T. Abel et al. *Genetic demonstration of a role for PKA in the late phase of LTP and in hippocampus-based long-term memory*. In: *Cell* 88 (März, 1997) 615–626

7.15 T. Abel et al. *Genetic demonstration of a role for PKA in the late phase of LTP and in hippocampus-based long-term memory*. In: *Cell* 88 (März, 1997) 615–626

7.16 T. Abel et al. *Genetic demonstration of a role for PKA in the late phase of LTP and in hippocampus-based long-term memory*. In: *Cell* 88 (März, 1997) 615–626

7.17 T. Abel et al. *Genetic demonstration of a role for PKA in the late phase of LTP and in hippocampus-based long-term memory*. In: *Cell* 88 (März, 1997) 615–626

8.1 Gustav Klimt, „Allee im Park von Schloss Kammer" (1912). Öl auf Leinwand, 110 × 110 cm. © Österreichische Galerie im Belvedere, Wien. Foto: akg-images/ Erich Lessing

8.2 Aus S. Aglioti; J. F. X. DeSouza; M. A. Goodale *Size-contrast illusions deceive the eye but not hand*. In: *Current Biology* (1995) 679–685

8.3	Aus S. B. Hamann; L. R. Squire *Intact perceptual memory in the absence of conscious memory.* In: *Behavioral Neuroscience* 111 (1997) 850–854
8.4 oben	Aus Larry R. Squire et al. *Activation of the hippocampus in normal humans: A functional anatomical study of memory.* In: *Proceedings of the National Academy of Sciences* USA 89 (1992) 1837–1841
8.4 unten	Nach K. A. Paller; C. A. Hutson; B. B. Miller; S. G. Boehm *Neural manifestations of memory with and without awareness.* In: *Neuron* 38 (2003) 507–516
8.5	Aus A. Karni; D. Sagi *Where practice makes perfect in texture discrimination: Evidence for primary visual cortex plasticity.* In: *Proceedings of the National Academy of Sciences,* USA 88 (1991) 4966–4970
8.6	Aus A. Karni; D. Sagi *Where practice makes perfect in texture discrimination: Evidence for primary visual cortex plasticity.* In: *Proceedings of the National Academy of Sciences,* USA 88 (1991) 4966–4970
8.8	Aus M. Davis *The role of the amygdala in conditioned fear.* In: *The Amygdala* John P Aggleton (Hrsg.), Wiley (1992) 255–305
8.9	Y. Lee et al. *A primary acoustic startle pathway: Obligatory role of cochlear root neurons and the nucleus reticularis pontis caudalis.* In: *Journal of Neuroscience* 16 (1996) 3775–3789
8.10	Nach L. Cahill; M. Uncapher; L. Kilpatrick; M. T. Alkire; J. Turner *Sex-related hemispheric lateralization of the amygdala function in emotionally influenced memory: An fMRI investigation.* In: *Learning & Memory* 11 (2004) 261–266
9.1	Edvard Munch „Dance on the Beach" („Tanz am Strand", um 1903). Narodni Galerie, Prag. Erich Lessing/Art Resource, NY © The Munch Museum/The Munch Ellingsen Group / VG Bild-Kunst, Bonn 2009
9.2	L. R. Squire; S. M. Zola *Structure and function of declarative and nondeclarative memory systems.* In: *Proceedings of the National Academy of Sciences,* USA 93 (1996) 13515–13522
9.4	Aus M. E. Bear; B. W. Connors; M. A. Paradiso *Neuroscience: Exploring the Brain*, Williams & Wilkins (1996)
9.5	Aus L. R. Squire; S. M. Zola *Structure and function of declarative and nondeclarative memory systems.* In: *Proceedings of the National Academy of Science* USA 93 (1996) 13515–13522
9.6	Nach R. A. Poldrack; J. Clark et al. *Interactive memory systems in the brain.* In: *Nature* 414 (2001) 546–550
9.7	Foto von Jennifer Frascine, M. A.
9.8	Nach P. J. Bayley; R. O. Hopkins; L. R. Squire *Successful recollection of remote autobiographical memories by amnesic patients with medial temporal lobe lesions.* In: *Neuron* 37 (2003) 135–144
9.9	Nach P. J. Bayley; J. C. Frascino; L. R. Squire *Robust habit learning in the absence of awareness and independent of the medial temporal lobe.* In: *Nature* (2005) 436
9.10	Aus N. J. Cohen; L. R. Squire *Preserved learning and retention of pattern-analyzing skill in amnesia: Dissociation of knowing how and knowing that.* In: *Science* 210 (1980) 207–210
9.11	Aus L. R. Squire; M. Frambach *Cognitive skill learning in amnesia.* In: *Psychobiology* 18 (1990) 109–117
9.12	Aus R. E. Clark; L. R. Squire *Classical conditioning and brain systems: The role of awareness.* In: *Science* 280 (1998) 77–81
9.13	Aus J. C. Eccles; M. Ito; J. Szentagothai *The Cerebellum as a Neuronal Machine,* Springer (1967)
9.14	Aus R. F. Thompson; D. J. Krupa *Organization of memory traces in the mammalian brain.* In: *Annual Review of Neuroscience* 17 (1994) 519–550
9.15	Aus R. E. Clark; L. R. Squire *Classical conditioning and brain systems: The role of awareness.* In: *Science* 280 (1998) 77–81
10.1	Alberto Giacometti, „The Artist's Mother" („Die Mutter des Künstlers", 1950). Öl auf Leinwand, 35 ¾" × 24" (89,9 × 61 cm). The Museum of Modern Art. © ADAGP/FAAG, Paris / VG Bild-Kunst, Bonn 2009
10.2	Aus E. R. Kandel; J. H. Schwartz; T. M. Jessell *Principles of Neural Science*. 3. Aufl., Elsevier (1991)
10.3	Aus W. Penfield; Th. Rasmussen *The Cerebral Cortex of Man: A Clinical Study of Localization of Function*. Macmillan New York (1952)
10.4	Aus G. H. Recanzone et al. *Topographic reorganization of the hand representation in cortical area 3b of owl monkeys trained in a frequency-discrimination task.* In: *Journal of Neurophysiology* 67 (1992) 1492
10.5	Aus Th. Elbert et al. *Increased cortical representation of the fingers of the left hand in string player.* In: *Science* 270 (1995) 305–307

10.6	Mit freundlicher Genehmigung von Hasker Davis und Kelli Klebe	10.9	Nach E. R. Kandel; J. H. Schwartz; T. M. Jessell *Principles of Neural Science*. 3. Aufl., Elsevier (1991)
10.7	Aus R. A. Barr *Some remarks on the time-course of aging*. In: *New Directions in Memory and Aging*, L. W. Poon; J. L. Fozard; L. S. Cermak; D. Arenberg; L. W Thompson (Hrsg.), Lawrence Erlbaum Associates, Hillsdale, NJ (1980)	10.10	Aus J. Marx, *Science* 281 (1998) 507–509
10.8	Mit freundlicher Genehmigung Gary W. van Hoesen, Ana Solodkin und Paul Reimann von den Abteilungen Anatomie and Neurologie am University of Iowa College of Medicine.		

Index

A

Abdominalganglion 38f
Abel, T. 157–159
Abrams, T. 59f
Acetylcholin 31, 50, 213f
Adrenalin 31, 180
Agranoff, B. 136
Aktionspotential 30–35, 53f
aktive Zonen 34, 45
Aktivierungseffekt 166
aktivitätsabhängige Verstärkung 59f
Alberini, C. 146
Alkoholismus 92
Alles-oder-Nichts-Prinzip 30, 33f, 154
Alter
   und Gedächtnis 203–223
   altersabhängiger Gedächtnisverlust, Tiermodelle 212f
   altersbedingte Gedächtnisstörungen, Behandlungen 213f
   altersbedingter Neuronenverlust 211
Alzheimer, A. 215
Alzheimer-Krankheit 2, 76, 92, 208f, 216
   Behandlung 218
   Demenz 214f
   frühes und spätes Einsetzen 216f
   Plaques und Knäuel 215
A2M 218
Amnesie 4, 11–14, 92–100
   charakteristische Merkmale 97
   psychogene 94
   retrograde 103–105, 135f
   Tiermodell 97f
Amygdala 16, 95f, 98, 175-181, 201
   und das emotionale Gedächtnis 178f
Amyloidpeptid 217
   Plaques 215
Anderson , M. 73, 76

Angstkonditionierungen 159
Angstlernen 175f
angstpotenzierte Schreckreaktion 178
Aplysia 7, 17–19, 36–38, 44, 47f, 52, 115f, 142–144
   Ganglien 18
   Kiemen- und Siphonrückziehreflex 37–39, 60f
   Kurzzeitgedächtnis 136f
   Langzeitgedächtnis 136f
   Neuronenzahl 17
ApoE4 217f
APP 215f
Arbeitsgedächtnis 85–89, 93
Area-1 204f
Area PG 88f
Area TE 87–89
Area V1 88f
Aristoteles 57
Armitage, B. 41
Ascher, P. 117
Äsop 26
Assoziationscortex 110
assoziative LTP 115f, 205
ATP 51
Auslöschung, 179
   siehe auch Extinktion
Axon 29f

B

Bach, M. E. 213
Bacskai, B. 142
Baddeley, A. 74, 86
Bahnung 49, 53f
Bahn, temporoammonische 122, 128
Bailey, C. 41, 43, 148, 150
Bailey, P. 106
Bao, J. X. 61
Bard, P. 204
Barnes, C. 213
Barnes-Labyrinth 20
Barondes, S. 136
Bartlett, F. C. 5f
Bartsch, D. 143f
Bateson, W. 7

Bayley, P. 191
Behaviorismus 5f
Bein-Beugereflex 35f
Bennett, E. 207
Benzer, S. 18f, 64, 144
Bergson, H. 14, 185
Bernier, L. 52
Berry, D. 194
bildgebende Verfahren 7
   Kernspintomographie 76f, 90, 181, 186, 190f
   Positronenemissionstomographie (PET) 170f
Bjork, E. 73
Bjork, R. 73
Bolshakov, V. 154, 177
Bontempi, B. 106
Borges, J. L. 145
Born, J. 108
Bourtchouladze, R. 116, 157–159
Bower, G. 74
Brain-Imaging 71, 76, 104, 171
Brandon, E. 116
Bransford, J. 79
Brinster, R. 19
Broadbent, D. 194
Brown, A. 168
Brunelli, M. 49, 53
Bruner, J. 14
Byrne, J. 38, 41, 52f, 59

C

Cahill, L. 180f
Calcium-Calmodulin-Komplex 60, 62
Calmodulin 60, 62
CaM-Kinase II 118
cAMP 51–56, 161
Capecchi, M. 19, 126
Carew, T. 38, 43, 58f
Casadio, A. 143, 150
Castellucci, V. 38, 40f, 43, 49, 138
Castillo, P. 116
Cave, C. 93f, 168
CA1-Zellen 96, 114f, 122, 155
CA3-Zellen 96, 114f, 129, 155

Ceci, S. 80
Cedar, H. 52
Cerebellum 16, 187f, 196–199, 201, 207
c-Fos 106f
Chase, W. 71
Chen, M. 41, 43, 148
Chromosomen 7, 18
chronischer Alkoholismus 92
Churchland, P. 221
Clark, R. 199
Codierung 67–69
Cohen, N. 167, 193
Collinridge, G. 117
concurrent discrimination learning 191
Conroy, M. 169
Cortex, entorhinaler 95f, 100, 114, 214f
    parahippocampaler 100
    perirhinaler 100, 176
    präfrontaler 96, 187f
    sensomotorischer 87
    visueller 96
corticale Karten 205
Cortisol 180
Couteaux, R. 34
CPEB 152f
CRE 143
Cre/loxP-System 126
CREB 143f
CREB-1 und Langzeitgedächtnis 143f, 146f, 156–161
CREB-2 und Langzeitgedächtnis 144, 146f
Crick, F. 7
cues 15

D

Damasio, A. IX, 110, 176
Darwin, C. 4
Dash, P. 143
Davis, H. 210
Davis, M. 175, 178
Davis, R. 64f
deklaratives Gedächtnis 15, 67–82
    Abruf 72f
    Codierung 68f
    Eigenschaften 100–103
    Gehirnsysteme 85–110
    Speicherung 71, 113f
    synaptischer Speichermechanismus 113–130
    Ungenauigkeiten 78f
    Vergessen 74f

delayed nonmatching-to-sample-task 99
Demenz 214f
    Multiinfarkt- 208
    siehe auch Alzheimer-Krankheit
Dendrit 29
    dendritische Dornen 29
Depolarisation 30
Descartes, R. IX
Desensitivierung 179
Desimone, R. 88
Dishabituation 48, 57
Diskriminierungsaufgabe 65, 172, 191f, 206
Diskriminierungslernen 191
DNA 7
Dopamin als Neurotransmitter 31, 50, 192
Dopaminneuronen 192f
Dostrovsky, J. 124
Down-Syndrom 2, 47, 217
Doyon, J. 187
Drosophila 7, 17–21
    Gedächtnismutanten 63f
    Langzeitgedächtnis 144
Dudai, Y. 64, 160
Dudchenko, P. 102
Duncan, C. P. 136
dunce 64
Dyslexie 2

E

Ebbinghaus, H. 3f, 134, 165
Ebert, T. 205, 207
Eichenbaum, H. 101f
Elektrokrampftherapie (ECT) 104
Elektronenmikroskop 33f
Eliot, L. 41, 59
Eltern-Kind-Beziehungen 181f
emotionales Lernen 174–182
    Gedächtnis 181
Engramm 71f
entorhinaler Cortex 95f, 100, 114, 214f
Epilepsie 10f
E. P. (Amnesiepatient) 1, 107, 168f, 191f
EPSP 32, 52
Erfahrung 203–206
Erinnerung
    explizite 14
    implizite 14
    mit Aufzeichnung 14
    ohne Aufzeichnung 14
    unbewusste 14f
    Verzerrungen 80f

Erlernen motorischer Fertigkeiten 14f, 186–188
Exocytose 34
Extinktion 48, 57, 179

F

Fatt, P. 50, 142
First Messenger 51
Flexner, L. 136
fMRI, siehe funktionelle Kernspintomographie
Frambach, M. 194
Frank, J. 79
Frankland, P. 106
Frascino, J. 191
Freud, S. 14f, 24, 77, 175
Frey, J. U. 118, 150
Frey, U. 153
Frontallappen 10, 76, 88, 92, 109f, 211–213
Frost, W. 48
funktionelle Kernspintomographie (fMRI) 76f, 90, 181, 190f
Fuster, J. 87f

G

GABA 31
Gallagher, M. 213
G. D. (Amnesiepatient) 95f
Gedächtnis
    als psychologischer Vorgang 3f
    Arbeits- 85–89, 93
    außergewöhnlich gutes 145f
    deklaratives 15, 67–82
    siehe auch „deklaratives Gedächtnis"
    emotionales 181
    episodisches 109f
    explizites 15
    für Fakten 15
    für Fertigkeiten 15
    für motorische Fertigkeiten 185–188
    für Gewohnheiten 101, 188–193
    implizites 15
    mit und ohne Aufzeichnung 14
    nichtdeklaratives 15, 23–45, 181, 185
    Ortsgedächtnis 120, 128
    primäres 135
    räumliches 122–124
    sekundäres 135
    semantisches 109f
    unmittelbares 85f, 93, 135

siehe auch Arbeitsgedächtnis, Kurzzeitgedächtnis, Langzeitgedächtnis und Lernen
Gedächtnisinhalte, Speicherung 4, 8f, 16
  siehe auch Gedächtnis
Gedächtniskonsolidierung 4
Gedächtniskünstler 75
Gedächtnismutanten, *Drosophila* 63f
Gedächtnisspeicherung
  allgemeine Prinzipien 41f
  Formen 14–16
  Mechanismus 16f
gedächtnisverbessernde Pharmaka 214
Gedächtnisverlust 208f
  altersbedingter 212f
Gehirn, Entwicklung 205f
Gene 139–141
  immediate early genes 146
  immediate response genes 146
  Induktion 141
  Presenilin- 216–218
  Repression 141
  unmittelbare frühe Gene 146, 148
Geneliminierung 122f, 126f
genetische Kaskade 143
genetischer Code 7
Genexpression 139f
Gentranskription 141
Gilbert, C. 174
Genverdoppelung 121
Gingrich, K. 41
Ghirardi, M. 144
Glanzman, D. 61
Glisky, E. 213
Gluck, M. 189
Glutamat als Neurotransmitter 31, 41, 116–118
Godden, D. 74
Goelet, P. 138
Goldberger, M. 182
Goodale, M. 165
Graf, P. 167
Grant, L. 208
Grant, S. 122
Greengard, P. 50, 53, 142
Großhirnrinde, Hauptregionen 10
Gustaffson, B. 117
Gyrus
  dentatus 96, 116, 213, 215
  postcentralis 204–206

H

Habituation 18, 24–27, 37
  des Beugereflexes 35f
  Kurzzeit- 37, 40–42
  Langzeit- 37, 43–45
Hamann, S. 168, 180
Harvey, C. 119
Hawkins, R. 38, 48f, 59–61, 120
Hebb, D. O. 9f, 58, 62, 117
Hebb-Synapsen 118
Hedge, A. 146
Hering, E. 1
heterosynaptisch 49
  siehe auch homosynaptisch
Higuchi, S. I. 108
Hippocampus 11–15, 95–100, 114, 201, 211
  Bindefunktion 114
  interne Repräsentation 113, 124f
Hippocampusformation 96, 106, 215
Hirsh, R. 188
H. M. (Amnesiepatient) 11–15, 23, 25, 95–97, 114, 129, 166, 185
H. M.'s Gehirn 95
Hochner, B. 143
homosynaptisch 49
  siehe auch heterosynaptisch
Homunculus 204
Hormone als Botenstoffe 31f
5-HT 50, 151f
Huang, Y.-Y. 116, 153
Human-Genom-Projekt 20
Huntington-Krankheit 2, 190
5-Hydroxy-Tryptamin 50
Hyperpolarisation 30
Hypnose 74, 76f

I

immediate early genes 146
immediate response genes 146
Individualität 203–223
Inokuchi, K. 146
interne Repräsentation 6, 26, 204
Interneuronen 27, 36, 49
Ionenkanäle 30, 50, 54
ionotrope Rezeptoren 50f, 142
IPSP 32
Ischämie 95

J

Jacob, F. 55, 140f
James, W. 4, 14, 68, 85f, 134f

Ji, D. 108
Jordan, M. 206f

K

Kandel, E. 36, 38, 40f, 43, 48f, 52f, 58–61, 116f, 122f, 125, 138, 143f, 146f, 150, 152–154, 157
Kaninchen,
  Lidschlusskonditionierung 195–197
Karni, A. 172, 186f
Karpicke, J. 70
Katz, B. 32–34, 50, 142
Katze 35f
Kiemenrückziehreflex bei *Aplysia* 36–39, 61
  Langzeitsensitivierung 138
  Schaltkreis 39
Kirwan, B. 103, 106
K^+-Kanal 53f
  siehe auch Ionenkanäle
klassische Konditionierung 56–58, 195
  des Kiemenrückziehreflexes bei *Aplysia* 61
  motorischer Reaktionen 195–199
  postsynaptische Komponente 63
  präsynaptische Komponente 62
  und deklaratives Gedächtnis 199–201
  und nicht-deklaratives Gedächtnis 195–199
Kleber, K. 210
Kleinhirn, siehe Cerebellum
Kleinhirnrinde 196f
Kletterfaser 196–198
knockout-Experimente 19, 121
knockout-Mäuse 121
kognitive Karte 112, 124f
kognitive Psychologie 6
konditionierte Blinzelreaktion 197f
konditionierte Reaktion (CR) 57, 197f
konditionierter Reiz (CS) 57f, 158, 195
Konditionierung
  klassische 4f, 18, 24f
  siehe auch klassische Konditionierung
  operante 4f, 18, 24f
Konsolidierungsperiode 135
Konsolidierungsschalter 135f, 143f
  für das Langzeitgedächtnis 133–136, 146, 153

Körnerzellen 114, 116, 196
Korsakoff, S. 4
Korsakoff-Syndrom 4
Kreisillusion 166
Kuhl, D. 154
Kupfermann, I. 36, 38, 48
Kurzzeit- in Langzeiterinnerungen, Umwandlung 133–162
Kurzzeitgedächtnis 4, 11, 85f
    Moleküle 47–65
    zelluläre Basis 41
Kurzzeithabituation 37, 40–43
Kurzzeitsensitivierung 48f, 52f, 137
Kwon, H.-B. 116

L

Langzeitdepression (*long term depression*, LTD) 198
    siehe auch LTP
Langzeitgedächtnis 4, 16, 23, 43f, 88–92, 134–137
    deklaratives, Schalter 153
    Gene und Proteine 146–148
    hemmende Einflüsse 143–145
    Proteinneusynthese 136
    räumliches 158
    Speicherkapazität 71
    synapsenspezifischer Mechanismus 150–153
    Transkriptionsregulatoren 140
Langzeithabituation 37, 43f
Langzeitpotenzierung, siehe LTP
Langzeitsensitivierung 138
    des Kiemenrückziehreflexes bei *Aplysia* 147
Langzeitspeicherung des deklarativen Gedächtnisses 85
Lashley, K. 8f
Lavond, D. 197
LeDoux, J. 175, 177
Lernen
    Angst- 175f
    assoziatives 24
    emotionales 174–181
    Gewohnheits- 189
    motorische Fertigkeiten 15, 185–188
    nichtassoziatives 24
    und Gehirnarchitektur 207
    Versuch-und-Irrtum- 4, 24
    siehe auch Gedächtnis
Lidschlusskonditionierung 196–199
Livingstone, M. 64
Locke, J. 57
Loftus, E. 76, 79
Loftus, G. 76
Lokalisation mentaler Prozesse 8
Lømo, T. 115
LTP (*long term potentiation*) 21, 115, 119f, 128f, 176–178, 205, 213
    assoziative 115
    frühe und späte Phase 153–159
    Frühphase 158
    in den Schaffer-Kollateralen 117–119
    in der Moosfaser-Bahn 116f
    im deklarativen Gedächtnis 120–124
    nicht-assoziative 115
    Spätphase 154, 156–158
Luria, A. 75
Lynch, G. 118, 156

M

Malenka, R. 118
Malinow, R. 118, 177
Mandelkern, siehe Amygdala
Mandler, G. 167
Manns, J. 104
MAP 144, 147, 157
Marshall, W. 204
Martin, A. 90
Martin, K. 150
Massenwirkung, Gesetz der 9, 14
Mäuse 17, 19f, 113, 121–129
    knockout- 121
    transgene 121f, 126f
Mayer, M. 117
Mayford, M. 123
McCarthy, R. 90f
McClelland, J. 106
McDaniel, M. 70
McDermott, K. 79
McDougall, W. 14, 136
McGaugh, J. 160, 180
McKnight, S. 116
McNaughton, B. 106
medialer Temporallappen, siehe Temporallappen
    siehe auch Amygdala, Hippocampus
Membrankanäle, siehe Ionenkanäle
Mendel, G. 7, 18
mere exposure-Effekt 175
Merzenich, M. 204f
messenger-RNA 7, 139f
metabotrope Rezeptoren 50–52, 142
Milner, B. 11–14, 23, 93, 166
Mishkin, M. 97
Mitchell, D. 168
Miyashita, Y. 90, 108f
modulierende Interneuronen 48, 137, 147
Molekularbiologie 7, 20, 219
    der Kognition 219
Momente der Begegnung 182
Monod, J. 140f
Moosfasern 114–117, 196f
Morgan, T. H. 7, 18
Morphing 94
Morris, R. 118, 120f, 150
Morris-Wasserlabyrinth 101, 121–123
Moser, E. 125, 129
Moser, M. B. 125, 129
motorische Fertigkeiten, Erlernen von 15, 23
Mozart, W. A. 206
MRI, siehe bildgebende Verfahren
Müller, G. 4, 135f
Muller, R. 129
Multiinfarkt-Demenz 208
Mutantenmäuse 117, 122f, 160
Mutationen 18, 55, 63f, 216–218
Muzzio, I. 125
Myelinscheide 31

N

Nabokov, V. 69
Neostriatum 186–188, 193, 201
Neugeborene
    Kognition 26
    Wahrnehmung 26f
Neurofibrillenknäuel 215f
Neuroimaging-Techniken 221f
neuronale Aktivität und Langzeitgedächtnis 91
neuronale Signale 30–33
Neuronen 27–30
    Bau 29
Neuronenkommunikation, retrogrades Signal 119
Neuronentheorie 27f
Neuronentypen im Gehirn 29
Neuronenzahl
    Säuger 16, 28
    Schnecken 28
    Taufliege 28
Neurotransmitter 31–34
    -quanten 32–34
Neurowissenschaften 6f, 20
nicht-assoziative LTP 115f
nicht-deklaratives Gedächtnis 15, 23–45, 181, 185

Nicoll, R. 118
NMDA-Rezeptoren 61–63, 116–118, 121f, 214
Nolan, M. 123
non-NMDA-Rezeptoren 117f, 198
Noradrenalin 31, 50, 116, 177
Nucleus
  caudatus 186–188, 190–193
  centralis 175, 177f
  interpositus 196–198
  olivaris inferior 196

O

Objekterkennungsaufgabe 98f
Objektunterscheidung 99
Occipitallappen 10
O'Dell, T. 122
O'Keefe, J. 124
O'Reilly, R. 106
Organellen 33
Ortsfelder 125, 128f
Ortsgedächtnis 120, 128
Ortszellen 124f, 128f

P

Paar-Assoziations-Aufgabe 91, 108
Packard, M. 188
Paller, K. 171
parahippocampaler Cortex 99f
Parallelfasern 196
Parietallappen 10, 89f, 204
Parkinson-Krankheit 190, 192
Pawlow, I. 4, 24, 57, 175
Penfield, W. 10f, 204
perirhinaler Cortex 99f
Pfadintegration 102f
phonologische Schleife 86
Phosphorylierung 52
Pilzecker, A. 4, 135f
Pinsker, H. 48
PKA 51–54, 65, 116, 141–144, 146f, 157–161, 177
place cells 124
Pollack, R. 190
Positronenemissionstomographie (PET) 170f
postsynaptisches Potential
  erregendes (exzitatorisches) 32
  hemmendes (inhibierendes) 32
präfrontaler Cortex 88, 96, 106, 187
Prägung 166
Prägungsaufgaben 167
präsynaptische Endigungen 29–31
präsynaptische Verstärkung 54

Presenilin-1-Gen 216
Presenilin-2-Gen 216
primäre Botenstoffe 51
primäres Gedächtnis 85, 135
Priming 15, 165–182, 201, 220
  konzeptuelles 169
  und Wiedererkennen 169
Prinzip der dynamischen Polarisation 29
Proteinkinase II 118
psychogene Amnesie 94f
Purkinje-Zelle 196, 198
Putamen 186f

Q

Quellengedächtnis 109f, 211
Quinn, C. 144
Quinn, W. 64f

R

Raichle, M. 170
Rall, T. 50f
Ramón y Cajal, S. 16f, 27–30, 34f
Rasterzellen (*grid cells*) 125, 128
Ratten 101f, 120f, 176, 188f, 213
  epileptische Krampfanfälle 136
  Hippocampus 101f
  Schreckreaktion 178f
räumliches Erinnerungsvermögen 102, 106f, 121–123
räumlich-visueller Notizblock 86
Rayport, S. 137
R. B. (Amnesiepatient) 95–97
Rebola, N. 116
Reflex
  Bein-Beuge- 35f
  Kiemenrückzieh- 37–39, 61, 136–138, 147f
  Lidschluss 195
Rempel-Clower, N. 96
Reproduktionsaufgaben 168
retrograde Amnesie 97, 103–105, 133, 135f
retrograde Botschaft 119f, 157
retrograder Messenger 61
Rezeptoren 34
  ionotrope 50f, 142
  metabotrope 50–52, 142
  NMDA 61–63, 116–118, 121f, 214
  non-NMDA 117f, 198
Ribot, T. 103f
Roediger, H. 70, 79
Rogan, M. 125

Rosenzweig, M. 207
Rowe, J. 209
Ruhepotential 30
rutabaga 64
Ryle, G. 14

S

Sagi, D. 172
Sander, L. 182
Säugergehirn, Anzahl der Neuronen 16, 28
Schacher, S. 137f
Schacter, D. 73, 167
Schaffer-Kollateralen 114f, 117, 119, 122f, 128–130, 153f
Schreckreaktion bei Ratten 178f
Schwartz, J. 52f, 146
Scoville, W. 11
Searle, J. 221
Second-Messenger-Systeme 50–56, 141f
Seehase, siehe *Aplysia*
sekundäre Botenstoffe 50
sekundäres Gedächtnis 135
senile Plaques 215
Sensitivierung 18, 24, 47–50
  Kurzzeit- 48f, 52f
  Langzeit- 138, 147
sensomotorischer Cortex 87
sensorische Karte 204
Sequenzlernen 186
Serotonin 31, 50, 52–54, 60–62, 116, 137f, 140–144, 149–152
Shereshevskii, O. C. 75, 145
Sherrington, C. 35
Shrager, Y. 93, 103
Si, K. 152
Siegelbaum, S. 41, 123, 154
Signalangst 175
Silva, A. 122, 157, 159
Simon, H. 71
S-Kanal 53
slow-wave sleep 108
Small, S. 213
Smythies, O. 19, 126
Soderling, T. 118
Sokrates 3
Soriano, P. 122
Spencer, A. 35f
Spiegelschrift 167, 193
Spurenreflexreaktion 195, 200
Squire, L. 23, 76f, 93–95, 98, 103–107, 136, 167–170, 180, 186, 189, 191, 193f, 199

Standing, L. 81
Stein, P. 122
Stern, D. 182
Stevens, C. 122
Stickoxid (NO) 119, 198
Striatum 16, 193
Subiculum 96, 100, 216
Substantia nigra 192
Suggestivfragen 80f
Sutherland, E. 50f, 142
Svoboda, K. 119
Synapsen 28–31, 34–36, 50, 53f, 207
    Hebb- 118
    künstliche Modifizierung 115f
Synapsenstärke 47–49, 177
synaptic capture 150–152
synaptic tagging 150
synaptische Depression 40–42, 44
synaptische Plastizität 35, 65, 151
synaptische Verbindungen,
    Wachstum 148f
synaptische Verstärkung 48f
synaptische Vesikel 32, 34
synaptischer Spalt 31f, 34
synaptisches Potential 30f, 33

T

Takehara, K. 201
Tauc, L. 58
Taufliege, siehe *Drosophila*
Temporallappen 10–15, 23, 87–93,
    95–100, 103f
    Gedächtnis 98
Temporallappensystem, temporäre
    Rolle 103f
temporoammonische Bahn
    122, 128
Teng, E. 107
Thomas, A. 70
Thompson, R. 35f, 196f
Thorndike, E. 4, 24f
Tieraffen 97f, 100, 204–206
    Karten des Handareals 206
    und Menschen 205

Timing 58f, 198f
Tonegawa, S. 117, 122
top-down-Kontrolle 110
top-down-Rückkopplung 88
trace-eyeblink-Konditionierung
    201
Tractus perforans 114f
Transgene 122f, 126f
transgene Mäuse 121f, 126f
Transkription 7, 127, 139–141
transkriptionale Kontrolle 140
Transkriptionsfaktoren 141, 143,
    159
Transkriptionsregulator 127, 140f,
    144, 146–148
Translation 7, 139f
transmittergesteuerte Ionenkanäle
    50
Trisomie-21 217
Tsien, J. 122, 129, 154
Tsien, R. 141f, 198
Tully, T. 144
Tulving, E. 73, 109, 167

U

Übereinstimmungsaufgabe 87f, 99,
    102
Ubiquitinhydrolase 146f
Ungerleider, L. 90, 186f
unkonditionierter Reiz (UCS) 57f,
    158, 195
unmittelbar frühe Gene 146, 148
unmittelbares Gedächtnis 85f, 93,
    135
    Kapazität 86, 93
Unterbewusstsein 24

V

Vergessen 74–78, 211f
    abrufinduziertes 73
verzögerte konditionierte Reaktion
    195, 199f

verzögerte Übereinstim-
    mungsaufgabe 87, 99, 102
visuelle Wahrnehmung 166
    siehe auch räumlich-visueller
        Notizblock
visueller Cortex 96
Vorwärmeeffekt 166

W

Wahrnehmungslernen 171–174
Walker, M. 188
Walters, E. 58f
Warrington, E. 15, 90f, 167
Watkins, J. 117
Watson, J. B. 5
Watson, J. 7
Weiskrantz, L. 15, 167
Westbrook, G. 117
Wettervorhersageaufgabe 189f
White, N. 188
Wiederholungsunterdrückung 171
Wigström, H. 117
Willingham, D. 186
Wilson, M. 108, 129
„Wissen
    dass" 14
    wie" 14
Wood, E. 102
Wortergänzungsaufgaben 168

Y

Yin, J. 144

Z

Zajonc, R. 175
Zellmembran
    Depolarisation 30
    Hyperpolarisation 30
    siehe auch Ionenkanäle
Ziff, E. 120
Zola, S. 76f, 95, 98, 105
Zuckerproduktionsaufgabe 194